여행은 꿈꾸는 순간, 시작된다

여행 준비 체크리스트

D-240	여행 정보 수집 & 일정 수립	☐ 가이드북, 블로그, 유튜브 등에서 여행 정보 수집 ☐ 여행 기간과 테마에 맞춰 일정 계획
D-220	항공권 예약	☐ 항공사 or 여행플랫폼 가격 비교 * 저렴한 항공권을 찾아보고 싶다면 미리 항공사나 여행플랫폼 앱 다운받아 가격 알림 신청해두기
D-200	숙소 예약	☐ 교통 편의성과 여행 테마를 고려해 숙박 지역 먼저 선택 ☐ 숙소 예약 중개 사이트에 나와 있지 않은 곳도 검색을 통해 찾아보기
D-90	교통 패스 및 특급 열차 예약	☐ 내 일정에 필요한 교통 패스 확인 후 예약 ☐ 이용할 교통편 확인 후 좌석 예약이 필요한 경우 예약
D-60	충전식 선불 카드 발급 & 환전	☐ 환율 우대, 쿠폰 등 주거래 은행 및 각종 애플리케이션에서 받을 수 있는 혜택 알아보기 ☐ 해외에서 사용할 수 있는 여행용 체크(신용)카드 준비
D-30	데이터 서비스 선택	☐ 여행 스타일에 맞춰 데이터로밍, 유심칩, 포켓 와이파이 결정 * 여러 명이 함께 사용한다면 포켓 와이파이, 장기 여행이라면 유심칩, 가장 간편한 방법을 찾는다면 로밍
D-15	여행자 보험 가입 & 필요 서류 준비	☐ 여행자 보험 가입 비용 및 보장 내용 비교 검색 후 가입 ☐ 국제운전면허증, 국제학생증 등 필요 서류 확인 및 신청
D-3	짐 꾸리기 & 최종 점검	☐ 짐을 싼 후 빠진 것은 없는지 여행 준비물 체크리스트 보고 확인 ☐ 기내 반입할 수 없는 물품을 다시 확인해 위탁수하물용 캐리어에 넣기 ☐ 항공권 온라인 체크인
D-DAY	출국	☐ 여권, 비자, 항공권, 숙소 바우처, 여행자 보험 증서 등 필수 준비물 확인 ☐ 공항 터미널 확인 후 출발 시각 3시간 전에 도착 ☐ 공항에서 포켓 와이파이 등 필요 물품 수령

여행 준비물 체크리스트

필수 준비물

- ☐ 여권(유효기간 6개월 이상)
- ☐ 여권 사본, 사진
- ☐ 항공권(E-Ticket)
- ☐ 바우처(호텔, 현지 투어 등)
- ☐ 현금
- ☐ 해외여행용 체크(신용)카드
- ☐ 각종 증명서(여행자 보험, 국제운전면허증 등)

기내 용품

- ☐ 볼펜(입국신고서 작성용)
- ☐ 수면 안대
- ☐ 목베개
- ☐ 귀마개
- ☐ 가이드북, 영화, 드라마 등 볼거리
- ☐ 수분 크림, 립밤
- ☐ 얇은 점퍼 or 가디건

전자 기기

- ☐ 노트북 등 전자 기기
- ☐ 각종 충전기
- ☐ 보조 배터리
- ☐ 카메라, 셀카봉
- ☐ 포켓 와이파이, 유심칩
- ☐ 멀티어댑터

의류 & 신발

- ☐ 바람막이 & 경량 패딩
- ☐ 속옷
- ☐ 잠옷
- ☐ 수영복, 비치웨어
- ☐ 양말
- ☐ 슬리퍼
- ☐ 하이킹용 편한 신발
- ☐ 보조 가방

세면도구 & 화장품

- ☐ 치약 & 칫솔
- ☐ 면도기
- ☐ 샴푸 & 린스
- ☐ 바디워시
- ☐ 선크림
- ☐ 화장품
- ☐ 클렌징 제품

기타 용품

- ☐ 선글라스
- ☐ 지퍼백, 비닐 봉투
- ☐ 간식
- ☐ 벌레 퇴치제
- ☐ 비상약
- ☐ 우산
- ☐ 휴지, 물티슈
- ☐ 고산병 약

출국 전 최종 점검 사항

① 여권 확인

② 항공권의 출국 공항 터미널 확인

③ 위탁수하물 캐리어 크기 및 무게 측정
(항공사별로 다르므로 홈페이지에서 미리 확인)

④ 기내 반입 불가 품목 확인

⑤ 포켓 와이파이, 환전 신청한 외화 등 수령 장소 확인

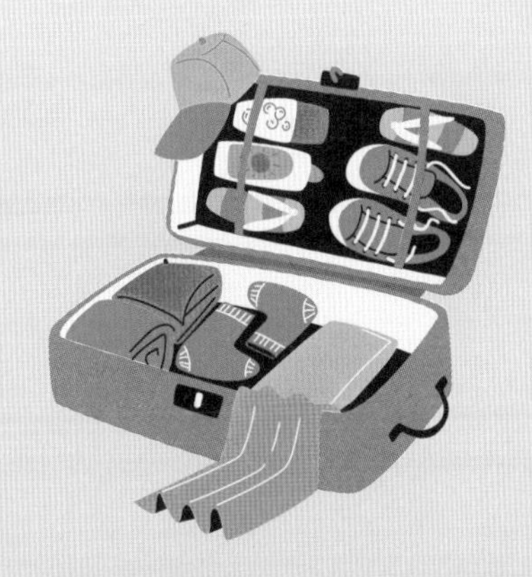

리얼
스위스

여행 정보 기준

이 책은 2024년 11월까지 취재한 정보를 바탕으로 만들었습니다.
정확한 정보를 싣고자 노력했지만, 여행 가이드북의 특성상
책에서 소개한 정보는 현지 사정에 따라 수시로 변경될 수 있습니다.
변경된 정보는 개정판에 반영해 더욱 실용적인 가이드북을 만들겠습니다.

한빛라이프 여행팀 ask_life@hanbit.co.kr

리얼 스위스

초판 발행 2025년 1월 3일

지은이 이안나 / **펴낸이** 김태헌
총괄 임규근 / **팀장** 고현진 / **책임편집** 정은영
디자인 천승훈 / **지도·일러스트** 조예연
영업 문윤식, 신희용, 조유미 / **마케팅** 신우섭, 손희정, 박수미, 송수현 / **제작** 박성우, 김정우 / **전자책** 김선아

펴낸곳 한빛라이프 / **주소** 서울시 서대문구 연희로 2길 62 한빛빌딩
전화 02-336-7129 / **팩스** 02-325-6300
등록 2013년 11월 14일 제25100-2017-000059호
ISBN 979-11-93080-44-3 14980, 979-11-85933-52-8 14980(세트)

한빛라이프는 한빛미디어(주)의 실용 브랜드로 우리의 일상을 환히 비추는 책을 펴냅니다.

이 책에 대한 의견이나 오탈자 및 잘못된 내용은 출판사 홈페이지나 아래 이메일로 알려주십시오.
파본은 구매처에서 교환하실 수 있습니다. 책값은 뒤표지에 표시되어 있습니다.
한빛미디어 홈페이지 www.hanbit.co.kr / 이메일 ask_life@hanbit.co.kr
블로그 blog.naver.com/real_guide_ / 인스타그램 @real_guide_

지금 하지 않으면 할 수 없는 일이 있습니다.
책으로 펴내고 싶은 아이디어나 원고를 메일(writer@hanbit.co.kr)로 보내주세요.
한빛라이프는 여러분의 소중한 경험과 지식을 기다리고 있습니다.

스위스를 가장 멋지게 여행하는 방법

리얼 스위스

이안나 지음

HB 한빛라이프

작가의 말

이안나 일주일에 세 번, 대자연으로 출근하는 '스위스 트래블 플러스' 여행사 대표. 주로 융프라우요흐, 체르마트, 루체른, 베른에서 가이드로 활동하며 스냅사진을 찍습니다. 현지 스위스인들도 맛집과 여행 장소를 물어볼 만큼 스위스에 애정이 많습니다. 여섯 살 때 아버지의 따뜻한 손을 잡고 울산 바위에 올랐던 기억을 안고, 지금도 스위스 곳곳을 트레킹하는 중입니다.

블로그 blog.naver.com/swissanna **인스타그램** @wannaleeve

스위스, 한 번도 안 온 사람은 있어도 한 번만 오는 사람은 없습니다

창문 밖으로 무수히 쏟아지는 별들을 바라보며 잠에 듭니다. 다음 날 아침, 굳게 닫힌 창문 틈으로 알프스 새들이 나지막이 속삭이며 잠을 깨웁니다. 가늘게 실눈을 뜨고 천천히 창문을 엽니다. 시원하고 맑은 공기를 한껏 들이마시며, 눈앞에 180도로 펼쳐진 알프스산맥을 바라보며 생각합니다. '어쩌면 좋을까, 우리 알프스. 오늘도 기막히게 멋있다….'

스위스는 누구에게나 동화 같은 일상과 풍경을 선물하는 나라입니다. 그러나 높은 물가 때문에 "언젠가는 가겠지." 하며 망설이다가 아직 떠나지 못한 분들이 많습니다. 혹은 패키지여행으로 잠깐 스쳐 지나가며 "다음엔 꼭 여유롭게 와야지!"라고 다짐했지만, 막상 구체적인 계획을 세우지 못해 포기하는 경우도 흔합니다. 그런 분들을 위해, 스위스에서 10년간 여행 관련 일을 해 온 경험을 바탕으로 이 책을 완성했습니다. 제 여행사의 주요 고객층은 이 책을 손에 든 여러분처럼 자유여행을 꿈꾸는 분들입니다. 가슴 벅차도록 아름다운 스위스의 풍경 앞에서 많은 분이 이렇게 말하곤 합니다.

"엄마가 정말 좋아하실 것 같아요."
"부모님도 이런 여유로운 자유여행을 꼭 보내드리고 싶어요."

그래서 이 책은 스위스에서 가장 인기 많고 사랑받는 코스를 중심으로 구성했습니다. 여기에 더해, 현지인으로 살며 발견한 아직 잘 알려지지 않은 숨은 명소들도 함께 담았습니다. 또한 수많은 회의와 끊임없는 수정을 거쳐, 누구나 쉽게 이해할 수 있는 직관적이고 명확한 지도를 완성했습니다.

스위스를 여행하는 많은 여행자가 가장 어려워하는 부분 중 하나는 바로 '교통패스'입니다. 높은 비용과 복잡한 선택지 때문에 혼란스러워하는 분이 많죠. 이를 해결하기 위해, 여행사를 운영하며 1:1 유료 컨설팅으로 제공했던 가장 인기 있는 여행 코스와 현실적인 교통패스 추천을 이 책에 독자 여러분을 위해 무료로 담았습니다.

초록빛으로 물든 드넓은 들판, 하늘빛을 그대로 품은 거울 같은 빙하 호수, 그리고 웅장하게 솟아오른 설산의 장관 앞에서 자연의 경이로움을 마음껏 만끽해 보시길 바랍니다.

2024. 12. 7
베른 도서관에서 이안나 드림

Thanks to
자연 가이드님, 다영 님, 예은 님, 은실 님, 원미 님, 윤승 언니, 소장님, 가브리엘 님, Ben, John, Lara, Steph, Elena, Anita, Kevin, Angela, Isidora, Michel, Olivia, Gionas, Ben, Lara, Steph, Dimi.
타지에서 김치찌개에 따뜻한 공깃밥과 사랑을 기꺼이 나눠주시는 융프라우 빌라의 지숙 이모, 좋아하는 일을 하며 살도록 응원해 주신 '몽트래블'의 서찬수 대표님, 또한 사랑하는 남편과 가족에게 감사의 말을 전합니다. 무엇보다 책의 시작부터 끝까지 모든 걸음을 기꺼이 함께해 주신 정은영 에디터님과 디자인팀 및 〈한빛라이프〉에게도 깊은 감사를 드립니다. 마지막으로, 프리미엄 투어에 참여해 주신 약 1,000명의 소중한 고객님! ♥ 감사합니다.

일러두기

- 이 책은 2024년 11월까지 취재한 정보를 바탕으로 만들었습니다. 정확한 정보를 싣고자 노력했지만, 여행 가이드북의 특성상 책에서 소개한 정보는 현지 사정에 따라 수시로 변경될 수 있습니다. 여행을 떠나기 직전에 한 번 더 확인하시기 바라며 변경된 정보는 개정판에 반영해 더욱 실용적인 가이드북을 만들겠습니다.
- 외국어의 한글 표기는 국립국어원의 외래어 표기법을 최대한 따랐습니다. 다만, 우리에게 익숙하거나 그 표현이 굳어진 지명과 인명, 관광지명 등은 관용적인 표현을 사용했습니다.
- 대중교통 및 도보 이동 시의 소요 시간은 대략적으로 적었으며 현지 사정에 따라 달라질 수 있으니 참고용으로 확인하시기 바랍니다.
- 이 책에 수록된 지도는 기본적으로 북쪽이 위를 향하는 정방향으로 되어 있습니다. 정방향이 아닌 경우 별도의 방위 표시가 있습니다.
- 소개한 음식점은 예산별로 3단계로 나누어 프랑 표기를 넣었습니다. 색칠된 프랑이 1개에서 3개로 갈 수록 예산이 높습니다.
- 책의 마지막에는 이 책에 수록된 QR 코드를 모아 두었습니다. 각각의 QR 코드를 통해 교통 패스 구매 링크, 현지 전망대 실시간 라이브 캠 웹페이지로 이동할 수 있습니다.

주요 기호

가는 방법	주소	운영 시간	휴무일	요금
전화번호	홈페이지	관광명소	상점	맛집
기차역 & 산악 열차역		푸니쿨라역	곤돌라 & 케이블카역	
버스 정류장	유람선 선착장	도보 & 하이킹		

구글맵 QR코드

각 지도에 담긴 QR코드를 스마트폰으로 스캔하면 이 책에서 소개한 장소의 위치가 표시된 지도를 볼 수 있습니다. '지도 앱으로 보기'를 선택하고 구글 맵스 앱으로 연결하면 거리 탐색, 경로 찾기 등을 더욱 편하게 이용할 수 있습니다. 앱을 닫은 후 지도를 다시 보려면 구글 맵스 애플리케이션 하단의 '저장됨' - '지도'로 이동해 원하는 지도명을 선택합니다.

리얼 시리즈 100% 활용법

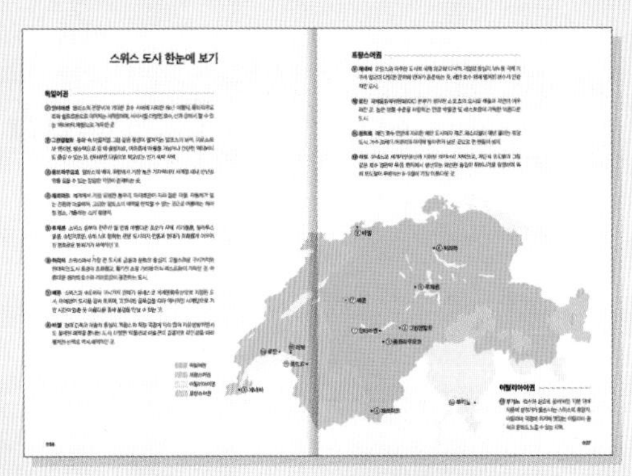

PART 1
여행지 개념 정보 파악하기

스위스에서 꼭 가봐야 할 장소부터 여행 시 알아두면 도움이 되는 국가 및 지역 특성을 소개합니다. 기초 정보부터 추천 코스까지 스위스 여행을 미리 그려볼 수 있는 정보를 담았습니다.

PART 2
테마별 여행 정보 살펴보기

스위스를 조금 더 깊이 들여다볼 수 있는 테마별 정보를 담았습니다. 어떤 곳을 갈지, 무엇을 먹고 살지 미리 알아보는 시간을 통해 스위스의 매력을 다채롭게 소개합니다.

PART 3
지역별 정보 확인하기

스위스에서 가보면 좋은 장소들을 도시별로 소개하고, 각 도시를 효율적으로 둘러볼 수 있는 방법을 알기 쉽게 설명합니다. 자칫 복잡해질 수 있는 스위스 지역을 언어권역별로 보기 쉽게 나누고, 함께 둘러볼 수 있는 근교 여행지까지 소개해 취향에 맞는 여행을 설계할 수 있습니다.

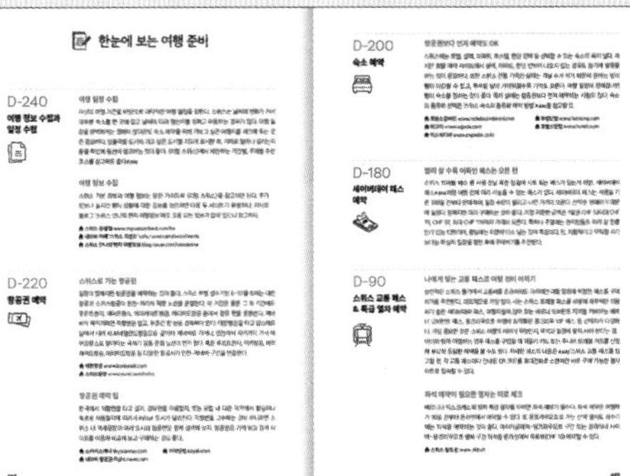

PART 4
실전 여행 준비하기

여행을 떠나기 전에 알아두고 준비해야 할 내용들을 안내합니다. 여행 준비 과정부터 예산 수립, 숙소 선택, 교통 패스 선택과 예약, 유용한 애플리케이션과 웹사이트 정보는 물론, 처음 스위스 여행을 떠나는 사람들이 가장 궁금해 하는 질문과 답변도 모아 담았습니다.

차례

Contents

작가의 말 004
일러두기 006

PART 1

미리 보는 스위스 여행

스위스와 사랑에 빠지는 장면들 014
숫자로 보는 스위스 024
스위스 도시 한눈에 보기 026
스위스 이동 한눈에 보기 028
스위스 여행의 기본 정보 030
스위스 여행 캘린더 032
스위스의 주요 역사 인물 034
스위스 추천 여행 코스 036

PART 2

스위스를 가장 멋지게 여행하는 방법

하이킹 050
파노라마 특급열차 056
스위스 온천 070
알프스 파노라마 스테이 074

지역별 음식 지도 080
스위스 대표 음식 소개 082
세계가 인정한 스위스 초콜릿 TOP 10 086
스위스 와인 & 치즈 090

메이드 인 스위스 기념품 쇼핑 096
스위스 약국 추천 제품 098
스위스 슈퍼마켓 쇼핑 100

PART 3

진짜 스위스를 만나는 시간

스위스로 가는 방법 104

스위스 내에서 이용할 수 있는 교통 수단 108

베르너 오버란트 지역(독일어권)

AREA…① 인터라켄 114

REAL PLUS…① 브리엔츠 호수 & 툰 호수 148

AREA…② 그린델발트 170

AREA…③ 융프라우요흐 190

REAL PLUS…② 쉴트호른 주변 마을 212
라우터브루넨·김멜발트·뮈렌·알멘드후벨·쉴트호른

리얼 가이드

인터라켄 액티비티 BEST 7 126

인터라켄에서 떠나는 당일치기 근교 여행
외쉬넨 호수 & 블라우 호수 138

야생화가 만발한 초원과
눈 덮인 산이 코앞에 펼쳐지는 곳
쉬니게 플라테 146

피르스트~그린델발트 이동하며 즐기는 액티비티 179

평생 기억에 남을 알프스 하이킹
융프라우 하이킹 209

독일어권역

AREA…① 체르마트 228

AREA…② 루체른 268

AREA…③ 취리히 302

AREA…④ 베른 332

AREA…⑤ 바젤 358

리얼 가이드

멀리 갈 필요 없어요 체르마트 '마을 안'에서
만나는 뷰 포인트 BEST 3 237

세계에서 가장 사랑받는 알프스를 만나다
마테호른 3대 전망대 244

하이킹 마니아라면 놓칠 수 없는 길
수네가에서 즐기는 하이킹 260

하이킹 왕복 40분, 그러나 만족도 99% 보장
수네가의 미식 레스토랑 구르메베그 264

직접 보고 듣고 체험하는 재미 가득
루체른의 놓칠 수 없는 4대 박물관 279

1년 내내 음악 축제가 가득한 스위스 음악의 수도
루체른에서 즐기는 뮤직 페스티벌 282

스위스 트래블 패스를 100% 활용하는 방법
루체른에서 갈 수 있는 산 BEST 4 284

날씨에 따라 즐길거리 가득
취리히 근교 즐기기 316

취리히 출발 하루 코스 여행
에셔 산장과 아펜첼 330

형형색색 품은 의미도 다른
베른의 분수 산책 342

알프스의 핑크빛 고봉을 만나고 싶다면
구어텐쿨름 349

스위스 수도의 품격이 담긴
베른의 미술관과 박물관 350

시티 오브 뮤지엄
예술의 도시 바젤 박물관 탐험 370

시원한 바젤에서의 여름 나기
부베트에서 음료와 간식거리를 380

프랑스어권역

AREA … ① 제네바 384

AREA … ② 로잔 406

AREA … ③ 몽트뢰 430

REAL PLUS … ① 브베 441

리얼 가이드

수준 높은 스위스와 프랑스 예술이 한 자리에 로잔에서 놓칠 수 없는 미술관 BEST 3 416

프랑스 생수의 마을 에비앙에서 한나절 보내기 419

제네바와 몽트뢰에서 가까운 스위스 알프스 글래시어 3000 448

황금빛 포도밭과 3개의 태양을 만나는 곳 라보 테라스 450

이탈리아어권역

AREA … ① 루가노 460

리얼 가이드

헤르만 헤세가 치유받은 평화로운 마을 몬타뇰라 473

배 타고 숨겨진 마을 산책 루가노 유람선 474

PART 4

실전에 강한 여행 준비

스위스 여행 FAQ 484

한눈에 보는 여행 준비 488

스위스 숙소의 종류와 예약 방법 493

지역별 숙소 잡는 팁 496

스위스 여행 예산 짜기 498

스위스 교통 패스 500

렌터카 이용하기 511

유용한 앱 & 웹사이트 514

긴급 상황 발생 시 필요한 정보 515

찾아보기 516

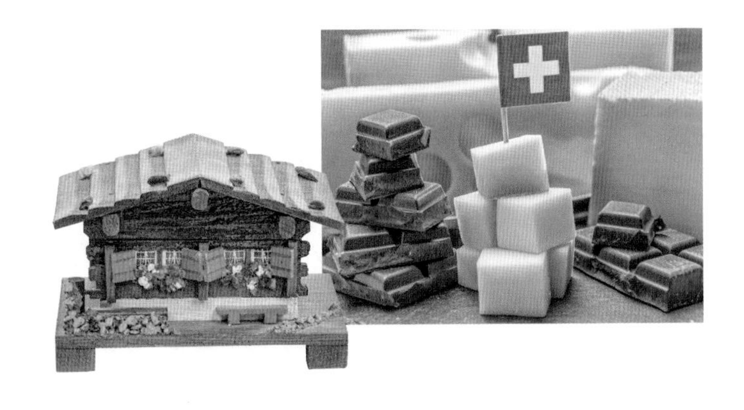

PART 1

미리 보는 스위스 여행

스위스와 사랑에 빠지는 장면들

1 _ 마테호른 Matterhorn

죽기 전에 한 번은 꼭 봐야 한다는 알프스의 상징,
체르마트에서 감상하는 핑크빛 일출과 일몰(일명 황금 호른) P.238

2 _ 융프라우요흐 Jungfraujoch

산악 열차 타고 유럽에서 가장 높은 기차역에 올라
빨간 스위스 깃발 들고 인증 사진(신라면 먹방 필수!) P.204

3 _ 외쉬넨호수 Oeschinensee

상상 그 이상! 거대한 산속에서 웅장한 빙하 호수를 바라보며 자연과 하나 되는 하이킹 P.139

4 _ 루체른 Luzern

호수, 산, 중세 도시까지 스위스를 축약해 놓은 미니어처 도시 산책

P.268

5 _ 루가노 Lugano

사계절 온화한, 보물 같은 낙원에서 유람선 타고 둘러보는
모르코테·간드리아 호수 마을 P.360

6 _ 라보 테라스 Lavaux Terraces

와인 한 모금, 경치 한 모금.
와이너리 사이로 펼쳐지는 푸른빛 레만 호수를 눈에 담으며 산책 P.450

7 _ 라우터브루넨

Lauterbrunnen

자연이 빚어낸 72개의 폭포 마을. 300m 높이에서 떨어지는 압도적이고 신비로운 슈타흐바흐 폭포

P.213

8 _ 브리엔츠 호수 Brienzersee

소다 맛 아이스크림을 풀어놓은 듯 오묘한 색감의 빙하 호수를 유람선 타고 한 바퀴 P.152

9 _ 베른 Bern

도시 전체가 유네스코 세계문화유산인 스위스 수도를 걸으며
중세 도시로 시간 여행! P.332

10 _ 바젤 Basel

예술을 사랑한다면
이곳은 MUST VISIT!
건축과 미술이
살아 숨 쉬는
공간 속으로 P.358

숫자로 보는 스위스

4개

스위스의 공용어
(독일어, 프랑스어, 이탈리아어, 로망슈어)

26개

스위스의 칸톤canton(주州) 수

1,500개

스위스의 호수

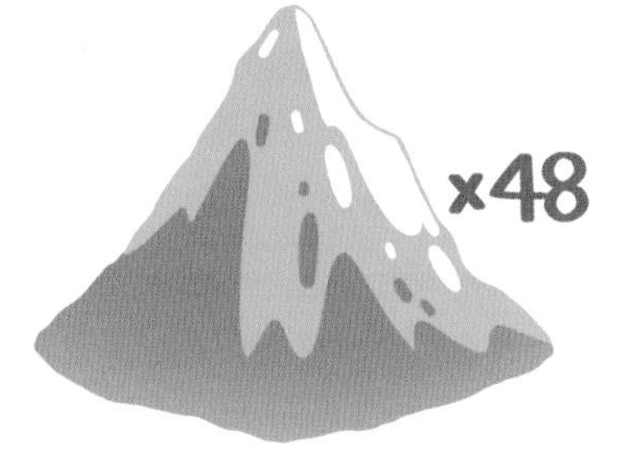

48개

해발 4,000m 이상의 산

* 한라산 해발고도 1,947m,
백두산 해발고도 2,744m

60%

국토 중 알프스산맥 비율

1,800개

산속에 뚫린 터널 개수

출처 스위스 연방 외무부 www.eda.admin.ch/aboutswitzerland/en/home/wirtschaft/verkehr/verkehr---fakten-und-zahlen.html

11kg

스위스 1인당 초콜릿 연간 소비량

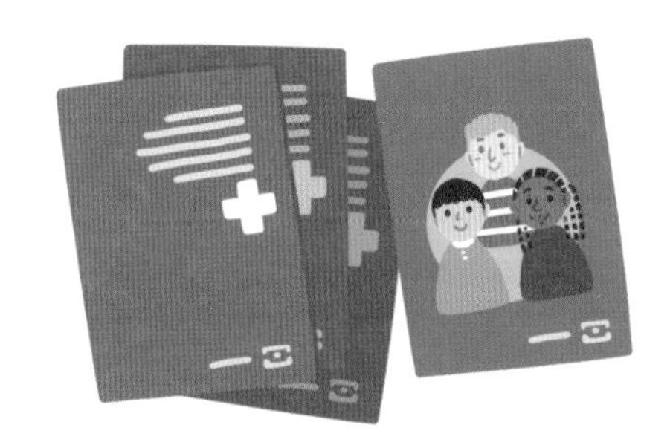

25%

스위스 거주 인구 중 외국인 비율

84년 스위스인 평균 수명

CHF 24.48

제네바주의 최저 시급(한화 약 3만 8,000원)

* 2025년 기준

57km

세계에서 가장 긴 철도 터널
스위스 남부 알프스 지역을 통과하는
고트하르트 베이스 터널Gotthard Base Tunnel의 길이

스위스 도시 한눈에 보기

독일어권

① **인터라켄** 알프스의 관문이자 거대한 호수 사이에 자리한 No.1 여행지. 융프라우요흐와 쉴트호른으로 이어지는 시작점이며, 사시사철 다양한 호수, 산과 강에서 할 수 있는 액티비티 체험으로 가득한 곳.

② **그린델발트** 동화 속 마을처럼 그림 같은 풍경이 펼쳐지는 알프스의 보석. 피르스트와 멘리헨, 핑슈텍으로 갈 때 출발지로, 여유롭게 마을을 거닐거나 간단한 액티비티도 즐길 수 있는 곳. 인터라켄 다음으로 떠오르는 인기 숙박 지역.

③ **융프라우요흐** 알프스의 백미. 유럽에서 가장 높은 기차역이자 사계절 내내 만년설 위를 걸을 수 있는 장엄한 자연이 존재하는 곳.

④ **체르마트** 세계에서 가장 유명한 봉우리, 마테호른이 자리 잡은 마을. 자동차가 없는 친환경 마을이자, 고요한 알프스의 매력을 만끽할 수 있는 곳으로 여름에는 하이킹 명소, 겨울에는 스키 휴양지.

⑤ **루체른** 스위스 중부의 진주라 할 만큼 아름다운 호숫가 지역. 리기쿨름, 필라투스쿨름, 슈탄저호른, 슈토스로 향하는 관문 도시이자 전통과 현대가 조화롭게 어우러진 평화로운 분위기가 매력적인 곳.

⑥ **취리히** 스위스에서 가장 큰 도시로 금융과 문화의 중심지. 고풍스러운 구시가지와 현대적인 도시 풍경이 조화롭고, 활기찬 쇼핑 거리와 미식 레스토랑이 가득한 곳. 아름다운 취리히 호수와 리마트강이 공존하는 도시.

⑦ **베른** 스위스의 수도이자 구시가지 전체가 유네스코 세계문화유산으로 지정된 도시. 아레강이 도시를 감싸 흐르며, 고즈넉한 골목길을 따라 역사적인 시계탑으로 가면 시간이 멈춘 듯 아름다운 중세 풍경을 만날 수 있는 곳.

⑧ **바젤** 현대 건축과 미술의 중심지. 프랑스와 독일 국경에 자리 잡아 자유분방하면서도 절제된 매력을 뽐내는 도시. 다양한 박물관과 미술관의 집결지로 라인강을 따라 펼쳐진 산책로 역시 매력적인 곳.

프랑스어권

⑨ **제네바** 프랑스와 마주한 도시로 국제 외교와 다국적 기업의 중심지. UN 등 국제 기구가 있으며 다양한 문화와 언어가 공존하는 곳. 레만 호수 위에 펼쳐진 분수가 인상적인 도시.

⑩ **로잔** 국제올림픽위원회(IOC) 본부가 위치한 스포츠의 도시로 예술과 자연이 어우러진 곳. 높은 생활 수준을 자랑하는 만큼 박물관 및 레스토랑이 가득한 아름다운 도시.

⑪ **몽트뢰** 레만 호수 연안에 자리한 해안 도시이자 재즈 페스티벌이 매년 열리는 휴양 도시. 가수 프레디 머큐리의 마지막 발자취가 남은 곳으로 퀸 팬들의 성지.

⑫ **라보** 유네스코 세계자연유산에 지정된 와이너리 지역으로, 계단식 포도밭과 그림 같은 호수 경관이 특징. 현지에서 생산되는 와인은 품질이 뛰어나기로 유명하며 특히 포도알이 무르익는 8~9월이 가장 아름다운 곳.

이탈리아어권

⑬ **루가노** 호수와 산으로 둘러싸인 지형 덕에 지중해 분위기가 물씬 나는 스위스의 휴양지. 이탈리아 국경에 위치해 맛있는 이탈리아 음식과 문화도 느낄 수 있는 지역.

스위스 이동 한눈에 보기

내륙 국가인 스위스는 서쪽 프랑스, 북쪽 독일, 동쪽 오스트리아와 리히텐슈타인, 남쪽 이탈리아 이렇게 총 5개국에 둘러싸여 있다. 따라서 단독 여행보다는 주변 국가도 함께 여행하는 경우가 많다. 한국에서 항공편을 이용해 스위스로 바로 입국하는 경우, 취리히와 제네바공항을 통해 올 수 있다. 주변국에서 취리히나 제네바공항으로 오는 항공편은 편수가 많고, 유럽 각지와 스위스를 잇는 열차는 가격도 저렴한 편이다. 열차를 이용하면 프랑스 파리에서 스위스 바젤로 들어오는 경우가 많다. 이탈리아에서는 베네치아 또는 피렌체에서 스위스 국경 도시인 도모도솔라를 지나 스위스로 들어오는 경우가 일반적이다.

* 아래 표기 시간은 기차 이동 기준

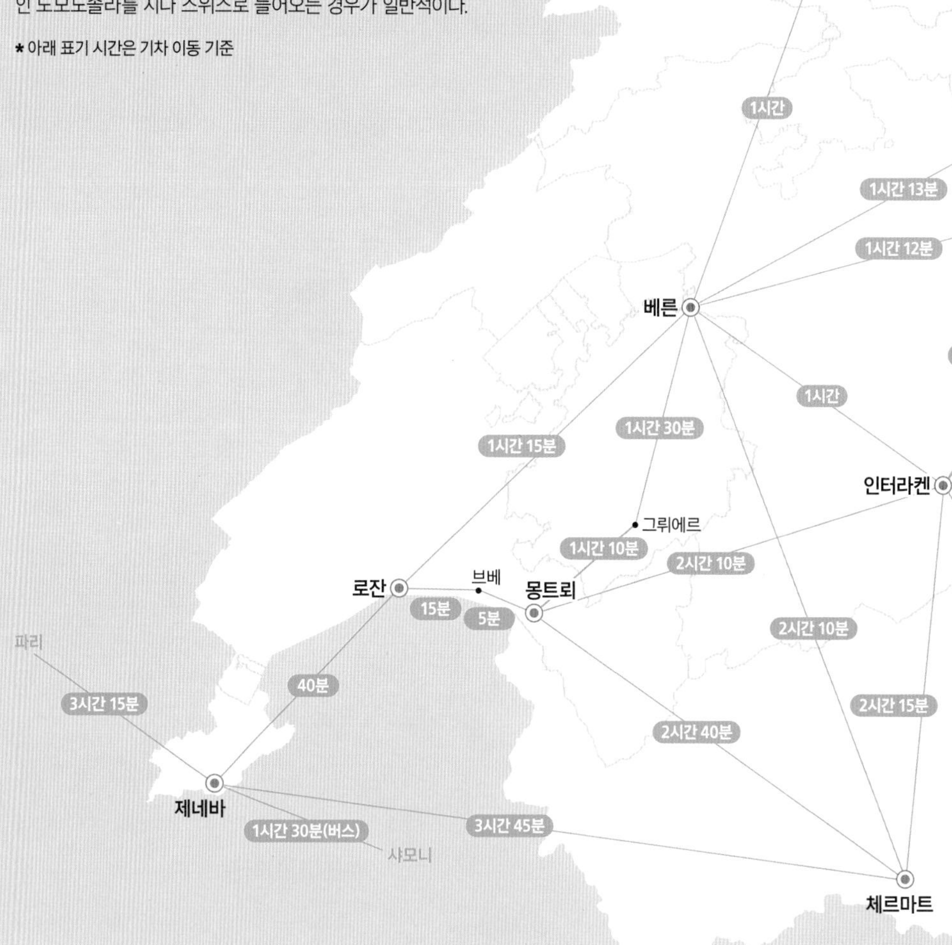

뮌헨
3시간 30분
비엔나
8시간
취리히
1시간 50분
아펜첼
50분
루체른
시간 50분
3시간
1시간 55분
1시간 50분
생모리츠
간 50분
도모도솔라
1시간 40분
~2시간 40분
루가노
1시간 15분
밀라노
2시간
피렌체
밀라노

스위스 여행의 기본 정보

국명

스위스

영어로 스위철랜드 Switzerland,
독일어로 슈바이츠 Schweiz,
프랑스어로 스위스 Suisse,
이탈리아어로 스비체라 Svizzera,
로망슈어로는 스비즈라 Svizra.
스위스 국가코드는 CH로,
'스위스 연방'을 뜻하는 라틴어 단어인
'콘포데라찌오 헬베티카 Confoederatio Helvetica'에서 유래했다.
스위스 프랑, 자동차, 인터넷 주소 등에서
CH가 자주 등장하는 것을 볼 수 있다.

국기

바티칸을 제외하고 세계에서 유일하게
정사각형의 국기를 사용

통화

스위스 연방 프랑

CHF, Confoederatio Helvetica Franc

인구

892만 명

(대한민국 인구 5,175만 명)

* 2024년 12월 기준

환율

CHF 1 = 1,602원

* 2024년 12월 기준

언어

공용어 4개

독일어(61.8%), 프랑스어(22.8%),
이탈리아어(7.8%), 로망슈어(0.5%)

* 2022년 기준

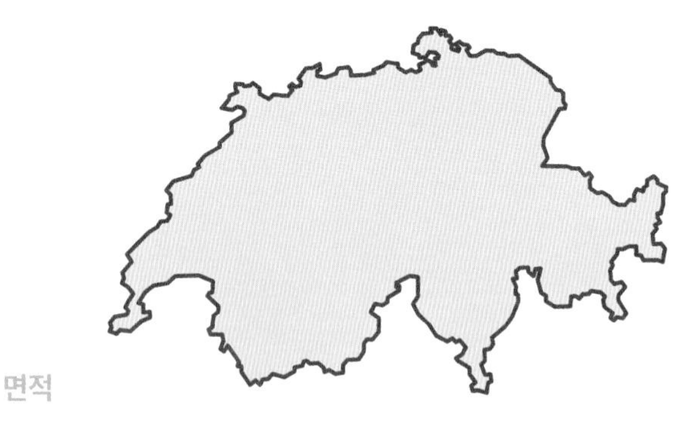

면적

41,290km^2

한국 면적의 약 0.4배(대한민국 100,410km^2),

시차

한국보다 8시간 느리다.

한국이 저녁 9시면 스위스는 오후 1시.
단 **서머타임 기간**(3월 마지막 일요일~10월 마지막 일요일)에는
한국보다 **7시간** 느리다(한국이 저녁 9시면 스위스는 오후 2시).

비행 시간

인천~취리히 직항
13시간 55분

취리히~인천 직항
11시간 45분

국화 國花

에델바이스

비자

무비자로 90일간

체류 가능

전압

220V, 50Hz

콘센트

3구와 2구

모두 사용하나 2구 크기가 한국과 달라서
변환 어댑터 필요

건물의 층

스위스의 0층은 한국의 1층,
스위스의 1층은 한국의 2층

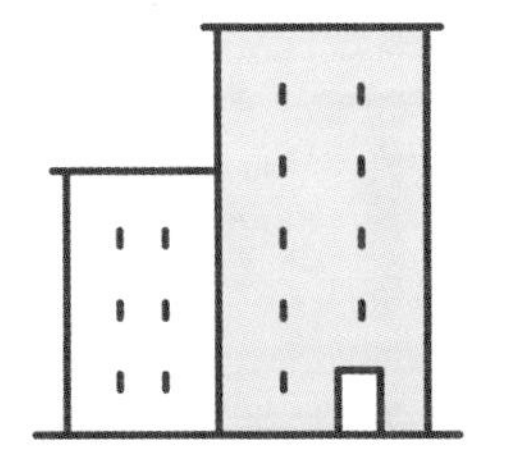

긴급 연락처

주스위스 대한민국 대사관(베른)

대표전화(근무 시간) +41-31-356-2444
긴급전화(근무 시간 외) +41-79-897-4086
영사콜센터(24시간, 서울) +82-2-3210-0404(유료)

스위스 여행 캘린더

스위스의 봄은 대체로 서늘하고 쾌적한 날씨가 이어지나, 아침저녁에는 기온이 낮아지므로 가벼운 외투나 재킷이 필요하다. 기온은 약 5~15℃ 정도이며 여름이 다가올수록 점차 따뜻해지지만 한국에 비하면 여전히 서늘한 편이다. 여름은 한국에 비해 건조하고 시원하다. 기온은 15~30℃ 정도로 올라가지만, 한국보다 습도가 굉장히 낮아 그늘만 가도 별로 덥지 않다. 특히, 고도가 높은 지역은 해가 지면 서늘하므로 가벼운 외투를 준비하는 것이 필수다. 가을은 한국과 비슷하게 선선한 편이며, 고지대는 추운 편이다. 기온은 5~15℃ 정도로, 재킷이나 얇은 스웨터가 필수다. 추위를 타면 여러 겹 껴입고 점퍼까지 있으면 더욱 좋다. 겨울에는 눈이 자주 내리며 기온은 0~10℃ 정도이다. 고산 지대를 방문할 예정이라면 두꺼운 겨울옷과 방한 장비가 필요하다. 난방은 비교적 잘 되어 있지만, 한국과 달리 라디에이터에 의존하는 숙소가 많다.

스위스 모든 주의 공통 공휴일

- **새해 첫날** 1월 1일
- **부활절** 3월 또는 4월 금요일과 일요일(매년 다름)
- **예수 승천일** 부활절 끝나고 40일 후 목요일(매년 다름)
- **스위스 국경일** 8월 1일
- **크리스마스** 12월 25일

* 스위스는 주마다 종교와 법률이 달라 쉬는 날도 다르니 주의

인터라켄

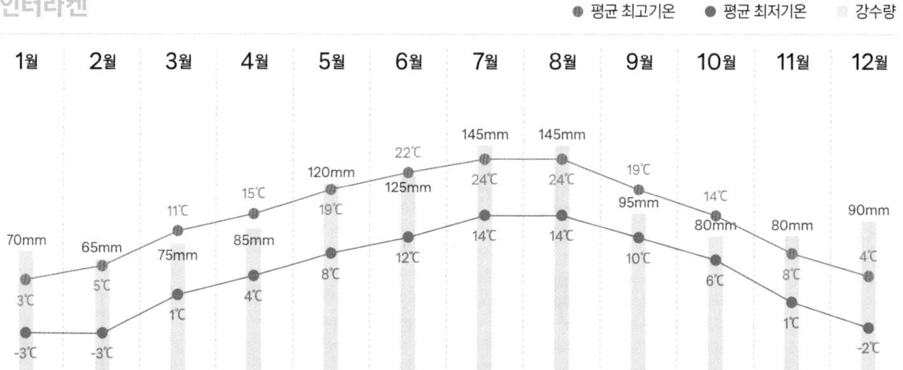

취리히

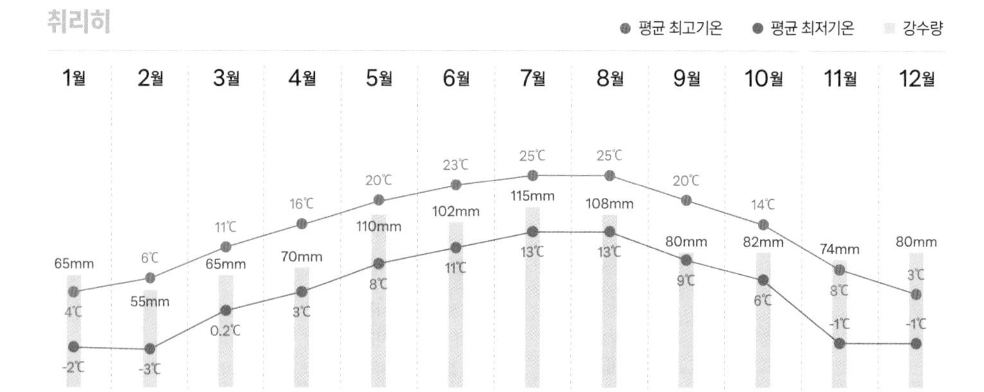

최적의 여행시기

• **여름** 스위스의 여름 날씨는 대체로 온화하고 쾌적하다. 평균 기온은 18°C에서 28°C 사이를 오고 간다. 한여름에는 오후 1시부터 5시까지 최고 기온을 기록하지만, 알프스산맥의 고지대에서는 시원한 기후가 지속되어 하이킹 및 사이클링 등을 하는 사람을 쉽게 볼 수 있다. 기온이 올라가도 밤에는 서늘해지며 특히 산악 지역은 일교차가 크니 주의한다. 여름철에는 소나기가 내리거나 천둥, 번개를 동반하는 날도 있어 무지개를 볼 확률이 높다.

• **겨울** 스위스의 겨울은 춥고 눈이 많이 내리다 보니, 특히 알프스 지역은 스키와 스노보드를 즐기기에 최적의 환경이 된다. 낮 기온은 보통 -2°C에서 7°C 사이로, 고지대에서는 영하의 날씨가 지속된다. 도시 혹은 고도 2,000m 미만에서는 간혹 비가 내리기도 하지만, 2,000m 지대 위에서는 눈이 주로 내린다. 따라서 2,000m 이상 올라갈 시에 운해雲海를 자주 볼 수 있으며 새하얀 알프스의 풍경이 환상적이다.

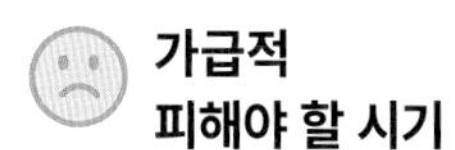

가급적 피해야 할 시기

• **4월, 11월** 산으로 가는 케이블카 또는 산악열차를 점검하는 시기이다. 겨울에서 여름, 여름에서 겨울로 넘어가는 시점으로, 스키 리조트 주변 레스토랑, 호텔은 일시적으로 문을 닫기도 한다. 무엇보다 관광업에 종사하는 사람들에게는 휴가 기간이라 레스토랑과 상점이 닫는 경우가 많다. 하지만 인기 지역인 마테호른 전망대 및 융프라우요흐는 365일 운영하기 때문에 꼭 이 시기에만 시간을 낼 수 있다면 방문하기 괜찮다.

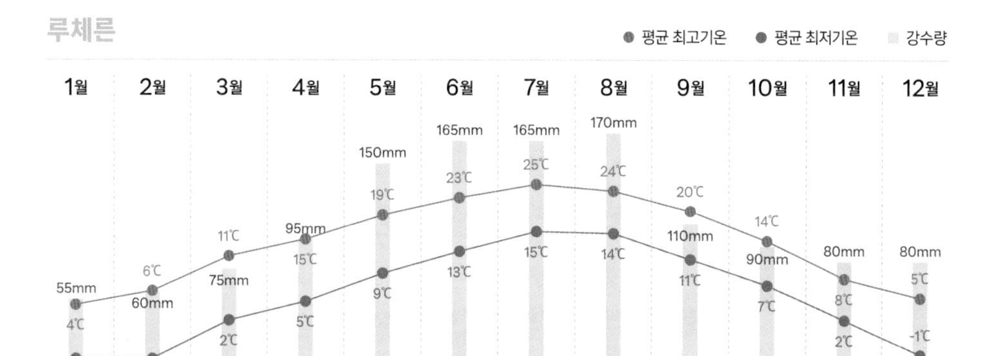

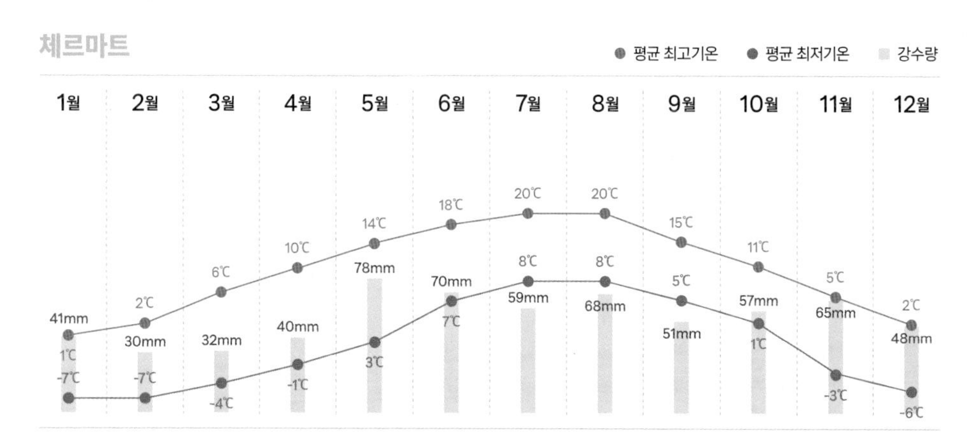

스위스의 주요 역사 인물

알베르트 아인슈타인 Albert Einstein

1879.3.14.~1955.4.18.

독일에서 태어났지만 1901년 스위스 시민권을 취득했고, 1895년부터 1914년까지 스위스에서 살았다. 훗날 독일과 미국으로 가기 전까지 베른에서 거주하면서 우리에게도 익숙한 물리 공식 $E=mc^2$와 상대성 이론을 연구했다.

spot **베른** 베른 역사박물관 & 아인슈타인 박물관 **P.351**

칼 구스타브 융 Carl Gustav Jung

1875.7.26.~1961.6.6.

정신과 의사. MBTI의 기초가 된 분석심리학을 창시했으며, 최초로 성격을 '내향형'과 '외향형'으로 나눴다. 콤플렉스와 집단무의식의 개념을 정립하기도 했다.

spot **취리히** 칼 구스타브 융 박물관 **P.318**

장 자크 루소 Jean-Jacques Rousseau

1712.6.28.~1778.7.2.

제네바 태생의 철학자이자 소설가. 스위스를 떠나 프랑스로 건너가 정치철학과 프랑스 혁명에 중요한 공헌을 했다. 〈에밀〉 〈사회계약론〉 〈인간 불평등 기원론〉 〈신 엘로이즈〉 〈고백록〉 등 문학계에서 대작을 남겼다.

spot **제네바** 루소 섬 **P.393**, 루소와 문학의 집 **P.397**

르 코르뷔지에 Le Corbusier

1887.10.6.~1965.8.27.

뇌샤텔 근처 라쇼드퐁La Chaux-de Fonds 태생의 건축가. 근대 건축의 아버지라 불리는 인물로, 현대적인 아파트 단지의 방식을 확립하는 등 현대 건축의 기초를 다졌다.

spot **취리히** 르 코르뷔지에 센터 **P.319**

헤르만 헤세 Herman Hesse

1877.7.2.~1962.8.9.

독일 태생의 스위스 문학가로 1924년 스위스 시민권을 취득했다. 43년간 스위스에 살면서 소설가, 화가로 활약했으며 저서로 〈데미안〉, 〈싯다르타〉 등이 있다. 1946년에는 〈유리알 유희〉로 노벨문학상을 받았다.

spot **루가노** 헤르만 헤세 박물관 **P.473**

스위스는 깊은 역사와 다양한 문화적 배경을 지닌 나라로, 세계적으로 영향력 있는 많은 인물을 배출했다. 스위스의 유명한 인물들은 예술, 과학, 정치, 스포츠 등 다양한 분야에서 활약하며 스위스의 위상을 높였다.

앙리 네슬레 Henri Nestlé

1814.8.10.~1890.7.7.

독일과 스위스에서 활동한 제과업자. 세계 최대 음료 및 식품 회사인 네슬레Nestlé의 창립자이기도 하다. 독일 태생이지만 1886년부터 스위스의 작은 마을 브베Vevey에서 유아용 조제분유를 판매하며 기업가로 성장했다.

spot **브베** 알리멘타리움 **P.444**

앙리 뒤낭 Jean-Henri Dunant

1828.5.8.~1910.10.30.

국제 적십자 위원회의 창시자이자 1901년 제1회 노벨평화상 수상자이다. 제네바에서 태어나 노블레스 오블리주를 실천하는 부모와 함께 나눔을 실천하는 삶을 살았다. 앙리 뒤낭의 생일인 5월 8일은 국제 적십자와 적신월사의 날로 기념하고 있다.

spot **제네바** 국제적십자와 적신월 박물관 **P.392**

알프레드 에셔 Alfred Escher

1819.2.20.~1882.12.6.

스위스 철도의 선구자이자 취리히 연방 공과 대학교ETH Zurich 창립자. 스위스의 글로벌 투자은행 크레디트 스위스Credit Swiss 창립자이기도 하며, 19세기 스위스 의장을 역임하기도 했다.

spot **취리히** 알프레드 에셔 동상 **P.313**

요한 하인리히 페스탈로치 Johann Heinrich Pestalozzi

1746.1.12.~1827.2.17.

취리히 출신의 교육학자. 유아교육과 초등교육의 기초, 대안학교, 체험학습 등을 만들고 교사들의 권리를 보호하는 단체를 설립했다.

로저 페더러 Roger Federe

1981.8.8.~

바젤 출생의 전 프로 테니스 선수. 2004년부터 2008년까지 237주 연속 세계 랭킹 1위를 지켰으며 역사상 최고의 테니스 선수로 평가받는다. 2008 베이징 올림픽에서 남자 복식 금메달, 2012 런던 올림픽에서 남자 단식 은메달을 땄다.

스위스 추천 여행 코스

스위스 여행에서 가장 현실적으로 접근해야 하는 것은 여행 일정이다. 숙박 지역을 최소화하고 계절과 날씨에 따라 유동성 있게 움직이는 것을 추천한다. 가장 인기 많은 코스인 3박 4일, 4박 5일, 7박 8일, 8박 9일, 9박 10일 코스를 소개한다. 여행 경비에서 가장 부담되고 머리까지 아픈 교통 패스를 편하게 선택할 수 있도록 이 부분도 덤으로 가져가자.

* 스위스 트래블 패스는 만 25세 이상, 2등석 기준 가격.
모든 비용은 성수기 기준이며, 방문 시기에 따라 가격 변동될 수 있음.

01

시간이 없는 여행자를 위한 스위스 필수 코스 3박 4일

최적 시기 사계절 내내

핵심 여행지 루체른 + 그린델발트 + 융프라우요흐

스위스에서 가장 인기 있는 지역인 루체른과 인터라켄을 돌아보는 짧은 일정이다.
특히나 다른 유럽 국가도 함께 여행하는 사람들이 선호하는 코스이기도 하다.
보통 이탈리아 밀라노나 피렌체에서 기차로 들어와 루체른 또는 인터라켄에 머물다
프랑스 파리 쪽으로 나가는 경우가 많고 반대 코스도 인기가 많다.
루체른에서는 산과 호수, 중세 풍경 도시를 만나고 스위스 관광의 꽃인 융프라우요흐로
이동한다. 여름에는 꽃이 흐드러지게 핀 풍경과 알프스 소가 반겨주는 유명한
37번 코스 하이킹을 즐길 수 있고, 겨울에는 스키, 썰매 또는 피르스트에서
액티비티를 할 수 있다. 이걸로 부족하다면 2일 차와 3일 차 자투리 시간을 이용해
인터라켄에 있는 하더쿨름과 그린델발트 마을도 둘러볼 수 있다.

교통권 추천

★ 여행 준비 기간이 6개월 미만일 때

스위스 트래블 패스(연속) 4일권 (CHF 295) + 융프라우요흐(동신항운 쿠폰+스위스 트래블 패스 중복 할인 적용, CHF 145) + 하더쿨름(동신항운 쿠폰 + 스위스 트래블 패스 중복 할인 적용, CHF 17) = **약 CHF 457**

★ 여행까지 6개월 이상 남았을 때

취리히공항~루체른 구간권(CHF 31) + 세이버데이 패스(CHF 52) + 동신항운 VIP 패스(1일 CHF 190) + 세이버데이 패스(CHF 52) = **약 CHF 325**

일 차	교통 패스	여행 지역	숙박 지역	비고
1일	★ 스위스 트래블 패스 1일 차 ★ 취리히공항-루체른 구간권(31) 제네바공항 출발 시 구간권이 아닌 세이버데이 패스 추천(52)	**오전** 취리히·제네바 입국 후 루체른으로 이동 **오후** 중세 도시 루체른 구시가지 관광	루체른	
2일	★ 스위스 트래블 패스 2일 차 ★ 세이버데이 패스(52)	**여름** **오전** 루체른의 대표적인 산 리기쿨름 or 목가적인 풍경을 간직한 슈탄저호른 or 필라투스쿨름 방문 **오후** 동화 마을 그린델발트로 이동 **겨울** **오전** 리기쿨름 or 필라투스쿨름 방문 **오후** 동화 마을 그린델발트로 이동	인터라켄 or 그린델발트	• 리기쿨름·슈탄저호른 스위스 트래블 패스, 세이버데이 패스 무료 • 필라투스쿨름 스위스 트래블 패스 50% 할인(39)
3일	★ 스위스 트래블 패스 3일 차 + 융프라우요흐 왕복권(145) + 하더쿨름(17) ★ 융프라우 VIP 패스 1일권(190) + 겨울에 알멘드후벨로 썰매 타러 갈 시 추가 요금(8.80)	**여름** **오전** 신라면 맛집, 융프라우요흐 관광 + 37번 또는 33번 코스 하이킹 **오후** 브리엔츠 유람선 타고 하더쿨름에서 노을 감상 **겨울** **오전** 융프라우요흐 관광 **오후** 피르스트 액티비티(피르스트 플라이어, 글라이더) or 엽서 속 거리 같은 라우터브루넨 마을과 아기자기한 뮈렌 마을 구경 or 알멘드후벨~뮈렌 썰매 타기	인터라켄 or 그린델발트	• 하더쿨름(4~11월) 하행 막차 4월 초~4월 중순 19:10, 4월 중순~5월 중순 & 9월 중순~10월 중순 21:10, 5월 중순~9월 중순 21:40, 11월 17:10(막차는 사람이 많으면 못 탈 수도 있으니 1시간 여유 있게 갈 것) • 스위스 트래블 패스 50% 할인 • 융프라우 VIP 패스 무료 • 브리엔츠 유람선(4월 중순~12월 초) 인터라켄 출발 브리엔츠행 막차 4월 중순~5월 초 15:07, 5월 중순~10월 중순 16:07, 10월 중순~12월 초 15:10 • 융프라우 VIP 패스 무료, 스위스 트래블 패스(17) • 12월~3월 말 피르스트 곤돌라 하행 막차 16:20 • 12월~3월 말 알멘드후벨 푸니쿨라 하행 막차 17:00 • 뮈렌까지 스위스 트래블 패스·융프라우 VIP패스 무료, 뮈렌~알멘드후벨 스위스패스 50% 할인(4.40), 융프라우 VIP패스(8.80) • 썰매 장비 대여(20)
4일	★ 스위스 트래블 패스 4일 차 ★ 세이버데이 패스(52)	인터라켄 or 그린델발트 ➤ 출국		• 시간이 남으면 베른역, 바젤역, 취리히역 로커에 짐 맡기고 도시 관광 • 로커 비용(12): 큰 캐리어 6시간 기준

* 표에서 괄호 안 숫자는 스위스 프랑(CHF)을 나타냄.

02

유명한 스위스 3곳은 다 찍고 가는 알짜배기 코스 4박 5일

최적 시기 사계절 내내

핵심 여행지 체르마트 + 인터라켄 + 융프라우요흐 + 루체른

스위스에서 가장 유명한 포인트를 단기간에 만나는 최적의 코스이다. 체르마트에서 세계적으로 유명한 마테호른의 봉우리를 감상하며 여름에는 하이킹, 겨울에는 스키를 즐길 수 있다. 다음으로 인터라켄 또는 그린델발트에 숙소를 잡고, 1년 내내 빙하로 가득한 유럽에서 가장 높은 기차역인 융프라우요흐를 감상한다. 마지막으로 호수와 산의 조화가 아름다운 도시 루체른까지 돌아보며 여정을 마무리하는 코스이다. 숙소를 옮기는 게 부담스러우면 체르마트에 숙소를 잡지 않고, 인터라켄이나 그린델발트에 3일 내내 묵으며 체르마트는 날씨 좋은 날 당일치기로 가는 것도 방법이다.

교통권 추천

스위스 트래블 패스(연속) 6일권 (CHF 379) + 고르너그라트(스위스 트래블 패스 할인 적용, CHF 66) + 융프라우요흐(동신항운 쿠폰+스위스 트래블 패스 중복 할인 적용, CHF 145) = **약 CHF 590**(여름 기준)

※ 스위스 트래블 패스 연속권은 5일권이 없으므로 6일권 사용

일 차	교통 패스	여행 지역	숙박 지역	비고
1일	스위스 트래블 패스 1일 차	**오전** 취리히·제네바 입국 후 체르마트로 이동 **오후** 알프스 무공해 마을 체르마트 산책	체르마트	
2일	여름 스위스 트래블 패스 2일 차 + 고르너그라트(66) + 블라우헤르트(29) + 마테호른 글래시어 파라다이스(60)	**오전** 체르마트 시내 또는 호텔에서 마테호른 일출 감상 + 선택 1 ① 고르너그라트 열차 타기 ② 수네가-블라우헤르트 푸니쿨라 & 곤돌라 타고 슈텔리 호수까지 하이킹	인터라켄 or 그린델발트	• 고르너그라트 열차 스위스 트래블 패스 50% 할인: 5월(57), 6~8월(66), 9~10월(57), 11~4월(46) • 수네가-블라우헤르트 푸니쿨라 & 곤돌라 스위스 트래블 패스 50% 할인: 11~4월(23), 5~10월(26.50), 7~8월(29)

	겨울 스위스 트래블 패스 2일 차 + 체르마트 스키패스 일일권(97)	③ 마테호른 글래시어 파라다이스 곤돌라 타기 ④ 스키나 스노보드 즐기기 **오후** 인터라켄 or 그린델발트로 이동		• 마테호른 글래시어 파라다이스 스위스 트래블 패스 50% 할인: 11~4월(47.50), 5~10월(54.50), 7~8월(60) • 체르마트 스키 패스 1일권(97), 장비 대여(약 100) • 체르마트역 로커나 호텔에 짐 맡기기(9) : 큰 캐리어 24시간 기준
3일	 **여름** 스위스 트래블 패스 3일 차 + 융프라우요흐 왕복권(145) + 하더쿨름(17) **겨울** ① 스위스 트래블 패스 3일 차 융프라우요흐 VIP 패스 1일권(190) ② 스위스패스 3일 차 + 융프라우요흐 왕복권(145) + 알멘드 후벨~뮈렌 썰매 탈 경우(8.80)	**여름** **오전** 신라면 맛집, 융프라우요흐 관광 + 37번 또는 33번 코스 하이킹 **오후** 브리엔츠 유람선 타고 하더쿨름에서 노을 감상 **겨울** **오전** 융프라우요흐 관광 **오후** 선택 1 ① 피르스트 액티비티(피르스트 플라이어, 글라이더) ② 엽서 속 거리 같은 라우터브루넨 마을과 아기자기한 뮈렌 마을 구경 or 알멘드후벨~뮈렌 썰매 타기 	인터라켄 or 그린델발트	• 하더쿨름(4~11월) 하행 막차 4월 초~4월 중순 19:10, 4월 중순~5월 중순 & 9월 중순~10월 중순 21:10, 5월 중순~9월 중순 21:40, 11월 17:10 막차는 사람이 많으면 못 탈 수도 있으니 1시간 여유 있게 갈 것) • 스위스 트래블 패스 50% 할인, 융프라우 VIP 패스 무료 • 브리엔츠 유람선(4월 중순~12월 초) 인터라켄 출발 브리엔츠행 막차 4월 중순~5월 초 15:07, 5월 중순~10월 중순 16:07, 10월 중순~12월 초 15:10 • 스위스 트래블 패스·융프라우 VIP 패스 무료 • 12월~3월 말 피르스트 곤돌라 하행 막차 16:20 / 융프라우 VIP패스로 피르스트 플라이어, 글라이더 무료 • 12월~3월 말 알멘드후벨 푸니쿨라 하행 막차 17:00 • 뮈렌까지 스위스 트래블 패스 무료 뮈렌~알멘드후벨(4.40) • 겨울에는 오후 5시만 되어도 해가 져 깜깜하므로 일찍 움직이고 일찍 돌아오는 게 포인트 • 썰매 장비 대여(20)
4일	스위스 트래블 패스 4일 차	**여름** **오전** 루체른으로 이동 **오후** 루체른의 대표 산 리기쿨름 or 목가적인 풍경을 간직한 슈탄저호른 or 필라투스쿨름 방문 **겨울** **오전** 루체른으로 이동 **오후** 리기쿨름 or 필라투스쿨름 방문	루체른	• 리기쿨름·슈탄저호른 스위스 트래블 패스, 세이버데이 패스 무료 • 필라투스쿨름 스위스 트래블 패스 50% 할인(39)
5일	스위스 트래블 패스 5일 차	루체른 ➤ 출국		• 시간이 남으면 베른, 취리히 또는 바젤역 로커에 짐 맡기고 관광

* 표에서 괄호 안 숫자는 스위스 프랑(CHF)을 나타냄.

03

스위스 여행 최적기에 즐기는 아름다운 포인트 4박 5일

최적 시기 봄~가을(4월 초~9월 중순)

핵심 여행지 베른 + 인터라켄 + 융프라우요흐 + 피르스트 + 라보 또는 외시넨·블라우 호수

이 코스는 한곳에 머물며 날씨가 좋을 때마다 원하는 지역으로 여행하는 사람들에게 권하는 코스이다. 특히 4개 국어가 공용어인 스위스에서 가장 많은 인구를 차지하는 독일어권과 프랑스어권 지역을 여행하며 새로운 문화와 미식을 즐길 수 있는 코스이기도 하다. 첫날에는 스위스의 수도인 베른을 둘러보고, 저녁에는 4박 내내 머물 숙소에 체크인한다. 그리고 2일간 날씨가 좋은 날에 융프라우요흐를 가고, 남은 하루는 피르스트 액티비티 및 유람선을 즐긴다. 4일 차에는 계단식 포도밭과 바다처럼 펼쳐진 프랑스어권 지역인 라보 지역으로 발걸음을 옮길 수 있다. 또는 취향에 따라 스위스의 거대하고 아름다운 호수 풍경을 간직한 외시넨호수를 가는 것도 좋다. 스위스를 떠나는 날 오전에 시간이 된다면 루체른 구시가지 또는 취리히 구시가지를 구경하며 일정을 마무리한다. 가장 인기가 많은 코스이지만 여행 준비 기간이 6개월 미만 남았을 때는 가장 비싼 코스이기도 하다. 이 경우 2번 알짜배기 코스도 고려하기를 추천한다.

교통권 추천

★ 여행 준비 기간이 6개월 미만일 때

스위스 트래블 패스(연속) 6일권 (CHF 379) + 융프라우 VIP 패스 2일권 (CHF 200) + 외쉬넨호수 및 블라우 호수 방문 시(CHF 29) = **약 CHF 608**

※ 스위스 트래블 패스 연속권은 5일권이 없으므로 6일권 사용

※ 그린델발트~취리히 구간권은 CHF 88.80으로, 4일권(CHF 295)보다 6일권(CHF 379)이 좀 더 저렴한 편

★ 여행까지 6개월 이상 남았을 때

세이버데이 패스(CHF 52) + 동신항운 융프라우 VIP 패스 2일권(CHF 215) + 세이버데이 패스(CHF 52) + 세이버데이 패스(CHF 52) = **약 CHF 371** + 외쉬넨호수 및 블라우 호수 방문 시(CHF 45) = **약 CHF 416**

일 차	교통 패스	여행 지역	숙박 지역	비고
1일	★ 스위스 트래블 패스 1일 차 ★ 세이버데이 패스 추천(52)	**오전** 취리히·제네바 입국 후 베른으로 이동 **오후** 유네스코 세계문화 유산으로 지정된 베른 구시가지 관광(약 2시간), 인터라켄 or 그린델트로 이동	인터라켄 or 그린델발트	• 베른역 로커에 짐 맡기기(12): 큰 캐리어 6시간 기준

2일	★ 스위스 트래블 패스 2일 차 + 융프라우 VIP 패스 2일권(200) ★ 융프라우 VIP 패스 2일권(215) 1일 차	**오전** 신라면 맛집, 융프라우요흐 관광 + 37번 또는 33번 코스 하이킹 **오후** 브리엔츠 유람선 타고 하더쿨름에서 노을 감상	인터라켄 or 그린델발트	• 하더쿨름(4~11월) 하행 막차 4월 초~4월 중순 19:10, 4월 중순~5월 중순 & 9월 중순~10월 중순 21:10, 5월 중순~9월 중순 21:40, 11월 17:10 막차는 사람이 많으면 못 탈 수도 있으니 1시간 여유 있게 갈 것) • 스위스 트래블 패스 50% 할인, 융프라우 VIP 패스 무료 • 브리엔츠 유람선(4월 중순~12월 초) 인터라켄 출발 브리엔츠행 막차 4월 중순~5월 초 15:07, 5월 중순~10월 중순 16:07, 10월 중순~12월 초 15:10 • 스위스 트래블 패스·융프라우 VIP 패스 무료 • 융프라우 VIP 패스 구매 시 동신항운 쿠폰 출력물 또는 QR 코드 지참 • 33번 하이킹 코스는 VIP 패스로 무료 이동 가능
3일	★ 스위스 트래블 패스 3일 차 + 융프라우 VIP 패스 2일차 + 옵션 ② 선택 시 핑슈텍(16) ★ 융프라우 VIP 패스 2일 차 + 옵션 ② 선택 시 핑슈텍(32)	**오전** 피르스트 바흐알프제 하이킹 **오후** 선택 1 ① 피르스트 액티비티 ② 재밌는 터보건을 탈 수 있는 핑슈텍 전망대 ③ 호수 마을을 볼 수 있는 툰 호수 유람선 타고 슈피츠에서 내린 후 기차로 돌아오기	인터라켄 or 그린델발트	• ① 융프라우 VIP 패스 피르스트 액티비티 30% 할인 • ② 핑슈텍 터보건 요금(8) • ② 핑슈텍 스위스 트래블 패스 50% 할인, 융프라우 VIP 패스 할인 없음 
4일	★ 스위스 트래블 패스 4일 차 + 옵션 ② 선택 시 외쉬넨호수 곤돌라(16) + 블라우 호수 입장료(13) ★ 세이버데이 패스(52) + 옵션 ② 선택 시 외쉬넨호수 곤돌라(32) + 블라우 호수 입장료(13)	선택 1 ① 레만 호수를 품은 유네스코 세계자연 유산으로 지정된 라보로 여행 ② 거대한 알프스 산속에 있는 외쉬넨호수 + 푸른 요정이 나올 것 같은 블라우 호수	인터라켄 or 그린델발트	 • 외쉬넨호수 스위스 트래블 패스 50% 할인, 세이버데이 패스 할인 안 됨 • 블라우 호수 평일·주말·낮·밤·계절별로 입장료 다름(5~13)
5일	★ 스위스 트래블 패스 5일 차 ★ 세이버데이 패스(52)	인터라켄 or 그린델발트 ➤ 출국		• 시간이 남으면 루체른 or 취리히 들러 관광

* 표에서 괄호 안 숫자는 스위스 프랑(CHF)을 나타냄.

04

엽서 속 여름 풍경 속으로, 산과 호수를 따라 5박 6일

최적 시기 7월 초~9월 중순

핵심 여행지 베른 + 외쉬넨·블라우 호수 + 브리엔츠 로트호른 + 쉴트호른 + 몽트뢰 + 융프라우요흐

스위스 베른주의 알프스산맥을 두고 '베르너 오버란트'라 부른다. 뛰어난 자연경관과 관광 명소로 유명해 따로 교통 패스가 나왔을 정도로 인기가 많은 지역이다. 거대한 병풍으로 둘러싸인 듯 기묘한 아름다움으로 인스타그램에 자주 등장하는 외쉬넨호수와 신비롭고 작은 연못 같은 블라우 호수를 만날 수 있다. 다음 날에는 만년설을 간직한 융프라우요흐 및 피르스트를 둘러보고 초록색 들판을 자유롭게 거니는 소를 보며 하이킹이 가능하다. 4일째 되는 날에는 칙칙폭폭 달리는 브리엔츠 로트호른에 몸을 싣고 베르너 오버란트의 절경을 즐길 수 있다. 브리엔츠에서 버스를 타거나 유람선으로 갈 수 있는 기스바흐 폭포까지 보고 온다면 금상첨화! 브리엔츠 호수에서 에메랄드빛 빙하 호수 위로 카약을 타거나 수영도 가능하다. 5일째 되는 날에는 꽃의 정원이 있는 쉬니게 플라테와 넓은 초원을 가진 피르스트 방문도 놓치지 말자.

교통권 추천

반액 카드(CHF 120) + 베르너 오버란트 패스 6일(반액 카드 할인 적용, CHF 254) + 취리히·제네바~베른 구간권(반액 카드 할인 적용, CHF 29.50) + 융프라우요흐 (CHF 125)
= **약 CHF 528 이상**

일 차	교통 패스	여행 지역	숙박 지역	비고
1일	베르너 오버란트 패스 1일 차	**오전** 취리히·제네바 입국 후 베른으로 이동 or 도모도솔라(이탈리아)에서 숙박지로 이동 **오후** 유네스코 세계문화 유산 지정 도시 베른 관광, 슈피츠 도착 후 호숫가 구경	슈피츠 or 인터라켄 or 그린델발트	• 반액 카드로 베른까지 이동: 취리히공항 출발(29.50), 제네바공항 출발(29.50), 바젤 공항 출발(24.30) • 베르너 오버란트 패스는 베른부터 무료 적용 • 도모도솔라(이탈리아)에서 입국 시, 도모도솔라부터 베르너 오버란트 패스 유효

2일	베르너 오버란트 패스 2일 차	**오전** 거대한 알프스 호수 속 푸른 외쉬넨 호수 **오후** 신비로운 블라우 호수 방문	슈피츠 or 인터라켄 or 그린델발트	• 베르너 오버란트 패스로 무료 • 블라우 호수 입장료 50% 할인(11~13)
3일	베르너 오버란트 패스 3일 차	**오전** 칙칙폭폭 달리는 산악 열차 타고 브리엔츠 로트호른 방문 **오후** 200개가 넘는 봉우리를 감상할 수 있는 쉴드호른 방문	슈피츠 or 인터라켄 or 그린델발트	• 베르너 오버란트 패스로 브리엔츠 로트호른 무료 • 베르너 오버란트 패스로 쉴트호른 무료
4일	베르너 오버란트 패스 4일 차	골든패스 파노라마 타고 몽트뢰 왕복 여행	슈피츠 or 인터라켄 or 그린델발트	• 베르너 오버란트 패스로 열차 무료, 7~8월 성수기에는 미리 좌석 예약 권장 (좌석 예약 비용 별도, 12~16)
5일	베르너 오버란트 패스 5일 차 +융프라우요흐(125)	설원의 신비, 융프라우요흐 관광+선택 1 ① 들꽃의 향연, 멘리헨 방문 ② 재밌는 터보건을 탈 수 있는 핑슈텍 전망대 ③ 피르스트(38) 액티비티 	슈피츠 or 인터라켄 or 그린델발트	 • 베르너 오버란트 패스로 아이거글레처까지 무료, 아이거글레처~융프라우요흐 왕복권 반액 카드 적용 / 융프라우요흐에 갈 경우 베르너오버란트 패스로 아이거글레처까지 간 후 아이거글레처역에서 왕복권 구매 추천 • 베르너 오버란트 패스 쉬니케플라테 기차, 그린델발트 산악 버스, 피르스트 무료
6일	반액 카드	슈피츠 or 인터라켄 or 그린델발트 ➤ 출국		• 반액 카드로 베른에서부터 이동: 취리히 공항 도착(29.50), 제네바공항 도착(29.50), 바젤공항 도착(24.30) • 도모도솔라(이탈리아)까지 베르너 오버란트 패스 유효

* 표에서 괄호 안 숫자는 스위스 프랑(CHF)을 나타냄.

05

베르니나 특급과 6개 도시 관광까지 즐기는 8박 9일

최적 시기 2월 말~3월 중순, 4월~10월 말

핵심 여행지 루가노 + 이탈리아 티라노 + 루체른 + 인터라켄 + 융프라우요흐 + 체르마트 + 베른 또는 바젤 + 취리히

어디에나 소개되어 있지만 막상 타기엔 어렵게 느껴지는 특급 열차. 가장 현실적으로 접근할 수 있는 코스 중 하나는 취리히로 입국해 2시간 내 도착 가능한 도시 쿠어Chur에서 하룻밤을 자는 것이다. 다음 날 쿠어에서 출발해 아침 특급 열차를 타고 4시간 내내 거대한 파노라마 창문 너머 펼쳐지는 위대한 자연을 만난다. 기차가 이탈리아 티라노에 도착해 이어지는 베르니나 버스를 타면, 스위스인들이 가장 사랑하는 휴양지인 스위스 남부 루가노에 도착한다. 루가노와 루체른은 의외로 가깝기에 1~2일 후에 루체른으로 이동 가능하다. 루체른에서 리기쿨름 또는 필라투스쿨름을 방문할 수 있고, 다음 날 인터라켄에 머물면서 융프라우요흐, 피르스트 등을 둘러볼 수 있다. 출국 전 취리히에서 쇼핑하거나 미술 또는 축구 박물관에 들르며 도심을 즐긴 후 마무리한다.

교통권 추천

스위스 트래블 패스(연속) 8일권(CHF 419) + 베르니나 특급 열차(CHF 36) + 베르니나 버스(CHF 16) + 융프라우요흐 왕복권 (CHF 145) + 몬테 브레산(CHF 13) 또는 몬테 산 살바토레(CHF 16) + 고르너그라트 (CHF 66) or 수네가-블라우헤르트 (CHF 29) or 마테호른 글래시어 파라다이스 (CHF 60) + 취리히 구간권(CHF 7)
= **약 CHF 718**

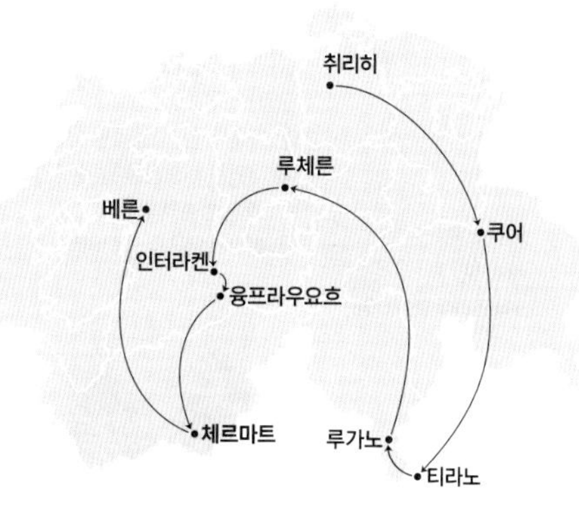

* 표에서 괄호 안 숫자는 스위스 프랑(CHF)을 나타냄.

일 차	교통 패스	여행 지역	숙박 지역	비고
1일	스위스 트래블 패스 1일 차	취리히 입국 후 스위스에서 가장 오래된 도시 쿠어로 이동	쿠어	취리히~쿠어 기차 이동(1회 환승, 약 1시간 34분 소요)
2일	스위스 트래블 패스 2일 차 + 베르니나 특급 열차(36) + 베르니나 버스(16)	특급 열차 중 제일 아름다운 베르니나 특급 열차 탑승 [08:32] 쿠어 출발 → [12:36] 티라노 도착 티라노에서 점심 식사 [14:20] 티라노 출발 → [17:30] 루가노 도착	루가노	• 쿠어~티라노 베르니나 특급 열차 좌석 예약 비용(36) • 티라노~루가노 구간 베르니나 버스(16) • 베르니나 버스 예약 필수. P.059참고 • 11월 말~2월 중순에는 베르니나 버스가 운행하지 않으니 주의

3일	스위스 트래블 패스 3일 차 + 몬테 브레산(13) 또는 몬테 산 살바토레(16)	**오전** 유람선 타고 스위스에서 손꼽히게 예쁜 호수 마을 모르코테 or 간드리아 방문 **오후** 루가노를 내려다보는 몬테 브레산에서 노을 보기 or 접근성 좋은 몬테 산 살바토레에서 풍경 내려다보기	루가노	
4일	스위스 트래블 패스 4일 차	**오전** 루체른으로 기차 이동 **오후** 루체른의 대표적인 산 리기쿨름 or 목가적인 풍경을 간직한 슈탄저호른 or 필라투스쿨름 방문	루체른	• 오전 루가노~루체른 기차 이동 (약 1시간 39분 소요) • 오후 리기쿨름·슈탄저호른 스위스 트래블 패스·세이버데이 패스 무료 • 필라투스쿨름 스위스 트래블 패스 50% 할인(39)
5일	스위스 트래블 패스 5일 차 + 스파(45)	**오전** 그랜드호텔 내셔널 스파 P.072에서 루체른 호수를 바라 보며 평화롭게 휴식 **오후** 인터라켄 이동 및 하더쿨름 방문	인터라켄	
6일	스위스 트래블 패스 6일 차 + 융프라우요흐 왕복권(145)	**오전** 신라면 맛집, 융프라우요흐 관광 + 37번 또는 33번 코스 하이킹 **오후** 브리엔츠 유람선 타고 하더쿨름에서 노을 감상	인터라켄	• '알짜배기 4박 5일 코스' 3일 차 P.039 내용 참고 • 융프라우요흐 왕복권 구매 시 동신항운 쿠폰 출력물 또는 QR 코드 지참
7일	스위스 트래블 패스 7일 차 + 고르너그라트(66) + 블라우헤르트(29) + 마테호른 글래시어 파라다이스(60)	**오전** 선택 1 ① 고르너그라트 열차 타기 ② 수네가-블라우헤르트 푸니쿨라 및 곤돌라 타고 슈텔리 호수까지 하이킹 ③ 마테호른 글래시어 파라다이스 곤돌라 타기 ④ 스키나 스노보드 즐기기 **오후** 인터라켄 or 그린델발트로 이동	인터라켄	• 고르너그라트 열차 스위스 트래블 패스 50% 할인: 5월(57), 6~8월(66), 9~10월(57), 11~4월(46) • 수네가-블라우헤르트 푸니쿨라 & 곤돌라 스위스 트래블 패스 50% 할인: 11~4월(23), 5~10월(26.50), 7~8월(29) • 마테호른 글래시어 파라다이스 스위스 트래블 패스 50% 할인: 11~4월(47.50), 5~10월(54.50), 7~8월(60) • 체르마트 스키 패스 1일권(97), 장비 대여 (약 100) • 체르마트역 로커나 호텔에 짐 맡기기(9): 큰 캐리어 24시간 기준
8일	스위스 트래블 패스 8일 차	**오전** 베른 또는 바젤 이동 후 시내 관광 **오후** 취리히로 이동 후 취리히 관광	취리히	• 베른역, 바젤역 로커에 짐 맡기고 도시 관광 • 로커 비용(12): 큰 캐리어 6시간 기준
9일	취리히 중앙역~취리히공항 구간권(7)	취리히공항 출국		• 취리히 도심~공항 구간권 별도 구매

06

자연과 예술에 흠뻑 빠지는 낭만 가득한 스위스 여행 9박 10일

최적 시기 2월 말~3월 중순, 4월~10월 말

핵심 여행지 루체른 + 리기쿨름 또는 필라투스쿨름 + 바젤 + 융프라우요흐 + 라보 + 프랑스 에비앙 + 체르마트 + 베른 + 취리히 + 아펜첼

여유롭게 스위스를 즐기면서 도시와 자연과 문화를 누리고 싶은 사람에게 추천하는 코스이다. 먼저 음악의 도시로 유명한 루체른에서 박물관과 도시 산책을 즐기다가, 다음 날에는 루체른의 아름다운 산 1곳을 방문해 자연을 만나보는 것을 추천한다. 다음 날 역시 루체른에 머물지만, 기차로 한 시간이면 닿는 박물관의 도시, 바젤에 다녀온다. 다음 날 오전에는 스위스에서 가장 인기 많은 융프라우 지역으로 옮겨 여행한다. 이때 숙박지를 옮기지 않는 만큼, 여행 일정을 유동적으로 변경해 날씨가 안 좋은 날에는 베른 혹은 로잔으로, 날씨가 좋은 날에는 체르마트로 갈 것을 추천한다. 마지막으로 취리히에서 동부 스위스의 대표 여행지 아펜첼을 가보면 풍성한 여행이 될 것이다.

교통권 추천

스위스 트래블 패스(연속) 15일권(CHF 459)+ 에셔 산장(CHF 18) + 융프라우요흐(CHF 145) + 고르너그라트(CHF 66) or 블라우헤르트(CHF 29) or 마테호른 글래시어 파라다이스 파라다이스(CHF 60) + 필라투스쿨름(CHF 39)
= **약 CHF 727 이상**

※ 스위스 트래블 패스 8일권은 CHF 419, 15일권은 CHF 459. 스위스 트래블 패스 8일권에 세이버데이 패스(하루 최저가 CHF 52)를 조합하는 것(419 + 52 이상) 보다 기간이 남더라도 15일권을 사는 것이 저렴

※ 일부 미술관은 스위스 트래블 패스로 무료 입장 불가능하며 요금에 포함하지 않았음

일 차	교통 패스	여행 지역	숙박 지역	비고
1일	스위스 트래블 패스 1일 차	**오전** 취리히 입국 후 루체른 이동해 루체른 올드 타운 관광 **오후** 로젠 가르텐 미술관(연중 내내) or 리차드 바그너 박물관	루체른	• 스위스 트래블 패스로 두 박물관 무료 입장 가능 • 리차드 바그너 박물관 매년 4~11월만 운영
2일	스위스 트래블 패스 2일 차	**여름** 루체른의 대표적인 산 리기쿨름 or 목가적인 풍경을 간직한 슈탄저호른 or 필라투스쿨름 방문 **겨울** 리기쿨름 or 필라투스쿨름 방문	루체른	• 리기쿨름·슈탄저호른 스위스 트래블 패스·세이버데이 패스 무료 • 필라투스쿨름 스위스 트래블 패스 50% 할인(39)
3일	스위스 트래블 패스 3일 차 + 바이엘러 파운데이션(30) + 비트라 뮤지엄(€21)	**오전** 바젤 이동 후 비트라 디자인 박물관 방문 **오후** 바이엘러 재단 미술관 or 바젤 쿤스트 뮤지엄	루체른	• 루체른~바젤 기차 이동(약 1시간 소요) • 바젤 쿤스트 뮤지엄 스위스 트래블 패스 무료
4일	**여름** 스위스 트래블 패스 4일 차 + 융프라우요흐 왕복권(145) + 하더쿨름(17)	**여름** **오전** 빙하의 아름다움을 간직한 융프라우요흐 + 37번 코스 하이킹 **오후** 브리엔츠 유람선 타고 하더쿨름에서 노을 감상	인터라켄 or 그린델발트 or 툰 or 슈피츠	• 하더쿨름 스위스 트래블 패스 50% 할인, 융프라우 VIP 패스 무료 • 브리엔츠 유람선 스위스 트래블 패스·융프라우 VIP 패스 무료

	겨울 ① 스위스 트래블 패스 3일 차 + 융프라우요흐 VIP 패스 1일권(190) ② 스위스 트래블 패스 3일 차 + 융프라우요흐 왕복권(145) + 썰매 탈 경우(8.80)	**겨울** **오전** 융프라우요흐 관광 **오후** 피르스트 액티비티(피르스트 플라이어, 글라이더) or 엽서 속 거리 같은 라우터브루넨 마을 or 아기자기한 뮈렌 마을 구경 or 알멘드후벨~뮈렌 썰매 타기		• 융프라우 VIP 패스로 피르스트 플라이어, 글라이더 무료 • 뮈렌까지 스위스 트래블 패스 무료 뮈렌~알멘드후벨 스위스 트래블 패스 50% 할인(4.40) • 썰매 장비 대여(20)
5일	스위스 트래블 패스 5일 차	**여름** 로잔으로 이동해 도심 구경 후 라보 테라스 하이킹 **겨울** 로잔으로 이동해 올드타운 구경 및 배 타고 프랑스 에비앙 다녀오기	인터라켄 or 그린델발트 or 툰 or 슈피츠	• 인터라켄~로잔 기차 이동(2시간 20분 소요) • 로잔~에비앙 스위스 트래블 패스 무료
6일	스위스 트래블 패스 6일 차	체르마트로 이동해 전망대 중 1곳 ① 고르너그라트 열차 타기 ② 수네가-블라우헤르트 푸니쿨라 및 곤돌라 타고 슈텔리 호수까지 하이킹	인터라켄 or 그린델발트 or 툰 or 슈피츠	• 고르너그라트 스위스 트래블 패스 50% 할인 : 5월(57), 6~8월(66), 9~10월(57), 11~4월(46) • 수네가~블라우헤르트 스위스 트래블 패스 50% 할인 : 11~4월(23), 5~10월(26.50), 7~8월(29)
7일	스위스 트래블 패스 7일 차	베른으로 이동해 베른 역사 박물관(아인슈타인 박물관) or 베른 미술관 or 파울 클레 센터 관람	인터라켄 or 그린델발트 or 툰 or 슈피츠	• 베른 여행은 비 오는 날 추천 • 박물관과 미술관 모두 스위스 트래블 패스 무료
8일	스위스 트래블 패스 8일 차	**오전** 취리히로 이동 **오후** 취리히 예술 미술관 관람 및 시내 관광	취리히	• 취리히 예술 미술관 스위스 트래블 패스 무료 적용 불가(24)
9일	스위스 트래블 패스 9일 차 + 에벤알프 갈 경우(18)	**여름** 치즈 마을 아펜첼로 이동해 죽기 전에 가봐야 하는 곳, 에셔 산장 가기 **겨울** FIFA 뮤지엄 or 린트 초콜릿 박물관 관람	취리히	• 에셔 산장 5~11월만 운영 • 린트 초콜릿 박물관(17)
10일	스위스 트래블 패스 10일 차	취리히 시내 관광 후 출국		

바젤
취리히
아펜첼
루체른
베른
인터라켄
융프라우요흐
로잔
체르마트

PART 2

스위스를 가장 멋지게 여행하는 방법

자연과 하나 되는 가장 좋은 방법

하이킹

스위스에는 약 6만 5,000km에 달하는 하이킹 코스가 있다. 여름에는 곳곳에 핀 야생화와 고산 식물, 한가로이 풀을 뜯는 소와 깨끗한 공기가 여행자를 반겨준다. 겨울에는 스노 슈즈Snowshoes를 신고 소복이 쌓인 눈 위를 걷는 재미도 놓칠 수 없다. 스위스에서 등산은 한국처럼 고도가 낮은 데서부터 힘들게 올라가지 않아도 되는 장점이 있다. 산악 열차와 케이블카가 발달한 덕분에 한라산보다 더 높은 해발 2,000m까지도 탈것으로 올라간 다음, 내리막길만 걸을 수 있고 중간에 다시 기차를 타고 내려올 수도 있다. 그만큼 다양한 코스와 레벨이 있어 아이와 고령자 등 누구나 자기 컨디션에 맞춰 걸을 수 있다는 것! 보통 눈이 거의 다 녹고, 눈이 내리기 전인 6월 중순~10월 말까지가 하이킹하기 가장 좋은 시기다. 그중에서도 스위스 고산에 피는 귀한 야생화가 보고 싶다면 6월 말~8월 초를 추천한다.

융프라우 지역 하이킹

No.33 파노라마 트레일 사계절

설산과 푸른 초원에 가슴이 설레는 멘리헨, 눈 덮인 융프라우와 멋진 검은 벽 아이거, 빛나는 명봉 묀히를 바라보며 걷는 파노라마 하이킹으로 초보자도 즐길 수 있다. P.209

* 겨울에는 반드시 등산화 혹은 스노 슈즈까지 필요

No.37 융프라우 아이거 워크 사계절

산비탈에는 알프스의 목가적인 풍경이 펼쳐지고, 방목 중인 소들도 만날 수 있다. 6월 말~8월 중순 사이에 피는 야생화를 볼 수 있으며, 푸른 물빛을 띤 인공 호수 팔보덴 호수도 필수 코스다. 겨울에는 호수가 꽁꽁 얼고 눈이 덮여 물빛은 볼 수 없지만 주변의 새하얀 풍경에 가슴이 벅차오른다. P.210

체르마트 지역 하이킹

No.11 5대 호수길 하이킹 6~10월

서로 다른 매력을 가진 5개 호수를 따라 걷는 길이다. 해발 2,000m 이상에 있는 호수들은 제각기 다른 색깔을 뽐내며 메마른 길에 오아시스 같은 쉼터가 되어준다. 호수는 겨울에는 꽁꽁 얼어있지만 여름이면 눈이 녹고 호숫가 주변을 따라 작은 들꽃이 피어 흔들린다. P.261

No.21 리펠베르크 하이킹 6~10월

마테호른의 절경을 정면으로 바라보며 걷는 길이다. 특히 중간에 만나는 리펠 호수에서는 하늘의 구름과 마테호른이 완벽하게 반영된 그림 같은 사진을 찍을 수 있다. 1시간 정도 내리막길이 이어지는 쉬운 코스다. P.250

인터라켄 지역 하이킹

외쉬넨 호수 파노라마 하이킹 5~10월

알프스가 품은 거대한 빙하 호수를 둘러싼 웅장한 산맥이 장관을 이루며, 자연의 경이로움을 온몸으로 느낄 수 있다. 고요한 호수와 드높은 산들이 어우러진 이곳은 그야말로 대자연 속에서 걷는 특별한 경험을 선사한다. P.142

루체른 지역 하이킹

슈토스 릿지 하이킹 7~9월

산맥을 따라 걷는 능선길로, 스위스 산의 진면목을 경험할 수 있는 도전적인 코스다. 산과 호수, 들꽃이 어우러진 경관을 바라보며 걷는 길은 자연의 아름다움과 함께 짜릿한 성취감을 안겨준다. P.289

하이킹 팁

① 하이킹길 찾기

스위스에서는 하이킹길마다 이정표가 곳곳에 설치돼 있으며, 소요 시간도 잘 표시되어 있다. 길을 잃었을 때는 오프라인 지도 애플리케이션 'Switzerland Mobility'를 열어 확인하면 현재 위치를 더 정교하게 파악할 수 있다. 다음은 길의 난이도와 시간을 알려주는 표시다.

쉬운 코스(노란색)

일반 산책로. 주로 평지 지역이다.

중간 코스(흰색+빨간색+흰색)

내리막, 오르막이 포함된 하이킹 코스. 어린이나 노약자는 조금 힘들 수도 있으나 평소에 산책을 즐기는 사람이라면 누구나 도전 가능한 코스다.

알파인 코스(흰색+파란색+흰색)

숙련된 경험자 코스로 눈, 빙하, 암벽이 포함된 코스이다. 코스에 따라 클라이밍 장비가 필요하다.

스노 코스(분홍색)

겨울 하이킹 코스. 강설량에 따라 특별 장비인 스노 슈즈가 필요할 수도 있다.

② 고산병 약 구하기

평균 해발 2,500m 이상의 높은 지대에 가면 머리가 어지럽고 숨 쉬기가 답답할 때가 있다. 한국에서는 경험할 일이 별로 없어 생소하고 잘 알아채지 못하지만, 고산병 증상이다. 스위스 약국에서 글리코라민 Glycoramin과 같은 캐러멜을 사두면 좋다. 카페인과 아미노산을 포함해 신체의 에너지를 증가시키고, 주의력과 집중력을 높이는 데 도움을 준다. 만 16세 이상부터 섭취하며, 고혈압인 사람은 복용하면 안 된다. 혹은 인천공항에 있는 약국에서 고산병 약을 구매해 와도 좋다.

③ 옷차림과 준비물

하이킹할 때는 편한 옷과 운동화 차림에 선글라스, 당 충전용 간단한 초콜릿이나 사탕, 콜라 등 설탕이 들어간 음료가 필수품이다. 또 고산지대에서 하이킹할 때 바람 방향에 따라 구름이 생길 수도 있고 갑작스레 비가 내리는 경우도 있다. 여유가 된다면 고어텍스 재킷 혹은 간편한 우비도 챙겨두면 좋다.

통창으로 거대하게 만나는 알프스 속으로

파노라마 특급열차

파노라마 특급열차는 통창으로 된 관광 열차를 뜻한다. 국토 면적의 60%가 산악 지형인 스위스는 길을 잇기 위해 터널과 다리를 수도 없이 지었지만, 현재 스위스에서 기차는 이동 수단이라기보다 관광 수단으로 주목받는다. 그중에서도 특급열차는 알프스의 광활한 풍경을 대형 파노라마 창문을 통해 감상할 수 있도록 설계한 것이다. 꼭 타보길 추천하는 대표 노선으로는 베르니나 익스프레스Bernina Express, 글래시어 익스프레스Glacier Express, 그리고 골든패스 파노라마Golden Pass Line이 있다. 스위스에서 가장 아름다운 구간을 특급열차로 타고 달리는 기분! 고요하지만 짜릿하다.

특급 열차를 타기 전 알아두면 좋은 사실!

① 스위스 트래블 패스, 스위스 트래블 플렉스 패스(비연속권), 세이버데이 패스, 프렌즈 데이 패스 소지자는 모든 파노라마 특급열차를 무료로 이용할 수 있으나, 좌석 예약은 유료.
② 유레일 패스 소지자 기차 요금 무료, 유료 좌석 예약 필수.
③ 스위스 반액 할인 카드 소지자 기차 요금 50% 할인, 유료 좌석 예약 필수.
④ 만 6~15세 패밀리 카드 소지자 기차 요금 무료, 유료 좌석 예약 필수.
⑤ 만 0~5세 무료, 별도 좌석을 이용하고 싶으면 유료 좌석 예약 필수.
⑥ 스위스 트래블 패스 2등석이 있지만, 1등석 혹은 프레스티지석을 타고 싶다면 역이나 혹은 SBB 앱에서 구간을 검색한 후 1등석 업그레이드 표를 구매.

특급열차 vs 일반 열차

같은 구간을 달리지만 특급열차는 좌석 예약 비용을 추가로 내야 하며, 일반 열차는 따로 내지 않아도 되는 장점이 있다. 다만 환승을 여러 번 해야 하는 게 가장 큰 단점. 짐이 많은 경우 환승할 때마다 짐을 옮기는 것도 부담이다. 또 성수기 때 특급열차를 타면 사람이 많아 꽤 붐비며 창가에 못 앉을 수도 있다. 게다가 유명한 구간이 나오면 사람들이 다 한쪽으로 몰려 좋은 좌석을 선점하지 않는 한 감상하는 데 한계가 있다. 반면 일반 열차는 창문도 열 수 있으며 사람도 붐비지 않아 좌석을 예약할 필요가 없다. 성수기에 일정이 넉넉하고 짐도 많이 없는 편이라면 일반 열차를 추천하고, 비수기라면 특급열차를 추천한다.

특급열차	일반 열차
직행	환승이 잦아 짐을 일일이 옮겨야 함
천장까지 이어지는 커다란 창문	일반 열차 창문 창문을 열 수 있어 유리창 반사 없이 사진 찍기에 좋음
예약비 유료	열차 탑승권만 있으면 예약비 무료

— 골든패스 파노라마
— 글래시어 익스프레스
┅ 베르니나 익스프레스

한시도 눈을 뗄 수 없는 풍경의 연속!

베르니나 익스프레스 Bernina Express

감탄의 연속! 스위스의 쿠어와 이탈리아의 티라노를 연결하는 기차로 RhB(레티쉬 철도)에서 운행한다. 알불라Albula와 베르니나Bernina를 잇는 무려 122km 구간은 험난한 알프스 지형을 극복하는 독창적인 터널과 다리 구조물 덕분에 유네스코 세계문화유산으로 지정되었다. 55개의 터널과 196개의 다리를 지나 빙하의 얼음 위로 올라가는 경험을 할 수 있다.

비앙코 호수의 겨울 모습

운행 정보

스위스 쿠어 ▶ 이탈리아 티라노(총 4시간 30분)

🕓 5월 중순~10월 말 1일 2회 운행, 08:17~12:49, 13:28~17:59 / 10월 말~5월 중순 1일 1회 운행, 08:17~12:49 **Ⓕ 탑승 요금** 1등석 편도 CHF 113, 2등석 편도 CHF 66, 스위스 트래블 패스·세이버데이 패스·유레일 패스 무료 **좌석 예약 요금** 성수기(5~10월) CHF 36, 비수기 CHF 32

이탈리아 티라노 ▶ 스위스 쿠어(총 4시간 20분)

🕓 5월 중순~10월 말 1일 2회 운행, 08:06~12:31, 14:24~18:31 / 10월 말~5월 중순 1일 1회 운행, 14:24~18:31 **Ⓕ 탑승 요금** 1등석 편도 CHF 57, 2등석 편도 CHF 33, 스위스 트래블 패스·세이버데이 패스·유레일 패스 무료 **좌석 예약 요금** 성수기(5~10월) CHF 36, 비수기 CHF 32

스위스 생모리츠 ▶ 이탈리아 티라노(총 2시간 10분)

🕓 5월 중순~10월 말 1일 3회 운행, 09:17~11:32, 13:17~15:31, 16:14~18:39 / 10월 말 ~5월 중순 1일 1회 운행, 16:14~18:39 **Ⓕ 탑승 요금** 1등석 편도 CHF 57, 2등석 편도 CHF 33, 스위스 트래블 패스·세이버데이 패스·유레일 패스 무료 **좌석 예약 요금** CHF 28

이탈리아 티라노 ▶ 스위스 생모리츠(총 2시간 20분)

🕓 5월 초~10월 말 1일 3회 운행, 10:06~12:35, 13:17~15:45, 16:06~18:25

Ⓕ 탑승 요금 1등석 편도 CHF 57, 2등석 편도 CHF 33, 스위스 트래블 패스·세이버데이 패스·유레일 패스 무료 **좌석 예약 요금** CHF 28

베르니나 버스

베르니나 익스프레스를 타고 이탈리아 티라노까지 간 다음, 다시 스위스로 돌아올 때는 버스를 추천한다. 혹은 반대로 티라노까지 버스를 이용해 간 다음, 스위스 루가노로 향하는 베르니나 익스프레스를 탈 수도 있다. 베르니나 익스프레스 열차와 연계된 베르니나 버스를 이용할 수 있으며 약 3시간 걸린다.

운행 정보

이탈리아 티라노 ▶ 스위스 루가노(총 3시간) * 예약 필수

🕓 3월 말~10월 말 1일 1회 운행, 14:20~17:30 / 10월 말~11월 중순·2월 중순~3월 중순 (목~일) 14:20~17:30

스위스 루가노 ▶ 이탈리아 티라노(총 3시간 10분) * 예약 필수

🕓 3월 말~10월 말 1일 1회 운행, 10:00~13:00 / 10월 말~11월 중순·2월 중순~3월 중순 (목~일) 10:00~13:00 Ⓕ CHF 41, 스위스 트래블 패스·세이버데이 패스·유레일 패스 무료 **좌석 예약 요금** 성수기(5~10월) CHF 16, 비수기 CHF 14

예약 홈페이지 shop.rhb.ch/en/bernina-express, 스위스 주요 기차역

베르니나 익스프레스, 하이라이트 Best 5 구간

Best 1

란트바서 비아둑트 Landwasser Viaduct

필리주어역Filisur 근처에 위치한 65m 높이의 석조 아치 다리다. 1902년에 완공되었으며 건축 공학의 걸작으로 꼽힌다. 협곡 위를 가로지르는 아름다운 풍경을 만날 수 있다.

Best 2

비앙코 호수 Lago Bianco

오스피치오 베르니나역Ospizio Bernina 근처에 위치하며 해발 2,253m에 있다. 한여름에는 빙하가 녹아 호수가 청록색을 띠며, 한겨울에는 꽁꽁 얼어 눈이 쌓인 풍경이 장관이다.

Best 3

알프 그륌 Alp Grüm

해발 2,091m에 위치한 알프 그륌역. 팔뤼Palü 계곡과 푸슐라프Puschlav 계곡의 멋진 전경을 볼 수 있는 곳이다.

Best 4

발포스키아보 Valposchiavo

포스키아보역Poschiavo 근처에서부터 스위스의 마을, 포도밭과 목초지, 계곡, 호수가 보이며 이탈리아의 영향을 받은 건축 양식도 매력적이다.

Best 5

브루지오 원형 비아둑트 Brusio Circular Viaduct

스위스 철도 기술을 느낄 수 있는 브루지오역Brusio 근처에 있는 가장 유명한 다리. 기차가 360도로 회전하면서 하강하는 구조로 설계되어 풍경도 360도로 관람할 수 있는 것이 특징이다.

란트바서 비아둑트

알프 그륌

브루지오 원형 비아둑트

베르니나 익스프레스 이용 팁

- 밀라노에서 오는 경우 티라노에서 하룻밤 머물고 티라노~쿠어 구간의 베르니나 익스프레스 열차를 탄다. 쿠어에서는 취리히까지 빠른 열차로 약 90분 걸리며, 베른까지는 2시간 20분 안에 도착한다. 베른에서 1박 한 후에 바로 융프라우 지역으로 향할 수도 있다.
- 취리히공항으로 들어오는 경우 쿠어까지 기차로 90분이면 간다. 쿠어에서 1박 한 후에 쿠어~티라노 구간의 베르니나 익스프레스를 타면 된다. 특급열차 탑승 후에는 당일로 티라노에서 버스를 타고 루가노까지 가는 것을 추천한다. 루가노에서 하루 혹은 이틀 머물며 쉬고, 다음날부터 루체른 등으로 이동해 관광해도 좋다. 루가노에서 루체른까지는 기차로 2시간~3시간 30분 걸린다.
- 시간이 없으면 전 구간을 타는 것보다 베르니나 익스프레스 구간 중에서도 하이라이트라 불리는 생 모리츠~티라노 구간을 추천한다.
- 간식을 주는 1등석을 제외하고는 열차 내에서 음식을 제공, 판매하지 않으니 간단한 샌드위치, 간식과 물을 준비한다.
- 이탈리아 물가가 스위스보다 훨씬 저렴하다. 기차를 타고 티라노역에 도착해 14:20에 출발하는 베르니나 버스를 타고 루가노로 이동할 경우, 1시간 정도 여유가 있으니 티라노에서 식사하고 돌아가기를 추천한다.
- 사진을 멋지게 찍고 싶다면 창문이 열려 유리에 햇빛이 반사되지 않는 일반 열차를 추천한다.

가장 쉽고 황홀하게 풍경을 즐길 수 있는
파노라마 익스프레스를 고른다면?

골든패스 파노라마 Goldenpass Panorama

마음마저 뻥 뚫리는 풍경! 루체른~인터라켄~몽트뢰까지 이어지는 구간으로 3개의 철도 회사(MOB 철도, 첸트랄반 철도, BLS 철도)가 협력하여 '골든패스Goldenpass'라는 루트를 만들었다. 루체른~몽트뢰까지 한 번에 가는 열차는 없으나, 인터라켄 동역에서 한 번만 갈아타면 쭉 이어갈 수 있다. 열차 칸이 모두 통창으로 되어 아름다운 경관을 만날 수 있으며 가장 인기 있는 구간이기도 하다.

룽게른 호수의 겨울 풍경

단연 인기 1위 기차 여행

① 루체른~인터라켄 익스프레스

Luzern-Interlaken Express

5개의 호수를 연속적으로 만나는 구간! 루체른역에서 인터라켄 동역까지 연결하며, 첸트랄반Zentralbahn에서 운영하는 노선. 루체른, 인터라켄 어디에서 출발하든 달리는 방향 오른쪽에 앉아 가는 것이 내내 멋진 풍경을 만나는 비결이다.

운행 정보

인터라켄 동역 ▶ 루체른역(1시간 55분 소요)

🕒 1일 13회 운행, 07:04~19:04 매시 04분 출발

루체른역 ▶ 인터라켄 동역(1시간 50분 소요)

🕒 1일 13회 운행, 06:06~18:06 매시 06분 출발 Ⓕ 1등석 편도 CHF 58, 2등석 편도 CHF 33, 스위스 트래블 패스·세이버데이 패스·유레일패스 무료

좌석 예약 요금 성수기(5~10월) CHF 16, 비수기 CHF 12

예약 shop.luzern.com/en/products/sitzplatzreservation-zb

루체른~인터라켄 익스프레스, 하이라이트 BEST 4 구간

① **자르넨 호수** Lago Sarnen 숲과 초원으로 이루어진 지역으로 자르넨역 근처이다. 평화로운 호수가 넓디넓게 펼쳐져 눈을 뗄 수 없는 구간.

② **룽게른 호수** Lago Lungern 룽게른역으로 가는 길에 보이는 호수로, 드라마 〈사랑의 불시착〉 마지막 장면을 촬영한 곳이다. 특히 평화로운 에메랄드빛 호수가 예쁜 구간.

③ **브뤼닉-하슬리베르크** Brünig-Hasliberg 기차가 천천히 올라가고 있다면 브뤼닉-하슬리베르크에 거의 다 온 것. 해발 1,001m까지 기차가 올라가면서 협곡과 계곡이 함께 어우러진 마을 풍경을 볼 수 있다.

④ **브리엔츠 호수** Brienzersee 바다를 연상케 하는 광활한 호수가 나온다면 인터라켄에 거의 다 왔다는 뜻. 브리엔츠역부터 인터라켄 동역까지 쉴 새 없이 아름다운 호수 풍경을 만날 수 있다.

골든패스 파노라마 이용 팁

- 이 구간은 다른 파노라마 열차와 달리 따로 예약하지 않아도 탈 수 있다. 단, 사람들로 붐비는 7월 중순~8월 중순에 여행 인원이 4명 이상이고 함께 앉고 싶다면 예약을 추천한다.
- 기차는 인터라켄 동역 혹은 루체른역에 미리 와서 대기 중이므로 최소한 15분 정도는 일찍 가서 가장 좋은 자리를 잡아보길 추천한다. 예약석은 좌석에 표시되어 있으니 앉기 전에 먼저 확인할 것!
- 2등석에 앉아서도 1등석 기분을 내고 싶다면 식당 칸으로 옮겨 커피 혹은 음료 한 잔을 시켜보자. 1등석 못지않은 풍경을 즐길 수 있다.

럭셔리하고 깨끗한 기차

② 골든패스 익스프레스

Goldenpass Express

인터라켄 동역에서 몽트뢰까지 한 번에 가는 열차로, MOB 철도에서 운행하는 노선. 새로 생긴 만큼 깨끗하며 좌석도 굉장히 편안한 것이 특징이다. 천장까지 이어진 넓은 통창을 통해 조용하고 소박한 목가적인 풍경을 만날 수 있다.

운행 정보

인터라켄 동역 ▶ 몽트뢰역(총 3시간 15분)

🕓 1일 4회 운행, 09:08~12:20, 11:08~14:20, 14:08~17:30, 16:08~19:30

몽트뢰역 ▶ 인터라켄 동역(총 3시간 15분)

🕓 1일 4회 운행, 07:34~10:50, 09:34~12:50, 12:34~15:50, 14:34~17:50 Ⓕ 1등석 편도 CHF 96, 2등석 편도 CHF 59, 스위스 트래블 패스·세이버데이 패스·유레일 패스 무료

좌석 예약 요금 CHF 20, 프레스티지석 CHF 49(1등석 패스 소지자만 이용 가능)

유용한 TIP

- 제네바공항으로 들어와 몽트뢰에서 1~2박을 한 후에 융프라우 지역으로 갈 수 있다. 따로 환승할 필요가 없으므로 편하다.
- 융프라우 지역에서 당일치기로 레만 호수를 다녀오고 싶을 때 편한 방법으로, 굉장히 쾌적하게 즐길 수 있다.
- 음료는 주문할 수 있으나 음식을 따로 시킬 수는 없으므로 간단한 간식을 가져가면 좋다.
- 7~8월 성수기에는 좌석 예약을 권장한다.
- 오전 시간이 가장 인기가 많고 오후에는 널널한 편이다.
- 프레스티지석Prestiage: 총 9명만 탈 수 있는 고급 좌석. 겨울에는 온열 기능을 제공하며, 비행기 비즈니스 클래스처럼 다리를 높게 올릴 수 있어 더욱 편안하다.

빈티지 기차의 매력 속으로

③ 골든패스 파노라믹 & 골든패스 벨에포크

Goldenpass Panoramic & Goldenpass Belle-Epoque

똑같은 구간을 달리는 두 종류의 기차이며, MOB 철도회사가 운영한다. 첫 번째로 골든패스 파노라믹 열차Goldenpass Panoramic는 세계 최초로 천장 가까이 창문을 뚫어 관광형으로 개발한 파노라마 열차다. 기차는 약간 낡은 감이 있지만 그래도 세계 최초라는 것을 생각하면 놀라운 디자인이다. 두 번째로 '아름다운 시절'이라는 뜻의 벨에포크Belle-Epoque 열차는 19세기 말~20세기 초 화려한 시대풍을 보여주는 디자인과 우아한 인테리어가 특징이다. 객실은 나무로 되어있고, 특히나 1등석은 천장까지 나무를 깎아 만들어 더욱 아름답다. 인스타그램에서 가장 많이 화제가 되는 열차 중 하나이다.

운행 정보

츠바이짐멘역Zweisimmen ▶ 몽트뢰역(2시간 10분)
🕓 파노라믹 기차 1일 8회 운행, 08:02~10:10, 09:02~11:10, 10:02~12:10, 11:02~13:10, 13:02~15:10, 14:02~16:10, 15:02~17:10, 16:02~18:10 **벨에포크 기차** 1일 2회 운행, 12:02~14:10, 17:02~19:10

몽트뢰역 ▶ 츠바이짐멘역Zweisimmen(2시간 10분)
🕓 파노라믹 기차 1일 9회 운행, 07:50~09:58, 08:50~10:58, 10:50~12:58, 11:50~13:57, 12:50~14:57, 13:50~15:58, 15:50~17:58, 16:50~18:57, 17:50~19:57
벨에포크 기차 1일 2회 운행, 09:50~11:57, 14:50~16:57 **Ⓕ** 1등석 편도 CHF 58, 2등석 편도 CHF 33, 스위스 트래블 패스·세이버데이 패스·유레일 패스 무료
좌석 예약 요금 1~2등석 CHF 10, 파노라믹 VIP CHF 15
예약 홈페이지 journey.mob.ch/en, 스위스 주요 기차역

유용한 팁

- 몽트뢰에서 츠바이짐멘까지 연결하므로 인터라켄으로 돌아갈 사람은 슈피츠 방향으로 기차를 탄 후, 슈피츠에서 인터라켄으로 열차를 갈아타면 된다. 총 3시간 40분 소요.
- 벨에포크 기차는 비 오는 날에도 타기 좋다. 열차 특유의 낭만적인 분위기와 비가 어우러져 운치를 더한다.
- 음식 서비스는 10명 이상의 단체에게만 제공되므로 간식과 음료를 가지고 타기를 추천한다.
- 츠바이짐멘과 몽트뢰 사이에 럭셔리 타운으로 유명한 그슈타트Gstaad 마을이 있다. 그슈타트역에 내리면 명품 매장이 샬레 안에 꾸려진 진귀한 풍경을 볼 수 있다.

세상에서 가장 느린 기차 여행

글래시어 익스프레스 Glacier Express

장대한 알프스산맥을 가로질러 체르마트Zermatt와 생모리츠St. Moritz까지 가는 구간이다. 겨울에는 눈 쌓인 산봉우리와 하얗게 뒤덮인 깊은 계곡을 볼 수 있으며, 여름에는 울창한 숲과 푸르른 초원을 볼 수 있다. 스위스의 그랜드 캐니언이라 불리는 라인Rhein 계곡을 비롯해 91개의 터널과 291개의 다리를 지나가는 열차다. 구간의 처음부터 끝까지 타면 기차 안에서 약 8시간, 291km를 이동한다. 만약 8시간이나 탈 자신이 없으면 2시간 2분 걸리는 쿠어~생모리츠 구간만 이용해 보기를 추천한다. 베르니나 익스프레스와 겹치는 구간으로, 란트바서 비아둑트와 알불라Albula 터널 등을 감상할 수 있다. 여행자들 사이에서 가장 핫한 좌석은 엑설런스 클래스Excellence Class로, 모든 좌석이 창가석으로 되어 어디서든 아름다운 풍경을 고루 즐길 수 있다. 엑설런스 클래스는 중간에서 탈 수 없고 생모리츠~체르마트 구간에서 출발 또는 도착만 가능하다.

란트바서 비아둑트

오버알프 패스

글래시어 익스프레스 하이라이트 BEST 3

① **오버알프 패스** Oberalp Pass 안데르마트Andermatt에서 출발해 디젠티스Disentis 사이를 즐기는 구간이다. 빙하 특급열차 구간 중 가장 높은 지점인 고도 2,033m까지 올라간다. 여름에는 푸르른 초원과 호수가 보이고, 겨울에는 눈을 뗄 수 없게 아름다운 설경이 펼쳐진다.

② **라인 협곡** Rheinschlucht '스위스의 그랜드 캐니언'이라 불리는 라인 협곡에서는 깊은 계곡과 하얀 석회암 절벽이 어우러진 아름다운 풍경을 볼 수 있다.

③ **란트바서 비아둑트** Landwasser Viaduct 플리주어역Flisur에 도착하기 전, 65m 높이의 아치형 다리가 136m 길이로 펼쳐진다. 다리 끝이 곧바로 터널로 이어지는 진귀한 풍경을 볼 수 있다.

운행 정보

체르마트 ▶ 생모리츠(총 7시간 45분)

🕓 2024년 12/7~2025년 5/2 08:52~16:37, 2025년 2/1~5/2 07:52~15:37, 2025년 5/3~10/11 1일 2회 운행 08:52~16:37, 09:42~17:37

* 2025년 1/5~1/31, 10/12~12/5 운행하지 않음

생모리츠 ▶ 체르마트(약 8시간 20분)

🕓 2024년 12/7~2025년 5/2 08:39~17:07, 2024년 12/14~ 2025년 1/5, 2025년 2/1~5/2 09:39~18:07, 2025년 5/3~10/11 08:39~ 17:07, 09:39~18:07

* 2025년 1/5~1/31, 10/12~12/5 운행하지 않음
* 2025년 3/24~4/11 엑설런스 클래스 운행 없음

Ⓕ 1등석 편도 CHF 272, 2등석 편도 CHF 159, 스위스 트래블 패스·세이버 데이 패스·유레일 패스 무료 **좌석 예약 요금** 2등석 CHF 44, 1등석 CHF 49 엑설런스 클래스 CHF 490(1등석 패스만 이용 가능, 2등석 패스는 탑승 전날이나 당일에 출발 역에서 차액을 내고 예약 가능), 예약 1등석 편도 CHF 75, 2등석 편도 CHF 44, 스위스 트래블 패스·세이버데이 패스·유레일 패스 무료 **좌석 예약 요금** 1등석·2등석 CHF 44

예약 홈페이지 www.glacierexpress.ch/en, 스위스 주요 기차역

* 모든 좌석은 예약 필수이며, 창가 자리에 앉으려면 60~90일 전부터 예약 가능

글래시어 익스프레스 이용 팁

- 체르마트에서 생모리츠로, 생모리츠에서 체르마트로 가는 가장 편한 방법은 글래시어 익스프레스를 타는 것이다.
- 글래시어 익스프레스와 베르니나 익스프레스를 동시에 경험하고 싶으면 쿠어~생모리츠 구간은 글래시어 익스프레스를, 생모리츠~티라노 구간은 베르니나 익스프레스를 타면 된다.
- 글래시어 익스프레스 1등석, 2등석에서는 미리 식사를 주문하지 않았더라도 현장에서 음식을 주문할 수 있다.
- 엑설런스 클래스 승객에게는 플랫폼 웰컴 데스크, 수하물 운반 서비스가 제공된다. 점심에는 샴페인이 포함된 스타터 플레이트를 시작으로 와인이 포함된 5코스 메뉴를 서빙해주며 오후에는 티타임과 간식이 끊임없이 제공된다. 엑설런스 클래스는 예약이 빨리 마감되므로 꼭 타고 싶다면 서두르기를 추천한다.

비 올 때는 스파로 향하자

스위스 온천

청정 자연을 자랑하는 스위스에서는 온천 여행도 빼놓을 수 없다. 로마 시대부터 치료 효과가 뛰어나기로 유명했던 온천부터 아름다운 호수를 바라보며 즐기는 온천 시설까지 모두 있다. 따뜻한 물에 몸을 담그고 여행의 고단함을 풀기에도 좋고 대부분 예약할 필요도 없어 날씨가 안 좋은 날에 좋은 선택지다. 수영복은 무조건 가져가야 하며, 수건은 돈을 내면 빌려주는 곳도 있지만 챙겨가는 것이 좋다. 사진 촬영 금지인 온천도 있으므로 주의하자.

© Solbad BEAUS

인터라켄 근처

솔바트 베아투스 Solbad BEATUS

눈앞에 호수를 보며 즐길 수 있는 천연 소금물 스파. 5성급 호텔 솔바트 베아투스에서 운영하는 곳이며, 인터라켄에서 툰 마을로 향하는 길에 있어 30분이면 도착한다. 천연 소금은 슈바이처할레에 자리한 소금 공장의 지하 140~400m에서 추출해 만든다. 천연 소금물을 35°C로 가열된 샘물과 최적의 농도로 혼합해 사용한다. 야외 스파 앞에 툰 호수가 바로 보여 몸과 마음의 더블 힐링!

인터라켄 서역 혹은 동역에서 21번 버스 타고 Merligen, Beatus에 하차 후 도보 1분(총 30분 소요) Seestrasse 300, 3658 Merligen
4/1~9/30 CHF 30, 10/1~3/31 CHF 40 (2시간 기준) 08:00~21:30
+41 33 748 04 34
www.beatus.ch/de/wellness-spa/solbad

그린델발트

벨베데레 호텔 Bellevedere Hotel

그린델발트에 위치한 4성급 호텔의 스파. 실내에는 수온을 평균 29℃로 유지하는 대형 수영장이 있다. 또한 바로 옆에는 몸의 피로를 풀어주는 마사지 기능의 자쿠지가 있어 휴식을 취하기 좋다. 실외 풀은 3명이 들어가면 꽉 찰 정도로 작지만, 아름다운 산 풍경을 볼 수 있어 인기다. 한국인이 좋아하는 온도에 딱 맞게 땀을 뺄 수 있는 핀란드식 사우나(성인만 입장 가능)도 운영 중이다. 단, 스위스 사우나 문화에 따라 혼탕이니 주의할 것. 수영복을 입고 들어갈 수 있다.

그린델발트역에서 도보 3분 Dorfstrasse 53, 3818 Grindelwald **수영장·자쿠지** 성인 CHF 27(12시 이전 입장), CHF 22(12시 이후 입장), 만 7~16세 CHF 17, 만 6세까지 무료 / 대여료 수영복 CHF 5, 샤워가운 CHF 10 **사우나·수영장·자쿠지** 성인 CHF 32(12시 이전 입장), CHF 37(12시 이후 입장), 만 7~16세 CHF 27, 만 6세까지 무료 수영장 및 자쿠지 08:00~15:00, 20:00~22:00(성인만 입장), 사우나 09:00~15:00, 20:00~22:00(성인만 입장) +41 33 888 99 99 www.belvedere-grindelwald.ch

© Bellevedere Grindelwald

© Bellevedere Grindelwald

© Bellevedere Grindelwald

© Grand Hotel National

© Grand Hotel National

© Grand Hotel National

루체른

그랜드 호텔 내셔널 Grand Hotel National

아름다운 루체른 호수가 테라스에서 바로 보이는 스파. 루체른 기차역과도 가까워 접근성이 매우 좋으며, 숨 막히게 아름다운 전망 덕에 항상 인기가 많다. 아늑한 수영장과 사우나도 좋지만, 멋진 풍경을 자랑하는 테라스에 꼭 나가보자. 아름다운 피어발트슈테터 호수를 감상할 수 있고, 수영 후에는 준비된 일광욕용 침대에 누워 휴식을 취하며 햇볕을 즐길 수 있다. 또한, 숙련된 전문 마사지사에게 활력을 북돋우는 전신 마사지나 피부의 생기를 되찾아 주는 페이셜 트리트먼트를 받을 수도 있다.

루체른역에서 도보 15분, 성 레오데가르 성당에서 도보 2분 Haldenstrasse 4 6006 Lucerne CHF 45 07:30~22:00 +41 41 419 09 09
www.grandhotel-national.com/en/pool-massage

체르마트 근교

로이커바트 테름 Leukerbad Therme

알프스에서 가장 큰 온천 휴양지이자 스위스를 대표하는 온천 마을 로이커바트. 고대 로마인이 썼던 욕탕 자리로, 해발 1,411m에 사방이 바위로 둘러싸인 깊은 산속에 있다. 이 마을의 온천수는 130가지 유용한 성분을 함유해 건강에도 좋다고 알려져 있다. 이 마을에서도 가장 핫한 대규모 스파 시설 로이커바트 테름에서는 온천, 워터파크, 마사지 등을 모두 즐길 수 있다. 로맨틱한 분위기보다는 자녀가 있는 가족이 더욱 신나게 즐길 분위기이며, 야외 온천에서는 알프스산맥의 풍경을 감상할 수 있어 더욱 인기 높다.

체르마트에서 출발 총 소요 시간 2시간 30분. 체르마트(기차, 1시간 9분)▶Visp(기차, 9분)▶로이크(버스, 30분)▶로이커바트 버스터미널 ▶도보 10분
인터라켄에서 출발 총 소요 시간 2시간. 인터라켄(기차, 17분)▶슈피츠(기차, 26분)▶Visp(기차, 9분)▶로이크(버스, 30분)▶로이커바트 버스터미널▶도보 10분
Rathausstrasse 32, 3954 Leukerbad 온천 3시간권 성인 CHF 30, 만 6~15세 CHF 18, 전일권 성인 CHF 37, 만 6~15세 CHF 22, 사우나만 이용 시 성인 CHF 25 온천 09:00~21:00, 사우나 10:00~20:00 +41 27 472 20 20 www.leukerbad.ch/therme

체르마트

보시트 체르마트 BEAUSiTE Zermatt

마테호른 명봉을 야외 수영장과 휴식 공간에서 감상할 수 있을뿐더러 시설까지 좋은 곳. 홈페이지에서 미리 '데이 스파Day Spa'를 예약하면 실내·실외 수영장, 월풀, 야외 인피니티는 물론 핀란드식 사우나, 터키식 목욕탕, 사우나를 즐길 수 있다. 2024년부터 호텔 투숙객이 아니어도 이용할 수 있게 되었는데, 호텔 이용자와 마찬가지로 피트니스 시설까지 즐길 수 있어 더욱 훌륭하다. 게다가 수건, 목욕 가운, 슬리퍼, 샴푸, 샤워젤, 청량음료, 과일까지 무료로 제공되어 따로 챙겨 오지 않아도 된다. 매일 방문객 인원 제한이 있으니, 홈페이지에서 예약하는 것이 중요하다.

체르마트역에서 도보 10분 Brunnmattgasse 9, 3920 Zermatt 성인 CHF 80, 만 6~12세 CHF 40, 만 5세 이하 무료 월풀 & 피트니스룸 07:00~21:00, 실외 풀 08:00~20:00, 사우나 및 한증탕 15:00~20:00
+41 27 966 68 68
www.beausitezermatt.ch/en/spa-recharge-zone

© BEAUSiTE Zermatt

이게 가능해?! 자연 속 산자락 숙소

알프스 파노라마 스테이

스위스 산중에서 보내는 하룻밤은 눈 덮인 산봉우리, 푸른 초원, 맑은 호수 등 자연의 아름다움을 가까이에서 즐길 기회다. 밤하늘에 차오르는 무수한 별뿐만 아니라 일출과 일몰을 모두 볼 수 있고, 운이 좋다면 도심의 빛 공해가 없기에 은하수까지 볼 수 있다. 고요하고 평화로운 분위기에서 여유를 만끽하다가 인생 사진까지 건지는 특별한 경험에 도전해 보자. 아래에 케이블카나 열차를 타고 갈 수 있는 숙소를 소개한다. 다만 날씨에 따라 즐길 수 없거나 경치가 크게 차이 나고, 호텔까지 가는 열차, 곤돌라의 막차 시간을 고려해 이동해야 하니 참고할 것.

베르그게스트 하우스 Berggasthaus • 피르스트 2,167m ₣₣₣

피르스트 반Firstbahn 케이블카 종착역에 있는 산악 숙소다. 그린델발트에서 접근성이 좋으며 일몰, 일출, 은하수를 모두 만날 수 있다. 2인용 개인실부터 15인실 혼성 도미토리까지 룸 타입이 다양한데, 특히 15인실 도미토리는 큰 창문 덕에 멋진 풍경이 덤으로 따라오는 독채 건물을 사용한다. 저녁은 간단한 3코스로 제공되며 비용은 CHF 30 이내다. 단점이라면 개인실에 묵어도 화장실과 샤워실은 공용 시설이라는 점. 하지만 전반적으로 가격 대비 훌륭한 시설을 갖추고 있다.

그린델발트에서 피르스트반 곤돌라 리프트를 타면 25분 소요
Berggasthaus First, 3818 Grindelwald ₣ 2인실 CHF 200~, 도미토리 15인실 1인 CHF 80~(조식 포함)
연중무휴 +41 33 828 77 berggasthausfirst.ch/en/mountain-hotel

슈바르츠제 호텔 Hotel Schwarzsee • 체르마트 2,583m ₣₣₣

마테호른이 바로 눈앞에 펼쳐지는 경험이 가능한 산악 호텔. 마테호른의 일몰, 일출 그리고 청정 공기가 느껴지는 아름다운 장소다. 방 안에는 깨끗한 침구와 침대만 달랑 놓여 있지만 '창밖 풍경이 다 한다'고 해도 과언이 아니다. 겨울에는 가성비를 추구하는 스키어와 스노보더들이 방문하고, 여름에는 하이킹하는 사람들로 가득 찬다. 하지만 고도가 높은 만큼 고산병도 고려해 볼 사항이니, 미리 약을 챙겨가는 것을 추천한다.

체르마트에서 마테호른 글래시어 파라다이스 곤돌라 타는 곳까지 이동(도보 20분, 버스 5분), 곤돌라 타고 푸리를 거쳐 슈바르츠제역까지 이동(약 20분), 역에 내려 도보 1분
Klein Matterhorn, 3920 Zermatt ₣ 2인실 여름 CHF 318~, 겨울 CHF 200~(조식과 3코스짜리 석식 포함) 6~8월, 12~4월(강설량에 따라 다름) +41 27 967 22 63
www.schwarzsee-zermatt.ch

베르크하우스 디아볼레차 Berghaus Diavolezza 2,978m ₣₣₣

해발 3,000m에 가까운 곳에 위치한 호텔로, 사계절 내내 눈 덮인 산맥과 빙하를 한눈에 볼 수 있다. 베르니나 익스프레스가 지나는 구간에 있어, 이 열차를 탑승할 계획이 있으면 들러 머물기 좋다. 호텔에서 묵으며 여름에는 하이킹, 겨울에는 스키와 스노보드 등의 액티비티를 즐길 수 있다. 이곳의 가장 큰 매력은 유럽에서 가장 높은 자쿠지가 있다는 것. 칵테일 한 잔을 주문해 눈앞에 펼쳐진 절경을 바라보면서 마시면 만족도 최상!

베르니나 디아볼레차역Bernina Diavolezza에 내려 케이블카 타고 16분 Berghotel Schynige Platte, 3812 Wilderswil 2인실 1인당 CHF 185~(왕복 케이블카·조식·4코스 저녁 포함) 여름 5~10월, 겨울 12~5월 +41 81 839 39 00
www.corvatsch-diavolezza.ch/en/berghaus-diavolezza/rooms

필라투스쿨름 호텔 Pilatus Kulm Hotel 2,132m ₣₣₣

루체른의 자연경관을 만끽하며 고급스럽게 휴식할 수 있는 장소. 필라투스쿨름 정상에 위치한 4성급 호텔이다. 영국 빅토리아 여왕이 말을 타고 필라투스쿨름을 오르며 아름다움을 즐긴 후, 1890년에 처음 호텔이 생겼다. 지금의 호텔은 2010년에 재건축해 4성급으로 거듭난 것으로, 음악가 리하르트 바그너도 이 호텔의 유명한 고객 중 한 사람이었다고 한다. 지금은 창밖으로 알프스산의 풍경은 물론 멋진 일출과 일몰을 동시에 즐길 수 있어 여행자와 현지인에게도 인기가 높다. 일몰과 일출을 감상하려면 호텔에서 나와 산 정상까지 올라야 한다. 가파른 길을 따라 15분 정도 올라가 정상에 도착하면 소음 하나 없는 적막 속에 루체른 호수 위로 뜨고 지는 해를 만날 수 있다. 빅토리아 여왕의 이름을 딴 퀸 빅토리아 레스토랑은 지역 생산품과 신선한 재료로 만든 음식을 내는데, 보기에도 예쁘지만 먹으면 더 맛있다. 숙박 요금에는 풍성한 조식과 4코스 저녁이 포함되어 있다.

루체른 중앙역에서 Kriens/Obernau 방향 1번 버스 타고 15분 후에 Kriens, Zentrum Pilatus 정류장에서 하차. 빨간색 필라투스 표지판을 따라 Kriens역으로 도보 5분 이동 후 필라투스쿨름 케이블카 탑승
Pilatus hotel, Pilatus · 2인실 CHF 460~ · 11~4월 목~토, 이외 기간 매일 운영 · +41 41 329 12 12
www.pilatus.ch/en/discover/hotels/pilatus-kulm-hotels

리펠알프 리조트 Riffelalp Resort 2,222m ₣₣₣

전통적인 목조 샬레 스타일로 만들어진 5성급 고급 호텔. 소나무와 낙엽송으로 된 고요한 숲에 기차 소리만 간간이 들리는 호텔로, 1878년에 지어져 1998년에 5성급 호텔로 거듭났다. 여름에는 하이킹하다가 쉬어가기에 제격이고 겨울에는 주변에서 스키를 타고 호텔에 올 수 있다. 차를 가지고 왔다면 태쉬Tasch로, 열차로 이동했다면 체르마트역으로 호텔 포터가 마중하러 나오기 때문에 짐이 많아도 걱정할 필요 없다. 높은 산에 있지만 리펠알프역에서 내리면 전용 전차를 이용해 호텔까지 편리하게 도착하는 것도 장점이다. 또한 호텔 내에 멋진 전망을 갖춘 이탈리안 레스토랑 리스토란테 알 보스코Ristorante Al Bosco, 스위스 음식을 파는 발리저켈레Walliserkelle 레스토랑, 조식을 제공하는 레스토랑 알렉상드르Restaurant Alexandre가 있어 호텔 안에서만 있어도 식도락을 즐기기 좋다. 실외 수영장에서는 마테호른을 보며 수영을 즐길 수 있는 데다 사우나, 마사지, 실내 수영장 등도 마련되어 있다.

🚶 체르마트역 바로 앞에 있는 고르너 그라트 철도 탑승, 20분 후 리펠알프역Riffelalp 하차
📍 Hôtel Riffelalp Resort 3920 Zermatt ₣ 2인실 여름 CHF 480~, 겨울 2인실 CHF 500~1600 (조식 포함), 2박 이상 예약 필수 🕓 6~9월, 12~4월 📞 +41 27 966 05 55
🏠 www.riffelalp.com/en/welcome

스위스 알프스 맛!

지역별 음식 지도

스위스는 70%가 산악 지형이며 1,500개의 호수가 있어 고유의 먹거리와 요리법이 발달했다. 특히 소를 많이 키우는 덕에 각종 치즈와 육류 및 유제품이 전국적으로 발달했다. 독일어권의 대표 도시인 취리히와 바젤, 루체른에는 감자로 만든 뢰스티, 송아지고기, 돼지고기 요리가 많은 편이고 프랑스어를 쓰는 제네바, 로잔은 레만 호수에서 잡아 올린 농어 요리와 치즈 및 육류를 맛볼 수 있다. 이탈리아어권인 루가노 지역은 오소부코, 폴렌타 등의 이탈리아식 음식이 발달했다. 지역마다 먹어봐야 할 대표 음식을 한 눈에 알아본다.

렉컬리 Läckerli

꿀, 설탕, 아몬드, 헤이즐넛에 오렌지 껍질, 레몬 껍질, 계피 등의 향신료를 넣어 만든 반죽을 오븐에 구워 꿀과 설탕에 절인 과자

바젤

베르너 플라테 Berner Platte

절인 양배추를 곁들인 훈제 돼지고기와 감자

베른

독일어권

프랑스어권

이탈리아어권

로망슈어권

프랑스어권 전역

체르마트

필레 드 페르슈
Filet de Perche

송어 구이. 레만 호수, 브리엔츠 호수 등지에서 맛볼 수 있지만 레만 호수에서 잡은 송어가 특히 유명하다.

파페 보두아 Papet Vaudois

푹 익힌 리크Leek(서양식 대파)와 감자샐러드를 곁들인 소시지 요리

말라코프 Malakoff

튀긴 치즈볼. 보통 그뤼에르 전통 치즈로 만들어 바삭하고 부드러운 요리

게슈넷첼테스
Zürcher Geschnetzeltes

취리히에서 유래된 얇게 썬 송아지 요리. 고기를 버터에 볶아 만든 후, 화이트와인, 크림, 육수를 넣어 부드럽게 끓여 낸다.

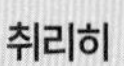

취리히

장크트갈렌

브라트부르스트
Bratwurst

송아지고기와 돼지고기로 만든 소시지

른

취겔리파스테테
Luzerner Chügelipastete

미트볼 소시지와 화이트소스로 속을 채운 파이

람 앙트레코트
Lamb Entrecote

검은코 양고기 스테이크

이탈리아어권 전역

브라사토 **Brasato**

레드와인에 소고기를 넣어 조린 요리

폴렌타 **Polenta**

옥수수와 보리를 끓여 만든 죽

파네토네 **Panettone**

건포도가 박힌 브리오슈 케이크

자연과 사람을 잇는 스위스의 전통 요리

스위스 대표 음식 소개

스위스 음식은 알프스산맥을 중심으로 한 자연환경 덕분에 치즈, 유제품, 감자, 고기 등이 주재료로 많이 쓰인다. 전통적으로 소박하면서도 풍부한 맛을 자랑하며, 지역 특산 재료와 계절에 맞는 음식을 중요시한다. 독일, 프랑스, 이탈리아 국경을 접하고 있어 이웃 나라의 요리 전통이 스위스 요리에 깊이 반영된 것도 특징이다.

치즈 퐁뒤
Cheese Fondue

긴 포크에 네모난 빵조각을 꽂아 녹인 치즈에 휘휘 저어가며 먹는 대표적인 스위스 음식. 18세기부터 알프스산맥의 농부들이 겨울철에 남은 치즈와 빵을 처리하기 위해 먹으면서 시작되었다. '카클롱Caquelon'이라 불리는 원형 도자기에 치즈를 담아 녹이다가 화이트 와인을 넣어 만들며, 치즈가 녹으면서 발산하는 풍부한 향과 입안을 감싸는 부드러운 식감이 특징이다. 특유의 냄새와 진한 알코올, 짠맛 때문에 호불호가 갈리는 음식이지만 와인을 빼달라고 주문하면 우리 입맛에도 맛있게 즐길 수 있다.

라클레트
Raclette

그릴에 녹인 치즈를 커다란 나이프로 긁어 빵이나 감자 위에 올려주는 음식. 다양한 피클과 채소를 곁들이면 더 풍부한 맛을 느낄 수 있다. 프랑스어 라클러Racler(긁어내다)에서 이름을 땄다. 레스토랑에서는 보통 감자 위에 치즈가 올려진 상태로 나오지만, 축제나 크리스마스 마켓에서는 눈앞에서 치즈를 녹여 올려주는 모습을 볼 수 있다.

브라트부르스트
Bratwurst

그릴에 바싹 구워 먹는 소시지. 전통적으로 소고기, 돼지고기, 또는 이 두 가지의 혼합육을 사용한다. 흰색 소시지는 송아지고기와 돼지고기가 섞인 것으로 부드럽고 촉촉하다. 스위스의 대표적인 길거리 음식으로, 많은 축제와 마켓에서 자주 볼 수 있다.

앨플러마그로넨
Älplermagronen

스위스식 마카로니 그라탱. 농사일하면서 가볍고 든든하게 먹을 것을 찾다가 시작됐다고 한다. 마카로니 파스타를 치즈와 크림에 넣고 끓여 부드럽게 만든 것이 특징이다. 고소하고 부드러운 치즈와 사과잼을 곁들여 단짠단짠으로 먹는 게 제맛.

뢰스티
Rösti

스위스식 감자 팬케이크. 고소한 버터를 프라이팬에 녹인 후 강판에 갈아낸 감자를 올려 지져 만든다. 양파, 베이컨, 달걀프라이를 곁들이는 등 먹는 방법도 다양하다. 특히 브라트부르스트와 양파 소스가 함께 나오는 것이 일품!

취겔리파스테테
Chügelipastete

루체른 전통 음식. 잘게 다져 익힌 송아지고기를 버섯소스와 함께 동그란 페이스트리 파이 안에 가득 채운 음식. 이름은 '작은 공'을 뜻하는 독일어 취겔리 Chügeli에서 유래됐으며, 작은 미트볼을 의미한다. 특히 밥이나 감자튀김, 완두콩, 당근 등이 함께 나와 한국인 입맛에도 잘 맞는다.

필레 드 페르슈
Filet de Perche

버터에 구운 송어 요리. 툰 호수, 브리엔츠 호수, 레만 호수 등 호수 인근 지역의 레스토랑에서 쉽게 맛볼 수 있다. 타르타르소스나 허브 버터를 함께 곁들어 먹는다.

말라코프
Malakoff

치즈볼 튀김. 19세기 크림 전쟁에 참전했던 스위스 용병들이 들여온 조리법이다. 보통 전채 음식으로 시킬 수 있으며, 화이트와인과 잘 어울리는 것이 특징이다.

비르허 뮤즐리
Birchermüesli

전 세계인 아침 건강식의 표본, 뮤즐리는 스위스 의사 막시밀리안 오스카 비르허 베너Maximilian Oskar Bircher-Benner가 1900년경에 개발했다. 귀리 등의 통곡물을 압착하고 말린 과일, 견과류, 씨앗류 등과 섞은 시리얼로 인공적인 조리 가공이 적다는 것이 특징이다. 뮤즐리의 원조인 만큼 더 다양하고 건강한 맛의 조합을 만날 수 있다.

렉컬리
Läckerli

스위스 바젤에서 유래한 전통 비스킷. 꿀, 헤이즐넛, 아몬드, 설탕을 밀가루에 버무려 오븐에 구워서 만드는 비스킷. 스위스인들이 차와 커피에 자주 곁들이는 디저트다.

달달함 치사량 초과!

세계가 인정한 스위스 초콜릿 TOP 10

TOP 1

카이에 Cailler

1875년 세계 최초로 밀크 초콜릿을 개발한 회사이자 스위스에서 가장 많이 팔리는 초콜릿 중 하나. 한국에서는 찾아볼 수 없으므로 스위스에서 사가기 좋다. 특히나 밀크 초콜릿은 다른 브랜드 제품보다 훨씬 부드럽고 맛있기로 유명하다.

스위스는 전 세계에서도 초콜릿 소비량이 가장 높은 나라 중 하나로, 연간 1인당 평균 소비량이 11.6kg에 달한다. 스위스 초콜릿의 역사는 그 명성에 비해 그리 길지 않은데, 1679년 취리히 시장이 벨기에 브뤼셀에서 맛본 초콜릿 음료를 스위스에 소개하면서 널리 알려졌다. 당시에는 중산층만 소비하던 초콜릿 문화를 1819년 프랑수아 루이 카이에François-Louis Cailler가 카이에Cailler 초콜릿 공장을 세우면서 세계적인 초콜릿 수출국으로 발돋움했다. 참고로 우리가 스위스제로 알고 있는 밀카Milka와 토블로넨Toblerone 초콜릿은 미국 회사인 몬덜리즈 인터내셔널이 인수해 이제 스위스 제품이 아니다.

TOP 2

린트 Lindts

한국에서도 쉽게 구할 수 있는 브랜드지만, 스위스에서는 한국에 없는 다양한 맛을 만날 수 있다. 린트의 창업자 로돌프 린트는 1879년에 세계 최초로 콘칭Conching(카카오 반죽을 오랜 시간 저어 매끈한 텍스처로 만드는 것) 기법을 개발했고, 딱딱한 초콜릿 속에 부드럽게 녹아내리는 질감의 초콜릿을 최초로 만들어 냈다.

TOP 3

카미유 블로흐 Camille Bloch

1929년에 설립된 회사로, 견과류를 넣어 만든 라구사 클래식 초콜릿과 코코아 지방과 버터를 혼합한 토리노 초콜릿이 가장 인기가 높다. 연간 생산량이 약 3,500톤에 달하는데 스위스 자체 소비량이 많아 20% 미만만 수출된다. 한국에서는 직구로만 구매할 수 있는데 스위스에서는 흔하게 구할 수 있으니 꼭 맛보자.

TOP 4

할바 Halba

1933년도에 설립된 초콜릿으로 슈퍼마켓 쿱COOP에서 쉽게 볼 수 있다. 다른 초콜릿처럼 100% 스위스산으로 공정무역과 친환경 농업에 집중하며, 에너지 절약 및 환경 보호에도 앞장서는 회사이다. 다른 제품에 비해 가격은 저렴한데 맛도 훌륭해 현지인들이 좋아하는 초콜릿 중 하나다.

TOP 5

프레이 Frey

1887년에 설립된 스위스의 전통 초콜릿 제조사로, 1950년부터 슈퍼마켓 미그로스Migros에 인수되어 독점으로 판매한다. 지속 가능한 회사로 인증받았고 특히나 'Suprême'이라고 쓰인 초콜릿이 인기가 높다.

TOP 6

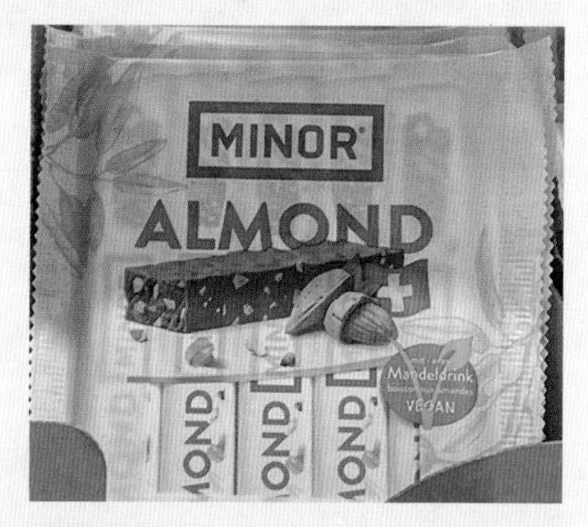

미노어 Minor

1936년에 세워진 스위스 초콜릿 회사. 바 형태의 초콜릿을 대중화한 장본인이다. 크리미한 밀크 초콜릿에 고소한 헤이즐넛을 혼합한 초콜릿 바가 대표적이다. 사이즈도 작아 간편하게 가지고 다니면서 먹기 좋다.

TOP 7

오보말틴 Ovomaltine

1904년, 스위스의 화학자이자 약사인 알버트 반더Albert Wander가 개발한 영양 보충 음료에서 시작한 브랜드. 초기 제품은 영양가 높은 보리, 코코아, 우유를 결합한 초콜릿 드링크 파우더였다. 현재는 초콜릿 바와 빵에 발라먹는 스프레드가 인기가 많다.

TOP 8

문츠 Munz

1874년에 세워진 초콜릿 회사. 특히 얇은 초콜릿 바 안에 바나나 맛이 나는 마시멜로가 들어 있는 제품이 아이들에게 인기가 많다. 이 외에도 문츨리 Munzli라 불리는 헤이즐넛 초콜릿, 막대 초콜릿이 인기 높다.

TOP 9

빌라스 Villars

1901년 프리부르그Fribourg에 세워진 초콜릿 회사로, 스위스산 우유를 사용해 초콜릿을 만든다. 지속 가능한 카카오 농업과 친환경 포장이 특징이며 슈퍼마켓보다는 공항 면세점에서 쉽게 살 수 있다. 카카오 함량이 높은 다크 초콜릿과 크리미한 밀크 초콜릿이 인기!

TOP 10

캐기 Kägi

1934년 세워진 브랜드로, 처음에는 작은 과자 가게로 시작했다. 점차 인기를 끌면서 가족 기업으로 발전해 현재는 스위스에서 가장 사랑받는 초콜릿 및 과자 중 하나가 됐다. 한국인 입맛에도 잘 맞으며 바삭한 웨이퍼에 밀크 초콜릿, 또는 다크 초콜릿을 코팅한 형태가 인기가 많다.

현지에서 먹고 마시는 만큼 여행 가심비 Up!

스위스 와인 & 치즈

스위스에서는 252종 이상의 포도가 재배되지만 와인 수출량은
생산량의 고작 1%밖에 되지 않아 스위스 와인은 스위스 밖에서는 매우 희귀하다.
스위스에는 6개 와인 지역에 걸쳐 약 1,500개의 와인 생산지가 있으며, 레드와인은 56%,
화이트와인 44%를 생산한다. 레드와인 중 가장 많이 생산되는 품종은
피노누아Pinot Noir, 화이트와인 중에서는 샤슬라Chasselas가 높은 비중을 차지한다.
또 요리에 활용은 물론 와인과도 궁합이 좋은 스위스 치즈는 인공 첨가물이 없는 천연 제품이다.
700가지가 넘는 다양한 치즈가 생산되는데, 부드러운 것부터 단단한 것, 신선한 것부터
진하게 발효된 것까지 종류도 방대하다. 그중에서도 가장 잘 알려진 전통 치즈 품종은
에멘탈 치즈Emmentaler, 그뤼에르 치즈Le Gruyère, 아펜첼러 치즈Appenzeller 등이 있다.
그중에서도 AOP 라벨이 붙은 치즈는 까다롭게 엄선된 제품이다. 예를 들어
AOP 라벨을 받은 그뤼에르 치즈는 매일 20km 이내에 있는 낙농장에서 배달되는 신선한
우유로 만든다. 이런 뛰어난 낙농장 근접성 덕분에 공정은 더욱 환경 친화적이며,
신선도가 최대한 보장되는 만큼 치즈 품질은 더욱 좋아진다는 사실.

치즈를 처음 접하는 사람에게 추천하는 치즈 1위

테트 드 무안 Tête de Moine

잘라서 먹는 게 아니라 지롤Girolle이라는 작은 기구로 긁어낸 치즈다. 얇은 꽃송이처럼 말린 모양에 식감도 뛰어나 자꾸만 손이 간다. 치즈 특유의 냄새도 안 나고 맛도 좋아, 평소 치즈를 즐기지 않았던 사람도 가볍게 하나둘 먹기 좋다. 테트 드 무안은 프랑스어로 '수도승의 머리'라는 뜻인데, 둥근 치즈 모양이 마치 당시 치즈를 만든 수도승의 머리 같다고 붙여진 이름이다.

현지인처럼 슈퍼마켓에서 사서 즐기는

테트 드 무안 치즈+와인 조합

레드와인 추천 조합

돌 데 몽 Dôle des Monts

피노 누아와 가메Gamay 포도로 만들어 풍부한 과일 향과 부드러운 타닌이 매력적인 와인.

Ⓕ 750ml, CHF 18.95

원산지 발레Valais 주

화이트와인 추천 조합

에글 레 뮈라유 샤블레

Aigle Les Murailles Chablais

샤슬라 품종 와인으로 언제나 인기가 많은 스테디셀러. 차갑게 먹을 때 신선하고 상큼한 맛이 특징.

Ⓕ 700ml, CHF 22.50

원산지 보Vaud 주

스위스 인기 1위 치즈

그뤼에르 Gruyère

그뤼에르 지방에서 생산되며, 단단하고 탄력 있는 식감이 특징이다. 신선한 치즈는 5~9개월 숙성된 미디엄Medium 치즈로 식감은 부드럽고 단맛이 약간 느껴진다. 반면 오래 숙성된 치즈는 12개월 이상 숙성된 쉬르슈아Surchoix 치즈로 고소한 맛이 진하고 견과류 맛이 난다.

현지인처럼 슈퍼마켓에서 사서 즐기는

그뤼에르 치즈+와인 조합

레드와인 추천 조합

콜리보 메를로

Collivo Merlot Riserva

미디엄과 풀 보디 사이를 오가는 부드러운 타닌과 과일 향, 약간의 스파이스가 특징이다. 치즈 페어링은 그뤼에르 중에서도 진한 맛의 쉬르슈아를 추천.

Ⓕ 750ml, CHF 21.50

원산지 티치노Ticino 주

화이트와인 추천 조합

데잘리 Dézaley Bovard

풍부한 미네랄 성분과 신선한 산미가 특징이며, 복합적인 향이 균형을 잘 이룬 와인. 부드럽고 크리미한 그뤼에르 미디엄Medium 치즈가 와인의 산미를 잘 보완해 준다.

Ⓕ 700ml, CHF 29.50

원산지 보Vaud 주

스위스인들이 사랑하는 부드러운 치즈

톰므 Tomme

프랑스와 스위스 알프스 지역에서 유래한 전통 치즈로, 워낙 인기가 많아 다양한 크기와 브랜드가 판매된다. 톰므는 지방 함량이 낮으며, 적당히 단단해 쉽게 썰리는 반경성 치즈이다. 따라서 치즈 특유의 꼬릿한 향보다는 부드럽고 은은한 맛이 특징으로, 와인 안주로 인기가 많다.

현지인처럼 슈퍼마켓에서 사서 즐기는

톰므 치즈+와인 조합

화이트와인 추천 조합

에페스 리베스 도르

Epesses Rives d'Or

라보 지역의 에페스라는 곳에서 생산되는 와인으로, 미세한 미네랄 향과 상쾌한 산미가 특징이다. 와인의 가벼운 산미가 치즈의 풍부한 맛을 잘 잡아주면서 균형 잡힌 페어링이 된다.

Ⓕ 700ml, CHF 14.95

원산지 보Vaud 주

화이트와인 추천 조합

샤르돈 르 샌티

Chardonne Le Chantey

레만 호수 근처의 와인 생산지인 샤르돈Chardonne 지역에서 생산된 와인으로, 가볍고 신선하며 과일과 미네랄의 풍미가 특징이다.

Ⓕ 700ml, CHF 15.95

원산지 보Vaud 주

해외에서 가장 유명한 스위스 치즈

에멘탈 Emmentaler

구멍이 송송 뚫린 치즈로, 유명한 만화영화 〈톰과 제리〉에 등장하던 바로 그 치즈다. 13세기부터 베른 근교에 있는 에멘탈 지역에서 만들어 왔다. 짠맛이 덜해 가볍게 즐길 수 있는데, 숙성 기간이 오래될수록 맛이 더 깊어지고 질감도 단단해진다.

현지인처럼 슈퍼마켓에서 사서 즐기는

에멘탈 치즈+와인 조합

로제와인 추천 조합

르 로셀 Le Rosel

보디감이 가벼운 로제와인으로, 섬세한 과일 향과 신선한 산미를 지닌 것이 특징이다. 에멘탈 치즈의 크리미한 질감과 가벼운 단맛이 와인의 상쾌한 산미와 조화를 이루면서도 섬세한 와인의 맛을 해치지 않는다.

₣ 700ml, CHF 9.50

원산지 발레Valais 주

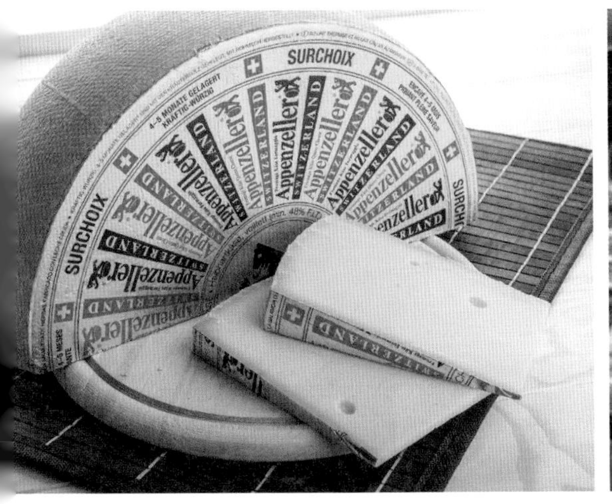

허브와 향신료로 숙성되는 감칠맛을 가진

아펜첼러 Appenzeller

700년 이상 된 치즈 레시피! 독특한 맛의 비결은 치즈를 숙성하는 동안 허브와 와인, 브랜디를 섞어 만든 비밀 조합 재료로 치즈 표면을 문지르는 것이다. 특유의 맛과 향이 입안을 감돌고, 단단하면서도 크리미한 식감이 특징이다.

현지인처럼 슈퍼마켓에서 사서 즐기는

아펜첼러 치즈+와인 조합

레드와인 추천 조합

네 누아 르 Nez Noir Les

피노 누아 품종으로 풍부한 과일 향과 함께 우아하고 깊은 풍미를 지닌 것이 특징이다.

Ⓕ 750ml, CHF 19.95

원산지 발레Valais 주

여행자에게 제격인 하프 와인과 치즈 플레이트

스위스 슈퍼마켓이나 지역 상점에서는 다양한 종류의 치즈를 판매하지만, 보통 사이즈가 커 단기 여행자들에게는 부담스럽거나 어떤 치즈를 골라야 할지 고민만 하다가 포기하게 되는 경우도 많다. 쿱이나 미그로스 등의 대형 슈퍼마켓에서는 몇 가지 치즈를 모아 만든 치즈 플레이트를 판매하니 이를 노려볼 것. 소분된 크기도 너무 크지 않아 안주하기에 딱 좋다. 와인 역시 700~750ml의 양이 부담스럽다면 250~375ml 정도의 1/3병, 1/2병 사이즈의 작은 와인도 판매하니 스위스에서만 맛볼 수 있는 와인들을 꼭 맛보자.

물건 잘 만들기로 유명한 나라

메이드 인 스위스 기념품 쇼핑

스위스는 고품질 물건을 만들기로 유명한 나라이다. 기념품 숍에서 흔히 보이는 열쇠고리나 마그넷, 스노볼 등 예쁜 물건은 이미 많이 샀다면, 일상생활에서 자주 쓰이는 가성비 좋은 기념품을 추천한다.

칼 하면 역시 빅토리녹스

빅토리녹스 Victorinox

우리나라에서는 '맥가이버 칼'로 잘 알려진 브랜드. 스위스에서 구매하면 이름을 새길 수 있다는 점에서 특별하다. 요즘에는 잘 쓰지 않는 맥가이버 칼보다 활용도가 높은 감자 칼이나 빵칼이 더 인기가 많다. 특히 작고 예리한 톱니 날에 미끄럼 방지 기능이 있는 인체공학적 핸들 덕분에 최소 5년은 두고두고 쓸 수 있어 경제적. 산악 지역과 컬래버레이션하는 경우도 있는데 '융프라우요흐'라고 적힌 칼은 스위스에서만 살 수 있어 더욱 인기 있다.

Ⓕ 소형 과일용·빵칼 CHF 4.90~5.90, 감자용 칼 CHF 4.90 **구입처** 스위스 전역 기념품 매장 ⌂ www.victorinox.com

유리잔에 담긴 스위스 알프스

알핀테 Alpinte

스위스 알프스의 산봉우리를 담은 고급스러운 유리잔. 마테호른, 융프라우, 아이거, 티틀리스 등 유명한 산을 본뜬 디자인이 있으며 잔 종류도 맥주컵, 양주잔, 물병 등 다양하다. 포장까지도 고급스러워 소중한 사람에게 선물하기도 좋은 최고의 인기 아이템. 본사가 있는 발레주 근처의 체르마트에서 인기를 끌면서 지금은 인터라켄과 그린델발트에서도 쉽게 구할 수 있게 되었다.

Ⓕ 위스키잔 CHF 26.90, 맥주잔 CHF 26.90 소주잔(4개) CHF 49.90 **구입처** 고르너그라트 정상 매장, 융프라우요흐 정상 매장 그 외에 주요 기념품점 ⌂ www.alpinte.ch

스위스 기차역 시계
몬데인 기차역 시계
Mondaine Railway Clock

스위스 기차역 플랫폼과 역사에서는 모두 똑같은 벽시계를 사용한다. 바로 이 몬데인 시계. 직관적인 요소를 강조하는 간결한 빨간색 원형 초침은 정확한 시간 관리를 나타내는 스위스 시계의 상징이기도 하다. 미니멀하고 모던한 디자인의 기차역 시계는 가정에서 인테리어 소품으로 쓰기에도 안성맞춤이다.

구입처 취리히 공항역사 혹은 주요 역 매표소 Ⓕ 벽시계 CHF 299.00, 탁상시계 CHF 219.00 ⌂ ch.mondaine.com

스위스 국민 책가방
프라이탁 Freitag

취리히 출신 프라이탁 가문의 형제가 만든 재활용 가방. 폐기된 트럭 방수포와 자동차 안전띠, 자전거 튜브 등을 활용해 내구성이 높고, 세상에서 하나뿐인 가방이라는 점이 큰 특징이다. 특히나 연령, 성별을 떠나 '의식 있는 소비'를 실천하려는 모든 스위스 사람에게 인기가 높다. 취리히에 본점 매장이 있고, 편집숍 등에서도 쉽게 찾을 수 있다. 특히나 한국에서는 구할 수 없는 희귀 제품도 있어서 프라이탁 팬이라면 한 번 들러볼 만하다. P.321

Ⓕ **대표 제품**
F40 JAMIE CHF 160,
F49 FRINGE CHF 280
⌂ freitag.ch

스위스니까 소 한 마리 입양
트라우퍼 Trauffer

목각 인형 & 기념품 브랜드. 1938년부터 트라우퍼 가족은 나무로 만든 장난감을 생산해 왔는데, 현재는 스위스 전역에서 가장 많은 유통망을 통해 목공예품을 판매한다. 모두 수작업, 고품질로 생산되며 100% 스위스산 목재만 사용한다.

구입처 스위스 주요 기념품 매장 Ⓕ **대표 상품** 소 목각 인형 CHF 21~ ⌂ shop.trauffer.ch

전 세계 제약 강국

스위스 약국 추천 제품

스위스 제약 산업은 전 세계에서 가장 수준 높은 생산성을 자랑한다. 수출 면에서도 스위스 전체 수출량의 35% 이상을 제약 분야가 차지할 정도로 큰 비중을 차지하고 있다. 스위스 사람들이 즐겨 찾는 브랜드이자 인기 많은 제품, 의사의 처방전 없이 약국에서 쉽게 살 수 있는 건강보조제 및 천연 제품을 추렸다.

버거슈타인 Burgerstein

스위스 국민 영양제이자 프리미엄 비타민 제품. 고품질 원재료를 사용하며 철저한 과학적 연구를 바탕으로 제품을 만들어 스위스에서 가장 많이 팔린다. 멀티비타민 & 미네랄 제품인 셀라CELA가 스테디셀러! 총 100정이 들어있고, 하루 2번 섭취한다.

Ⓕ CHF 39.90

데르마포라 DERMAFORA

알프스산맥에서 유래한 성분을 사용해 피부에 순하고 효과적인 스킨 케어 제품. 가장 인기 있는 제품은 보습크림, 세럼 라인이다.

Ⓕ 30ml, CHF 31.90

예말트 클래식 파우더 Jemalt Classic Powder

물이나 우유에 타 마시는 곡물 셰이크. 원료는 보리맥아추출물로 11종의 비타민과 12종의 미네랄이 들어있어 온 가족이 섭취할 수 있는 건강보조식품이다. 아침 식사 대용이나 간식으로 즐겨 마시며, 특히 어린이와 노약자의 영양 보충에 좋다.

Ⓕ 900g, CHF 23.50

루이스 비드머 Louis Widmer

1960년대부터 만들기 시작한 고품질의 스킨 케어 제품. 그중에서도 안티 에이징을 위한 고효능 레메뎀 크림은 피부 탄력과 주름 개선에 효과적이라고 알려져 있다.

Ⓕ 50ml, CHF 37.90

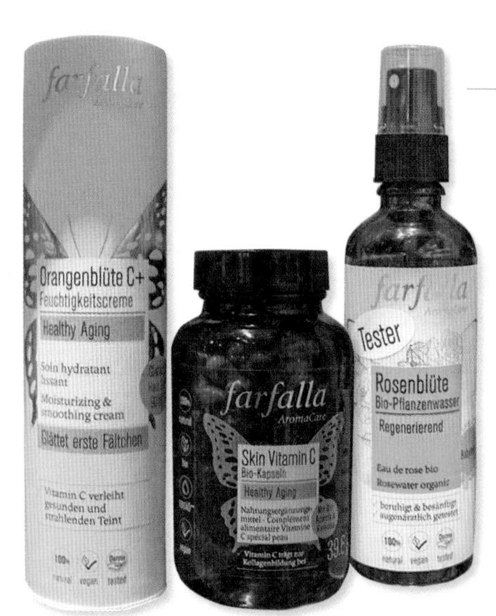

파르팔라 Farfalla

에센셜 오일과 아로마 테라피에 중점을 두고 30년 이상 전통을 이어온 회사. 처음에는 에센셜 오일을 기반으로 한 화장품을 만들기 시작했고, 지금은 유기농과 친환경 제품을 바탕으로 한 향수, 향초, 룸 스프레이가 인기가 많다. 특히 라벤더 슐라프 쇤(수면 보조용품)Lavendel Schlaf Schön은 자기 전 방 안에 뿌리는 아로마 제품이다. 자연에서 추출한 100% 천연 에센셜 오일로 만들어 숙면에 도움을 주며, 산뜻한 라벤더 향이 실내 공기를 환기해 준다.

F 30ml, CHF 9.80

비타 콜라겐 콤플렉스 Vita Collagen Complex

콜라겐을 체내에 공급해 피부를 탄력 있게 유지하는 데 도움을 주는 식이보충제. 콜라겐은 피부에 수분을 공급하고, 손톱과 머리카락을 강화하며, 관절 건강에도 도움을 준다. 중년의 스위스 여성들에게 인기가 많은 제품.

F 30개, CHF 134

오미다 OMIDA

오미다 립밤은 피부의 탄력을 높이는 실리카와 보습에 효과가 좋은 히알루론산을 함유한 제품이다. 촉촉해서 겨울에 쓰기 좋다.

F 4.8g, CHF 9.80

아보겔 A.Vogel

에키나포스Echinaforce는 면역 체계를 강화하는 데 도움을 주는 영양제이다. 면역력 증진에 효과가 뛰어나다고 알려진 에키네시아 꽃을 사용해 감기와 독감 예방에 효과적이다. 특히 면역력이 약해지는 계절에 유용해서 스위스 사람들에게 인기가 많다.

F 120정, CHF 49.90

페르나톤 Pernaton

관절과 근육, 결합 조직 건강을 지원하는 제품. 주요 성분은 뉴질랜드 초록입 홍합에서 추출한 100% 천연 성분으로, 관절과 연골 건강에 중요한 글리코사미노글리칸(GAG)을 포함하고 있다. 관절 통증, 염증, 근육통 등의 완화에 도움을 주며, 특히 운동선수나 노년층에게 효과적이다.

F 180정, CHF 79.90

캐리어 꽉꽉 채워올 권리

스위스 슈퍼마켓 쇼핑

스위스를 대표하는 슈퍼마켓의 양대 산맥은 미그로스Migros와 쿱Coop이다. 스위스 사람들은 보통 어렸을 때부터 자주 가는 슈퍼가 정해져 있다. 따라서 친구들끼리 재미 삼아 '미그로스 킨트Migros-Kind'인지 '쿱 킨트 Coop-Kind'인지를 확인하기도 한다. 두 슈퍼마켓의 가장 큰 차이점은 미그로스에서는 술을 팔지 않고, 쿱에서는 술을 판다는 것. 하지만 슈퍼마켓 쇼핑 리스트에 넣은 상품들은 두 슈퍼에서 모두 판매하므로 가까운 곳에서 사기를 추천한다. 짐이 너무 무겁다면 공항에 위치한 미그로스를 이용하는 것도 방법이다.

카오티나 Caotina

스위스의 대표적인 고급 코코아 파우더로, 진한 다크 초콜릿 맛을 느낄 수 있다. 따뜻한 우유나 물에 섞어 간편하게 마실 수 있고 여름에는 차가운 초콜릿 음료로도 즐길 수 있다.

Ⓕ 1kg, CHF 16.10

뢰스티 Rösti

스위스를 대표하는 전통 감자 요리인 뢰스티는 집에서 간편하게 조리할 수 있는 패키지형 제품도 많이 나와 있다. 가장 인기 많은 제품 중 하나는 베이컨이 들어간 베르너 뢰스티Berner Rösti, 혹은 그뤼에르 치즈가 들어간 뢰스티 미트 레 그뤼에르Rösti mit Le Gruyère 제품.

Ⓕ 500g, CHF 4.80

스위스 꿀 Switzerland Honey

스위스 알프스에서 채취한 귀한 꿀을 한국 집에서도 즐길 수 있다. 천연 벌꿀의 건강한 단맛을 좋아하는 사람들에게 적합한 선물이기도 하다. 특히 'Bio'가 붙은 제품은 유기농 꿀이므로 더욱 안심하고 먹을 수 있다. 티치노Ticino(독일어로는 Tessin) 지방에서 나오는 꿀이 인기가 많다.

Ⓕ 250g, CHF 10.50

알프스 유기농 허브티 Alpenkräuter-Tee

청정 스위스에서 재배된 허브로 만든 차. 알프스 허브의 신선함과 자연 그대로의 맛을 즐길 수 있는 허브티는 휴식과 건강에 도움을 준다. 선물용으로도, 탕비실에 두고 회사 사람들과 나눠 마시기도 좋다.

Ⓕ 20포, CHF 2.95

스위스 잼 Confiture

스위스는 빵이 주식인 나라이기에 맛있는 과일잼이 많다. 스위스산 과일로 만든 잼이 주를 이루며 설탕 함량이 낮고 신선한 과일의 맛을 강조한 제품이 많다. 건강한 단맛을 찾는 사람들에게 추천한다.

Ⓕ 250g, CHF 3.95

캄블리 Kambly

1910년에 설립된 스위스의 전통 과자 회사. 과자의 식감이 부드럽고 바삭하며, 고급스러운 재료를 사용하여 깔끔한 맛을 추구하는 것이 특징이다. 그 중에서도 초콜릿으로 마테호른의 모양을 그려 넣은 과자가 인기가 많다.

Ⓕ 마테호른 과자 CHF 4.40

리콜라 Ricola

스위스 알프스에서 자란 허브로 만든 천연 목캔디. 한국에서 구할 수 없는 맛은 홀룬더블뤼텐Holunderblüten으로, 유럽과 북미에서 자라는 삼부커스Sambucus 나무의 꽃(영어 표기 Elderflower)이다. 주로 식음료 및 약용으로 쓰이는데, 꽃 자체가 굉장히 향긋하고 달콤한 덕에 사탕도 맛있다.

Ⓕ 50g*2 CHF 4.20

베르늘리 Wernli

1905년에 세워진 과자 회사. 캄블리보다 더 대중적이고 친근한 과자들이 많다. 특히나 밀크 초콜릿이 들어간 베르늘리 초코 프티 뵈르 오 레WERNLI Choco Petit Beurre au Lait가 인기가 많다. 캄블리보다 좀 더 달콤하고 진한 맛을 자랑한다.

Ⓕ 초코 비스킷 과자 CHF 3.70

아로맛 Aromat

스위스 사람들에게는 없어서는 안 될 조미료 1위. 모든 요리에 간편하게 사용하는 일명 마법의 가루로, 감칠맛을 올려준다. 감자 요리나 샐러드, 혹은 오이나 토마토에 간편하게 뿌려 먹기도 한다.

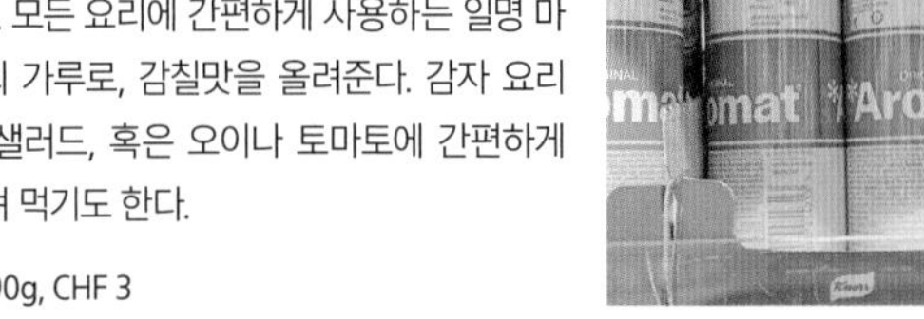

Ⓕ 90g, CHF 3

헤르바마레 Herbamare

유기농 인증을 받은 천연 소금. 해초, 채소와 허브를 첨가해 더욱 풍미가 좋다. 주로 샐러드나 채소 요리, 소스를 만들 때 넣으며, 스위스 가정에서는 일반 소금 대신 많이 사용한다.

Ⓕ 250g, CHF 4.80

초콜릿 Chocolate

스위스 기념품 하면 역시 초콜릿을 빼놓을 수 없다. 인기 있는 품목은 대량으로 묶어 판매하는 경우가 많다. 가격이 저렴하나 맛은 절대 저렴하지 않으니, 만약 슈퍼에서 봤다면 바로 챙기는 것을 추천한다. 주변 지인 및 회사 동료에게 나눠줄 때 특히 가성비가 좋다.

Ⓕ 브랑쉐 30개, CHF 8.80

PART 3

진짜 스위스를 만나는 시간

스위스로 가는 방법

한국에서 항공으로 이동

한국에서 스위스로 가는 항공편은 대한항공과 스위스항공에서 취리히공항까지 직항 노선을 운항한다. 스위스항공은 3~10월, 대한항공은 4~10월까지 운항하며, 인천→취리히는 13시간 55분, 취리히→인천은 11시간 45분 걸린다. 그밖에 에어프랑스, 루프트한자, KLM네덜란드항공, 폴란드항공, 터키항공, 카타르항공, 에미레이트항공, 중국국제항공 등에서 인천과 취리히, 인천과 제네바를 잇는 경유 노선을 운항하며 경유지와 대기 시간에 따라 최소 15시간 이상 걸린다.

유럽 내 다른 나라에서 항공으로 이동

스위스에는 취리히공항 ZRH, 제네바공항 GVA, 바젤공항 BSL 이렇게 3개의 국제공항이 있다. 유럽 내에서는 이 세 도시를 통해 쉽고 편하게 이동할 수 있다.

출발/도착 도시(나라)	항공사	스위스 공항	평균 소요 시간
리스본(포르투갈)	이지젯, TAP Air Portugal	취리히, 제네바, 바젤	2시간 40분
포르투(포르투갈)	라이언 에어, TAP Air Portugal	취리히, 제네바	2시간 30분
런던(영국)	SWISS, 이지젯, 영국항공	취리히, 제네바, 바젤	1시간 40분
프라하(체코)	SWISS, 이지젯	취리히, 제네바	1시간 30분
바르셀로나(스페인)	SWISS, 부엘링, 이지젯	취리히, 제네바, 바젤	1시간 45분
로마(이탈리아)	SWISS, 알이탈리아, 이지젯,	취리히, 제네바, 바젤	1시간 15분
니스(프랑스)	SWISS, 이지젯	취리히, 제네바, 바젤	1시간 20분

항공권 예약

- **스위스항공(전 유럽)** www.swiss.com
- **이지젯(전 유럽)** www.easyjet.com
- **라이언 에어(주로 영국)** www.ryanair.com
- **영국항공(주로 영국)** www.britishairways.com
- **부엘링(주로 스페인)** www.vueling.com
- **이타항공(주로 이탈리아)** www.ita-airways.com
- **에어프랑스(주로 프랑스)** www.airfrance

유럽 내 다른 나라에서 기차로 이동

스위스는 동서남북에 5개 나라가 둘러싸고 있다. 북쪽 독일, 서쪽 프랑스, 남쪽 이탈리아, 동쪽엔 리히텐슈타인과 오스트리아가 있다. 따라서 다른 유럽 국가를 함께 여행하기에도 최적인 위치이며 육로로 이동하기도 매우 편하다. 다른 나라에서 기차를 타고 올 때는 보통 나라별 철도청에서 국경에 있는 역까지 구간권을 사는 것이 가장 저렴하다. 하지만 때로 직행이 저렴한 경우도 있으므로, 발품을 팔아 비교하는 것이 중요하다.

티켓 구매

TrenItalia(이탈리아 철도) www.trenitalia.com
DB(독일 철도) www.bahn.de
SNCF(프랑스 철도) www.sncf-connect.com
ÖBB(오스트리아 철도) www.oebb.at

이탈리아에서 스위스로

스위스와 이탈리아를 오가는 여행자는 물론 현지인도 많이 이용해, 다양한 도시를 연결하는 노선이 운행 중이다. 대표적으로 유로시티EuroCity 기차가 이탈리아 밀라노에서 바젤, 베른, 제네바, 로잔, 루체른, 루가노, 취리히 등 주요 스위스 도시까지 매일 운행하며 이탈리아의 베네치아, 볼로냐, 제노아에서도 스위스행 직항 노선이 운행된다.

구간	평균 소요 시간	운행 편
밀라노Milano - 바젤Basel	4시간 15분	매일 최대 5회
밀라노Milano - 도모도솔라Domodossola - 슈피츠Spiez - 베른Bern	3시간 5분	매일 최대 3회
밀라노Milano - 루가노Lugano	1시간 20분	매일 최대 12회
밀라노Milano - 취리히Zürich	3시간 40분	매일 최대 10회
베네치아Venezia - 취리히Zürich	6시간 10분	매일 1회
베네치아Venezia - 제네바Genève	7시간	매일 1회
제노아Genoa - 취리히Zürich	5시간 20분	매일 1회
볼로냐Bologna - 취리히Zürich	6시간	매일 1회

TrenItalia www.trenitalia.com

독일에서 스위스로

베를린, 함부르크, 프랑크푸르트, 뮌헨 등 많은 독일 도시가 바젤, 취리히, 베른, 쿠어, 툰, 인터라켄과 연결되어 있다. 하지만 보통 베를린과 함부르크에서 출발·도착은 소요 시간이 오래 걸려 기차보다는 비행기를 많이 타고 이동하는 편이다.

SBB와 DB

구간	평균 소요 시간	운행 편수
베를린Berlin - 프랑크푸르트Frankfurt - 바젤Basel SBB - 인터라켄 동역Interlaken Ost	10시간	매일 최대 3회
함부르크Hamburg - 프랑크푸르트Frankfurt - 바젤Basel SBB - 취리히Zürich - 쿠어Chur	10시간	매일 최대 2회
슈투트가르트Stuttgart - 징겐Singen - 취리히Zürich(SBB 운행)	3시간	매일 최대 8회
뮌헨München - 린다우Lindau - 취리히Zürich(SBB 운행)	3시간 30분	매일 최대 6회
프랑크푸르트Frankfurt - 바젤Basel SBB - 루체른Luzern - 루가노Lugano	6시간	매일 1회

DB www.bahn.de

프랑스에서 스위스로

프랑스 파리에서 스위스와 의외로 가깝다. 테제베 리리아TGV Lyria 기차가 프랑스의 수도와 취리히, 바젤, 제네바, 로잔을 매일 연결한다.

구간	평균 소요 시간	운행 편수
파리Paris - 바젤Basel	3시간 5분	매일 최대 6회
파리Paris - 제네바Genève	3시간 10분	매일 최대 8회
파리Paris - 로잔Lausanne	3시간 40분	매일 최대 6회
파리Paris - 취리히Zürich	4시간 5분	매일 최대 6회
마르세이유Marseille - 제네바Genève	3시간 45분	매일 1회(7, 8월만 해당)

SNCF www.sncf-connect.com

오스트리아에서 스위스로

취리히에서 비엔나, 잘츠부르크, 인스부르크, 그라츠까지 쉽게 이동할 수 있다. 오스트리아 연방 철도, 외베베ÖBB를 타면 오스트리아로 접근이 수월하다.

구간	평균 소요 시간	운행 편수
빈Wien - 취리히Zürich	7시간 50분	매일 최대 5회
린츠Linz - 취리히Zürich	6시간 35분	매일 최대 5회
잘츠부르크Salzburg - 취리히Zürich	5시간 25분	매일 최대 6회
인스브루크Innsbruck - 취리히Zürich	3시간 35분	매일 최대 7회
브레겐츠Bregenz - 취리히Zürich	1시간 50분	매일 최대 6회
그라츠Graz - 취리히Zürich(SBB로 이동)	9시간 35분	매일 1회

ÖBB www.oebb.at

외베베 나이트젯ÖBB Nightjet을 이용하면 하룻밤 기차에서 숙박하며 스위스로 이동하는 시간을 절약할 수 있다. 또 점점 줄어들고 있는 야간열차의 낭만을 꿈꾸는 사람들에게도 추천할 만한 열차이다.

구간	평균 소요 시간	운행 편수
빈Wien - 잘츠부르크Salzburg - 취리히Zürich	10시간 55분	매일 1회
그라츠Graz - 취리히Zürich	10시간 55분	매일 1회

유럽 내 다른 나라에서 버스로 이동

유럽 내에서는 버스로도 스위스에 들어올 수 있다. 버스는 기차에 비해 시간이 오래 걸리지만 가격이 저렴해 비용을 줄이고 싶은 사람에게 좋은 선택지다. 야간 버스도 많아 시간을 절약하고 긴 시간 탑승하는 부담을 줄일 수도 있다. 가장 잘 알려진 플릭스 버스는 독일, 프랑스, 이탈리아는 물론 오스트리아, 체코 등 주변국 주요 도시에서 직행 또는 환승해 스위스로 올 수 있다. 가장 인기 많은 코스는 독일 뮌헨~취리히 구간으로, 하루에 16대가 운행하며 교통 상황에 따라 다르지만 3시간 30분~5시간 이내에 도착한다. 뮌헨에서 인터라켄 동역까지 오는 직행버스도 있으며 하루 1대 운행, 7시간 50분 걸린다. 또 알프스 여행에서 가장 인기 많은 코스 중 하나이기도 한 프랑스 샤모니에서 제네바까지 하루 4대가 운행하며 총 2시간 걸린다. 마찬가지로 유럽의 장거리 버스인 레지오젯도 이용 가능한데, 체코 프라하에서 출발한 버스가 독일 뮌헨을 거쳐 스위스 취리히, 루체른, 루가노를 들러 이탈리아 코모, 밀라노까지 간다. 뮌헨에서 취리히, 로잔, 제네바를 거쳐 프랑스 리옹으로 가는 노선도 있다. 뮌헨에서 취리히까지는 약 4시간, 루체른까지는 약 5시간 걸리며 베른까지는 약 5시간 30분, 제네바까지는 약 8시간 걸린다. 기차와 버스를 한 번에 검색할 수 있는 교통 티켓 웹사이트 오미오Omio 역시 유용하다.

예약 플릭스 버스 www.flixbus.com, 레지오젯 regiojet.com, 오미오 www.omio.co.kr

스위스 내에서 이용할 수 있는 교통수단

스위스의 대중교통 시스템은 정확한 시간과 많은 운행 편수 등의 장점으로 유럽 내에서 가장 효율적이라 평가받는다. 기차, 버스, 트램, 페리, 케이블카 등을 이용할 수 있으며 거의 대부분의 티켓을 SBB 홈페이지와 앱에서 구매할 수 있는 것도 장점이다. 오프라인에서는 기차역, 버스정류장 등에서도 판매한다.

예약 www.sbb.ch

철도 Railway

스위스 연방 철도 SBB(Schweizerische Bundesbahnen)는 스위스 전역을 연결하는 교통망이다. 스위스의 철도는 일반 기차부터 산악 열차, 푸니쿨라, 관광에 특화된 특급 열차 등 다양한 형태를 포함한다. 티켓은 SBB 앱 또는 홈페이지에서 판매하며, 특정 기간 무제한 탑승할 수 있는 스위스 트래블 패스 등의 패스권도 종류가 많다.

기차 Train

정확한 시간표와 편리한 서비스로 스위스 국민이 가장 자주 이용하는 시스템이며, 다른 유럽 국가의 주요 철도와도 연결되어 편리하다. 기차는 크게 IC, IR, RE, R, S-반, EC로 나뉘며 여행자들이 도시 간 이동할 때는 IC와 IR을 많이 이용한다. 열차 종류에 대한 자세한 설명은 아래를 참고할 것. 플랫폼은 주로 독일어, 프랑스어, 이탈리아어로 표기돼 있는데, 2번 플랫폼은 독일어권에서는 '글라이스Gleis 2', 프랑스어권에서는 '부아Voie 2', 이탈리아권에서는 '비나리오Binario 2'라고 표기되어 있으니 참고할 것. 열차는 보통 1등석과 2등석으로 나뉘며 1등석이 2등석보다 좌석 간격이 넓은 편이다. 특급 열차가 아닌 이상 도시 간 이동할 때는 따로 예약하지 않고 빈자리에 앉으면 된다. 'Reserved'라고 쓰인 예약 좌석은 비워두어야 한다.

- **인터시티InterCity(IC)** 스위스 내 주요 도시를 연결하는 고속 열차로, 속도가 빠르고 정차 회수가 적어 대도시 간 이동에 적합하다(예: 취리히-베른).
- **인터레기오InterRegio(IR)** IC보다는 조금 더 많이 정차하는 중간 속도의 열차로, 주요 지역과 관광지를 연결하는 데 유용하다(예: 로잔-몽트뢰, 바젤-베른-인터라켄).
- **레기오익스프레스RegioExpress(RE)** 지역과 지역을 연결하는 열차로, 중소 도시를 오가는 데 이용한다(예: 취리히-슈비츠).
- **레기오날Regional(R)** 짧은 구간을 다니며 지역 내 모든 작은 역에 정차하는 열차(예: 인터라켄 동역-그린델발트).

- **S-반**Bahn 도시 및 교외를 연결하는 근거리 열차. 취리히 근교, 베른 근교, 바젤 등 주요 대도시에 S-반 네트워크가 있다(예: 취리히-빈터투어).
- **유로시티**EuroCity**(EC)** 스위스와 주변 국가(독일, 이탈리아, 프랑스 등)를 연결하는 국제 열차. IC와 유사하며, 빠르고 편리하게 이동할 수 있다(예: 바젤-밀라노).

푸니쿨라 Funicular

주로 짧은 거리의 급경사를 오르내리는 교통수단. 레일을 따라 움직이는 케이블카 형태로, 차량 내부에는 경사에 맞추어 좌석이 계단식으로 배치되어 있다. 레일에 놓인 차량 2대를 동시에 끌어당기고 놓는 원리로 작동해, 올라가고 내려오는 편이 동시에 움직인다. 1량에 약 20명에서 100명 정도의 승객을 수용하며 1등석, 2등석 구분이 없다. 하더쿨름, 수네가 등 비교적 낮은 전망대 등으로 이동할 때 많이 이용한다.

산악 열차 Mountain Train

가파른 경사길을 오르내리는 열차. 융프라우요흐나 고르너그라트 등 주로 30분 이상 걸리는 장거리 구간에 설치되어 있다. 스위스의 산악 열차에는 톱니바퀴Cogwheel 시스템이 가장 많이 사용되는데, 철로와 바퀴가 모두 톱니처럼 생겨 서로 맞물리며 올라가고 내려온다. 푸니쿨라와 마찬가지로 1등석, 2등석 구분은 없다.

특급 열차 Express Train

일반적으로 창밖 풍경을 파노라마로 감상할 수 있게 대형 창문을 갖춘 열차다. 베르니나 특급 열차, 빙하 특급 열차, 골든 패스 라인 등 1~7시간 동안 기차 안에서 절경을 즐기며 달릴 수 있다. 좌석은 1등석, 2등석으로 구분되며 무조건 예약해야 한다. 특히 성수기 기간에 인기가 많은 베르니나 익스프레스와 빙하 특급 열차는 서둘러서 6개월 전부터 예약해 두는 것이 좋다. 다만 사람들이 가장 많이 이용하는 골든 패스 라인 구간(루체른~인터라켄)은 좌석이 워낙 많고 또한 1시간에 한 대씩 다니기 때문에 따로 예약하지 않아도 된다. 하지만 인터라켄~몽트뢰 구간은 성수기(7월~8월 중순) 오전 8시~오후 2시 사이에 특히 인기 있으므로 이때 출발을 원하면 미리 좌석을 예약할 것.

버스 BUS

시내버스 Bus

스위스의 버스는 도시와 교외 지역을 효율적으로 연결한다. 특히 기차 및 다른 교통수단과 긴밀하게 연계되어 운행되기 때문에, 교외에 숙소가 있더라도 기차 시간에 맞춰서 이용할 수 있다. 정류장에 있는 모니터에 실시간 도착 정보가 뜬다. 버스는 열리는 모든 문으로 탈 수 있고, 교통패스가 없다면 기사에게 요금을 지불해도 된다. 요금은 도시별로 다르지만 통상 CHF 4 정도.

포스트 버스 Post Bus

스위스의 산간 마을을 연결하는 노란색 버스. 초창기에 우편물을 운반하던 마차에서 발전한 버스로 실제로 스위스 우체국의 자회사인 포스트 버스 Post Bus에서 운영한다. 다양한 교통수단과 연계되어 기차역에서 쉽게 환승할 수 있으며, 시간표도 철도 시간표와 연결된다. 티켓은 기차처럼 SBB 앱과 웹에서 판매한다. 요금은 지역별로 다르지만 통상 CHF 4 정도.

트램 TRAM

도심 곳곳과 교외를 연결하는 트램은 스위스의 대도시(취리히, 바젤, 베른 등)에서 특히 중요한 역할을 한다. 일반 차량이 다니는 도로와 공간을 함께 사용하므로 매우 효율적이며 운행 빈도 또한 높다. 일반적으로 도시별 애플리케이션이 따로 있지만, SBB 앱 하나로 노선 정보 확인부터 티켓 구매까지 모두 가능하며 정류장에 설치된 자동판매기에서도 표를 살 수 있다. 도시마다 다르지만 1회 기본요금은 보통 CHF 4 정도이며 1시간, 3시간, 24시간권도 판매한다. 트램이 운행하는 도시에 숙박하면 숙소에서 제공하는 지역 관광 카드로 트램을 포함한 교통수단을 무료로 이용할 수 있다.

지하철 METRO

스위스에서 유일하게 지하철이 있는 곳은 호수의 도시 로잔이다. 호수와 도심의 높이 차이가 약 500m에 달해서 일반 버스나 트램은 효율적으로 오르내리기 어려운 지역이기 때문이다. 지하철은 2개 노선(M1, M2)이 운행 중이며, 자세한 이용 방법은 로잔 시내 교통 P.409 참고.

케이블카 & 곤돌라 Cable Car & Gondola

스위스의 높은 산악 지역을 오를 때 자주 이용하게 되며, 한 번에 많은 사람을 수용한다. 케이블카와 곤돌라의 차이는 케이블카는 차량, 곤돌라는 케이블이 움직인다는 점인데 실제로 탈 때는 거의 차이를 못 느낀다. 피르스트 전망대, 아이거글레처 전망대, 멘리헨 전망대 등으로 갈 때 이용한다. 티켓은 해당 역이나 SBB 앱 또는 웹페이지에서 판매한다.

케이블카

곤돌라

유람선 Lake Cruise

스위스는 호수와 강이 많아 수상 교통수단도 매우 잘 발달해 있다. 특히 호숫가 마을 정류장을 연결하는 배는 중간에 내려 마을을 둘러보는 것을 반복하며 종착지까지 갈 수 있다. 그중에서도 레만 호수, 브리엔츠 호수, 루체른 호수, 루가노 호수는 풍경이 아름답기로 유명하니 꼭 유람선을 타보길 추천한다. 간혹 보이는 페리Ferry는 이동에 초점을 맞춘 교통수단으로, 사람들과 차량을 모두 수송한다. 제네바와 바젤에서 페리가 운영 중이다.

렌터카

스위스의 대중교통은 기차와 버스가 굉장히 발달했지만, 어린이나 부모님과 함께 여행하거나 개인이 일정대로 움직이고 싶은 경우 렌터카를 추천한다. 스위스는 도로가 잘 정비된 데다가 도시 곳곳을 잇는 고속도로가 발달했다. 우리나라와 마찬가지로 우측통행이고 현지인은 철저히 교통법규대로 운전하기 때문에, 운전 난이도가 상대적으로 쉽다. 또 주변 유럽 국가에 비하면 도난 걱정도 없어 안심할 수 있다. 렌터카 이용에 관한 자세한 방법은 P.511 참고.

베르너 오버란트 지역

Berner Oberland

* 독일어권

인터라켄·그린델발트·브리엔츠 호수·툰 호수·융프라우요흐·쉴트호른 주변 마을

'베른주에 있는 고원'이라는 뜻을 가진 베르너 오버란트. 스위스 사람이라면 자연스럽게 따라 부르는 노래 포겔리시Vogellisi에 등장할 정도로 아름다운 지역으로, 아예 이곳만 따로 여행하는 교통 패스가 있을 정도로 인기 많은 곳이다. 인터라켄, 그린델발트, 융프라우요흐, 브리엔츠 호수, 툰 호수 등 우리가 생각하는 스위스의 모든 풍경이 모여있어 사계절 내내 여행객으로 북적인다. 베르너 오버란트 여행을 마치고 나면 우리도 모르게 스위스 사람들처럼 이 노래 가사를 따라 흥얼거릴지도 모른다.

Ds'oberland, ja s'oberland Ds'bärneroberland isch schön!
(여기 오버란트, 이곳 오버란트 베르너 오버란트는 아름다워!)

스위스 알프스 No.1 관문 도시

인터라켄 Interlaken

#융프라우여행 #시작점 #호수유람선
#액티비티천국 #베르너오버란트중심도시

에메랄드빛 빙하 호수를 양쪽에 품은 스위스 대표 관광도시다. 도시 이름은 라틴어 '인터 라쿠스Inter Lacus'에서 유래한 것으로, '호수Laken 사이Inter'라는 뜻이다. 이름처럼 인터라켄 양옆에 자리한 브리엔츠 호수와 툰 호수는 물론이고 알프스산맥의 아름다운 풍광이 괴테와 멘델스존 등 수많은 예술가에게 영감을 주었던 곳이다. 인터라켄은 1872년 처음 철도가 생기고 1912년 융프라우 철도가 완공되면서 관광도시의 입지를 굳게 다졌다. 110년이 훌쩍 지난 지금까지 천혜의 자연환경 덕분에 스릴 넘치는 다양한 액티비티를 즐길 수 있는 것도 인터라켄 여행의 재미다.

인터라켄 가는 방법

베르너 오버란트 지역 여행의 출발점, 인터라켄. 한국인 여행자 대부분이 방문하는 인기 높은 거점 도시지만, 규모는 비교적 작고 한국에서 가는 직항편은 물론 공항도 없다. 일반적으로 4~10월에는 취리히까지 직항편이 다니므로 취리히에서 기차를 타고 인터라켄까지 간다. 취리히까지 가는 직항편이 없는 시기에는 다른 도시를 경유해서 취리히, 제네바 등으로 입국한다. 유럽 다른 나라와 연계해 여행하는 경우 독일 프랑크푸르트에서는 직통 열차로, 프랑스 파리에서는 바젤에서 한 번 갈아타면 도착한다. 이탈리아 밀라노, 베네치아, 피렌체 등에서는 도모도솔라를 거쳐 슈피츠에서 1회 환승해 인터라켄에 도착할 수 있다.

인터라켄 서역

인터라켄 동역

기차

인터라켄에는 기차역이 2개 있다. 인터라켄 동역Interlaken Ost과 인터라켄 서역Interlaken West인데, 서로 1.6km 떨어져 있고 걸어서 25분, 기차로는 3분, 버스로는 12분 정도 걸린다. 루체른에서 출발해 인터라켄으로 향하는 기차를 제외하고는 밀라노, 파리, 취리히, 바젤, 베른, 제네바 등에서 기차로 올 경우, 서역에 먼저 들르고 동역이 마지막 역이다. 융프라우요흐로 가려면 인터라켄 서역이 아닌 인터라켄 동역에서 내리는 것이 좋다.

- **루체른 ▶ 인터라켄 동역** 1시간 49분 소요
- **취리히공항 ▶ 인터라켄 동역** 2시간 18분 소요(직행열차 07:45, 10:45, 12:45, 14:45, 16:45, 18:45 / 하루 6회 평일·주말 동일)
- **취리히 중앙역 ▶ 인터라켄 동역** 2시간 11분 소요(직행열차 05:44, 07:44, 10:44, 12:44, 14:44, 16:44, 18:44 / 하루 7회 평일·주말 동일)
- **바젤역 ▶ 인터라켄 동역** 2시간 10분 소요(05:22~21:56 매시 28분, 56분)

명당 자리

루체른에서 출발했을 때는 기차가 달리는 방향 기준 오른쪽에 앉으면 브리엔츠 호수 등 다양한 호수를 보면서 올 수 있다. 취리히나 바젤, 베른에서 출발했을 때는 기차가 달리는 방향의 왼쪽에 앉아야 툰 호수를 보며 올 수 있다.

버스

유럽의 저가 버스 플릭스 버스가 뮌헨에서 인터라켄으로 오는 직행버스를 운행하며, 파리, 스트라스부르, 베를린, 로마, 프라하, 비엔나 등 유럽 각지에서 뮌헨을 거쳐 인터라켄으로 오는 경유 편 역시 이용할 수 있다. 가격은 저렴하나 오래 걸린다는 게 단점이다.

- **뮌헨 ▶ 인터라켄** 7시간 55분 소요, 1일 1대 운행

렌터카

취리히에서 출발하면 루체른 방향을 따라 운전한다. 루체른과 인터라켄 사이에 위치한 브뤼닉 고개Brünig Pass를 넘어 브리엔츠 호수를 옆으로 끼고 인터라켄 동역 출구로 나오면 된다.

- **취리히 ▶ 인터라켄** 약 2시간 소요(133km)
- **루체른 ▶ 인터라켄** 약 1시간 소요(67km)
- **바젤 ▶ 인터라켄** 약 2시간 소요(153km)
- **베른 ▶ 인터라켄** 약 45분 소요(63km)

인터라켄 시내교통

인터라켄은 작은 마을이라 충분히 걸어 다닐 수 있지만, 간혹 날씨 상태에 따라 적절하게 버스를 타면 편하다. 그밖에 근교를 가거나 호텔로 이동할 때는 택시와 자전거를 이용할 수 있다.

버스

노란색 포스트 버스가 도심 곳곳을 잇는다. 1회 요금은 CHF 4, 이젤트발트까지 버스를 타고 간다면 요금은 CHF 6.40이다. 인터라켄에서 숙박하면 지급되는 인터라켄 비지터 카드 소지자는 버스를 무제한 무료로 탑승할 수 있다. 인터라켄, 이젤트발트, 빌더스빌까지 모두 무료로 이용할 수 있어 상당히 편리하다.

자전거

인터라켄 서역 또는 시내 곳곳에서 쉽게 자전거를 빌릴 수 있다. 시내에는 차량이 많아 자전거를 타고 구경하기에는 별로 좋지 않고, 오히려 호수로 가는 데 제격이다. 자전거 도로법상 브리엔츠 호수 및 툰 호수까지는 차도로 가야 하니 자전거에 숙련된 사람만 조심히 운전할 것.

Ⓕ 인터라켄 서역 대여소 2시간 기준 CHF 30

택시

인터라켄 서역과 인터라켄 동역에는 항상 택시가 대기하고 있다. 호텔에서 택시 예약하기도 쉽고, 직접 전화로 예약해도 된다.

📞 **보델리 택시** Bödeli Taxi +41 33 822 00 88
📞 **반호프 택시 인터라켄** Bahnhof. Taxi Interlaken +41 33 822 50 50

인터라켄 비지터 카드로 무료 기념품 받기

인터라켄 비지터 카드 뒤에 보면 기념 스푼 무료 쿠폰이 있다. 회에마테 거리에 있는 부티크 숍 부커러 Bucherer에 들어가 비지터 카드를 보여주면 고급스러운 티스푼을 무료로 준다.

인터라켄
이렇게 여행하자

인터라켄은 워낙 잘 알려진 곳이라 관광객으로 항상 붐빈다. 하지만 마을의 중심 지역인 회에마테 공원만 벗어나도 호젓하고 조용하게 자연을 즐길 수 있다. 또한 천혜의 자연환경 덕분에 패러글라이딩, 캐녀닝, 스카이다이빙과 같은 액티비티 회사들이 모두 인터라켄에 모여 있어 하루쯤은 즐겁게 액티비티를 즐길 수도 있다. 또한 인터라켄 바로 뒤에는 멋진 전망대인 하더쿨름까지 있어 풍성한 여행이 가능하다.

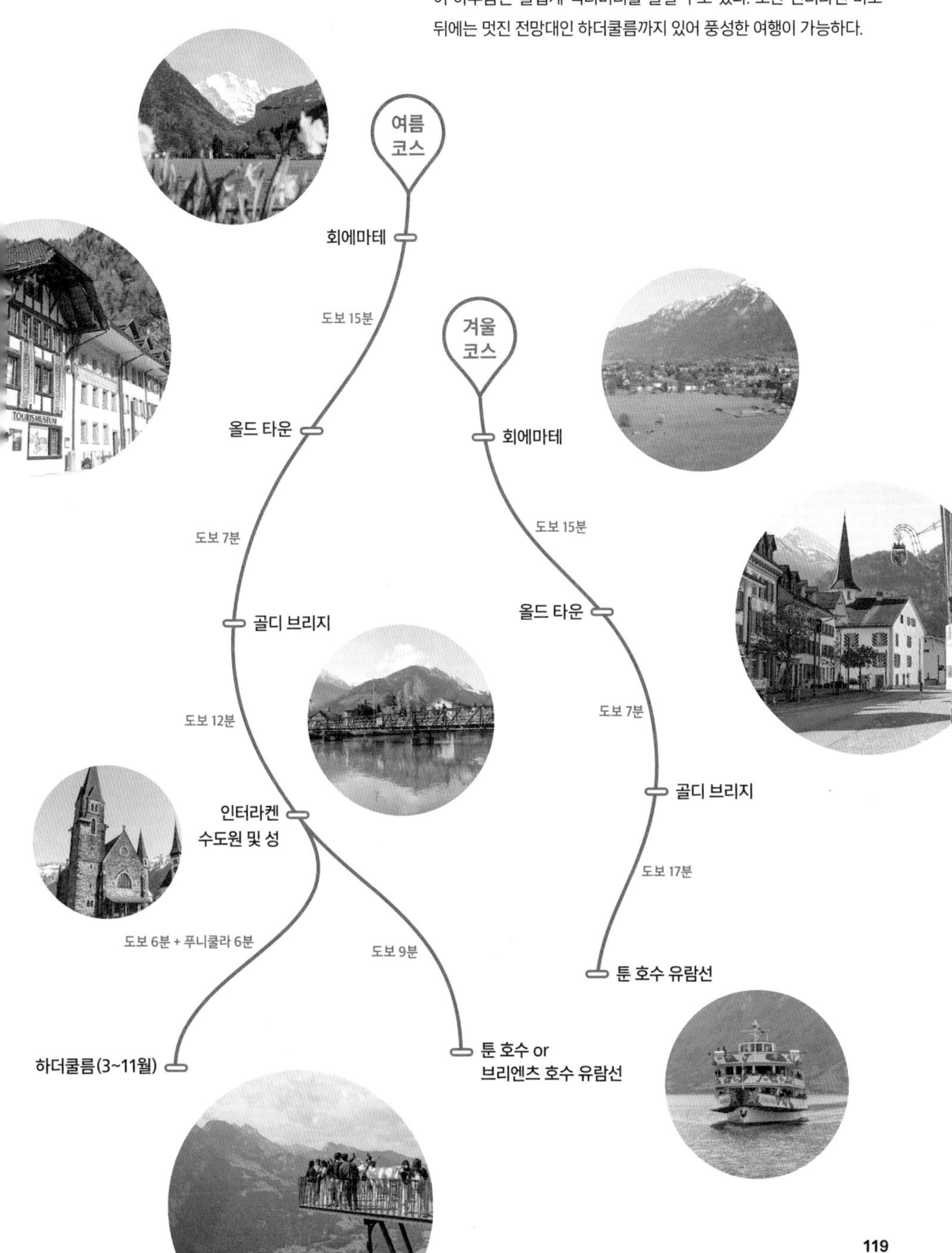

인터라켄 상세 지도

골디 브리지 05
아레강
Obere Goldey
Beatenbergstrasse
03 디 아르부르크 호텔 & 카페
03 올드 타운(인터라켄 역사 박물관)
Ob. Gasse
Spielmatte
옐로벨로(자전거 대여)
Postgasse
사포리 레스토랑 06
Höheweg
일 부온구스타이오 02
Neugasse
회에마테 02
01 후씨 비어하우스
04 우드페커
Harderstrasse
02 톱 오브 유럽 플래그십 스토어
Marktgasse
01 스플렌디드 인터라켄
도보 10분 거리
Bahnhofstrasse
글라이스 드라이
07
05 알버트 쉴트
Bahnhofstrasse
아레강
호플라 05
인터라켄 서역 Interlaken West
인터라켄 서역
유람선 선착장
11
6
N
0
100m
어드벤처파크 인터라켄

인터라켄 동역
유람선 선착장
01 하더쿨름
하더쿨름
푸니쿨라역
아레강
인터라켄 동역
Interlaken Ost
하이타이드
08 드라이아 라운지 바 레스토랑
Untere Bönigstrasse
06 하더쿨름 숍-터키 마켓
Höheweg
03 스위스 마운틴 마켓
패러글라이딩 인터라켄
6
04 인터라켄 수도원 및 성
6
도보 25분 거리
아웃도어 인터라켄
04 리틀 타이
Hauptstrasse
스카이다이브 인터라켄
아웃도어 인터라켄(캐녀닝)

하더쿨름 전망대에서 보이는 풍경

인터라켄에서 하더쿨름까지 푸니쿨라로 소요 시간은 8분이지만, 성수기에는 줄이 길어 1시간 가까이 기다릴 때도 있다. 보통 11시부터 사람들이 몰리는 탓에 땡볕 아래에서 기다려야 할 수도 있으니 선크림, 선글라스, 모자를 챙겨가면 좋다.

톱 오브 인터라켄 Top of Interlaken ······ ①

하더쿨름 Harderkulm

인터라켄에서 가장 높이 올라갈 수 있는 전망대로, 가슴이 탁 트이는 풍경을 마주하게 된다. 위치는 해발 1,322m라 높이만 따지면 주변 산맥에 비해 다소 소박하지만 전망은 최고다. 역에 내려서 조금만 걸어가면 공중 위에 뜬 모양인 삼각 전망대가 나온다. 왼쪽에 브리엔츠 호수, 오른쪽에 툰 호수가 위치하고 가운데에는 인터라켄 마을의 전경이 펼쳐져 아름다움에 취해 몇 번이나 두리번거리게 된다. 전망대 중앙에는 만년설로 뒤덮인 융프라우산이 보이는데, 뾰족한 산봉우리 왼편 평평한 곳에 볼록 튀어나온 건물이 융프라우요흐 전망대다. 융프라우요흐 전망대에 올라가서는 그 높이를 실감하기 어렵지만 여기서 올려다보면 그 높이와 웅장한 자태에 다시 한 번 놀란다. 전망대 옆 매점과 레스토랑에서 멋진 풍경을 보며 식사 및 음료를 즐길 수도 있다. 저녁 늦게 갔을 때 운이 좋다면 핑크색으로 물든 인터라켄도 만날 수 있다. 전망대에서 구경하고 사진 찍는 데 총 30분 내외 걸린다. 성수기에는 더 자주 운행하지만 대기하는 사람들이 있어서 1시간 30분~2시간 정도로 여유 있게 잡는 것이 중요하다. 4~11월에는 매일 올라갈 수 있으며, 겨울에는 강설량에 따라 운행하지 않는 날도 있으니 참고할 것.

🚶 인터라켄 동역에서 하더반Harderbahn 푸니쿨라역까지 도보 5분(강 건너편 위치), 전망대까지 푸니쿨라로 8분
Ⓕ 성인 CHF 38~44(시즌별 요금 변동), 만 6~15세 CHF 19~20, 스위스 트래블 패스·베르너 오버란트 패스·유레일 패스 50% 할인, 융프라우 VIP 패스 무료, 스위스 트래블 패스 또는 반액카드 + 동신항운 할인권 적용 시 CHF 17, 동신항운 할인권 적용 시 CHF 28 📍 Harderbahn, 3800 Interlaken
🕓 4~11월 말 / 인터라켄 출발 푸니쿨라 첫차 09:10(시즌 상관없이 동일) / 전망대 출발 푸니쿨라 막차 4월 초~4월 중순 19:10, 4월 중순~5월 중순 & 9월 중순~10월 중순 21:10, 5월 중순~9월 중순 21:40, 11월 17:10
🏠 www.jungfrau.ch/en/harder-kulm

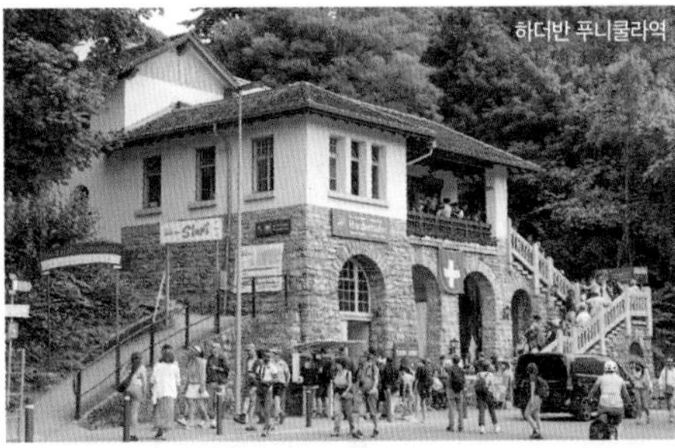
하더반 푸니쿨라역

포토 스폿

사계절 초록색 잔디밭 ……②

회에마테 Höhematte

동역과 서역 사이 중앙에 있는 대규모 잔디밭으로 인터라켄의 상징이다. 원래는 수도원 소유였으나 1860년 주민들이 보호 지역으로 지정해 현재까지도 잔디 외에는 아무것도 없다. 풍경이 다소 단조롭게 느껴지지만, 잔디밭 너머로 만년설에 뒤덮인 융프라우산이 펼쳐지고 서쪽으로 해가 지는 모습을 감상할 수 있어 인기가 많다. 잔디밭 밖에 공원 벤치가 조성돼 있고 회에베그 거리 Höheweg에는 상점이 즐비해, 관광버스에서 줄줄이 내린 관광객도 많다. 패러글라이더가 눈앞에서 부드럽게 착륙하는 동화 같은 장면도 자주 펼쳐지고, 봄부터 가을까지는 형형색색 다양한 꽃들이 길을 따라 피어나 더욱 아름답다.

🚶 인터라켄 동역에서 도보 10분, 인터라켄 서역에서 도보 8분 📍 Höhematte, 3800 Interlaken

인터라켄의 유서 깊은 작은 광장 ……③

올드 타운 Old Town

슈타트하우스 광장Stadthausplatz으로 발걸음을 옮기면 회에마테에서 봤던 풍경과는 전혀 다른 인터라켄을 만날 수 있다. 아주 작고 아담한 올드 타운. 광장 안에는 작은 분수대가 있고 역사적인 가옥과 교회 탑이 상징적으로 서있다. 1630년에 지어졌던 건물을 개조해 투어리스무제움 Tourismuseum이라는 인터라켄 역사 박물관으로 운영 중이다. 하지만 가격(1인 CHF 8)에 비해 볼거리는 적은 편이며, 주변 지역만 돌아봐도 그 옛날 인터라켄의 소박하고 아름다운 건물과 주민들의 삶을 엿볼 수 있다.

🚶 인터라켄 서역에서 아레강을 지나 도보 9분
📍 Marktbrunnen, Marktgasse 3800 Unterseen

조용하고 평화로운 산책길 ······④

인터라켄 수도원 및 성

Interlaken Monastry & Castle

다른 도시의 경우 종교개혁 이후 많은 가톨릭 성당이 개신교 교회로 쓰이지만, 인터라켄에는 특이하게 가톨릭 성당과 개신교 교회가 함께 자리 잡았다. 원래 이곳에는 1133년에 만들어진 아우구스티누스 수도원이 있었지만 1525년 종교개혁 이후 더 이상 운영되지 않으며 관공서로 쓰인다. 14세기 초에 건축된 수도원 교회 및 검소한 예배당이 위치해 조용하게 둘러볼 수 있다.

🚶 인터라켄 동역에서 도보 8분

📍 Schloss 1, 3800 Interlaken

인터라켄 풍경 사진은 이곳에서 ······⑤

골디 브리지 Goldey Bridge

인터라켄 동역과 서역 사이를 잇는 아레강Aare 위에는 총 6개의 다리가 설치되어 있다. 그중 가장 아름다운 풍경 사진을 찍을 수 있다고 알려진 다리가 바로 골디 브리지Goldey Bridge. 보행자만 지나갈 수 있게 철로 만들어진 탄탄하고 좁은 다리다. 숙소가 인터라켄 내 어디에 있든 찾아가기가 매우 쉽고 강을 따라 걸으며 산책하기 좋다. 따뜻한 날에는 강 옆에 있는 작은 잔디나 의자에 앉아 피크닉하기 좋은 장소로 인기가 많다.

🚶 인터라켄 서역에서 도보 12분 📍 u. Goldey, 3800 Interlaken

인터라켄 액티비티 BEST 7

인터라켄은 산과 강, 호수를 모두 끼고 있는 자연적 입지 덕분에 다양한 액티비티가 발달했다. 계절마다 전 세계에서 오는 전문 가이드들과 함께 청명한 스위스를 짜릿하고 안전하게 체험할 수 있다. 헬리콥터에서 떨어지는 경험, 알프스 언덕을 질주하다 하늘로 날아오르는 체험, 또는 계곡으로 냅다 점프하는 방법을 소개한다.

BEST 1

세상에서 가장 멋진 전망대는 바로 인터라켄 하늘 위!
패러글라이딩 Paragliding

하늘에서 바라보는 알프스의 대자연, 인터라켄의 하늘 위를 15~20분 정도 나는 환상적인 체험이다. 베아텐베르크 언덕 위를 달리다 보면 어느 순간 하늘로 날아오르게 되는데, 오로지 낙하산과 가이드에만 의지해 하늘을 나는 아찔한 경험은 이루 말할 수 없이 짜릿하다. 발아래에는 아기자기한 마을의 지붕이 보이고, 양옆에는 브리엔츠 호수와 툰 호수가 펼쳐져 있다. 멀미하지 않고 놀이 기구를 좋아한다면 "빙글빙글"을 외쳐보자. 가이드가 곡예를 부리듯 360도로 왔다 갔다 해준다. 천천히 즐기고 싶다면 "노 빙글빙글 플리즈"라고 말하자. 하늘을 두둥실 떠다니다 천천히 회에마테 공원으로 착륙한다. 인터라켄에만 해도 4개의 패러글라이딩 회사가 있으며, 그중 패러글라이딩 인터라켄Paragliding Interlaken은 스위스에서 가장 먼저 생긴 업체다.

패러글라이딩 인터라켄 Paragliding Interlaken

인터라켄 동역에서 회에마테 공원 방향으로 도보 8분 · Höheweg 125, 3800 Interlaken
1인 CHF 199(성인, 아동 요금 동일) · 08:00~17:00 · +41 33 823 82 33
www.paragliding-interlaken.ch/ko ※CHF 10 할인코드: 예약 시 swisstravelplus 입력

© Paragliding Interlaken

BEST 2

알프스 공기 마시며 호수에 발 담그러 가기
자전거 Cycling

인터라켄 주변 경관을 둘러보는 가장 건강하고 저렴한 방법이다. 시내에서 자전거를 1대 빌려 툰 호수, 브리엔츠 호수까지 다녀올 수 있다. 한여름에는 자전거를 세워 두고 호수에서 잠시 수영하거나 발만 담가도 행복 지수가 마구마구 올라간다. 브리엔츠 호수 근처에 있는 뵈니겐 Bönigen 마을까지는 20분이면 갈 수 있고, 아름다운 툰 호수의 경치를 볼 수 있는 노이하우스 Neuhaus는 30분도 안 되어 도착한다. 자전거 렌털 회사는 인터라켄 곳곳에 많다. 비용이 좀 차이가 있더라도 가급적 자전거는 슈퍼마켓이 아닌 전문 자전거 업체에서 빌려야 브레이크 작동도 잘 되고 뒤탈이 없다. 옐로 벨로 Yellow Velo는 자전거 렌털 전문 회사다.

옐로 벨로 Yellow Velo
인터라켄 서역에서 Bahnhof 거리를 걷다가 The Hey Hotel을 끼고 왼쪽으로 진입하여 도보 8분 Postgasse 11, 3800 Interlaken 1시간 CHF 15, 2시간 CHF 20, 3시간 CHF 30, 4시간 이상 CHF 45 09:00~17:30 수 휴무
+41 76 483 48 70 www.yellow-velo.ch

© Paragliding Interlaken

© Hightide

BEST 3

사계절 내내 브리엔츠를 가로지르기
카약 Kayak

© Hightide

보석같이 반짝이는 브리엔츠 호수에서 카약을 탈 수 있다. 절벽과 잔잔한 호수를 마주하고, 스위스 문화유산으로 지정된 링겐베르크성Ringgenberg 아래까지 갔다가 돌아오는 코스다. 최대 2시간 동안 카야킹을 하며, 숨겨진 해변에 들러 잠시 쉬는 시간도 갖는다. 최대 6명이 전문 가이드 1명과 함께 타기에 경험이 전혀 없어도 충분히 탈 수 있다. 5월부터 10월까지는 여름이고, 11월부터 4월까지는 겨울로 시즌이 구분된다. 여름에는 수영복 위에 구명조끼를 입고 타지만, 겨울에는 체온을 유지해야 하므로 입고 온 옷 위에 두꺼운 방수복을 입고 탄다. 카약만 전문으로 운영하는 업체 하이타이드Hightide는 브리엔츠 호수 바로 앞에 있다.

하이타이드 Hightide 인터라켄 동역에서 103번 버스 타고 Bönigen See 정류장에서 하차 Lütschinenstrasse 24, 3806 Bönigen 1인 성인 CHF 115, 만 12~15세 CHF 80 09:15, 13:15, 13:45, 17:15(마지막 시간대 7~8월에만 가능) +41 79 906 05 51 hightide.ch/en

BEST 4

액티비티 버킷 리스트 1위
스카이다이빙 Skydiving

4,000m 상공에서 알프스산맥 속으로 퐁당 뛰어드는 체험이다. 헬리콥터를 타고 푸른 호수와 끝없이 보이는 알프스산맥을 보면서 4,000m 상공을 올라간 후, 가이드와 함께 1,500m를 자유 낙하하며 온몸으로 스릴을 만끽한다. 주체할 수 없는 흥분과 얼굴에 담긴 표정은 가이드 손목에 달린 카메라에 45초간 고스란히 담긴다. 짧은 낙하가 끝나면 캐노피가 펼쳐지고, 지상으로 안전하게 착륙한다. 모든 액티비티 중에 가장 가격이 비싸지만 돈이 아깝지 않을 정도로 만족도는 높다. 보통 경비행기로 운영되나, 스카이다이브 인터라켄Skydive Interlaken에서는 유일하게 헬리콥터를 타고 스카이다이빙을 맛볼 수 있다.

스카이다이브 인터라켄 Skydive Interlaken
인터라켄 동역에서 다음 역인 Wilderswil역으로 이동해 도보 8분 / 인터라켄 서역에서 105번 버스 타고 Wilderswil역에서 하차 후 도보 9분 Mittelweg 11, 3812 Wilderswil 1인 CHF 450 08:30~18:00 +41 79 588 90 00 www.skydiveswitzerland.com

© Skydive Interlaken

BEST 5

워터파크보다 훨씬 재밌는 협곡 물놀이!

캐녀닝 Canyoning

5~10월에만 가능

자연 협곡 속에서 트레킹, 암벽 타기, 동굴 탐사, 급류 타기 등 여러 레포츠를 한꺼번에 즐길 수 있는 액티비티다. 스위스의 대자연 내에서 협곡 체험을 하면 건강한 아드레날린이 솟구친다. 처음엔 어색했던 팀원과도 어느새 격려하고 악수하며 이끌어 주는 사이가 된다. 총 세 가지 코스이며 경험과 예산에 따라 초급, 중급, 최상급 코스로 선택할 수 있다. 초급은 인터라켄에 있는 협곡에서 총 3시간 동안 이루어지고 물에 있는 시간은 약 1시간 정도다. 중급 코스는 그림젤 협곡에서 이뤄지며 왕복 총 5시간 걸린다. 50m 높이 절벽을 라펠로 내려가는 것이 하이라이트인데, 초보자에게는 오히려 중급을 더 추천한다. 마지막 최상급 코스는 흘리 쉴리라라는 협곡을 4시간 동안 쉴 새 없이 탐험하는 코스로, 체력이 뛰어나고 강심장만 도전할 수 있다. 인터라켄 내 유일한 캐녀닝 회사는 아웃도어 Outdoor이다.

아웃도어 Outdoor

인터라켄 동역에서 102번 버스 타고 Interlaken Sonnenhof 정류장 하차 / 인터라켄 서역에서 105번 버스 타고 Matten b. I., Jungfraublick 정류장에서 하차 후 도보 2분 Hauptstrasse 15, 3800 Matten bei Interlaken 1인 초급 CHF 149, 중급 CHF 179, 최상급 CHF 229 08:30~17:00 +41 33 224 07 04 www.outdoor.ch

© Outdoor Switzerland AG

© Outdoor Switzerland AG

© Outdoor Switzerland AG

© Outdoor Switzerland AG

BEST 6

아이들이 좋아하는 숲속의 공원

로프 파크 Rope Park

4~10월에만 가능

나무와 와이어로 지은 자연 테마 놀이터로, 흔들 다리를 건너고 집라인으로 숲속을 질주하는 액티비티를 즐길 수 있다. 어린이를 위한 비교적 낮은 코스부터 집중력과 모험심을 기를 수 있는 23m 높이까지 다양하게 마련되어 어린아이는 물론 어른들까지 모두 즐길 수 있다. 구글 지도에서 'Seilpark Interlaken'을 검색하면 된다.

인터라켄 서역에서 Heimwehfluh 방향으로 도보 20분. 택시로 이동 시 CHF 15(택시 예약 +41 33 822 00 88) Wagnerenstrasse, 3800 Interlaken 성인 CHF 42, 만 16세 이하 CHF 31 10:00~16:00 +41 33 224 07 07 www.outdoor.ch

© Outdoor Switzerland AG

© Outdoor Switzerland AG

© Outdoor Switzerland AG

© Outdoor Switzerland AG

© Outdoor Switzerland AG

BEST 7

곤돌라에서 호수로 점프하는 짜릿함!

번지점프 Bujee Jump

134m 높이의 슈톡호른Stockhorn 곤돌라 위에서 환상적인 번지점프를 할 수 있다. 장비를 착용한 후 산악 곤돌라를 타고 올라가면 호수의 전경이 펼쳐진다. 반동을 느끼기 전에 호수로 곤두박질치는 무중력의 순간을 즐길 수 있으며, 곤돌라에서 직접 뛰어내리는 경험은 아름다운 호수의 물빛이 더해 더욱 특별하다. 뛰어내리는 순간은 동행하는 사진작가가 생생하게 찍어주며, 뛰어내리지 않는 일행은 곤돌라는 함께 탈 수 없지만 중간 지점에서 관람할 수 있다.

아웃도어 Outdoor

Hauptstrasse 15, 3800 Matten bei Interlaken
1인 CHF 229 08:30~17:00
+41 33 224 07 04
www.outdoor.ch

세련된 기념품은 이곳에 ······ ①

스플렌디드 인터라켄 Splendid Interlaken

스위스 여행자 사이에서 인기 상품으로 떠오르는 기념품 마테호른잔과 프라이탁 가방을 판매하는 편집 숍이다. 마테호른잔, 융프라우잔, 아이거잔 등 다양하고 예쁜 잔은 재고도 많아 원하는 디자인을 고를 수 있고, 프라이탁 가방 역시 다양한 상품을 취급해 굳이 취리히 본점까지 가지 않아도 될 정도다. 한국인 매니저가 있어 소통하기 편하며 CHF 300 이상 사면 택스 환급도 수월하게 받을 수 있다.

인터라켄 서역에서 회에마테 공원 방면으로 도보 7분 Höheweg 3, 3800 Interlaken
화~일 09:15~12:00, 13:00~19:00
월 휴무 +41 33 821 11 20
www.frankyspade.com

융프라우 기념품 총망라! ······ ②

톱 오브 유럽 플래그십 스토어
Top of Europe Flagship Store

융프라우철도 본사에서 직접 운영하는 대형 기념품 가게다. 냉장고부터 의류까지 다양한 용품을 편안하게 구경할 수 있으며, 특히 옷은 직접 입어볼 수 있게 탈의실까지 마련되어 있다. 융프라우요흐 정상에서 포인트가 되어줄 빨간색 장갑이나 모자를 살 수 있어 인기가 많다. 융프라우 VIP 패스 소지 시 전 품목을 15% 할인받을 수 있다.

회에마테 공원 바로 앞(Hotel Metropole 1층)
Höheweg 35, 3800 Interlaken
10:00~19:00
+41 33 828 71 01

믿고 사는 스위스 천연 제품 ······ ③

스위스 마운틴 마켓
Swiss Mountain Market

지인들에게 선물하기 좋은 스위스 천연 제품을 찾을 수 있는 곳이다. 천연 차, 지역에서 만든 유기농 시럽, 꿀, 말린 차 등을 판매한다. 그 밖에도 꽃잎이나 씨앗, 뿌리를 말린 유기농 허브티Kräutertee, 소금, 오일, 물에 타 마시는 천연 시럽 등 매우 다양한 상품을 만나볼 수 있다.

🚶 인터라켄 서역에서 회에마테 공원 방면으로 도보 8분 📍 Höheweg 133, 3800 Interlaken
🕒 화~금 14:00~17:00, 토 10:00~12:00, 14:00~17:00, 일·월 15:00~ 17:00
📞 +41 76 748 69 32
🏠 www.swiss-mountain-market.ch

수공예 나무 장식품 ······ ④

우드페커 Woodpecker

수공예로 손질한 나무 장식품을 판매한다. 장식품 하나하나의 조각과 표현이 섬세하며 아름다운데, 섬세한 만큼 곳곳에 만지지 말라는 표시가 있으니 주의하자. 오르골을 사고 싶으면 주인에게 문의하는 것이 좋다. 이 외에 나무 접시, 책갈피, 촛대 등 귀엽고 예쁜 소품들을 발견할 수 있다.

🚶 인터라켄 서역에서 아레강을 따라 도보 4분 📍 Marktgasse 30, 3800 Interlaken
🕒 화~금 08:00~18:30, 토 08:00~14:00 ⊗ 일·월 휴무 📞 +41 33 822 18 59

126년째 운영 중인 장난감 가게 ⑤

알버트 쉴트 Albert Schild AG

기본 원칙인 '전통과 품질'을 충실히 따르며 무려 126년이란 세월 동안 4대가 운영 중인 장난감 가게다. 상점 이름은 1898년에 가게를 연 목공예 장인 알버트 쉴트의 이름에서 따왔다. 일반적인 장난감 가게에는 플라스틱 장난감이 주를 이루지만, 여기에서는 전혀 찾아볼 수 없다. 아이들에게 플라스틱 같은 유해 물질이 아닌 건강한 천연 나무 장난감을 먼저 쥐어주자는 철학이 있기 때문이다. 디자인뿐만 아니라 소재, 기능을 다양하게 갖춘 유용한 상품들로 가득해 소중한 사람에게 선물하기 좋다.

인터라켄 서역에서 회에마테 공원 방면으로 도보 4분 Bahnhofstrasse 19, 3800 Interlaken 화~금 10:00~12:30 13:30~18:30, 토 11:00~17:00 일·월 휴무 +41 76 748 69 32 www.swisssouvenir.ch

비상용 햇반, 라면 조달 가능 ⑥

하더쿨름 숍-터키 마켓 Harder Kulm Shop-Turky Market

터키 사람이 운영하는 슈퍼마켓으로, 늦은 시간까지 운영하는 흔치 않은 가게다. 한국 라면, 김치, 고추장을 살 수 있어 비상식량이 필요한 한국인 여행자에게 특히 좋은 선택지다. 한국 식품의 종류가 많거나 저렴하지는 않지만, 스위스 식당보다는 훨씬 저렴한 편이어서 좋다.

인터라켄 서역에서 회에마테 공원 방면으로 도보 5분 Höheweg 86, 3800 Interlaken 10:00~22:00

영국 펍과 독일 펍을 섞어 놓은 핫플! ······ ①

후씨 비어하우스 Hüsi Bierhaus ₣₣₣

인터라켄에서 믿고 마시는 수제 맥주 맛집이다. 이곳 주인은 인터라켄에서 최초로 수제 맥주 전문점을 연 장본인으로, 맥줏집에서 시작해 양조장까지 지어 현재 인터라켄에서 가장 인기 있는 펍이자 레스토랑을 만들었다. 메뉴 중에서는 슈바인스학세, 어니언 링, 소시지가 가장 인기 있고, 수제 생맥주도 라거, IPA, 앰버 등 12종류가 넘는다. 흥겨운 분위기 속에서 현지인과 여행자가 한자리에서 어울리며 식사와 맥주를 함께 즐길 수 있는 곳이다.

✕ 슈바인스학세 CHF 41.90, 브라트부르스트 CHF 22.90, 맥주 CHF 5.20 🚶 인터라켄 서역에서 Bahnhof 거리를 걷다 Postgasse에서 좌회전 도보 7분 📍 Postgasse 3, 3800 Interlaken 🕒 월·수·목 15:00~23:30, 금 15:00~24:30, 토 12:30~24:30, 일 12:30~23:00 ⊗ 화 휴무 📞 +41 33 823 23 32 🏠 www.huesi-bierhaus.com

인터라켄 이탈리아 피자 맛집 1위 ······ ②

일 부온구스타이오 IL BUONGUSTAIO ₣₣₣

인터라켄에서 가장 맛있는 피자와 파스타를 맛볼 수 있는 곳이다. 일반 이스트를 사용하지 않고 자체 사워 도우로 만든 천연 발효종인 '레비또 마드레'를 쓴 덕분에 피자가 특히 맛있다. 또 520°C까지 가열할 수 있는 오븐을 사용해 장작 오븐으로 만든 피자와 식감도 전혀 다르다. 분위기는 특별하지 않지만, 뛰어난 맛과 최대 CHF 27 이내에서 먹을 수 있는 높은 가성비로 인정받는다. 뇨끼, 파스타, 라비올리, 샐러드 등 다양한 메뉴가 있고 모두 평균 이상의 맛을 선보인다.

✕ 피자 디아볼라 CHF 22, 포르치니 버섯을 곁들인 탈리아텔레 CHF 24, 스파게티 볼로네제 CHF 20 🚶 인터라켄 서역에서 UBS 은행을 왼쪽으로 끼고 쭉 직진하다 Marktgasse에서 왼쪽으로 진입, 도보 6분 📍 Marktgasse 48, 3800 Interlaken 🕒 월~금 17:00~22:00, 토·일 11:30~14:00, 17:30~22:00 📞 +41 33 552 02 50 🏠 www.ilbuongustaio.ch

커피와 브런치에 진심인 사람들이 운영하는 ······③

디 아르부르크 호텔 & 카페

The Aarburg Hotel & Cafe ₣₣₣

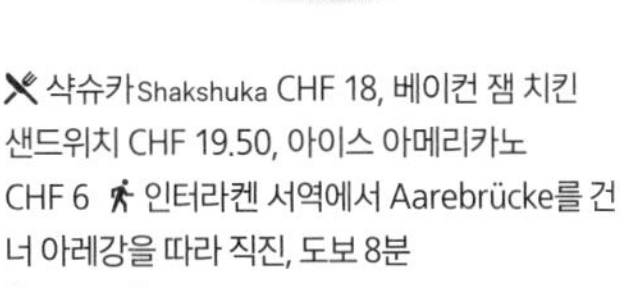

브런치 및 커피 맛집으로 스위스에서 로스팅한 커피만 판매한다. 청록색 빛깔의 아레강 바로 너머에 위치한다. 테라스에 앉으면 날씨 좋은 날에는 융프라우산까지 보여 여유로운 인터라켄의 분위기를 즐길 수 있다. 모든 브런치 재료는 물론 케첩까지 직접 만드는데, 디저트류 케이크까지 매일 신선하게 구워낸다. 특히 스위스에선 흔하지 않은 아이스 아메리카노를 마실 수 있으니 참고할 것.

샥슈카Shakshuka CHF 18, 베이컨 잼 치킨 샌드위치 CHF 19.50, 아이스 아메리카노 CHF 6 인터라켄 서역에서 Aarebrücke를 건너 아레강을 따라 직진, 도보 8분 Beatenbergstrasse 1, 3800 Unterseen bei Interlaken 08:00~19:00 +41 79 555 44 60 www.theaarburg.ch

호불호가 없는 태국 음식점 ······④

리틀 타이 Little Thai ₣₣₣

태국 음식 전문점. 실내는 아담하고 테이블 역시 좁게 놓여 있지만 음식의 양으로 만족감을 주는 곳이다. 특히 스위스에 사는 태국인들도 많이 찾을 만큼 음식 맛에는 의심의 여지가 없다. 볶음밥이나 국수에 태국 고추를 넣은 피시소스 '쁘릭 남쁠라'를 얹어 먹으면 한국 음식에 대한 향수를 충분히 달랠 수 있다. 레스토랑 주인은 맥주에 대한 견해도 넓고 심지어 직접 양조해서 판매하기도 한다. 레스토랑 운영으로 바쁘지만, 수제 맥주가 있는지도 꼭 물어보자.

팟타이 치킨 CHF 23, 소고기 볶음밥 CHF 26~ 인터라켄 동역에서 104번 버스 타고 Matten b. Int, Hotel Sonne 정류장에서 내려 도보 1분 Hauptstrasse 19, 3800 Matten bei Interlaken 수~일 11:00~14:00, 17:00~22:00 월·화 휴무 +41 33 821 10 17 www.mylittlethai.ch

의외로 헝가리 음식이 우리 입맛에 찰떡! ⑤

호플라 Hopplá ₣₣₣

헝가리 출신 모자母子가 운영해 헝가리 전통음식을 맛볼 수 있는 레스토랑이다. 분위기가 모던하고 음식 역시 보기에 좋은 것이 맛도 있다는 것을 증명하는 곳이다. 포크 스테이크와 밀가루, 달걀, 소금으로 만든 달걀 국수의 일종인 슈페츨레Spätzle가 곁들여 나오는 얼큰한 굴라시, 돼지고기를 배추로 감싸서 만든 캐비지 롤 등은 한국인 입맛에도 잘 맞는다. 특히 주인이 추천하는 헝가리 와인은 음식과 환상적인 궁합을 선보인다.

포크 스테이크 CHF 40, 캐비지 롤 CHF 35 인터라켄 서역에서 Aarmühlestrasse 거리를 거쳐 Centralstrasse를 지나 Jungfraustrasse 거리로 도보 11분 Jungfraustrasse 74, 3800 Interlaken 월 12:00~21:00, 수·목 18:00~21:00, 금·토 12:00~22:00, 일 12:00~21:00 화 휴무 +41 79 616 86 95

고급스럽지만 합리적인 이탈리아 레스토랑 ⑥

사포리 레스토랑

Ristorante e Pizzeria Sapori

₣₣₣

고급스러운 5성급 호텔 빅토리아 융프라우 호텔에 자리한 이탈리안 레스토랑이다. 반짝반짝하고 따뜻한 조명이 고급스럽고 좌석 또한 넉넉해 연인이나 가족끼리 간다면 기분 내기 좋은 곳이다. 여름에는 테라스도 열려 초록빛 회에마테 공원과 지나가는 사람들을 구경하며 식사하기 좋다. 와인만 마시지 않으면 가격도 충분히 합리적으로 즐길 수 있는 게 가장 큰 장점이다.

크림 리소토Risotto alla parmigiana CHF 25, 티로레제 피자Tirolese CHF 27 회에마테 공원 바로 뒤 Höheweg 41, 3800 Interlaken 11:30~14:00, 18:00~22:00 +41-33 828 26 02 www.ristorante-sapori.ch

인터라켄 서역에서 1분이면 도착 ⑦

글라이스 드라이 Gleis 3 ₣₣₣

가게에 들어서자마자 퐁뒤 냄새가 코끝을 찡하게 울린다. 내부는 환기가 잘 안되어 치즈 향이 더욱 강하지만 주문받은 후에 바로 음식이 조리되기 때문에 음식 자체는 매우 신선하다. 분위기 자체는 평범한 편이지만, 위치와 가격대를 따지면 합리적이다. 또 뢰스티나 슈니첼을 주문하면 정성스럽게 식용 꽃으로 장식해 줘서 대접받는 느낌까지 든다. 1인당 1메뉴 주문이 원칙이며 음료는 물이라도 꼭 주문해야 한다.

다진 소고기와 달걀프라이가 올라간 뢰스티Rösti Platform 3 CHF 31, 돼지고기 슈니첼 CHF 33
인터라켄 서역에서 나와 아레강 방향으로 도보 2분
Bahnhofstrasse 22, 3800 Interlaken
수~일 12:00~22:00 월·화 휴무
+41 33 525 80 79
www.restaurant-gleis3.ch

지갑과 마음이 동시에 편안한 곳 ⑧

드라이아 라운지 바 레스토랑

3a Lounge Bar Restaurant ₣₣₣

유스호스텔 1층에 있는 레스토랑으로 인터라켄 사람이라면 누구나 좋아하는 현지인 맛집이다. 100여 명은 충분히 앉을 정도로 넓은 공간에 탁 트인 통창이 있어 여유를 느낄 수 있다. 매일 바뀌는 평일 메뉴만 시키면 단돈 CHF 14.50에 식사 가능하고, 샐러드와 커피를 추가하면 CHF 19.50이면 충분하다. 이곳의 가장 좋은 점은 일반 레스토랑과 달리 음식을 시키면 셀프 서비스로 공짜 물을 마음껏 마실 수 있다는 것. 인터라켄 동역 바로 옆에 있어 접근성도 뛰어나며, 기차를 기다릴 때 잠깐 들러 커피나 음료를 마시며 휴식하기 좋다.

평일 점심 CHF 14.50, 샐러드와 커피 추가 시 CHF 19.50, 펜네 볼로네제 CHF 19.50 인터라켄 동역에서 도보 1분
Untere Bönigstrasse 3, 3800 Interlaken
레스토랑 11:30~14:00, 18:00~21:00, 바 06:30~23:00
+41 33 826 10 99 www.3a-interlaken.ch

인터라켄에서 떠나는 당일치기 근교 여행
외쉬넨 호수 & 블라우 호수

5~10월 사이, 인터라켄 또는 그린델발트에 묵으면서 외쉬넨 호수와 블라우 호수를 묶어서 다녀오는 여행이 점점 인기가 높아지고 있다. 스위스에만 총 1,500여 개의 아름다운 호수가 있는데, 그중에서 손에 꼽히는 호수 두 곳을 보는 코스이다. 튼튼한 가방, 돗자리와 간식 그리고 물을 챙겨가서 예쁜 사진도 찍고 아름다운 지역을 신나게 즐겨보자.

외쉬넨 호수
Oeschinensee

알프스산맥의 거대한 산맥들로 둘러싸여 해발 1,578m에 생겨난 천연 호수. 신혼부부들이 즐겨 찾는 아델보덴에 위치한 캄브리안 호텔에서 가까워서 반나절 방문하기 좋은 곳으로도 유명하다. 호수를 병풍처럼 둘러싼 3,000m급 산맥에서 흘러내리는 빙하 입자 덕에 호수 색이 굉장히 신비로우며 2007년 융프라우-알레치 유네스코 세계자연유산의 일부로 편입되었다. 등산을 좋아하는 사람은 웅장한 호수 주변에 펼쳐진 수직 절벽을 따라 파노라마 하이킹을 즐겨보자. 바람이 불 때마다 반짝거리는 옥색 물결을 따라 보트(유료)를 탈 수도 있다. 호수 근처에는 레스토랑 2개, 매점도 1개 있으므로 풍경을 감상하며 식사하기 좋다. 또는 작은 돗자리를 가져와 잔디밭이나 큰 돌에 앉아 피크닉도 가능하니 미리 슈퍼마켓에서 장 보는 것도 추천한다. 다만 겨울에는 호수가 모두 꽁꽁 얼고 위에 눈이 덮이기 때문에 호수와 지면을 구분하기 어려워 추천하지 않는다. 참고로 외쉬넨 호수까지 가려면 곤돌라에서 내려, 오르막 내리막이 반복되는 길을 1.5km(약 20~40분) 걸어야 한다. 다리가 불편하거나 컨디션이 안 좋다면 곤돌라역에 내려서 전기 셔틀버스를 이용해도 되니 너무 걱정하지 말자(편도 CHF 10).

외쉬넨 호수 가는 방법

① 인터라켄에서 가는 방법

인터라켄 동역 → 기차 21분 → 슈피츠역 환승 → 기차 27분 → 칸더슈텍역 → 도보 20분 or 242번 버스 20분 → 외쉬넨제 곤돌라 승강장역 도착 → 곤돌라 10분 → 외쉬넨제 곤돌라역 하차 → 30분 하이킹 → 호수 도착 ⓒ 1시간 35분

② 아델보덴(캠브리안 호텔)에서 가는 방법

230번 버스 타기 → 약 30분 → 프루티겐역 기차 환승 → 15분 → 칸더슈텍역 → 도보 20분 or 242번 버스 6분 → 외쉬넨제 곤돌라 승강장역 도착 → 곤돌라 10분 → 외쉬넨제 곤돌라역 하차 → 30분 하이킹 → 호수 도착 ⓒ 1시간 20분

* 캠브리안 호텔 투숙객은 게스트 카드로 무료 탑승 가능

③ 블라우 호수에서 가는 방법

블라우제 버스 정류장 230번 버스 → 약 10분 → 칸더슈텍역 도착 → 도보 20분 or 242번 버스 6분 → 외쉬넨제 곤돌라 승강장역 도착 → 곤돌라 10분 → 외쉬넨 곤돌라역 하차 → 30분 하이킹 → 호수 도착

ⓒ 40분

📍 Öschistrasse 50, 3718 Kandersteg 외쉬넨제 곤돌라 승강장
Ⓕ 곤돌라 왕복 성인 CHF 32, 만 6~16세 CHF 16, 230번 버스 CHF 7.20 / 스위스 트래블 패스 및 반액 카드 50% 할인, 베르너 오버란트 패스 무료, 아델보덴 호텔 게스트 카드 버스 무료
ⓒ 5/9~9/15 08:30~18:00, 9/16~10/27 08:30~17:00

외쉬넨 곤돌라역에 도착하면 내려서 30분 정도 하이킹해야 외쉬넨 호수에 도착할 수 있다. 걷기가 불편한 사람은 호수 근처 베르크 호텔 외쉬넨제Berghotel Oeschinensee까지 데려다주는 E-셔틀버스를 타면 된다. 이 버스는 친환경 전기 버스로, 오전 11시부터 오후 4시 30분까지 30분 간격으로 운행한다.

Ⓕ 성인 CHF 10, 학생 CHF 8

당일치기 일정

08:30 인터라켄 동역Interlaken Ost 출발

08:52 슈피츠역Spiez 도착

09:12 슈피츠역Spiez 출발

09:39 칸더슈텍역Kandersteg 도착

도보 20분 or 버스 6분

10:00 외쉬넨제 곤돌라 승강장역 Oeschinensee 도착

10:10 외쉬넨 곤돌라역Oeschinen 도착

30분 하이킹

10:40 외쉬넨 호수 도착

12:00 약 2시간 여행

13:50 외쉬넨 곤돌라로 다시 하이킹

30분 하이킹

14:20 외쉬넨 곤돌라역Oeschinen 도착

14:30 외쉬넨제 곤돌라 승강장역 Oeschinensee 도착

도보 11분

14:55 칸더슈텍, 뮤지엄 버스정류장역 Kandersteg, Museum 도착

15:01 230번 블라우제 버스 탑승
* 버스는 1시간에 1대

15:08 블라우제역Blausee BE 도착, 호수 관광

16:08 블라우제역Blausee BE에서 230번 버스 탑승 * 버스는 1시간에 1대

16:25 프루티겐역Frutigen, Bahnhof 도착

16:31 프루티겐역 출발

16:48 슈피츠역 도착, 슈피츠 P.164 관광

18:05 슈피츠역 출발

18:26 인터라켄 동역 도착

터보건 타는 풍경

알프스 풍경을 보며 즐기는 750m 길이의 미끄럼틀

터보건 Tobogan

일명 알파인 봅슬레이. 미끄럼틀처럼 알루미늄으로 제작된 레일을 썰매와 같은 낮은 기구를 타고 즐기는 액티비티다. 외쉬넨 호수에서는 구불구불하게 만들어진 750m 길이의 레일을 150m 높이에서 미끄러져 내려오며 즐길 수 있다. 레버를 앞으로 밀면 더 빨리, 몸쪽으로 당기면 천천히 가니 탑승자가 즐길 속도를 조절해서 탈 수 있어 더욱 좋다. 아름다운 알프스산맥 속을 가로지르는 풍경은 물론 스릴까지 즐길 수 있다. 비 오는 날은 안전상 개방하지 않으니 유의할 것.

Ⓕ 1회권 CHF 6, 2회권 CHF 11.50, 3회권 CHF 17 ⓞ 5월 중순~10월 중순

오래된 나룻배를 타고 윤슬 감상

나룻배 타기

옛날 방식 그대로 나무로 만든 나룻배를 타고 직접 노를 젓는 체험이다. 빠르게 저어도 보통 1시간은 빌려야 멀리 보이는 폭포까지 갔다 올 수 있다. 하지만 노가 워낙 무거워서 대부분은 호수 한가운데에 배를 멈추고 잠시 쉬고는 한다. 노를 젓지 않더라도 바람이 불 때마다 살랑거리는 호수의 윤슬을 보는 것만으로도 돈이 아깝지 않은 체험이다. 하지만 주변에 나무 한 그루 없는 땡볕이므로 햇볕이 부담스러운 사람은 30분 이내로만 간단히 체험하길 추천한다. 참고로 낙석 위험이 있으므로 암벽에서 최소 100m는 떨어져서 노를 젓고, 안개가 짙게 낀 날은 보트를 대여하지 않으니 유의할 것.

ⓞ 10:30~17:00 Ⓕ 1시간 CHF 32, 30분 CHF 20, 15분 연장마다 CHF 10(예약 불가능)

외쉬넨 호수 파노라마 하이킹

운터베르글리 산장 하이킹

외쉬넨 호수 파노라마 하이킹시 볼 수 있는 풍경

등산 애호가들이 사랑할 파노라마 하이킹

외쉬넨 호수 파노라마 하이킹 Oeschinensee Panorama Hike

압도적인 풍경을 바라보며 한 바퀴 도는 코스라서 길 이름도 '파노라마 하이크'라 붙었다. 처음에 하이킹을 시작할 때는 땅이 고르지 않고 오르막길의 연속이라 다소 지칠 수 있지만, 올라온 만큼 내려가는 즐거움도 있는 법. 가장 힘든 구간만 지나고 나면 오른쪽으로 호수를 끼고 걷는 재미가 본격적으로 시작된다. 운터베르글리Unterbärgli 오두막 산장에 도착하면 마침내 아름다운 풍경을 보며 쉴 수 있다. 반드시 등산화 또는 튼튼한 운동화를 신고 걸어야 하며 중간에 물을 받을 곳이 없으니 넉넉하게 물을 챙겨가야 한다. 또한 매년 산사태 위험도에 따라 개방 여부가 결정되니 방문 전 홈페이지를 확인할 것.

🚶 곤돌라역에 내려서 호수 방향으로 걷다가 노란색 표지판에 있는 오베르베르글리Oberbärgli 표지판을 따라 올라갔다가, 운터베르글리 방향으로 내려오기
코스 길이 8.48km **오르막** 566m **내리막** 566m **소요 시간** 3~4시간

맛보기 하이킹 코스

운터베르글리 산장 하이킹

Unterbärgli

호수를 낀 압도적인 풍경을 바라보며 산장까지 걷다가 같은 길로 돌아오는 코스다. 블라우 호수 풍경은 어디에서 보나 아름답지만, 운터베르글리에서는 원형 그대로의 호수를 눈에 담을 수 있어 더 좋다. 오두막 산장에서 간단한 음료를 마시고 돌아오기도 좋다.

🚶 곤돌라역에 내려서 호수를 가는 방향으로 걷다가 운터베르글리 표지판을 따라 내려오기 **소요 시간** 2시간

블라우 호수
Blausee

오묘하고 신비로운 작은 호수, 인스타그램에서 많이 본 그곳! 물감을 풀어놓은 듯 진한 색감의 블라우 호수는 빛에 따라 달라지는 풍경을 볼 수 있는 산천수 호수다. 블라우제Blausee는 독일어로 '푸른 호수'라는 뜻으로, 칸더슈텍 협곡에서 흘러나오는 미네랄 함유량이 높은 천연 지하수에서 비롯되어 어느 계절에 찾아도 변함없이 아름다운 물빛을 선사한다. 사실 이 아름다운 호수 뒤에는 슬픈 사연이 전해온다. 아주 오래전 한 소녀가 사랑하던 소년이 갑자기 죽음을 맞이했고, 소녀는 슬픔에 차 밤마다 이곳에서 흐느꼈다. 그렇게 여러 날이 지나고 뱃사공이 물 밑에서 죽어있는 소녀를 발견했다고 하며 지금은 돌이 된 소녀가 호숫가 한편에 자리 잡고 있다. 전설에 따르면 소녀가 죽은 후 호수의 물빛이 소녀의 오묘한 눈동자 색깔처럼 푸르게 변했다고 한다.
블라우 호수를 만나려면 매표소를 지나 커다란 암석과 이끼로 뒤덮인 숲길을 10분 정도 걸어야 한다. 걷다 보면 어느 순간 초록색 호수가 나타나고, 깊이를 가늠할 수 없는 물속에서 팔뚝만 한 송어가 노닐고 있다. 송어는 평균 수온 8°C를 유지하는 깨끗한 물에서만 자라는 물고기로, 스위스 사람들이 굉장히 즐겨 먹는 생선 중 하나다. 블라우 호수에서 한 가지 아쉬운 점은 성수기에 사람이 너무 많아 고즈넉함을 느낄 수 없다는 것. 작은 호수를 보는데 입장료가 조금 비싼 것을 빼면 인터라켄에서 한 번쯤 들르기 좋은 곳이다.

Blausee Naturpark, 3717 Blausee Ⓕ 월~금 CHF 11, 토·일 및 공휴일 CHF 13, 만 6~15세 월~금 CHF 7, 토·일 및 공휴일 CHF 9, 만 5세 이하 무료 / 18:00 이후 CHF 2씩 할인 / 베르너 오버란트 패스 입장료 50% 할인, 스위스 트래블 패스·반액 카드 할인 없음 09:00~21:00 +41 33 672 33 33
www.blausee.ch

가족들과 바비큐 해먹기

피크닉 및 어린이 놀이터

호수 한가운데 안개 같은 연기가 자욱하게 피는 곳이 어린이 놀이터이다. 블라우제 호텔에서 도보 3분이면 금방 도착한다. 무료 장작이 넉넉하게 준비돼 바비큐를 즐길 수 있는데, 전 세계에서 온 다양한 사람들이 고기와 소시지를 굽는 진풍경을 볼 수 있다. 주변에 있는 놀이터 덕분에 아이를 동반한 가족에게 더욱 인기가 높다. 이곳에서 피크닉을 하려면 미리 슈퍼마켓에서 구워 먹을 고기와 불을 지필 성냥이나 라이터를 준비해 가는 것이 좋다(봄~가을만 이용 가능, 이용 당일 미리 전화로 이용 가능한지 확인 요망). 바비큐 자리는 한정되어 있어 먼저 도착한 사람부터 순서대로 이용한다.

Ⓕ 무료 ⓒ 09:00~21:00

블라우 호수 자연공원 가는 방법

① **인터라켄에서 가는 방법**
인터라켄 동역 → 기차 21분 → 슈피츠역 → 기차 11분 → 프루티겐역 → 230번 버스 → 14분 → 블라우제 Blausee BE 하차 Ⓕ 스위스 트래블 패스 무료, 베르너 오버란트 패스 무료, 일반 요금 CHF 24.80
ⓒ 1시간 11분

② **아델보덴(캠브리안 호텔)에서 가는 방법**
230번 버스 → 약 54분 → 블라우제 Blausee 하차 Ⓕ 230번 버스 1회 CHF 16 ⓒ 54분
* 캠브리안 호텔 투숙객은 게스트 카드로 무료 탑승 가능

③ **외쉬넨 호수에서 가는 방법**
외쉬넨 호수 케이블카 매표소 → 도보 20분 → 칸더슈텍역 → 230번 버스 → 10분 → 블라우제Blausee BE 하차
Ⓕ 230번 버스 1회 이용료 CHF 7.20 ⓒ 38분

뱃사공이 함께하는 15분 체험

나룻배 체험

작은 호수를 유유히 가로지르는 나룻배 체험을 무료로 할 수 있다. 뱃사공이 있어 따로 노를 젓지 않아도 되며 15분 정도 천천히 호수 주변을 맴돈다. 덕분에 가깝고 편하게 호수와 송어를 감상하며 온전히 자연을 즐길 수 있다.

무료
봄~가을 10:00~17:00
겨울 휴무

직접 키워 요리하는 송어의 맛

블라우제 레스토랑

유기농 송어를 전문으로 요리하는 미슐랭급 고급 레스토랑이다. 135년간 독특한 풍미의 송어를 직접 사육하고 다뤄온 만큼 훈제, 튀김, 라비올리 등 다양한 방법으로 요리한다. 이곳의 송어는 부드럽고 쫄깃한 식감과 고소한 맛이 특징으로 한 번쯤 먹어볼 만하다. 점심은 특히 인기가 많으므로 온라인 또는 전화로 미리 예약하기를 추천한다.

블라우 호수산 유기농 연어 송어로 만든 라비올리 CHF 33, 유기농 송어 튀김 및 호박 리소토와 볶은 부추 CHF 44 11:00~17:00, 18:30~20:30
+41 33 672 33 33 3717 Blausee www.blausee.ch/en/restaurant

팔딱팔딱 뛰는 건강한 유기농 송어떼

유기농 송어 농장

블라우제 호텔 뒤편에 마련된 커다란 양식장으로, 시설 중 일부는 관광객이 방문할 수 있다. 양보다 품질을 중요시하기에 최소 18개월간 사육하며 야생과 같은 속도로 번식시키는 점이 특징이다. 또한 유기농 송어 양식장답게 인공 색소를 첨가하지 않고 자연 그대로 키운다. 아주 작은 송어는 따로 관리되고 방문객은 보통 15cm 이상으로 자란 송어를 볼 수 있다.

무료
09:00~21:00

야생화가 만발한 초원과 눈 덮인 산이 코앞에 펼쳐지는 곳 **쉬니게 플라테** Schynige Platte

1년에 딱 4개월만 여는, 베일에 가려진 아름다운 고지대. 야생화가 흐드러지게 핀 정원부터 툰 호수를 눈앞에 둔 작은 놀이터가 있다. 고대 독일어로 '빛나는 판'이라는 뜻의 쉬니게 플라테는 암벽으로 둘러싸여 이름처럼 빛을 반사하는 판 역할을 한다. 120년이 넘는 시간 동안, 작은 기차는 시속 12km로 최대 25도 경사각을 극복하고 전망대까지 여행객을 싣고 달려왔다. 언덕을 오르면 시야가 탁 트이며 야생화가 만발한 초원이 펼쳐진다. 딱딱하고 오래된 목조 의자는 부드러운 바람을 맞으며 점점 편안하게 느껴진다. 50분 후에 아이거, 묀히, 융프라우의 멋진 전망이 360도로 펼쳐지는 쉬니게 플라테에 도착한다.

인터라켄 동역 ▶ 기차 5분 ▶ 빌더스빌역 ▶ 산악 열차 52분 ▶ 쉬니게 플라테 도착(총 1시간 5~13분 소요)
Ⓕ 쉬니게 플라테 왕복 성인 CHF 71.6, 만 6~15세 CHF 20, 스위스 트래블 패스·베르너 오버란트 패스 50% 할인, 융프라우 VIP 패스 무료 / 쉬니게 플라테~피르스트 하이킹 할 경우 빌더스빌역~쉬니게 플라테 CHF 32, 피르스트역~그린델발트 CHF 34, 스위스 트래블 패스·베르너 오버란트 패스 50% 할인, 융프라우 VIP 패스 무료
6월 중순~10월 중순 +41 33 828 72 33 www.jungfrau.ch/de-ch/schynige-platte

쉬니게 플라테역

알펜 정원 Alpen Garten

스위스 알프스에 자생하는 800여 종의 식물을 볼 수 있는 명소. 스위스 고산 식물의 약 2/3가 여기서 자란다. 1928년부터 8,000m²가량 울타리를 쳐서 자연을 보호해 온 덕분에 다양한 지형에 여러 식물 군집이 자리 잡고 있다. 역에서 알펜 정원으로 이어지는 길을 따라가 보자. 약 5분 올라가면 다양한 식물이 하나둘 모습을 드러낸다. 스위스 국화 에델바이스는 정작 스위스에서 생각만큼 보기 쉽지 않은데, 이곳에서 작은 은빛 털을 단 에델바이스를 가까이서 관찰할 수 있다. 식물마다 명판이 붙어있어 이름을 알아볼 수 있다.

🚶 쉬니게 플라테역 바로 옆

오버베르크호른 하이킹 Oberberghorn

3km가량 이어지는 파노라마 능선 길을 놓치지 말자. 왼쪽에는 툰 호수, 인터라켄 마을, 그리고 브리엔츠 호수가 펼쳐져 있고, 오른쪽으로는 아이거, 묀히, 융프라우의 장엄한 풍경이 눈앞에 펼쳐진다. 기차역 위에 있는 레스토랑에서 시작하는 하이킹 코스로, 볼록하게 튀어나온 오버베르크호른(2,069m)까지 가는 길이다. 마지막에는 계단을 따라 오르는데, 정상에서 만나는 경치 또한 일품이다. 역으로 돌아올 때는 처음 왔던 능선 길이 아닌 내리막 길로 내려오면서 자연스럽게 원형 코스를 완성하게 된다.

코스 쉬니게 플라테역~알펜 정원~오버베르크호른
코스 길이 6km **오르막** 237m **내리막** 105m **난이도** 중
소요 시간 2시간

하이킹 중 보이는 툰 호수

쉬니게 플라테~피르스트 하이킹 (파울호른 하이킹) Faulhorn

쉬니게 플라테로 가는 첫차 시간은 오전 7시 25분. 이 시간에 오르는 사람들은 대부분 피르스트까지 종주하는 등산객이다. 6시간 내내 걸어야 하는 부담감이 있지만 그만큼 베르너 오버란트(베른의 고원 지대)의 아름다움을 실시간으로 감상할 수 있다. 특히 중간쯤 다다르면 피하기엔 아쉽고 올라가기엔 너무 높이 솟은 산장이 보인다. 바로 1830년에 지어진 '파울호른'이라는 산장. 스위스 알프스에서 가장 오래된 산악 호텔 중 하나로, 지금도 알프스 대자연의 걸작 속에서 숙박할 수 있다. 이곳에서 1박을 하며 일몰과 일출을 보거나 또는 점심만 즐기고 피르스트에 있는 바흐알프 호수 구간으로 가면 된다. 신이 빚어낸 이 아름다운 알프스 하이킹 길은 등산을 사랑하는 사람에게는 1순위로 추천하고 싶은 코스다. 가장 좋은 시기는 7월 중순~9월 초. 그 이후에는 눈으로 인해 걸을 수 없는 때가 많다.

코스 쉬니게 플라테~파울호른~피르스트 **코스 길이** 15.8 km
오르막 906m **내리막** 726m **난이도** 상 **소요 시간** 6시간

REAL
PLUS ····①

유람선 타고 돌아보는
인터라켄 양대 호수

브리엔츠 호수 & 툰 호수

인터라켄Interlaken은 '호수 사이'라는 이름의 뜻처럼
도시를 중심으로 양쪽에 호수가 있다. 인터라켄 서역에서는
툰 호수로 갈 수 있고, 인터라켄 동역에서는
브리엔츠 호수를 여행할 수 있다. 양쪽 모두 녹음이 우거진 숲,
작고 아름다운 호수 마을, 빙하가 녹아 유난히 더 반짝이는
에메랄드빛 호수를 감상할 수 있다. 툰 호수 유람선은
1년 내내 운행하며, 브리엔츠 호수 유람선은 4~9월만 운행한다.
툰 호수의 면적은 약 48km²로 브리엔츠보다 약 19km²나
넓은데, 슈피츠에서 툰 호수 방향으로 갈 때 작고 예쁜
고성이 유난히 많이 보이는 게 특징이다. 브리엔츠 호수는
알프스 빙하가 녹아 가장 먼저 도착하는 지점으로,
유난히 더 깊은 청록색을 띠는 물빛이 특징이다. 시간이 된다면
둘 다 가도 좋지만, 둘 중 어디든 좋으니 인터라켄에서는
유람선을 타며 잠시 여유를 만끽해 보기를 추천한다.

브리엔츠 호수 & 툰 호수 상세 지도

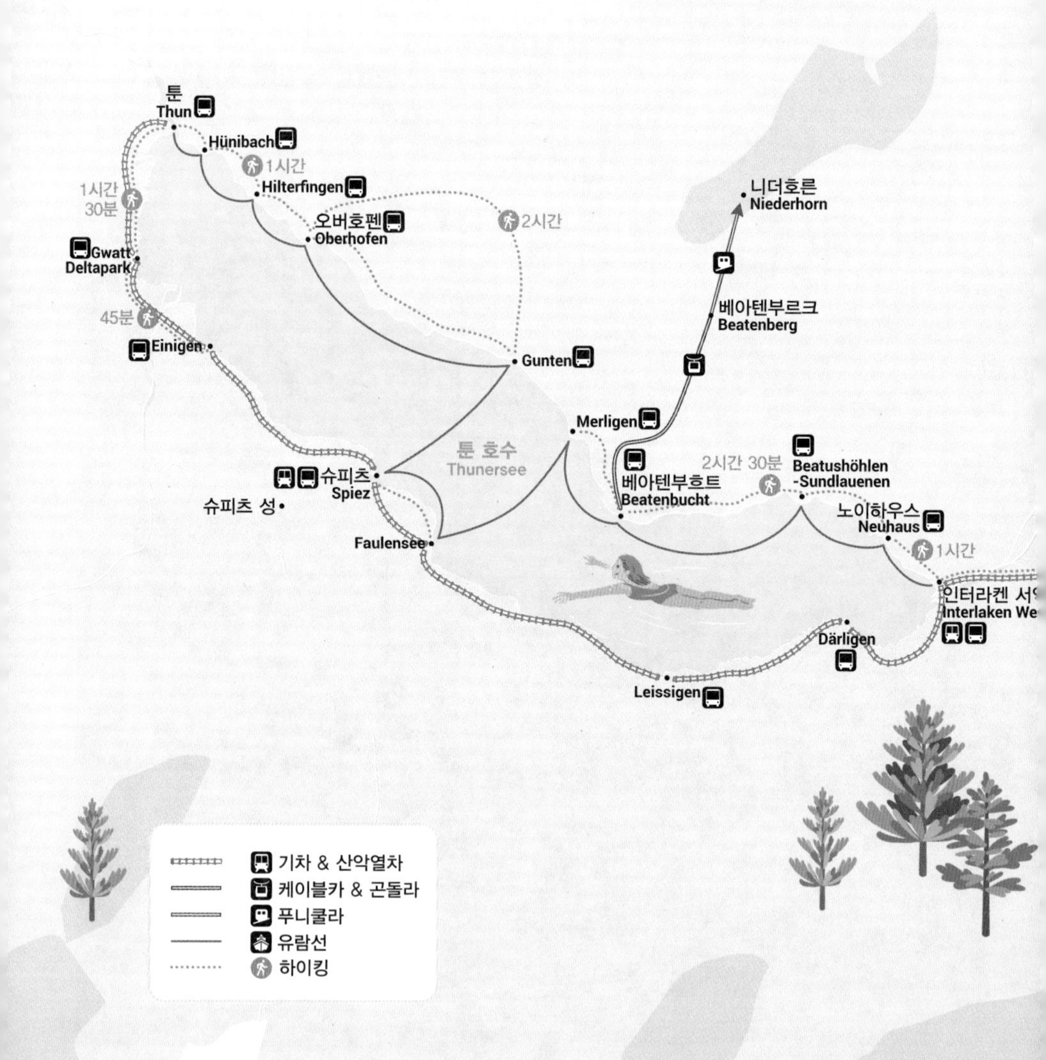

브리엔츠 로트호른
Brienzer Rothorn
2시간 30분
브리엔츠
Brienz
1시간
브리엔츠 호수
Brienzersee
Oberried
기스바흐제
Giessbach See
기스바흐 폭포
1시간 30분
1시간
30분
Niederried
1시간 30분
Ringgenberg
이젤트발트
Iseltwald
1시간
인터라켄 동역
Interlaken Ost
2시간
40분
Bönigen
시내

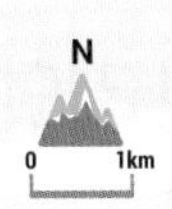

N
0
1km

에메랄드색 물감을 마구 풀어놓은 색감을 가진

브리엔츠 호수 Brienzersee

브리엔츠 호수는 길이 14km, 너비 2km, 수심 약 260m의 심연이다. 융프라우 빙하 지역에서 흘러나오는 미네랄 입자를 가장 먼저 받는 호수이기에 스위스에서도 물빛이 예쁜 호수 중 하나로 손꼽힌다. 양옆으로 깎아지른 듯한 산맥이 뻗어나가 주변 지역 발달이 제한된 만큼, 때 묻지 않은 평화로운 호수 마을을 볼 수 있다.

브리엔츠 호수 유람선은 인터라켄 동역에서 출발해 브리엔츠 마을까지 총 8개의 역을 들른 후 다시 인터라켄 동역으로 돌아온다. 보통 4~9월에만 운항하는데, 겨울에는 인터라켄 동역 쪽 수심이 낮아 유람선이 출항할 수 없기 때문. 유람선 중에서도 1910년대 벨 에포크 시대의 향수를 일으키는 뢰치베르크Lötschberg라는 스팀 보트(증기선)가 으뜸으로 꼽힌다. 120년 가까운 세월의 풍파를 겪어왔지만, 옛날 모습 그대로 빈티지한 아름다움과 철저한 안전 점검 덕에 현지인들이 가장 선호한다. 인터라켄 동역에서 브리엔츠역Brienz까지 편도로 1시간 21분 걸리며, 뢰치베르크 유람선은 5월부터 9월 중순까지 하루에 2회 운항하므로 시간표를 확인하고 타기를 추천한다.

브리엔츠 호수 유람선

Ⓕ 편도 CHF16(인터라켄 동역~브리엔츠 기준, 구간 및 계절마다 다름), 스위스 트래블 패스·베르너 오버란트 패스·유레일 패스 무료

4월 중순~5월 초

🕓 **인터라켄 동역 출발** 평일 10:07, 12:07, 13:07, 15:70
🕓 **브리엔츠역 출발** 평일 11:40, 13:40, 14:40, 16:40
🏠 www.bls-schiff.ch

5월 초~10월 중순

🕓 **인터라켄 동역 출발** 평일 09:07, 11:07, 12:07, 14:07, 16:07, 토요일 19:07
🕓 **브리엔츠역 출발** 평일 10:40, 12:40, 14:40, 15:40, 17:40, 토요일 20:40

10월 중순~12월 초

🕓 **인터라켄 동역 출발** 평일 11:40, 15:10
🕓 **브리엔츠역 출발** 평일 13:20

* 12월 초~4월 중순 운행 중단 / 매년 강수량에 따라 일정이 다르니 반드시 홈페이지 참고

뢰치베르크 증기 유람선

브룬가세 골목

브리엔츠 호수 추천 코스

① 아름다운 자연 풍경을 즐기는 코스

약 4시간

- 인터라켄 동역
  - 배 1시간 2분
- 기스바흐제역Giessbach See
- 기스바흐 폭포 관광 (약 1시간)
- 기스바흐 버스 정류장 Brienz BE, Abzw. Giessbach
  - 155번 버스 15분
- 브리엔츠역 하차
- 브리엔츠 마을 관광 (약 1시간)
- 브리엔츠역
  - 기차 18분 or 유람선 1시간 21분
- 인터라켄 동역 도착

② 핵심 호수 마을 하나만 보고 오는 코스

약 2시간 30분

- 인터라켄 동역
  - 기차 18분
- 브리엔츠역
  - 배 28분
- 이젤트발트역Iseltwald
- 이젤트발트 마을 구경 (약 30분~1시간)
- 이젤트발트, 돌프플라츠 Iseltwald, Dorfplatz 버스 정류장
  - 103번 버스 18~26분
- 인터라켄 동역 도착

드라마 〈사랑의 불시착〉 촬영지

이젤트발트 Iseltwald

드라마 〈사랑의 불시착〉이 전 세계적으로 인기를 끌면서 순식간에 유명해진 마을이다. 약 400명이 살던 조용한 호숫가 마을이 이제는 대형버스가 오는 곳으로 바뀌었지만, 그럼에도 여전히 이 작은 마을이 갖는 소박함과 아름다움을 만날 수 있다. 남자 주인공(현빈)이 피아노를 쳤던 호숫가 선착장은 요금 CHF 5을 내야 진입할 수 있다.

호수 따라 평평한 길로 하이킹

이젤트발트~기스바흐 하이킹

Iseltwald~Giessbach

아름다운 호수를 옆에 끼고 숲길을 따라 걷는 하이킹 길이다. 이젤트발트 마을 끝에서 시작해 기스바흐 폭포까지 호수를 보면서 걷는다. 길옆으로 신비하고 아름다운 브리엔츠 호수가 펼쳐진다. 길이는 5.2km에 1시간 30분쯤 걸리며, 무난한 평지 길이 쭉 이어지다가 막판에만 오르막이 나온다. 기스바흐 폭포에 거의 다다르면 마치 정글처럼 이끼 낀 큰 바위 사이를 지나가게 된다. 반대로 브리엔츠역에서 유람선을 타고 기스바흐 폭포를 먼저 구경한 후에 이젤트발트까지 걸어갈 수도 있다.

코스 길이 5.2km **난이도** 하 **소요시간** 1시간 30분
시즌 사계절 내내

이젤트발트의 분위기 맛집

레스토랑 제가르텐

Restaurant Seegarten ₣₣₣

야외 테라스에 위치한 레스토랑으로, 여름에만 운영한다. 호숫가 바로 옆에 자리해 풍경이 뛰어난 것은 물론 나무 그늘이 있어 잠시 휴식을 취하기에도 좋다. 갓 구운 피자, 신선한 샐러드, 커피와 케이크를 판매해 간단하게 요기하기에도 너무나 멋진 장소. 야외에 있어 비가 오면 운영하지 않는 것이 단점이지만, 테이블 간격도 상당히 넓어 프라이빗한 느낌도 든다.

피자 CHF 18, 샐러드 CHF 19.50, 커피 CHF 5, 케이크 CHF 8 Lake Lodge Hostel 바로 앞 Im Feld 17, 3807 Iseltwald 5~10월 11:30~22:00
수·날씨 안 좋은 날 휴무 +41 33 845 11 20
www.lakelodge.ch/de/food

브리엔츠 호수의 신선한 농어를 맛보다

호텔 샬레 뒤 락 Hotel Chalet Du Lac ₣₣₣

브리엔츠 호수에서 어부가 잡아 올린 신선한 생선을 맛볼 수 있는 식당이다. 민물 농어Pike perch, 연어과 생선Mountain whitefish을 요리해 삶은 감자 또는 샐러드와 함께 낸다. 특히나 해산물을 퐁뒤 스타일로 맛볼 수 있는 점이 특징. 음식은 대부분 양이 많거나 적은 것을 선택할 수가 있는데, 적은 것도 충분히 배부를 정도로 양이 넉넉하다. 마을 끝자락에 있어 아주 조용하고 평화로우며 날씨 좋은 날에는 50명을 수용할 수 있는 넓은 테라스에서 여유롭게 식사할 수 있다.

생선 스튜 CHF 34, 생선튀김 CHF 35, 해산물 퐁뒤 1인 CHF 49 (2인부터 주문 가능) 인터라켄 동역에서 103번 버스 타고 이젤트발트, 돌프플라츠 정류장 하차 후 도보 8분 Schorren, 3807 Iseltwald 4월 중순~12월 중순, 금~화 11:30~20:00
수·목 휴무 +41 33 845 84 58
www.dulac-iseltwald.ch/restaurant

숨겨진 비경! 헉 소리 나는 풍경!

기스바흐제 Giessbach See

계단식으로 물이 떨어지는 웅장한 기스바흐 폭포가 있는 마을이다. 총 500m 길이를 층층이 내려오는 풍경이 굉장히 독특하고 아름답다. 또한 1875년도에 지어진 클래식한 '그랜드 호텔 기스바흐'가 자리해 우아한 분위기까지 느낄 수 있다. 150년 넘는 역사를 지닌 호텔은 드라마 〈사랑의 불시착〉에 등장한 곳인데, 고풍스럽고 우아한 분위기로 현지인들 사이에서 결혼식장으로도 인기 만점이고 식사도 꽤 맛있고 훌륭하다. 빙하가 녹는 5~6월에는 폭포가 더욱 힘차게 떨어지고, 특히 비 오는 날에는 폭포수가 더 세차지므로 더욱 볼만하다. 폭포까지는 '기스바흐제'라는 작은 유람선 선착장에 내린 다음 1879년에 만들어진 클래식한 푸니쿨라 열차를 타고 올라갈 수 있다.

🚶 인터라켄 동역에서 유람선 타고 1시간 2분 후 기스바흐제Giessbachsee에서 하차 / 브리엔츠역에서 유람선을 타고 9분 후 기스바흐제역Giessbach see역에서 하차 / 브리엔츠역에서 155번 버스 타고 15분 후 기스바흐역Brienz BE, Abzw. Giessbach에서 하차
Ⓕ 푸니쿨라 성인 편도 CHF 7 왕복 CHF 12, 만 7~12세 CHF 7(편도·왕복 동일), 만 6세 미만 무료 / 스위스 트래블 패스, 융프라우 패스, 반액 카드 등 적용 불가 🕒 푸니쿨라 5/9~9/15 10:00~18:00, 9/16~10/20 11:00~17:30 20분마다 운행 (2024년) 📞 +41 33 952 25 25
🏠 www.giessbach.ch

폭포 뒤에서 바라본 그랜드 호텔

14개의 계단식 폭포

기스바흐 폭포 Giessbachfälle

우거진 숲 사이로 500m 길이 총 14개의 계단식 폭포가 뿜어져 내리는 곳이다. 특히나 눈이 녹는 이른 봄과 따뜻한 여름에는 연신 흰 물보라가 힘차게 뿜어져 내려온다. 비가 오면 더욱 웅장한 폭포 모습을 볼 수 있어 날씨에 상관없이 방문하기 딱 좋다. 기스바흐 폭포 뒤로 하이킹하는 것도 필수. 단 10분밖에 걸리지 않지만 웅장한 물보라 뒤로 보이는 호텔을 사진으로 담으면 멋진 작품까지 남길 수 있다.

🚶 기스바흐제 유람선 선착장에서 오르막길 도보 20분

드라마 속 한 장면

그랜드 호텔 기스바흐 Grandhotel Giessbach ₣₣₣

1875년에 지어진 역사적인 기스바흐 호텔은 드라마 〈사랑의 불시착〉의 배경이 되었을 정도로 아름다운 곳이다. 호텔 역사만큼이나 전통 깊은 레스토랑을 찾으면 깔끔한 흰색 정장을 입은 웨이터가 멋지게 서빙해 한층 고급스러운 분위기가 난다. 여름에는 테라스, 호텔 내부 등으로 구분되어 레스토랑을 즐길 수 있고, 폭포가 보이는 자리도 마련돼 있으니 특별하게 즐기고 싶은 사람은 미리 홈페이지에서 '레 캐스케이드Les Cascades' 레스토랑을 예약하자. 참고로 투숙객 외의 손님은 점심만 가능하다.

🍴 슈니첼 CHF 43, 클럽 샌드위치 CHF 33
🚶 Grandhotel Giessbach CH-3855 Brienz 🕓 레 캐스케이드 레스토랑 11:45~14:00 📞 +41 33 952 25 25
🏠 giessbach.ch/restaurant-bar/restaurant-les-cascades

나무 공예품의 전통 마을

브리엔츠 Brienz

소다 맛 아이스크림을 풀어놓은 듯 파란 물빛 호숫가에 3,000여 명이 모여 사는 마을이다. 브리엔츠는 스위스의 대표 수공예품 중 하나인 목각 제품과 떼려야 뗄 수 없는 관계. 1816년 흉년이 들자, 목공 장인인 크리스티안 피셔Chritian Fischer가 관광객들에게 나무 조각 장식을 팔기 시작하면서 브리엔츠 마을이 유명해졌다. 스위스에서 유일하게 목공예 기술을 배울 수 있는 쉬츨러슐레 브리엔츠Schitzlerschule Brienz도 이 마을에 자리 잡고 있다.

칙칙폭폭 소리를 내며 올라가는 로맨틱한 증기기차

브리엔츠 로트호른 Brienz Rothorn

로트호른은 '붉은 봉우리'라는 뜻으로, 해발 2,350m까지 산악 열차를 타고 가는 곳이다. 이 빨간 열차는 스위스에서 하나뿐인 증기 산악 열차이며 1892년부터 지금까지 같은 방식으로 운행 중이다. 열차가 지그재그로 부드럽게 올라갈 때마다 창밖으로 보이는 푸른 초원의 풍경도 경이롭다. 참고로 올라갈 때는 왼쪽에 앉아야 더 예쁜 풍경을 볼 수 있다. 종점에 도착하면 브리엔츠 호수와 함께 만년설을 자랑하는 4,000m 산맥이 눈앞에 펼쳐진다. 전망대를 거닐며 시원한 바람을 맞거나 레스토랑 테라스에 앉아 가볍게 식사 또는 음료를 즐겨도 좋다. 가볍게 하이킹하고 싶다면 산꼭대기에 있는 십자가를 찾아보길 추천한다. 십자가를 따라 올라가면 가벼운 능선 하이킹 체험도 가능하다. 7~8월 중에는 반드시 홈페이지를 통해 열차 좌석을 예약해야 하니 참고할 것.

브리엔츠 유람선역에서 도보 3분, 또는 브리엔츠 기차역에서 나오면 바로 맞은편
Hauptstrasse 149 C Postfach, 3855 Brienz 성인 CHF 96, 만 6~15세 CHF 10, 스위스 트래블 패스·반액 카드 50% 할인, 베르너 오버란트 패스 무료, 좌석 추가 CHF 8, 생일자 무료(좌석 예약 필수) 6~10월(강수량에 따라 5월부터 운영하기도 함) 08:36~16:36 매 1시간씩 운행 +41 33 952 22 22
www.brienz-rothorn-bahn.ch

유럽에서 가장 아름다운 골목

브룬가세 골목 Brunngasse

'유럽에서 가장 아름다운 골목'으로 선정된 브룬가세 Brunngasse 거리에는 18세기에 지어진 집들이 골목을 따라 줄지어 5~6개가 있다. 골목은 막상 보면 유명세에 비해 상당히 작지만, 튼튼한 목조 샬레가 양옆으로 펼쳐지고 화려하고 아름다운 꽃으로 장식되어 볼 만하다. 특히 스위스 하면 생각나는 빨간 제라늄꽃이 가득해 예쁜 사진 찍기에도 좋은 장소다.

브리엔츠역에서 내려 걸어서 15분 Brunngasse 3855, 3855 Brienz

스위스 대표 목각 마을, 나무 조각 박물관

슈바이처 목조 조각 뮤지엄

Schweizer Holzbildhauerei Museum

스위스의 전통 목조 조각 예술과 기술을 보존하고 전시하는 곳. 작지만 알찬 박물관이다. 다양한 역사적 작품과 현대 조각품을 감상할 수 있으며, 방문객에게 조각 시연과 워크숍도 제공한다. 매년 새로운 목각 전시를 열며, 2024년에는 샬레(스위스 전통 집)를 바탕으로 1880년부터 만들어 온 모형이 전시되었다.

브리엔츠 기차역에서 도보 5분 Hauptstrasse 111, 3855 Brienz
성인 CHF 8, 만 16세 미만 무료, 스위스 트래블 패스 무료
매년 5~10월 +41 33 952 13 17
www.museum-holzbildhauerei.ch

세상에 하나뿐인 장인의 작품

한스 후글러 비스 목공예 기념품

Hans Huggler Wyss Holzbildhauerei AG

호숫가 근처에 위치한 기념품 가게로, 아름다운 목공예품을 판매한다. 1915년 시작된 이 회사는 스위스 각 주를 대표하는 인물 및 장식, 야생 동물, 오르골 등 다양한 제품을 생산 및 취급한다. 공장에서 똑같이 찍어낸 상품이 아니라 기술자들이 여전히 매장 뒤편 작업장에서 세심하게 작업하고 색을 더하고 있다. 부드럽게 깎인 나뭇결을 따라 고급스러운 장식이 특징.

브리엔츠역에서 도보 10분 Hauptstrasse 64, 3855 Brienz
월~토 09:00~12:00, 13:30~18:00 9~6월 매주 일 휴무
+1 33 952 10 00 www.museum-holzbildhauerei.ch

바다처럼 넓고 반짝이는

툰 호수 Thunersee

온화한 기후 덕분에 '베른주州의 리비에라'라 불리는 툰 호수. 총면적은 48.3km²로 브리엔츠 호수의 1.6배 크기이다. 1835년부터 유람선이 정기적으로 운행하기 시작했는데 호수가 크기 때문에 정차하는 역이 14개나 된다. 그중 슈피츠와 툰 마을이 가장 유명해 여행자 대부분은 이 두 역에서 내려 마을을 구경한 후 다시 기차를 타고 인터라켄으로 돌아온다. 인터라켄 서역에서 툰역까지 소요 시간은 2시간 17분. 브리엔츠 호수보다 넓고 수많은 고성을 볼 수 있어 매력적인 구간이다.

툰 호수 유람선 운행 시간표

12월 중순~1월 초, 3월 초~3월 말

- **인터라켄 서역 출발** 월~목 14:10, 금~일 12:10
- **툰역 출발** 월~목 11:40, 금~일 09:40, 14:40

1월 초~2월 말

- **인터라켄 서역 출발** 평일 14:40, 일 10:16(슈피츠~툰만 운행)
- **툰역 출발** 평일 11:40, 일 09:40(툰~슈피츠만 운행)

3월 말~5월 중순

- **인터라켄 서역 출발** 평일 12:10, 14:10, 16:03(마지막 유람선은 베아텐부흐트~툰만 운행)
- **툰역 출발** 09:40, 11:40, 14:40(마지막 유람선은 툰~베아텐부흐트만 운행)

5월 중순~10월 중순

- **인터라켄 서역 출발** 매일 11:10, 12:10, 14:10, 15:10, 17:10, 18:10
- **툰역 출발** 매일 08:40, 09:40, 11:40, 12:40, 14:40, 15:40

10월 중순~12월 중순

- **인터라켄 서역 출발** 12:10, 14:10, 16:03(마지막 유람선은 베아텐부흐트~툰만 운행)
- **툰역 출발** 매일 09:40, 11:40, 14:40(마지막 유람선은 툰~베아텐부흐트만 운행)
- 편도 CHF 51(인터라켄 서역~툰 2등석 기준), 스위스 트래블 패스·베르너 오버란트 패스·유레일 패스 무료
- www.bls-schiff.ch

* 강수량에 따라 일정이 매년 조금씩 다르니 홈페이지 참고

툰 호수 추천 코스

니더호른에서 바라본 툰 호수

슈피츠성

오버호펜성

① 슈피츠 마을 코스

4시간 코스

- 인터라켄 서역
  - 유람선 1시간 44분
- 슈피츠 마을 관광(약 1시간 30분)
- 슈피츠역
  - 기차 17분
- 인터라켄 서역

② 비 올 때 가면 좋은 코스

5시간 30분 코스

- 슈피츠역
  - 유람선 43분
- 오버호펜역Oberhofen
- 오버호펜성 관람(1시간)
- 휴네그성Schloss Hünegg 관람(1시간)
  - 21번 버스 25분
- 툰 마을 관광(약1시간 30분)
  - 기차 31분
- 인터라켄 서역

③ 니더호른 코스

6시간 코스

- 인터라켄 서역
  - 유람선 47분
- 베아텐부흐트역Beatenbucht
  - 케이블카 10분
- 베아텐베르크Beatenberg
  - 곤돌라 18분
- 니더호른역Niederhorn (총 1시간 30분 소요)
- 니더호른 관광(약 2시간)
  - 곤돌라 10분
- 베아텐부르크역Beatenberg
  - 푸니쿨라 5분
- 베아텐부흐트역Beatenbucht
  - 21번 버스 5분
- 베아투스횔렌Beatushöhlen
  - 21번 버스 14분
- 인터라켄 서역

베아투스 동굴

융프라우 지역 산맥을 보려면 여기로!

니더호른 Niederhorn

1,963m의 고지대로 툰 호수 북쪽에 있다. 융프라우요흐에 비하면 한적한 편이지만 풍경만큼은 다른 곳에 비교할 수 없을 정도로 아름답다. 아이거, 묀히, 융프라우요흐는 물론 쉬니게 플라테, 멘리헨, 툰 호수 그리고 니센 산맥까지 산과 호수가 어우러진 융프라우 지역의 산맥을 한 번에 감상할 수 있다. 산장과 레스토랑을 겸비한 건물이 들어서 있고, 이른 아침에는 알프스산맥에 서식하는 알파인아이벡스, 샤무아(알프스산양), 마멋을 만날 수도 있어 현지인들에게 인기가 많은 곳이다.

니더호른 주변에 서식하는 알파인 아이벡스

가는 방법

① 인터라켄 서역 ▶ 유람선 47분 ▶ 베아텐부흐트Beatenbucht ▶ 케이블카 10분 ▶ 베아텐베르크Beatenber ▶ 곤돌라 18분 ▶ 니더호른Niederhorn ⓒ 1시간 30분 소요
② 인터라켄 서역 ▶ 101번 버스 32분 ▶ 베아텐베르크Beatenberg ▶ 곤돌라 18분 ▶ 니더호른 ⓒ 57분 소요
③ 인터라켄 서역 ▶ 21번 버스 16분 ▶ 베아텐부흐트Beatenbucht ▶ 푸니쿨라 10분 ▶ 베아텐베르크Beatenberg ▶ 푸니쿨라 10분 ▶ 곤돌라 18분 ▶ 니더호른Niederhorn ⓒ 1시간 5분 소요

Niederhorn mountain station **인터라켄 서역~베아텐부흐트** 유람선 CHF 48 (스위스 트래블 패스 무료), 21·101번 버스 CHF 8.40(스위스 트래블 패스·인터라켄 비지터 카드 무료), **베아텐부흐트~니더호른 왕복** CHF 59, 스위스 트래블 패스 50% 할인, **베아텐베르크~니더호른 왕복** CHF 43, 스위스 트래블 패스 50% 할인, 베르너 오버란트 패스 무료 ⓒ 08:40~17:40(7~9월 금·토 니더호른 출발 막차 22:20)
+41 33 841 08 41 www.niederhorn.ch

동굴 입구부터 화려한

베아투스 동굴 St. Beatus-Höhlen

폭포가 쏟아지는 형태가 굉장히 아름다워 걸어 올라갈 때부터 압도된다. 동굴 내부에는 수천 년 동안 형성된 석순, 종유석, 그리고 다양한 형태의 암석들이 있다. 전설에 따르면, 성 베아투스는 6세기경 이곳에 살면서 동굴에 살고 있던 용을 물리쳤다고 전해진다. 동굴 내부에는 성 베아투스를 기리는 작은 성당도 있다. 동굴 길이는 약 1km 정도이며, 내부를 보려면 요금을 내야 하지만 바깥만 구경한다면 따로 요금을 낼 필요가 없다. 인터라켄에서 비가 올 때 근처 솔바트 베아투스 P.070 온천과 함께 묶어 가기에 좋은 곳이다.

베아투스 폭포

인터라켄 서역에서 21번 버스 타고 14분 후 하차 / 인터라켄 서역에서 유람선 타고 36분, 베아텐부흐트 순트라우에넨역 Beatenbucht-Sundlauenen에서 하차 후 오르막길 도보 20~25분(유람선보다 버스 추천)
Schlossstrasse 16, 3700 Spiez
성인 CHF 19, 만 6~16세 CHF 11, 만 6세 미만 무료, 베르너 오버란트 패스 30% 할인 ⓒ 매년 3월 중순~11월 중순 09:00~18:00, 11월 중순~3월 중순 토 08:30~18:30, 일 09:30~17:00 평일 휴무 +41 33 654 15 06 www.schloss-spiez.ch

포도밭 언덕 위의 아름다운 성

슈피츠 Spiez

따스한 햇살이 언덕 위 포도밭을 감싸며, 중세에 지어진 아름다운 성이 있는 마을. 슈피츠역에 내리면 수많은 보트가 정박한 모습에 마치 바닷가에 온 기분이 든다. 인터라켄과 베른에서 체르마트로 갈 때 반드시 거쳐야 하는 역으로, 교통의 중심지이기도 하다. 인구 1만 3,000여 명의 작은 마을이지만 46개의 레스토랑이 있고 숙박 인원도 약 1,000명 수용 가능하다. 인터라켄과 그린델발트에서 숙박을 잡지 못했다면 이곳도 좋은 대안이 될 수 있다.

슈피츠성에서 내려다본 슈피츠 마을

로맨틱한 사진 찍기 딱이네!

슈피츠성

Schloss Spiez

스위스 문화재로 등록되었으며, 아름다운 정원으로 유명한 성이다. 933년 부르고뉴의 왕 루돌프 2세가 건설했고, 17~18세기에 바로크 양식으로 개조되었다. 중세 시대의 건축물이라 중세 성의 주방, 초기 바로크 양식의 연회장 등이 잘 보존되었고 1300년경에 적힌 낙서도 남아있다. 캐슬 타워에 올라가면 슈피츠성에서 가장 아름다운 풍경, 호수와 산, 포도밭이 어우러져 이뤄내는 360도 파노라마 전망을 만날 수 있다. 호숫가에 직접 내려가 볼 수도 있으니, 그늘에 앉아 잠시 피크닉을 즐겨도 좋다.

🚶 슈피츠 유람선역에서 오르막길로 도보 4분 / 슈피츠 기차역에서 내리막길로 도보 15분 📍 Schlossstrasse 16, 3700 Spiez
Ⓕ 성 박물관 입장료 성인 CHF 12, 만 6~16세 CHF 5, 만 6세 미만 무료, 스위스 트래블 패스 무료, 베르너 오버란트 패스 20% 할인 🕓 매년 5~10월, 월 14:00~17:00, 화~일 10:00~17:00 (7~8월 ~18:00) 📞 +41 33 654 15 06 🏠 www.schloss-spiez.ch

슈피츠산 와인이 향긋한 이유

슈피처 포도밭 전망대

Katzenstein, Spiezer Vineyards

슈피처 포도밭은 알프스 북쪽에서 가장 높은 곳에 있는 포도원 중 하나다. 이 슈피츠 지역에서 생산되는 '슈피처 Spiezer' 와인은 툰 호수의 풍부한 수량과 따뜻한 남풍 푄 Föhn 덕분에 맛이 더욱 풍부하다고 알려졌다. 슈피처 와인은 다른 지역에서는 찾기 어렵지만 이 지역 마을 상점이나 지역 레스토랑에서는 손쉽게 맛볼 수 있으니 슈피츠에 온 기념으로 사기 좋다. 포도밭 구경을 마치면 구글 지도에서 'Katzenstein Spiez'을 검색해 가보자. 15분만 걸어가면 포도밭 사이에 있는 아름다운 전망대에 도달할 수 있다. 툰 호수와 주변 산악 지형이 어우러져 그림 같은 풍경을 볼 수 있어 현지인들이 자주 찾는 곳이다.

🚶 슈피츠 유람선역에서 오르막길로 도보 12분 / 슈피츠 기차역에서 내리막길과 오르막길로 도보 16분
📍 Rebbergweg, 3700 Spiez

슈피츠 전망대에서 바라본 슈피츠성과 호수

현지인들의 숨은 명소
오버호펜
Oberhofen Station

오버호펜은 툰Thun에서 버스로 15분 떨어져 있는 햇살 가득한 호반 마을이다. 인구는 2,500명밖에 되지 않지만, 역사적으로 1133년에 언급되었을 만큼 오래된 마을이다. 특히나 오버호펜성은 마을의 상징적인 건물이라 한 번쯤 들러 사진 찍기에 좋다.

오버호펜성 맨 꼭대기에 위치한 동양 흡연실

성곽의 모습이 호수와 어우러져 그림 같은 곳
오버호펜성 Schloss Oberhofen

1200년경에 지어졌으며, 툰 호수 앞에 자리 잡은 그림 같은 성이다. 호수에 떠있는 것 같은 모습이 몽트뢰에 있는 시옹성P.434 과 닮았다. 1844년 프로이센의 한 귀족이 성을 사서 여름 별장으로 개조했는데, 성 꼭대기는 그가 이스탄불에 머무르던 중 동양 스타일로 개조했다. 원래 흡연실이었던 공간은 지금은 보호 차원에서 흡연실로 쓰이지는 않지만, 이곳에서 툰 호수와 함께 펼쳐지는 알프스 전망을 감상할 수 있다. 성 내부에서는 이곳에 살았던 인물들을 바탕으로 매년 새로운 전시회가 열려 굉장히 흥미롭다. 성 밖은 이국적인 나무, 산책로, 다채로운 꽃밭으로 가꿔 잠시 쉬어 가기 좋다.

오버호펜 유람선역에 내려서 도보 1분 / 툰역에서 21·25번 버스 타고 Oberhofen a. T., Dorf 정류장에서 하차 후 도보 2분
Schloss 4, 3653 Oberhofen 성인 CHF 14, 만 6~16세 CHF 6, 만 6세 미만 무료, 스위스 트래블 패스 무료 입장, 베르너 오버란트 패스 CHF 2 할인 5월 중순~10월 중순 11:00~17:00 월 휴무 +41 33 243 12 35
www.schlossoberhofen.ch

시간이 멈춘 19세기 귀족의 삶

휴네그성 Hünegg Castle

스위스에서 보기 드물게 19세기 중반 화려한 귀족의 삶을 엿볼 수 있는 성. 1861~1863년 사이에 건축되어 곡선과 유동적인 선을 강조한 아르누보Art Nouveau 스타일이 돋보인다. 총 2층으로 구성되어 있으며, 당시에 쓰였던 화려한 가구, 예술 작품, 피아노 등 다양한 역사적인 유물들이 그대로 전시 중이다. 무엇보다 창문 너머로 보이는 툰 호수 풍경이 이 성을 더욱 비현실적으로 만든다. 그 시대에 쓰였던 화장실과 샤워 시설 또한 현대와 별반 다를 바 없어 당시 귀족의 삶이 얼마나 화려했는지 유추할 수 있다. 또한 집 밖에는 1860년에 심은 세쿼이아 나무, 레바논 삼나무, 편백나무 등 다양한 외래종으로 가꾼 공원이 있다.

오버호펜성Oberhofen에서 도보 20분 / 유람선역 Hilterfingen 하차 Staatsstrasse 52, 3652 Hilterfingen
성인 CHF 10, 만 6~16세 CHF 5, 만 6세 미만 무료, 스위스 트래블 패스 무료, 베르너 오버란트 패스 CHF 2 할인
5월 중순~9월 중순 월~토 14:00~17:00, 일 11:00~17:00
+41 33 243 19 82 www.schlosshuenegg.ch

산, 호수 그리고 맥주 한 잔

피어 17 Pier 17 ₣₣₣

선착장에 내리자마자 찾을 수 있는 레스토랑으로, 눈도 즐겁고 입도 즐거운 곳이다. 현지인들에게 인기가 많은데 베른, 인터라켄에 사는 사람들도 일부러 찾아와서 식사할 정도로 일몰이 아름답기로 유명하다. 메뉴는 간단한 샌드위치와 안줏거리, 음료가 주를 이룬다. 이름 그대로 부두에 위치해 날씨 영향을 많이 받으니, 날씨 좋은 날 찾아가기를 추천한다.

샌드위치 CHF 15, 나초 CHF 12, 커피 CHF 6, 젤라토 CHF 6 Schlossgasse 10, 3653 Oberhofen 5~10월 11:00~21:00
+41 79 120 74 47 www.pier17.ch

현지인들이 사랑하는 중세 시대 도시
툰 Thun

툰은 아름다운 툰 호수Thunersee의 남쪽 끝에 자리한 마을이자 유람선들이 정박해 있는 선착장이기도 하다. 중세 시대부터 이어진 유서 깊은 지역으로, 언덕 위에는 작지만 웅장한 툰성이 자리 잡고 있다. 툰 호수에서 뻗은 아레강은 도시 사이를 가로지르고, 독특한 건축 양식의 역사적인 건물들을 곳곳에서 볼 수 있어 한나절이 금방 지나갈 정도다. 인터라켄 서역에서 유람선으로 2시간 17분, 기차로는 27분 걸리기 때문에 보통 유람선을 타고 슈피츠나 다른 마을에 들렀다가 툰으로 와서 구경 후 기차로 인터라켄으로 돌아가거나, 반대로 기차를 타고 왔다가 유람선으로 돌아간다.

베르너 오버란트 산맥의 물결
툰성 Schloss Thun

12세기에 방어 목적으로 지어진 성이지만 시간이 흘러 현재는 박물관으로 사용 중이다. 중세 시대의 역사와 스위스의 문화를 보존하고 전시한 건축물인데, 아쉽게도 모두 독일어로만 안내되어 있다. 입장료를 내고 성 내부로 들어가기보다는 주변에서 풍경 사진 찍기를 권장한다. 특히 툰성을 오를 때는 하염없이 긴 계단을 올라야 해서 지칠 수 있으나 마을이 내려다보이는 시원한 전망과 멋진 풍경이 기다리고 있어 가볼 만하다.

기차역 또는 유람선 터미널에서 오르막길 따라 도보 20분(구시가지 성 계단 또는 시청 거리에서 계단을 통해 이동 가능) Schlossberg 1, 3600 Thun 성인 CHF 10, 학생 CHF 8, 만 6~15세 CHF 3, 스위스 트래블 패스 무료, 베르너 오버란트 패스 CHF 2 할인 10:00~17:00 +41-33 223 20 01 www.schlossthun.ch

쇼핑하기 좋은 중세풍 도시

툰 구시가지 Thun Old town

오래된 중세 도시 매력을 한껏 자랑하는 아름다운 골목길. 베른을 세운 유명한 체링겐 공작Berthold V, Duke of Zähringen이 지배했던 건물들의 특징을 엿볼 수 있다. 베른의 구시가지처럼 건물들이 빽빽하게 붙어 있고, 반지하부터 1~2층에 자리한 상점들이 길을 따라 이어진다. 공정 무역 상점, 골동품 장난감, 나무 장난감 상점 외에도 간간이 술집 및 레스토랑도 눈에 띈다.

기차역 또는 유람선 터미널에서 도보 5분 Obere Hauptgasse, 3600 Thun

한국인 입맛에도 찰떡!

립스 Ribs ₣₣₣

패밀리레스토랑의 바비큐 백립 메뉴가 떠오르는 트렌디하고 인기 많은 립(등갈비) 전문점이다. 아치형 건물 내부에 고풍스러운 벽과 오래된 나무 테이블이 분위기를 더한다. 립은 450g, 900g 중 선택하는데, 2인이 900g을 고르면 사이드 메뉴까지 배부르게 먹을 수 있다. 소스는 허니, 바비큐, 스위트칠리 중에서, 사이드 메뉴는 감자튀김, 고구마튀김, 샐러드 중에서 선택할 수 있다. 그 밖에 햄버거 및 치킨 윙 등의 메뉴도 있어 입맛을 돋우고, 엄선된 칵테일 메뉴를 고르는 재미도 크다.

베이비 스페어립 450g CHF 34, 900g CHF 56 툰역 또는 유람선 선착장에서 구시가지 방향으로 도보 8분
Obere Hauptgasse 20, 3600 Thun
화~일 17:00~24:00 월 휴무
+41 33 222 34 34
www.ribs-steakhouse.ch

우리가 상상하던 스위스 마을

그린델발트 Grindelwald

#샬레숙소 #동화마을 #피르스트액티비티
#스키마을 #아이거익스프레스 #멘리헨

거대하게 솟아오른 아이거 북벽 아래, 옹기종기 모여있는 샬레가 그림 같은 마을. 장벽을 뜻하는 고대 독일어 그린틸Grintil과 숲을 뜻하는 발트Wald에서 이름을 딴 그린델발트는 이름처럼 웅장하고 수려한 자연 풍광을 만날 수 있는 곳이다. 일찍이 융프라우요흐, 피르스트, 멘리헨으로 가는 교통 요충지로 발달했으며, 최근에는 숙박 지역으로도 주목받고 있다. 여름에는 초록색 잔디 위로 야생화가 넘실거리고, 겨울에는 하얀 눈이 소복하게 내리며 계절마다 다른 풍경을 선사해 한 번 찾은 사람은 최소 두 번은 오게 되는 곳이다. 샬레 사이 사이로 알록달록한 옷을 입고 지나가는 열차가 여행객의 마음을 더욱 설레게 만든다.

그린델발트 가는 방법

융프라우요흐 여행의 또 다른 거점 그린델발트까지 가려면 인터라켄 동역을 거쳐야 한다. 취리히공항 또는 제네바공항으로 입국하는 경우, 기차를 타고 인터라켄 동역에 내린 후 그린델발트 방향 기차로 갈아타야 한다. 스위스를 둘러싼 다른 유럽 국가에서 오는 것도 역시 그린델발트로 바로 갈 수는 없고 인터라켄까지 육로로 이동한 다음 기차를 타고 가야한다.

기차

인터라켄 동역 플랫폼 2B에서 그린델발트 역까지는 34분 걸리며, 그린델발트로 향하는 열차는 보통 30분 간격으로 운행한다. 다만 인터라켄 동역에서 기차를 탈 때는 특히 주의해야 하는데, 열차가 마텐역Mattten, 빌더스빌역Wilderswil 다음 역인 츠바이뤼취넨Zweilütschinen역에서 그린델발트와 라우터브루넨 방향으로 각각 갈리기 때문. 보통 2A는 라우터브루넨으로 향하고, 2B는 그린델발트로 향하는데, 2B 플랫폼에서 기차에 적힌 행선지 'Grindewald'를 꼭 확인하고 탈 것.

렌터카

인터라켄 동역 ▶ 그린델발트(자동차 30분, 20km)

인터라켄에서 빌더스빌을 지나 츠바이뤼취넨역까지 간 후에 'Grindelwald' 간판을 따라 좌회전해서 쭉 올라가면 된다. 가장 접근성이 좋은 실내 주차장은 시내 중앙에 있는 아이거Eiger+이며 주차 요금은 시간당 CHF 2.50이다.

그린델발트 시내 교통

그린델발트에는 산 중턱에도 사람들이 살기에 다양한 코스로 버스가 다닌다. 마을 내에서는 웬만큼 걸어 다닐 수 있지만 전망대로 가거나 곤돌라역, 산악 열차역으로 가려면 버스 등의 교통수단을 이용해 이동해야 한다.

버스

그린델발트역에서 내려 30초만 걸으면 오른쪽에 넓은 광장이 나오는데 그곳이 버스 정류장이다. 그린델발트역에서 그린델발트 터미널역 또는 그린델발트 피르스트 곤돌라역까지 편도 요금은 CHF 3. 스위스 트래블 패스·베르너 오버란트 패스·동신항운 VIP패스·그린델발트 게스트 카드 소지자는 버스(121~125번)를 무료로 이용할 수 있다. 하지만 산악 버스 노선인 126, 127, 128번은 포함되지 않으므로 표를 따로 사야 한다.

🏠 www.grindelwaldbus.ch

그린델발트 상세 지도

02 핑슈텍
Terrassenweg
Obere Gletscherstrasse
핑슈텍반
핑슈텍-베레그 산장 하이킹
01 피르스트
05 온켈 톰스 피제리아 운 바인로칼
그린델발트 곤돌라역
02 베이스캠프 레스토랑
07 아보카도 바 그린델발트
03 카페 3692
01 베리스 레스토랑
도보 14분 거리
링겐베르크 08
09 크래프트베어크
포크츠 코너 02
마무트 스토어 그린델발트 03
01 아이거네스 데어 라덴(지하에 COOP 위치)
Terrassenweg
04 호텔 크로이츠 & 포스트
그린델발트역 Grindelwald
도보 20분 거리
Dorfstrasse
N
0 100m
08 링겐베르크
슈톨바이츨리 호이보데
06
그린델발트 터미널역
멘리헨
아이거글레처

그린델발트
이렇게 여행하자

그린델발트는 주변 산악 전망대로 가는 거점 마을이라 하루에 전망대 두 군데는 충분히 다녀올 수 있다. 피르스트, 융프라우요흐, 핑슈텍, 멘리헨 등으로 가기에는 인터라켄보다 접근성이 뛰어나서, 잠시 숙소에서 쉬다가 다시 다른 전망대로 갈 시간이 충분하다. 피르스트에서는 집라인과 마운틴 카트를 비롯한 액티비티를 즐길 수 있고, 융프라우요흐에서 이어지는 길에서는 다양한 하이킹 코스가 인기 있어 각자 여행 스타일에 따라 일정과 시간을 안배하면 된다. 액티비티 중심, 하이킹 중심, 관광 중심인 3가지 모델 코스를 제시했으니 참고하면 좋다. 또 그린델발트에서 숙박하는 사람은 대부분 샬레에서 묵는데, 샬레는 거의 산간 지대에 있어 접근성이 천차만별인 데다 최소 3박 이상만 예약받기에 예약하기 어려울 수 있다. 여행 일정을 정하면 교통편을 고려해서 일단 샬레부터 예약하는 것이 좋다.

피르스트 전망대 사진 포인트

피르스트 플라이어

피르스트 액티비티 뿌셔뿌셔!
액티비티 마니아를 위한 코스

09:00
피르스트 곤돌라역Grindelwald(Firstbahn) 출발

09:25
피르스트역First(Grindelwald) 도착

09:30~10:00
피르스트 뷰 밴티지 플랫폼 & 클리프 워크 체험

10:00~10:30
피르스트 플라이어(피르스트 ▸ 슈렉펠트)

10:30~11:00
피르스트 글라이더(슈렉펠트 ▸ 피르스트 ▸ 슈렉펠트)

11:00~12:00
마운틴 카트(슈렉펠트 ▸ 보어트)

12:00~13:00
보어트역에서 점심 또는 피크닉

14:00~15:00
트로티 바이크(보어트 ▸ 그린델발트)

15:00~15:30
그린델발트 ▸ 핑슈텍

15:30~16:30
핑슈텍에서 터보건 타기

16:30~
그린델발트 마을 관광

핑슈텍 터보건

바흐알프 호수 하이킹

인기 하이킹 코스 2개를 하루에!
하이킹 마니아를 위한 코스

- **09:00**
  피르스트 곤돌라역 출발
- **09:25**
  피르스트역 도착
- **09:30**
  피르스트 뷰 밴티지 플랫폼 & 클리프 워크 체험
- **10:00~13:00**
  바흐알프제 호수 하이킹 및 피크닉
- **13:00~14:00**
  그린델발트 마을로 돌아오기
- **14:00~15:00**
  그린델발트 터미널 ➤ 멘리헨
- **15:30~17:00**
  33번 코스 하이킹(멘리헨 ➤ 클라이네 샤이덱)
- **17:00~17:40**
  클라이네 샤이덱 ➤ 그린델발트
- **18:00~**
  그린델발트 마을 관광

꿩 먹고 알 먹고, 체력 부자들에게 추천!
하루에 융프라우+피르스트 구경하기

- **09:00**
  피르스트 곤돌라역 출발
- **09:25**
  피르스트역 도착
- **09:30~10:00**
  피르스트 뷰 밴티지 플랫폼 & 클리프 워크 체험
- **10:00~10:30**
  피르스트 플라이어(피르스트 ➤ 슈렉펠트)
- **10:30~11:00**
  슈렉펠트 관광
- **10:30~12:41**
  슈렉펠트 ➤ 융프라우요흐
- **12:49~14:47**
  융프라우요흐 관광 및 점심
- **14:47~15:17**
  융프라우요흐 ➤ 아이거글레처 도착
- **15:17~16:00**
  37번 코스 하이킹(아이거글레처 ➤ 클라이네 샤이덱)
- **16:44~17:25**
  라우터브루넨 마을 관광
- **18:32~18:41**
  라우터브루넨 ➤ 츠바이뤼취넨
- **18:48~19:10**
  츠바이뤼취넨 ➤ 그린델발트

37번 코스 하이킹

피르스트 First

사계절 내내 다채로운 액티비티가 기다리는 피르스트는 많은 여행자에게 사랑받는 곳이다. 완만한 언덕 너머로 4,000m 산들이 병풍처럼 펼쳐지고, 그 풍경을 배경으로 4월 말~10월에는 하이킹과 각종 여름 액티비티를 즐길 수 있다. 특히, 7월 말에서 8월 중순에는 소들이 해발 2,166m까지 올라와 알프스 꽃을 뜯어 먹는 진귀한 모습도 볼 수 있다. 눈이 쌓이는 12~3월이면 스키, 스노 슈 하이킹, 스노보드 등을 즐길 수 있는 스키장으로 탈바꿈한다. 그린델발트에서 곤돌라를 타고 올라오면 보어트Bort, 슈렉펠트Schreckfeld, 피르스트First 등 총 3개 역을 지나게 된다. 역마다 제각각 재미있는 액티비티가 기다리고 있으며, 매년 날씨에 따라 점검일이 달라지니 홈페이지에서 먼저 확인하고 계획하기를 추천한다.

* 다음 시설의 운영 시간은 곤돌라 막차 시간 기준

인터라켄 동역 2B 플랫폼(기차 운행 방향 오른쪽 좌석 추천) ▶ 그린델발트역 ▶ 피르스트반Firstbahn행 버스 6분 ▶ 그린델발트 곤돌라역 ▶ 곤돌라 25분 ▶ 피르스트역 Ⓕ 왕복 CHF 76, 만 6~15세 CHF 20, 스위스 트래블 패스 50% 할인, 동신항운 할인권 CHF 32, 융프라우 VIP 패스·베르너 오버란트 패스 50% 할인 3818 Grindelwald 08:00~17:00 +41 33 828 7711 www.jungfrau.ch/en-gb/grindelwaldfirst

클리프 워크

피르스트 곤돌라

새로 생긴 바람개비 모양의 전망대
피르스트 뷰 밴티지 플랫폼
First View Vantage Platform

2023년에 새롭게 오픈한 전망대로 해발 2,194m에 위치한다. 전망대에 오르면 앞으로는 아이거 북벽, 뒤로는 뾰족하게 솟은 핀스테라호른Finsteraarhorn(4,274m)의 풍경이 펼쳐지며, 웅장한 풍경을 배경으로 사진 찍기에도 좋다. 강철로 만들어진 이 전망대는 독특하게도 풍력발전기의 날개 모양인데, 꼭짓점마다 보이는 풍경이 다른 것도 전망대 관광의 묘미다.

케이블카 하차장에서 오르막길 도보 3분 Ⓕ 무료

절벽을 따라 걸으며 보는 환상적인 전망
클리프 워크 Cliff Walk

클리프 워크는 절벽을 따라 강철로 건설된 산책로이자 현수교이다. 다리 밑으로는 낭떠러지라 한 걸음 옮길 때마다 오싹한 기분이 들기도 한다. 하지만 눈앞에 고산 목초지를 비롯한 광활한 자연 풍경이 아름답게 펼쳐지기 때문에 고소공포증이 없다면 한번쯤 도전해 보면 좋다.

🚶 피르스트 뷰에서 내려와 오른쪽에 위치 Ⓕ 무료

알프스의 푸른 보석이 이곳에
바흐알프제 하이킹
Bachalpsee

봄~가을에만 가능

시작 지점 피르스트역
도착 지점 피르스트역
코스 길이 5.9km
시작 고도 2,184m
도착 고도 2,265m
오르막 188m **내리막** 188m
난이도 하 **소요 시간** 3시간

해발 2,265m에 위치한 알프스 호수로, 야생화가 만발한 고산 초원을 따라 바흐알프 호수까지 가는 경로다. 초반에는 가파른 오르막길을 15분 정도 걸어야 하지만 그 이후부턴 평탄한 길이다. 바흐알프 호수의 물이 잔잔할 때는 베터호른Wetterhorn(3,692m), 슈렉호른Schreckhorn(4,078m), 핀스테라호른Finsteraarhorn(4,274m)이 호수에 반영된 모습이 보이는데 가히 몽환적이다. 호수는 크게 2개로 구성되었고, 하이킹하다 보면 첫 번째 호수를 만나고 나머지 하나는 좀 더 높은 곳에 있다. 시간 여유가 된다면 두 번째 호수까지 걸어가 보기를 추천한다. 10분 남짓 더 걸을 뿐이지만 복잡한 인파에서 벗어나 조용히 피크닉도 즐길 수 있고, 한여름에는 수영도 할 수 있다. 수심이 꽤 깊으니 수영은 숙련된 사람에게만 추천! 참고로 자전거가 오갈 수 있도록 만든 길이라 길바닥이 다소 딱딱하니 편안한 신발을 신는 것이 좋다. 또 피르스트역을 벗어나면 매점이 전혀 없으니 미리 물과 간식을 챙기길 추천한다.

알프스의 하얀 눈을 제대로 즐기는 방법
스키·스노보드 타기 겨울에만 가능

겨울이 되면 피르스트 지역 전체가 새하얀 스키장이 된다. 피르스트에서 출발하는 코스는 총 3개 정도이며 한국에서 중상급 코스를 탔던 사람들은 피르스트 1번 코스인 오벌요흐Oberjoch를 추천한다. 피르스트역을 빠져나와 5분 정도 걸어 나가면 오벌요흐 리프트 타는 곳이 나오고, 리프트로 332m를 올라가면 해발 2,500m 지점에 도착한다. 스키 구간이 전체적으로 굉장히 넓어서 타기 편하며 마지막 가파른 구간만 잘 지나면 된다. 특히 이 구간은 아이거글레처나 클라이네 샤이덱보다 햇빛이 빨리 나오기 때문에 풍경도 더 예쁘다.

🚶 피르스트역에 내려서 5분 정도 돌아서 간 다음 'Oberjoch'라고 쓰인 리프트에 탑승 Ⓕ 종일권 성인 CHF 79, 만 16~19세 CHF 45, 만 6~15세 CHF 38, 융프라우 겨울 VIP 패스 무료

스키 장비 렌털 및 이동 그린델발트역에 내려 부리스포츠Buri sports (08:00~18:00)까지 도보 2분 ▶ 스키 세트(플레이트+부츠), 장갑, 고글, 스키 폴, 헬멧 렌털(몽트래블이라고 말하면 모두 합해 1인당 CHF 82~90에 대여 가능) ▶ 렌털 후 그린델발트 버스 정류장에서 121, 122, 124번 버스를 타고 피르스트반Grindelwald, Firstbahn으로 이동 ▶ 스키 패스 구매 후 피르스트까지 곤돌라 타고 이동

안전하게 스키 타기

검은색으로 표시된 코스는 고급 코스, 빨간색은 중급 코스, 파란색은 초급 코스다. 하지만 초급이라도 한국 스키장의 중·고급 이상을 타야 가능한 구간이 많고, 특히나 기존 하이킹 길을 사용하는 초급 코스는 길이 갑자기 좁아지는 구간도 있으니 주의. 한국처럼 안전 그물망이 있는 것도 아니므로 더욱 조심해서 타야 한다.

흰 눈 사이로~ 썰매를 타고~
썰매 타기 겨울에만 가능

겨울이 되고 눈이 쌓이면 사람들이 걷던 하이킹 길이 썰매장으로 변신한다. 피르스트의 마운틴 카트 또는 트로티 바이크를 타던 구간 역시 썰매장으로 이용된다. 가장 사람이 몰리는 코스는 53, 51번이며 그중에서도 가장 인기 있는 53번 코스를 타고 슈렉펠트Schreckfeld까지 가는 데는 15~20분 정도 걸린다. 슈렉펠트에서 보어트Bort까지도 탈 수 있는데 평평한 구간에서는 썰매를 끌어야 하므로 약 1시간 걸린다. 썰매는 피르스트역 앞에 있는 인터스포츠에서 빌려 그린델발트역에 있는 인터스포츠에서 반납하면 된다. 마치 동화 속 산타 할아버지가 끄는 것처럼 생긴 썰매에는 브레이크가 따로 없으므로 발로 방향과 속도를 조절해야 한다. 한국처럼 안전망이 설치되진 않아 다치거나 썰매를 잃어버리는 사람도 많다. 고소공포증이 있는 사람이거나 잘 탈 자신이 없다면 추천하지 않는다. 또 우리나라 썰매장과는 달리 어떤 코스는 1km 이상 이어지기 때문에, 헬멧과 장갑, 선글라스 또는 고글, 겨울용 부츠, 방수 바지가 꼭 필요하다.

🚶 피르스트역에서 바로 보이는 인터스포츠Intersports에서 썰매 대여(약 CHF 19~25, 헬멧 추가 요금) Ⓕ 성인 CHF 61, 만 16~19세 CHF 44(그린델발트~피르스트 곤돌라 가격 포함), 만 6~15세 CHF 30, 융프라우 VIP 패스 무료
📍 Bergstation First, 3818 First 🕘 09:00~15:45
📞 +41 33 853 04 00 🏠 **인터스포츠** www.rentnetwork.ch

피르스트~그린델발트 이동하며 즐기는 액티비티

한국인들 사이에서 '오픈 런'이라는 말이 생겼을 정도로 인기 있는 야외 액티비티다. 수용 가능 인원을 한정해서 받기 때문에 표가 빨리 팔리는 날에는 낮 12시만 되어도 매진되는 경우가 허다하다. 실내가 아닌 실외에서 하는 액티비티이다 보니, 날씨에 따라 가능 여부도 달라진다. 바람의 속도가 평균치를 넘을 때나 비가 내리면 운행이 중단되는 경우도 발생한다. 그럼에도 평소에 활동적인 것을 좋아하거나 날씨가 환상적으로 받쳐준다면 꼭 해보기를 추천하는 액티비티다. 우선 아침 일찍 서둘러서 피르스트역에 도착할 것. 피르스트 플라이어(피르스트역), 피르스트 글라이더(슈렉펠트역), 마운틴 카트(보어트역), 트로티 바이크(그린델발트 역 반납) 순서로 이동하며 타는 것이 가장 좋고, 또는 곤돌라를 타고 원하는 액티비티 장소로 이동해 하고 싶은 것만 즐겨도 좋다. 홈페이지에서 현재 운행 여부와 실시간 대기 시간을 확인할 수 있다.

adventure.jungfrau.ch

피르스트 플라이어
피르스트
2168m
피르스트
글라이더
슈렉펠트
보어트
마운틴 카트
트로티 바이크
그린델발트 기차역
버스 6분 , 도보 15분 거리
그린델발트 피르스트 곤돌라역

각 역 곤돌라 요금
- **그린델발트~보어트 왕복** CHF 44, 스위스 트래블 패스 CHF 20, 융프라우 VIP 패스 무료
- **그린델발트~슈렉펠트 왕복** CHF 70, 스위스 트래블 패스 CHF 33, 융프라우 VIP 패스 무료
- **그린델발트~피르스트 왕복** CHF 76, 스위스 트래블 패스 CHF 36, 동신항운 할인권 CHF 54, 동신항운 할인권 + 스위스 트래블 패스 CHF 35, 융프라우 VIP 패스 무료, 베르너 오버란트 패스 50% 할인

초보자도 OK!
하늘을 가로지르는 체험

피르스트 플라이어 First Flyer

집라인을 타고 800m 구간을 내려가는 액티비티이다. 맨몸으로 타지만 묵직한 강철 케이블과 튼튼한 하네스가 몸을 감싸준다. 한 번에 두 명씩 내려가는데, 최대 시속 84km까지 올라가 매우 스릴 넘친다. 두 팔을 벌리면 마치 하늘을 나는 느낌까지 들 정도. 다만 기다린 시간에 비해 타는 시간은 1분 정도로 굉장히 짧으니, 땡볕 아래 기다릴 자신이 있는지 고민해 볼 것(성수기 평균 대기 시간 30분 이상).

🚶 피르스트역에서 피르스트 플라이어First Flyer 표시를 따라 내리막길 도보 5분
코스 피르스트역~슈렉펠트역 **난이도** 하
이용 조건 체중 5~125kg
소요 시간 약 1분 Ⓕ 성인 CHF 31, 만 6~15세 CHF 24, 융프라우 여름 VIP 패스 30% 할인, 융프라우 겨울 VIP 패스 무료
🕓 10:00~16:00

독수리 어미 새에 안겨 하늘 날아오르기!

피르스트 글라이더 First Glider

독수리 모양을 한 기구에 엎드려서 타는 액티비티이다. 피르스트 플라이어와 동일 구간을 운행하지만, 올라갔다가 다시 떨어지는 왕복 구간이라 이동이 목적이면 건너뛰어도 좋다. 피르스트 플라이어는 앉아서 탄다면 글라이더는 기구에 4명씩 엎드려서 매달린 채 탑승한다. 일단 엎드려서 안전장치에 발을 끼우는 것부터 느낌이 새로운 데다가 역방향으로 천천히 하늘로 올라가는 것도 신선하다. 마지막에 시속 80km가 넘는 속도로 내려올 때는 한 번 더 타고 싶을 정도로 재미있다.

🚶 슈렉펠트역에 내려서 내리막길로 도보 3분
코스 슈렉펠트역 출발 및 도착 **난이도** 하
이용 조건 키 130cm 이상, 체중 125kg 이하(어린이는 부모 동반 이용 가능) **소요 시간** 약 4분 Ⓕ 성인 CHF 31, 만 6~ 15세 CHF 24, 여름 VIP 패스 30% 할인, 겨울 VIP패스 무료 🕓 10:00~15:30

부릉부릉, 마운틴 카트가 나가신다!

마운틴 카트 Mountain Cart 5~10월에만 가능

무동력 카트를 타고 내리막길을 내려가는 액티비티다. 슈렉펠트역에서 보어트역까지 약 3km 거리를 달리는데, 사람마다 다르지만 보통 30분 정도 걸린다. 카트는 앉아서 팔을 쭉 뻗고 타고 손잡이로 브레이크를 잡는다. 내려가는 길에 보이는 알프스 풍경은 그야말로 최고! 왼쪽에는 절벽이 이어져 재미도 2배, 스릴도 2배지만 그만큼 조심해서 타야 하고, 중간에 멈춰서 사진을 찍을 때는 뒤에서 내려오는 사람들에게 피해가 가지 않게 최대한 길 안쪽으로 멈춰야 한다. 헬멧은 무료로 빌려준다.

슈렉펠트역에서 바로 연결 **높이** 1,956m > 1,600m 하강
난이도 중 **이용 조건** 키 135cm 이상 **타는 곳** 슈렉펠트역
내리는 곳 보어트역 F 성인 CHF 21, 만 6~15세 CHF 17, 융프라우 여름 VIP패스 30% 할인 10:00~15:30

알프스의 목가적인 풍경 속으로 쏘옥

트로티 바이크 Trotti Bike 5~10월에만 가능

자전거와 비슷하게 생겼지만 킥보드처럼 서서 타는 바이크로, 마운틴 바이크와 마찬가지로 페달이 없는 무동력 바이크 체험이다. 마운틴 카트보다는 조금 더 긴 5km 구간을 타며 30분 정도 걸린다. 초록 잔디 위에 소들이 한가로이 누워 있는 목가적이고 여유로운 풍경이 눈앞에 펼쳐져 특히 인기가 많은 액티비티다. 하지만 의외로 중심 잡기가 어려워 부상이 잦기도 하고 큰 사고로 이어지는 경우가 많아 조심히 타야 한다. 처음에 트로티 바이크를 빌릴 때 안전 요원이 운행하는 법을 간단하게 알려주는데, 조금이라도 의심이 들면 돈이 아깝더라도 과감하게 포기하는 것을 추천한다.

보어트역에서 바로 연결 **높이** 1,600m > 1,034m 하강
난이도 상(내리막길 자전거와 오토바이를 즐기는 사람에게 추천)
이용 조건 키 125cm 이상 **타는 곳** 보어트역
내리는 곳 그린델발트 피르스트역 F 성인 CHF 21, 만 6~15세 CHF 17, 융프라우 여름 VIP 패스 30% 할인 10:00~16:00

그린델발트 위, 고즈넉한 전망대 ······ ②

핑슈텍 Pfingstegg

그린델발트 마을 끝자락에 위치한 숨겨진 전망대로, 아는 사람만 가는 곳이다. 핑슈텍 케이블카역에서 오래되었지만 튼튼한 케이블카에 탑승하면 5분 만에 그린델발트 마을이 내려다보이는 전망대에 도착한다. 이곳은 화려한 풍경을 자랑하는 피르스트 지역과 달리 소박하고 잔잔한 풍경을 감상할 수 있다. 융프라우 지역에서 유일하게 알파인 터보건을 탈 수 있는 곳이기도 하다.

* 5~10월에만 방문 가능

그린델발트 기차역 앞 버스 정류장에서 122번 버스 타고 Pfingsteggbahn 하차(6분 소요) / 자동차 Pfingstegg-Graben, Grindelwald를 검색 Rybigässli 25 3818 Grindelwald +41 33 853 26 26 왕복 성인 CHF 32, 만 6~15세 CHF 16, 스위스 트래블 패스 50% 할인 베르너 오버란트 패스 무료 www.pfingstegg.ch

핑슈텍 케이블카에서 보이는 그린델발트 마을 풍경

핑슈텍 레스토랑

핑슈텍역

내 마음대로 움직이는 초고속 알프스 미끄럼틀

터보건 Toboggan

터보건은 특수 제작한 썰매를 타고 강철로 만들어진 레일 위로 달리는 레저 시설이다. 최대 시속 40km까지 올라가기 때문에 스피드를 즐기는 사람이라면 꼭 즐겨야 할 액티비티. 핑슈텍에서는 울창한 숲을 배경으로 총 736m 길이의 스릴 넘치는 활주를 즐길 수 있다. 가운데에 있는 레버를 앞으로 밀면 빨라지고, 몸 쪽으로 당기면 천천히 갈 수 있는데, 앞 사람과 간격을 좀 두고 타야 더 재미있게 즐길 수 있다. 썰매는 2인승이며, 만 4~7세 어린이는 반드시 어른과 동반해야 탑승할 수 있다. 참고로 여럿이 갈 경우 6회권이나 10회권으로 끊어서 이용하면 더 저렴하다.

Ⓕ 성인 1회 CHF 8, 6회 CHF 40, 10회 CHF 64, 만 8~15세 1회 CHF 6, 만 4~7세 1회 CHF 2, 6회 CHF 35, 10회 CHF 48 Ⓞ 5/8~6/14 10:30~17:00, 6/15~9/1 09:30~18:00, 9/2~10/20 10:30~17:00(우천 시 중단)

플라이라인 Flyline

숲속 나무 사이사이에 설치된 파이프라인에 매달려 내려갔다가 빙그르르 돌며 다시 시작점으로 돌아오는 액티비티. 약 2분 30초 동안 350m 길이의 라인을 도는데, 시속 8~12km의 속도로 아주 천천히 가기 때문에 만 4세부터 성인까지 누구나 즐길 수 있다.

Ⓕ 성인 CHF 12, 만 4~15세 CHF 8
🕓 5/8~6/14 10:00~17:00, 6/15~9/1 09:30~18:00, 9/2~10/20 10:00~17:00 (우천 시 중단)

숨겨진 비경을 따라 걷는 길

핑슈텍~베레그 산장 하이킹

Pfingstegg~Bäregg Hütte

한때 빙하가 있었던 웅장한 협곡을 마주하며 걷는 비경의 하이킹 코스이다. 깎아지른 듯한 절벽 위로 베른주 알프스에서 가장 높은 봉우리인 핀스테라호른Finsteraarhorn(4,274m)과 슈렉호른Schreckhorn(4,078m)이 보인다. 지금은 3,500m 지점 이상부터 꼭대기까지 빙하가 아슬아슬하게 남아있다. 핑슈텍에서 베레그 산장까지 간 후 점심을 먹고 다시 핑슈텍으로 돌아오는 코스로, 한국인들에게 비교적 덜 알려진 풍경을 찾고 싶다면 적극 추천하는 곳이다.

코스 길이 5.4 km(왕복) **시작 고도** 1,386m **도착 고도** 1,772m **오르막** 370m **내리막** 370m **난이도** 중 **소요 시간** 3~4시간

메이드 인 그린델발트 ······ ①

아이거네스 데어 라덴

Eigerness Der Laden

'오리지널 그린델발트' 우유 및 유제품을 구할 수 있는 기념품 숍이자 슈퍼마켓. 그린델발트 현지에서 나거나 만든 제품 위주로 판매한다. 신선하고 고소한 요거트는 물론 와인과 함께 먹기 좋은 고품질 치즈를 살 수 있다.

🚶 그린델발트역에서 도보 3분(Eiger+ 건물 1층)
📍 Dorfstrasse 101, 3818 Grindelwald
🕓 화~금 08:00~18:30, 토 08:00~14:00
⊗ 일·월 휴무 📞 +41 33 822 18 59
🏠 www.eigernessderladen.ch

스위스 중저가 기념품 상점 ······ ②

포크츠 코너 Vogts Corner AG Watch

스위스의 유명 시계 브랜드 몬데인Mondaine, 맥가이버칼로 유명한 빅토리녹스Victorinox 등을 살 수 있는 깔끔한 상점이다. 이 외에도 티쏘, 미도, 해밀턴, 발망 등 다양한 브랜드의 시계를 취급하며, CHF 300 이상 구매하면 바로 택스 환급 절차를 도와준다.

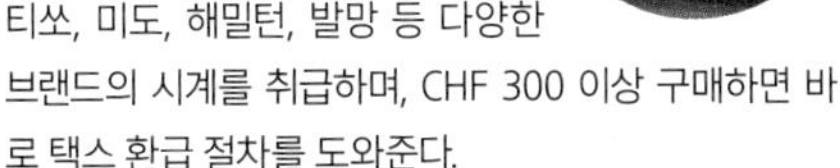

📍 Dorfstrasse 111, 3818 Grindelwald 🕓 5~9월 09:00~22:00, 10~4월 09:00~19:00 📞 +41 33 853 40 14
🏠 www.grindelwald-shopping.com

스위스 산악인의 자부심 ······ ③

마무트 스토어 그린델발트

Mammut Store Grindelwald

마무트는 1862년에 설립된 스위스 등산용품 브랜드로 의류, 신발 및 눈사태 안전 장비 등에 특화되어 있다. 한국 시장에서는 2020년에 철수했기 때문에 그린델발트 매장이 더욱 반갑다. 상점은 샬레 스타일의 작은 2층 건물로, 내부는 좁지만 원하는 물건을 문의하면 매장에 없는 상품도 구해서 가져다주기도 한다.

🚶 그린델발트역에서 아이거 플러스 Eiger+ 건물 방향으로 걷다 왼쪽, 도보 3분 📍 Dorfstrasse 97, 3818 Grindelwald
🕓 08:30~12:00, 13:30~18:30 📞 +41 33 854 88 44
🏠 www.mammut.com

솜씨 좋은 요리사가 선보이는 스위스 음식 ······ ①

베리스 레스토랑 Barry's Restaurant, Bar & Lounge ₣₣₣

햄버거, 스테이크, 퐁뒤 등 다양한 식사 종류를 판매하는 곳이다. 솜씨 좋은 요리사 덕분에 무엇을 시켜도 중간 이상으로 맛있다. 한여름에 테라스에서 음식을 먹으면 파리가 많이 몰리기 때문에 시원하게 레스토랑 안에서 먹는 것을 추천한다. 패티가 도톰한 햄버거도 인기가 많으며 건강한 샐러드 볼에도 고기가 많이 들어 맛있다. 퐁뒤도 인기 있는데, 알코올을 빼고 주문하면 한국인 입맛에도 맛있게 먹을 수 있다.

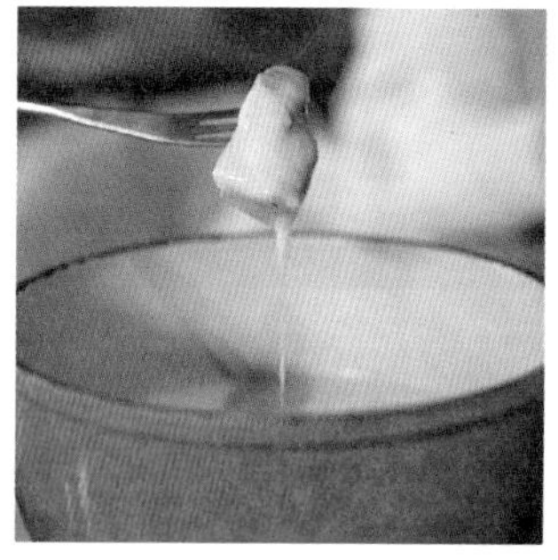

케즈 퐁뒤Chääs Fondue CHF 30, 송아지 뢰스티Klassisches Rösti CHF 43
그린델발트역에서 Dorfstrasse 거리를 따라 도보 6분 Dorfstrasse 133, 3818 Grindelwald 일~목 07:00~23:30, 금~토 07:00~01:00
+41 33 854 31 31
www.barrysrestaurant.ch

마침내 힙하고 젊은 New 레스토랑 상륙! ······ ②

베이스캠프 레스토랑 BaseCamp Restaurant ₣₣₣

그린델발트에도 마침내 분위기 좋고 맛있는 수제버거집이 생겼다. 스위스 유명 요리 대회 우승 경험이 있는 젊은 셰프가 운영하며, 건강하고 맛있는 샐러드와 직접 만든 수제 버거가 인기 메뉴다. 또 일본식 샌드위치인 카츠 산도도 있어서 우리 입맛에도 잘 맞는다. 생맥주도 라거, 앰버 및 계절별로 맛있는 종류를 다양하게 준비해 판매한다. 저녁에 시원한 바람을 맞으며 식사를 즐길 수 있는 테라스에 앉으려면 예약 필수.

스매시 버거Smash Burger CHF 23, 카츠 산도Katsu Sando CHF 26
Almisgässli 1, 3818 Grindelwald
목~화 11:30~22:00
수 휴무
+41 33 853 07 10
basecamp.restaurant

그린델발트 언덕에 위치한 뷰 맛집 ③

카페 3692 Café 3692 ₣₣₣

가정집처럼 예쁜 샬레에서 멋진 베터호른을 바라보며 식사나 음료를 즐길 수 있다. 넓은 테라스가 운치 있고, 목공 예술가가 직접 참여한 인테리어는 탁자까지도 고급스럽고 예쁠 정도로 멋지다. 음식도 음식이지만 정성스럽게 구워낸 케이크 역시 맛있는 곳이다.

샐러드 CHF 20, 샌드위치 CHF 20, 케이크 CHF 8 그린델발트역에서 122번 버스 타고 Grindelwald, Kreuzweg에서 하차 / 그린델발트역에서 오르막길 도보 20분
Terrassenweg 61, 3818 Grindelwald 금·토 09:00~23:00, 일 09:00~18:00
월~목 휴무 +41 33 853 16 54 www.cafe3692.ch

그린델발트역 바로 앞, 위치 최고! ④

호텔 크로이츠 & 포스트
Hotel Kreuz & Post ₣₣₣

가족 대대로 내려오는 호텔로, 호흡이 척척 잘 맞는 종업원과 요리사가 일한다. 내부는 좁고 테이블도 큰 편은 아니지만 오랜 세월이 묻어나는 아늑한 분위기가 압권이다. 계절마다 가장 신선하고 맛있는 재료로 만든 메뉴를 선보인다. 디저트로 먹을 수 있는 아이스크림 역시나 퀄러티가 높다. 그린델발트역 바로 앞에 위치해 접근성도 뛰어난데, 기차 시간은 남았고 배는 출출할 때 간단하게 요기도 할 수 있어 더욱 좋다.

그린델발트산 구운 치즈가 올라간 오버랜더 뢰스티 Oberländer Rösti CHF 28, 스파게티 볼로네즈 CHF 23
그린델발트역 바로 맞은편
Dorfstrasse 85, 3818 Grindelwald
08:00~21:00
+41 33 854 70 70
www.kreuz-post.ch/gastronomie

그린델발트 치즈로 만든 화덕 피자 ⑤

온켈 톰스 피제리아 운 바인로칼

Onkel Tom's Pizzeria und Weinlokal ₣₣₣

가족이 운영하는 작고 아담한 레스토랑이다. 이곳은 특히 와인 리스트가 다양하다. 저장고에 400종이 넘는 와인을 보유하고 와인 애호가들을 위한 치즈 플래터도 마련되어 있다. 메뉴는 화덕 피자 아니면 샐러드이지만, 피자는 화덕에 구워 맛도 좋고 양도 많다. 성수기에는 자리가 없어서 못 들어갈 정도로 인기 있는 식당이다.

온켈 톰스 피자 CHF 30, 디아볼라 피자 CHF 26 / 그린델발트 피르스트반 곤돌라역에서 도보 3분 / Dorfstrasse 194, 3818 Grindelwald / 일·월·금 12:00~14:00, 16:30~23:00, 화·토 16:00~23:00 / 수·목 휴무 / +41 33 853 52 39 / www.onkel-toms.ch

옛날 그대로 스위스 전통 음식 ⑥

슈톨바이츨리 호이보데

Stallbeizli Heubode ₣₣₣

버스를 타고 찾아가는 수고가 들지만 아름다운 풍경으로 보상받는 레스토랑이다. 아이거 북벽 기슭에 있으며 위로는 아이거 익스프레스 곤돌라가 지나간다. 농장주가 직접 만든 수제 라클레트와 수제 소시지가 굉장히 맛있다. 주로 여름에만 운영하며 걸어 내려오면서 마을을 구경하는 재미도 크다.

라클레트 CHF 20~, 브라트부르스트 CHF 15~ / 그린델발트역에서 121·123번 버스 타고 20분, Grindelwald, U. Eiger Bärgman에서 하차 / Itramenstrasse 2a, 3818 Grindelwald / 시기에 따라 다름(홈페이지 참고) / +41 79 371 67 44 / www.stallbeizli-heuboden.ch

맥주 마니아들은 여기 모여라 ⑦

아보카도 바 그린델발트

Avocado Bar Grindelwald ₣₣₣

맛있는 생맥주가 그리울 때 가면 좋은 곳이다. 겨울에는 스키와 스노보더들의 집합 장소이고, 여름에는 수많은 여행자가 밤새 술을 마시는 곳이기도 하다. 인터라켄의 작은 수제 양조장에서만 마실 수 있는 하리게 쿠Haarige Kuh IPA도 있으니 꼭 맛보자. 그 외에 아펜첼까지 가지 않아도 아펜첼에서 생산된 5가지 생맥주를 마실 수 있다.

하리게 쿠 작은 잔 CHF 7, 아펜첼 생맥주 CHF 5~ / 그린델발트역에서 나와 Dorfstrasse 방향으로 도보 6분 / Dorfstrasse 158, 3818 Grindelwald / 16:00~24:30 / +41 79 955 27 04 / www.facebook.com/avocadobargrindelwald

스위스 베이커리 대회에서
트로피를 휩쓴 곳 …… ⑧

링겐베르크 Ringgenberg ₣₣₣

베터호른

그린델발트 지역 4~5성급 호텔에서 제공하는 빵 대부분을 이곳에서 만든다. 이 집의 대표 빵인 '베터호른Wetterhorn'은 2022~2023년 2년 연속 '스위스 베이커리 트로피Swiss bakery Trophy'에 이름을 올렸다. 열정 가득한 주인은 매일 새벽 2시에 일어나 빵을 굽는데, 베터호른은 발효만 약 20시간을 거쳐 부드럽고 쫄깃쫄깃한 맛을 느낄 수 있다. 그린델발트산 버터 반죽에 홈메이드 캐러멜과 호두를 채워 만든 '너트 타르트' 역시 같은 대회에서 금메달을 수상한 빵이다. 그밖에 직접 만든 수제 초콜릿은 가장 비싸고 좋은 카카오를 수입해서 아이거 북벽 모양으로 만들어 더욱 특별하다. 빵이 굉장히 큰 편이라 샬레나 에어비앤비에서 묵으며 두고두고 먹을 사람에게 추천한다.

베터호른 CHF10~, 너트 타르트 CHF 20~, 베를리너 도넛 CHF 4~ 그린델발트역에서 나와 돌프스트라세Dorfstrasse 거리 따라 도보 5분 Dorfstrasse 123, 3818 Grindelwald 07:00~18:30 +41 33 853 10 59 www.grindelwald-bakery.ch

아아 마니아들은
이곳으로 집합! …… ⑨

크래프트베어크 QRAFTwerk ₣₣₣

한국인이 가장 그리워하는 아이스 아메리카노를 만날 수 있는, 그린델발트에서 유일한 카페. 커피도 맛있고, 수제 초콜릿, 빵, 케이크, 그래놀라 등도 직접 구워서 판매한다. 스위스에서 스페인까지 자전거로 종단하던 젊은 부부가 건강한 간식을 만들어 보자는 아이디어를 낸 것이 이 가게까지 이어졌다. 특히 그래놀라는 모두 유기농 제품만 취급하며 하나하나 손수 무게를 재고 혼합하고 포장해 판매한다.

아이스 아메리카노 CHF 7, 수제 초콜릿 CHF 10~, 천연 사과 아몬드 그래놀라 바 CHF 3.90 그린델발트역에서 나와 Dorfstrasse 거리 따라 도보 4분 Dorfstrasse 123, 3818 Grindelwald 09:30~18:00 +41 33 525 85 65 www.qraftwerk.ch

스위스 여행의 하이라이트

융프라우요흐 Jungfraujoch

#스위스깃발인증샷 #유럽에서가장높은기차역 #알레치빙하
#빨간열차 #컵라면 맛집

유럽에서 가장 높은 기차역! 아이코닉한 빨간색 산악 열차를 타고 해발 3,454m까지 올라가는 융프라우요흐역은 110년이 넘는 세월 동안 운행되며 'TOP OF EUROPE'이라는 타이틀을 거머쥐고 있다. 반짝이는 아이디어와 엄청난 실행력으로 무장한 창립자 아돌프 구에르 첼러Adolf Guyer-Zeller는 1893년 뮈렌에서 딸과 휴가를 보내던 중, 융프라우 정상까지 가는 열차 노선도를 구상했다. 그는 아쉽게도 완공 전 폐렴에 걸려 세상을 떠났지만, 가족들이 대를 이어 총 16년이라는 긴 공사 끝에 융프라우 산악 철도를 완공했다. 1912년 8월 1일 스위스 국경일에 맞춰 개통된 융프라우요흐역은 3,463m에 위치해 현재까지도 유럽에서 가장 높은 곳에 있는 기차역이다. 또한 알프스산맥 중 최초로 알레치 빙하와 함께 유네스코 자연유산으로 지정되었다.

융프라우요흐 가는 방법

인터라켄 동역, 그린델발트, 라우터브루넨에서 융프라우요흐역까지 갈 수 있다. 교통 시스템이 잘 되어 있는 만큼 가는 방법이 다양하고 복잡하며, 각각 요금도 다르다. 가는 방법은 크게 두 가지로 나눌 수 있다. 기차+산악 열차를 이용하는 방법과 기차+곤돌라+산악 열차를 혼합하는 방법이다. 대부분 그린델발트를 거쳐 융프라우요흐로 가는데, 그린델발트에서 기차를 탈지 그린델발트 터미널역으로 이동해 곤돌라를 탈지에 따라 달라진다고 생각하면 된다.

라우터브루넨

융프라우요흐역

그린델발트 터미널역

융프라우요흐?

'융프라우jungfrau'는 젊은 여자, '요흐joch'는 안장이란 뜻이다. 융프라우의 거대한 북쪽 면을 마주하고 있는 벵겐알프는 원래 인터라켄 수도원에 있던 수녀들의 소유였고, 자연스럽게 맞은편에 있던 산을 '융프라우(젊은 여자)'라고 부르기 시작했다. 또 말을 올라탈 때 이어주는 안장처럼 융프라우와 묀히를 잇는 구간에 있어 이곳을 '융프라우요흐'라 부르게 되었다.

1. 단시간 코스

①로 올라갔다가 ①로 내려오면 가장 짧은 시간에 융프라우요흐에 다녀올 수 있다.

2. 하이킹하지 않을 사람

②로 올라갔다가 ①로 내려오면 융프라우 지역의 전체적인 아름다운 풍경을 여유롭게 감상할 수 있다.

3. 하이킹할 사람

그린델발트에 숙소가 있으면 ①로 올라갔다가 ③으로 내려오는 것이 편하다. 숙소 위치가 인터라켄이라면 ①로 올라갔다가 ②로 내려오는 것이 전체 풍경을 볼 수 있다.

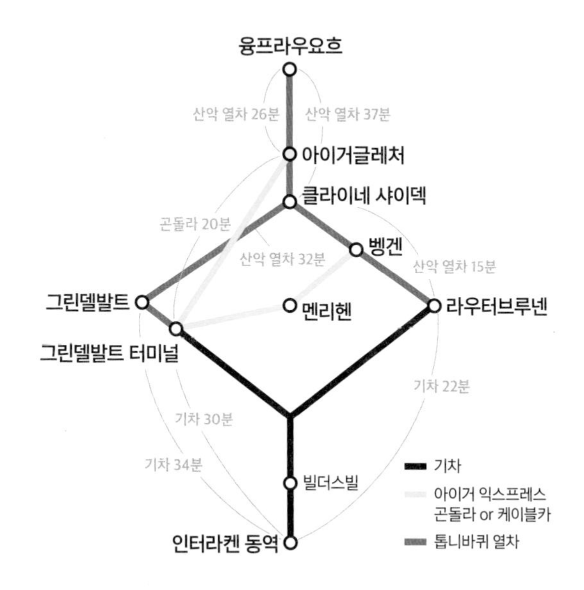

① 인터라켄 동역	기차 30분	그린델발트 터미널	아이거 익스프레스 곤돌라 20분	아이거글레처	산악 열차 26분	융프라우요흐 **총 1시간 37분**
② 인터라켄 동역	기차 22분	라우터브루넨	산악 열차 38분	클라이네 샤이덱(환승)	산악 열차 41분	융프라우요흐 **총 2시간 7분**
③ 인터라켄 동역	기차 34분	그린델발트	산악 열차 32분	클라이네 샤이덱(환승)	산악 열차 41분	융프라우요흐 **총 2시간 7분**

아이거 익스프레스 곤돌라

융프라우요흐 왕복 교통 요금

정가는 출발역에 따라서 다르지만, 한국인이 많이 이용하는 동신항운 쿠폰을 사용하면 인터라켄 동역에서 출발할 경우를 제외하고 할인가는 모두 같다. 융프라우 VIP 패스, 동신항운 할인 쿠폰, 반액 카드, 베르너 오버란트 패스에 대한 내용은 **p.504~512** 참고. 참고로 스위스 내에서 '융프라우 지역 패스'를 판매하지만 한국인들은 동신항운 할인 쿠폰을 이용하는 것이 더 저렴하므로 실제로 이용할 일은 거의 없다.

	정가	동신항운 쿠폰 소지자	동신항운 융프라우 VIP 패스	동신항운 쿠폰+스위스 트래블 패스	스위스 트래블 패스	반액 카드	베르너 오버란트 패스
인터라켄 동역	CHF 249.80	CHF 160	1일 CHF 190 2일 CHF 215 3일 CHF 240	CHF 145	CHF 160.50~175	CHF 124.90	25% 할인
그린델발트	CHF 227	CHF 155				CHF 113.50	
그린델발트 터미널	CHF 214	CHF 155				CHF 107	
라우터브루넨	CHF 239.60	CHF 155				CHF 119.80	

* 인터라켄 동역~그린델발트·라우터브루넨 노선에만 1등석이 있고 그 외에는 좌석 구분이 따로 없다.

융프라우요흐에 가기 전 알아둘 것

기차 명당 자리 추천

① **인터라켄 동역 ▶ 그린델발트·그린델발트 터미널** 기차가 달리는 방향 오른쪽에 앉으면 아이거 북벽을 볼 수 있다.

② **그린델발트 ▶ 클라이네 샤이덱** 기차가 달리는 방향 오른쪽에 앉으면 탁 트인 풍경을 조망할 수 있다.

③ **클라이네 샤이덱 ▶ 아이거글레처** 기차가 달리는 방향 오른쪽에 앉으면 멀리 뮈렌 마을부터 거대한 아이거, 묀히, 융프라우 봉우리를 가까이 볼 수 있다.

④ **클라이네 샤이덱 ▶ 라우터브루넨** 기차가 달리는 방향 왼쪽에 앉아야 아이거, 묀히, 융프라우 세 봉우리와 함께 끊임없이 아름다운 풍경을 보며 내려갈 수 있다.

성수기 좌석 예약

사람이 많이 몰리는 성수기에는 좌석을 꼭 예약해야만 올라갈 수 있는 경우도 있다. 또한 예약할 때 돌아오는 편을 몇 시에 이용할지도 지정해야 한다. 온라인에서도 좌석 지정만 따로 할 수 있으며(티켓 별도) 1인당 예약 금액은 CHF 10이다. 창구에서는 며칠 전이라도 별도의 수수료 없이 예약할 수 있다.

동신항운 쿠폰

융프라우 철도 한국 총판으로 국내 융프라우 여행자들에게 융프라우 철도 할인 쿠폰 및 여행 관련 정보를 제공하고 있다. 홈페이지에서 할인 쿠폰을 신청해 인쇄한 후 인터라켄 동역, 그린델발트역, 라우터브루넨역 등의 창구에서 티켓을 구매하면 된다. 융프라우요흐 왕복 구간 티켓 또는 융프라우 VIP 패스를 할인받아 구매할 수 있다. 그밖에 쉬니게 플라테나 하더쿨름, 피르스트 왕복권, 피르스트 곤돌라와 액티비티가 묶인 어드벤처 패키지 등의 상품 할인 쿠폰도 받을 수 있다. p.506

동신항운 www.jungfrau.co.kr

가기 전 웹캠으로 날씨 확인

융프라우요흐역은 물론 아이거글레처, 클라이네 샤이덱, 멘리헨, 피르스트 등의 현재 기상 상황을 실시간 라이브 캠으로 볼 수 있다. 날씨 좋은 날에 가야 여행을 제대로 즐길 수 있으니, 출발 전 실시간 날씨를 확인하고 가는 것을 추천한다.

www.jungfrau.ch/de-ch/live/webcams

융프라우 지역 라이브 캠

융프라우요흐 및 주변 지역

아이거
Eiger
3970m
묀히
Mönch
4107m
융프라우
Jungfrau
4158m
융프라우요흐
Jungfraujoch
3454m
쉴트호른
Schilthorn
2971m
아이거글레처
Eigergletscher
2320m
(2025년 중 개통 예정)
클라이네 샤이덱
Kleine Scheidegg
2061m
슈테헬베르크
Stechelberg
922m
비르그
Birg
멘리헨
Männlichen
2230m
홀렌스타인
Holenstein
김멜발트
Gimmelwald
1367m
뮈렌
Mürren
1650m
알멘드후벨
Allmendhubel
1932m
벵겐
Wengen
벵겐
Wengen
그뤼치알프
GrütschalpGrütschalp
라우터브루넨
Lauterbrunnen
쉬니게 플라테
Schynige Platte
1967m
츠바이뤼취넨
Zweilütschinen
빌더스빌
Wilderswil
인터라켄 동역
Interlaken Ost
인터라켄 서역
Interlaken West
툰 호수
Thunersee
하더쿨름
1322m

융프라우요흐 주요 역 알아보기

기차역이면서 동시에
2개의 곤돌라를 품은 역

그린델발트 터미널
Grindelwald Terminal

2020년 12월, 다소 작은 그린델발트역에서 1.4km 떨어진 곳에 커다란 그린델발트 터미널역이 새로 개장했다. 역에서 출발하는 곤돌라가 V자 모양으로 뻗어 나가기 때문에 V-bahn이라고도 칭한다. 공사비만 7천억 원이 넘게 들었을 정도로 심혈을 기울여, 융프라우요흐 기차를 탈 수 있는 아이거글레처역과 하이킹의 메카인 멘리헨으로 향하는 2개의 곤돌라역이 위치한다. 터미널 내에는 쿱 슈퍼마켓, 아시안 누들 레스토랑, 린트 초콜릿 가게, 커피숍 및 명품 매장이 들어섰으며 차량 1,000대를 주차할 수 있는 대형 주차장까지 마련되어 여행자들에게 만남의 장소로 사랑받는다. 이름이 헷갈릴 수 있는데, 기차와 산악 열차를 이용하는 사람은 그린델발트역으로, 곤돌라를 이용하는 사람은 그린델발트 터미널역으로 가면 된다.

그린델발트역에서 기차 3분, 121·123번 버스 15분, 인터라켄 동역(플랫폼 2B)에서 기차 30분, 그린델발트 터미널역 하차 Grundstrasse 54, 3818 Grindelwald 08:00~18:00
+41 33 828 72 33 www.jungfrau.ch/en-gb/grindelwald-terminal/#1019

360도 아름다운 풍경 속,
하이킹의 시작과 끝 지점

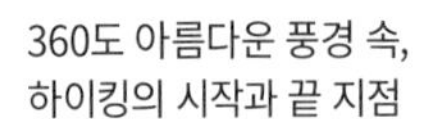

클라이네 샤이덱
Kleine Scheidegg
2,061m

클라이네 샤이덱은 해발 2,061m에 위치하며 융프라우요흐의 상징인 빨간 열차가 출발, 도착하는 곳이다. 여름에는 다양한 하이킹 코스의 시작점이자 종점이기도 하며, 겨울에는 스키장으로 변한다. 역 앞에 유난히 눈에 띄는 커다란 갈색 & 초록색 건물은 1840년에 지어진 벨레뷰 데스 알프스 호텔Hotel Bellevue des Alps. 가족 기업으로 5대째 이어 오고 있다.

융프라우요흐역에서 산악 열차 37분 / 라우터브루넨역에서 산악 열차 38분 / 그린델발트역에서 산악 열차 32분

융프라우 지역의
첫 번째 관광 마을

벵겐 Wengen

1,274m

벵겐은 라우터브루넨과 클라이네 샤이덱 사이에 위치한 산악 마을이다. 멘리헨까지 이어지는 곤돌라가 마을 안에 있어서 산악 마을치고는 접근성이 굉장히 좋다. 세계적으로 유명한 라우버호른Lauberhorn 스키대회가 매년 열리는 곳으로, 영국 사람들이 스키를 타러 오면서 알려지기 시작했다. 융프라우 지역에서 인터라켄보다 먼저 발달한 관광 마을이자, 여름에는 우거진 숲속 사이로 원만한 산책로와 하이킹 길이 즐비해서 유럽 사람들이 즐겨 찾는 휴양지이다. 인구는 1,300명 수준이지만 겨울 스포츠를 위한 인프라가 잘 구축되어 있어 12~2월에는 숙박 인구가 8,000명까지 늘어난다. 여름에는 하이킹이 인기라 5,000명 정도가 머물다 간다. 깎아지른 절벽 아래로 라우터브루넨 마을이 그림처럼 펼쳐지는 풍경에 반해 몇 박씩 머물다 가는 사람도 많다.

🚶 라우터브루넨역에서 산악 열차 12분 / 클라이네 샤이덱역에서 산악 열차 25분 /
멘리헨역에서 곤돌라 16분

벵겐~라우터브루넨 기차 안에서 보는 풍경

벵겐 마을 풍경

내가 꿈꾸던 알프스 풍경

멘리헨 Männlichen

2,343m

그린델발트 터미널역과 벵겐에서 케이블카를 타고 갈 수 있는 역. 아이거, 묀히, 융프라우요흐와 벵겐뿐 아니라 라우터브루넨 마을까지 파노라마로 펼쳐지는 풍경을 내려다볼 수 있다. 아이들이 뛰어놀 수 있는 공원이 굉장히 잘 조성되어 가족 여행자들이 찾기 좋다. 멘리헨은 밤에 은하수를 볼 수 있는 지역으로도 유명해서, 최근에는 이곳 산장에서 숙박하는 것도 인기가 많다.

🚶 그린델발트 터미널역에서 곤돌라 20분 / 벵겐에서 곤돌라 16분

마운틴 스프링 페스티벌

영화 속 장면보다
더 영화 같은 풍경

아이거글레처

Eigergletscher

2,320m

2020년 11월만 해도 융프라우요흐에 올라가려면 무조건 기차를 타야 했지만, 아이거 익스프레스Eiger Express 곤돌라가 생기고 나서 융프라우요흐로 가는 길이 47분이나 빨라졌다. 삼중 케이블카 시스템으로 스위스에서도 가장 안전한 케이블카 중 하나로 평가받는 이 곤돌라는 시속 100km의 강풍에도 흔들리지 않으며 15분 만에 1,381m를 올라간다. 한 번에 26명이 탈 수 있고, 전면 통창 유리로 만들어져 웅장한 아이거 북벽 및 알프스 경관을 바라보며 올라갈 수 있다. 아이거글레처역에 도착하면 보이는 풍경은 묀히와 융프라우의 산세로, 비로소 융프라우의 압도적인 크기를 실감할 수 있다.

🚶 그린델발트 터미널역에서 곤돌라 15분 / 클라이네 샤이덱역에서 산악 열차 14분

눈앞에 펼쳐진
수천 년 된 눈부신 빙하

아이스메어 Eismeer

3,159m

아이거글레처역에서 사람을 싣고 떠난 기차가 융프라우요흐역에 멈추기 전, 5분간 정차하는 역이다. 독일어 뜻 그대로 '얼음 바다'처럼 압도적인 빙하가 넓게 펼쳐진다. 승객들이 기념사진을 찍을 수 있도록 잠깐 기차가 멈추는데 많은 사람이 잘 몰라서 내리지 않는다. 눈으로 뒤덮인 얼음 사이에 녹은 빙하를 볼 수 있으며, 단 5분 만에 마치 수천 년 전으로 시간 여행을 떠나는 기분이다.

융프라우요흐 이렇게 여행하자

융프라우요흐 여행에는 하루를 온전히 투자하는 것이 좋다. 융프라우요흐역 내부에도 시설이 다양해 볼거리가 많기 때문에 1시간 반~2시간 이상을 할애해야 하며, 사람이 많은 시간대를 피하려면 오전 일찍 출발해 오후에 인터라켄으로 돌아오는 코스를 추천한다. 자세한 코스를 싸고 싶은 사람들은 시간대별로 다음의 코스를 따라 하면 편하게 다녀올 수 있다.

팔보덴 호수(37번 코스 하이킹)

융프라우요흐를 가장 빨리 보고 오는 방법

인터라켄 출발 기준 최소 5~6시간 소요(성수기·비수기에 따라 다름)

- **08:04** 인터라켄 동역 출발(기차)
- **08:34** 그린델발트 터미널역 하차, 환승
- **08:40** 그린델발트 터미널역 출발(곤돌라)
- **09:00** 아이거글레처역 도착
- **09:15** 아이거글레처역 출발(산악 열차)
- **09:41** 융프라우요흐역역 도착, 융프라우요흐 관광(약 1시간 30분)
- **11:17** 융프라우요흐역 출발(산악 열차)
- **11:41** 아이거글레처역 도착
- **11:50** 아이거글레처역 출발(곤돌라)
- **12:10** 그린델발트 터미널역 도착
- **12:21** 그린델발트 터미널역 출발(기차)
- **12:54** 인터라켄 동역 도착

융프라우 등정 후 가장 인기 있는 37번 코스 하이킹

인터라켄 출발 기준 최소 7~8시간 소요

08:04
인터라켄 동역 출발(기차)

08:34
그린델발트 터미널역 하차, 환승

08:40
그린델발트 터미널역 출발(곤돌라)

09:00
아이거글레처역 도착

09:15
아이거글레처역 출발(산악 열차)

09:41
융프라우요흐역 도착, 융프라우요흐 관광(약 2시간)

11:47
융프라우요흐역 출발(기차)

12:11
아이거글레처역 도착
37번 코스 아이거글레처~클라이네 샤이덱 하이킹
(약 50분 소요) P.210

37번 코스 하이킹 풍경

37번 코스 하이킹 풍경

라우터브루넨 방향으로 내려갈 경우

13:44
클라이네 샤이덱역 출발(기차)

14:25
라우터브루넨역 도착

14:32
라우터브루넨역 출발(기차)

14:54
인터라켄 동역 도착

그린델발트로 내려갈 경우

14:01
클라이네 샤이덱역 출발(기차)

14:40
그린델발트역 도착

14:47
그린델발트역 출발

15:24
인터라켄 동역 도착

라우터브루넨 마을 풍경

33번 코스 하이킹 풍경

융프라우 등정 후 33번 코스 파노라마 트레일 하이킹

인터라켄 출발 기준 최소 8~9시간 소요

08:04
인터라켄 동역 출발(기차)

08:34
그린델발트 터미널역 하차, 환승

08:40
그린델발트 터미널역 출발(곤돌라)

09:00
아이거글레처역 도착

09:15
아이거글레처역 출발(산악 열차)

09:41
융프라우요흐역 도착, 융프라우요흐 관광(약 2시간)

11:47
융프라우요흐역 출발(기차)

12:11
아이거글레처역 도착

12:20
아이거글레처역 출발(곤돌라)

12:40
그린델발트 터미널역 도착

12:45
그린델발트 터미널역 출발(멘리헨 방향 곤돌라)

13:05
멘리헨역 도착
33번 코스 파노라마 트레일 멘리헨~클라이네 샤이덱 하이킹(1시간 30분 소요) P.209

라우터브루넨 방향으로 내려갈 경우

14:44
클라이네 샤이덱역 출발(기차)

15:25
라우터브루넨역 도착

15:32
라우터브루넨역 출발

15:54
인터라켄 동역 도착

그린델발트로 내려갈 경우

15:01
클라이네 샤이덱역 출발(기차)

15:40
그린델발트역 도착

15:47
그린델발트역 출발

16:24
인터라켄 동역 출발

마침내 왔노라!
스위스 여행의 하이라이트 ······ ①

융프라우요흐

Jungfraujoch **3,454m**

명실공히 스위스 여행의 하이라이트. 기차에서 내리면 막상 기대했던 드라마틱한 풍경은 없고 깜깜한 동굴 안이지만, 아직 실망하지는 말자. 2024년에 새로 설치된 독특한 체인 커튼을 지나면 융프라우 철도의 창시자 아돌프 구에르 첼러의 동상이 보인다. 평탄한 길을 따라 천장이 다소 낮은 입구로 들어서면 전면이 유리창으로 되어 순간 눈이 부시다. 새하얀 알레취 빙하가 눈앞에 펼쳐지며 융프라우 여행의 시작을 알리는 지점. 뛰거나 빨리 걸으면 고산병이 쉽게 올 수 있으니 천천히 움직이는 것이 중요하다.

융프라우 영상 상영관
융프라우 파노라마
Jungfrau Panorama

유네스코 세계자연유산으로 지정된 알레치 빙하를 융프라우요흐에서 드론으로 촬영한 영상물이 상영된다. 영상과 구조물이 조금 오래된 편이라 박진감이 넘치지는 않아 보통 잠깐 보고 지나가는 경우가 많다. 하지만 날씨가 안 좋은 때는 빙하를 대신해 볼 수 있다.

융프라우에서 가장 높은 전망대
슈핑스 전망대 Sphinx 3,571m

1초당 6.3m씩 올라가는 초고속 엘리베이터를 타고 고도 3,571m의 슈핑스 전망대에 갈 수 있다. 해발 고도 3,454m인 융프라우요흐역보다 무려 117m 높은 곳이다. 원래는 1931년 기상학 실험실로 세워져 1937년 스핑크스 천문대가 이전했고, 1950년에는 천문 관측을 위한 돔이 추가되었다. 알레취 빙하가 뿜어내는 눈부신 풍경뿐만 아니라 사계절 내내 알프스 고산지대에 사는 알파인 초프Alpine Chough라는 새도 만날 수 있다. 까마귀과에 속한 알파인 초프는 부리만 노란색이라 더욱 귀엽다. 참고로 고산병 증상이 있는 사람들은 안에서 쉬기보다 신선한 공기를 마시면 괜찮아지니 꼭 이곳 전망대로 나와 바깥 공기를 쐬길 추천한다.

찬란한 순간 뒤의 슬픈 역사

알파인 센세이션 Alpine Sensation

다양한 작품이 설치된 길이 250m짜리 복도로, 2012년에 융프라우 철도 100주년을 기념하며 조성되었다. 노란색 에델바이스꽃으로 꾸며진 조명을 따라 걷다 보면 먼저 융프라우 지역의 산과 마을을 아기자기한 동화 속 마을처럼 표현한 대형 스노 볼이 나온다. 스노 볼 주변에 나무로 만든 소와 양이 여러 마리 있어 함께 기념사진을 찍기 좋고, 스노 볼이 마음에 든다면 기념품 가게에서 판매하는 축소판도 사갈 수 있다. 이후에 무빙워크를 통해 융프라우요흐역을 기획한 아돌프 구에르 첼러의 동상 및 당시 융프라우요흐역의 건설 현장의 모습을 볼 수 있다. 철도 개발을 위해 혹독한 자연 속에서 한 몸 바쳐 일했던 광부의 모습을 담은 흑백 사진이 늘어선다. 안타깝게도 1899년에 발생한 화약 폭발 사고로 수많은 부상자가 발생하고 6명이 목숨을 잃었다. 사진 전시가 끝나면 폭발 사고로 희생된 노동자들을 기리는 명패가 걸려 있다.

융프라우요흐 하이라이트! 빙하 속 탐사!

얼음 궁전 Eispalast

융프라우요흐 내에 있는 테마관 중 하나로, 알레취 빙하의 20m 아래에 만든 것이다. 1934년 한 산악 가이드가 아이스피켈과 톱을 이용해 거대한 빙하 속을 파내기 시작했고, 그 작업이 이어진 덕분에 100년 가까이 지난 지금까지도 방문객들은 편안하게 빙하 속을 걸으며 체험할 수 있게 되었다. 1,000m^{3}나 되는 넓은 공간에는 얼음 조각가들이 모여 만들어 낸 독수리, 펭귄, 북극곰 등 조각 작품이 전시되어 있다. 매년 새로운 테마로 만든 1~2개 작품을 새로 선보이는데, 2024년에는 용의 해를 맞이하여 청룡 조각이 화려하게 장식되었다.

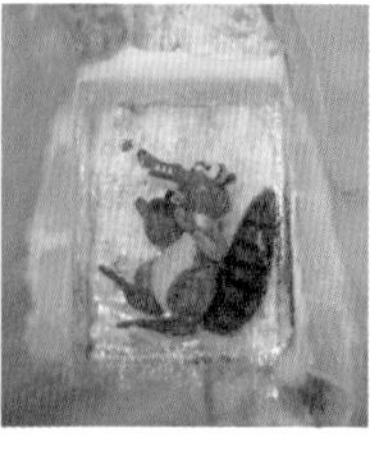

융프라우요흐의 상징, 스위스 국기와 사진 찍기
빙하 고원 지대 Gletscherplateau 3,463m

융프라우요흐 여행의 하이라이트인 만년설을 밟아볼 수 있는 곳이다. 새하얀 눈밭 언덕 위에 스위스 국기가 꽂혀 있어, 그야말로 스위스 여행 최고의 인증 샷 장소라 할 만큼 가장 인기 있는 포토 스폿이다. 다만 사진을 찍으려는 줄이 굉장히 길며, 여름에는 평균 40분~1시간을 기다려야 할 정도다. 직접 스위스 국기를 챙겨와 사람이 없는 장소에서 비슷한 사진을 연출하는 것도 한 방법! 겨울에는 혹한 날씨로 인해 아예 개방하지 않거나, 눈이 너무 많이 온 다음에는 눈을 치우기 위해 2~3시간 후에 여는 경우도 있으니 참고할 것. 여름에는 눈에 반사되는 자외선이 매우 강하니 줄을 서서라도 사진을 찍고 싶다면 선크림과 선글라스를 꼭 챙기자.

한여름에 즐기는 겨울 놀이동산
스노 펀 파크 Snow Fun Park

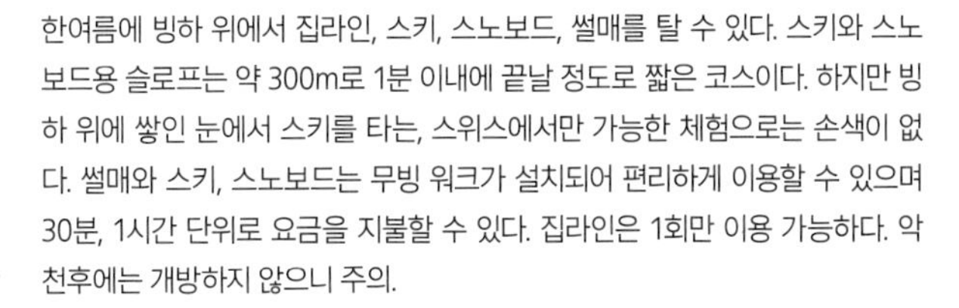

한여름에 빙하 위에서 집라인, 스키, 스노보드, 썰매를 탈 수 있다. 스키와 스노보드용 슬로프는 약 300m로 1분 이내에 끝날 정도로 짧은 코스이다. 하지만 빙하 위에 쌓인 눈에서 스키를 타는, 스위스에서만 가능한 체험으로는 손색이 없다. 썰매와 스키, 스노보드는 무빙 워크가 설치되어 편리하게 이용할 수 있으며 30분, 1시간 단위로 요금을 지불할 수 있다. 집라인은 1회만 이용 가능하다. 악천후에는 개방하지 않으니 주의.

* 여름에만 가능(6월~10월 초)

Ⓕ **집라인** 성인 CHF 20, 만 6~15세 CHF 15 **썰매(30분)** 성인 CHF 20, 만 6~15세 CHF 15 **스키 및 스노보드(30분)** 성인 CHF 35, 만 6~15세 CHF 25(장비 포함) Ⓞ10:00~16:00

샴페인 한 잔이 어울리는 고급 레스토랑

크리스털 레스토랑 Crystal Restaurant

창밖에 펼쳐진 알레취 빙하의 전경을 바라보면서 맛있는 뢰스티와 퐁뒤를 즐길 수 있다. 가격은 보통 레스토랑에 비해 10~20% 정도 비싼 편이지만 유럽의 정상에서 맛있는 음식을 먹는 것만으로도 보상받는 느낌이다. 항상 사람이 많기 때문에 예약하는 것을 추천한다.

융프라우요흐역에서 빙하가 보이는 쪽 엘리베이터 탑승 후 3층으로 이동 11:00~14:30 +41 33 828 78 88

든든한 한 끼를 챙겨 먹고 싶을 때는

알레치 셀프서비스 레스토랑 Aletsch Selfservice Restaurant

셀프서비스 카페테리아 레스토랑이다. 총 300석 규모의 대형 식당이라 단체 손님들이 점심을 먹고 가는 곳이기도 하다. 브라트부르스트 소시지 및 감자튀김(CHF 25), 치킨 너겟과 감자튀김(CHF 25) 등 어른과 아이가 좋아하는 메뉴가 모두 있다. 같은 층에 있는 레스토랑 화장실도 깨끗한 편이고, 편하게 앉아 먹을 수가 있어 인기가 많다.

융프라우요흐역에서 빙하가 보이는 쪽 엘리베이터 탑승 후 2층으로 이동 10:30~15:30

신라면 먹는 곳은 바로 이곳

피칸투스 라운지 Pikantus Lounge by Erdinger

간단한 빵과 커피, 음료를 판매하는 매점으로 한국인들 사이에서는 '신라면 먹는 곳'으로 유명하다. 동신항운에서 제공하는 할인 쿠폰으로 융프라우 왕복 티켓을 샀다면 여기에서 무료로 신라면을 받을 수 있다. 쿠폰이 없다면 작은 신라면 1개에 CHF 9.20으로, 가격은 꽤 비싼 편이다. 또 컵라면을 미리 가져가 뜨거운 물만 받으려 해도 CHF 5 가까이 내야 해 부담스럽다. SKT T멤버십 회원이면 커피 무료 혜택도 있다.

융프라우요흐역 도착하자마자 보이는 왼쪽 라운지 09:30~15:30

리얼 가이드

평생 기억에 남을 알프스 하이킹
융프라우 하이킹

눈이 녹은 자리에 피어나는 야생화들 사이로 하이킹을 해보자. 아름다운 산봉우리, 푸른 초원, 빙하 호수, 그리고 그림 같은 마을들이 어우러져 평생 기억에 남을 하이킹이다. 하이킹이 싫은 사람도 융프라우 하이킹만큼은 쉽고 좋았다고 할 만큼 도전해 볼 만하다. 하이킹은 오르막길도 아주 약간 있지만 대부분 내리막길이기 때문에 온 가족이 함께 즐길 수 있다.

누구나 도전할 수 있는

No.33 파노라마 트레일 Panorama Trail (멘리헨~클라이네 샤이덱)

아이거, 묀히, 융프라우 봉우리를 앞으로 두고 걷는 길이라 자연의 아름다움을 제대로 느낄 수 있는 코스다. 그린델발트와 라우터브루넨 사이에 솟아오른 산들의 탁 트인 전망과 아름다운 산세는 융프라우 지역의 매력을 모두 축약해 놓은 것 같다. 멘리헨역에서 출발해야 하이킹 난이도도 낮고 멋진 풍경도 만끽할 수 있다. 37번 코스에 비해 내리막길도 가파르지 않기에 가족들이 함께 걷기에도 좋은 곳이다. 도착하기 직전, 빛바랜 연분홍색 건물에 레스토랑 그린델발트블릭Restaurant Grindelwaldblick 간판이 보인다. 배가 고프지 않더라도 레스토랑 테라스 쪽 계단을 올라가 보자. 기대하지 않았던 또 다른 멋진 풍경을 볼 수 있는 전망대가 나온다.

- **시작 지점** 멘리헨역(융프라우 봉우리를 보면서 내려가기)
- **도착 지점** 클라이네 샤이덱역 · **코스 길이** 4.5km
- **시작 고도** 2,222m · **도착 고도** 2,061m · **오르막** 0m · **내리막** 161m
- **난이도** 하 · **소요 시간** 1시간 10분~1시간 30분

반대 코스로 클라이네 샤이덱에서 출발하면 풍경을 등 뒤로 하고 걸어 올라가지만 오르막길을 오르는 코스라 등산의 맛이 제대로 난다.

멋진 호수까지 곁들이는 하이킹

No.37 융프라우 아이거 워크 Jungfrau Eiger Walk (아이거글레처~클라이네 샤이덱)

일명 37번 코스로 알려진 길. 360도로 둘러싸인 엄청난 자연 풍광과 함께 클라이네 샤이덱까지 가는 코스다. 알프스 야생화와 호수를 끼고 내리막길이 펼쳐지며, 8~9월에는 알프스의 소떼가 여물을 먹는 장면도 볼 수 있어 인기가 많다. 시원한 바람, 따뜻한 햇살이 내리쬐는 가운데 눈앞에는 멘리헨의 멋진 풍경이 펼쳐지고, 등 뒤로는 입이 떡 벌어지는 융프라우의 빙하와 산맥이 지키고 서있다. 걷다 보면 중간에 보이는 작은 집은 1924년에 아이거 북벽에 오르는 사람들을 위해 만들어진 미텔레기Mittellegi 산장이다. 지금은 안에 들어갈 수 없지만 창문으로 옛 산악인들의 발자취를 볼 수 있다. 그리고 내리막길을 걷다가 터널을 지나가면 인공호수 팔보덴 호수Fallbodensee를 만나게 된다. 호수 왼쪽에는 아주 작은 힐흘리Chilchli 교회 건물이 있는데, 이곳 내부에서 아이거 북벽을 오른 사람들과 등반 코스의 흔적을 확인할 수 있다. 교회 건물 옆으로 빙하 물에 발을 담그고 앉을 수 있는 의자까지 마련되어 하이킹 코스로 만점이다. 팔보덴제 호수는 한여름에는 영롱한 푸른색 호수라 피크닉 장소로 만점이지만, 겨울에는 호수가 꽁꽁 얼어 스키를 타지 않는 이상 접근할 수 없다.

- **시작 지점** 아이거글레처역 · **도착 지점** 클라이네 샤이덱역 · **코스 길이** 2.1 km
- **시작 고도** 2,323m · **도착 고도** 2,061m · **오르막** 6m · **내리막** 262m · **난이도** 하
- **소요 시간** 40분

37번 하이킹 길

한여름에만 가능한 빙하 위 하이킹

묀히요흐 산장 하이킹 Mönchsjochhütte

한여름에만 하이킹이 가능한 빙하 트레일이다. 융프라우요흐역에서 약 2km 떨어진 묀히요흐 산장까지 갔다가 점심을 먹거나 잠시 음료를 마시며 휴식하고 돌아오는 코스다. 중간에 오르막길이 꽤 이어지기 때문에 난이도는 높은 편이지만, 융프라우 철도청에서 길을 편하게 다져두어 수월하게 갈 수 있다. 하지만 고산 지대라 조금만 걸어도 숨이 차거나, 쌓인 눈에 발이 빠져 양말이 젖을 수도 있으니 충분한 물과 등산화, 폴대를 챙겨가면 더 좋다. 또 오랫동안 하얀 눈과 햇빛에 노출되기 때문에 선글라스와 선크림은 필수! 산장 투숙객이 아닌 경우 식사는 10:00~15:00에만 가능하니 점심을 먹으려면 시간을 잘 맞춰 가야 한다.

- **시작 지점** 융프라우요흐역 · **도착 지점** 융프라우요흐역
- **코스 길이** 왕복 4.5km · **시작 고도** 3,454m
- **도착 고도** 3,650m · **오르막** 200m · **내리막** 200m
- **난이도** 중 · **소요시간** 왕복 3~4시간

묀히요흐 산장 정보

Obers Mönchsjoch, 3818 Grindelwald · 10:00~15:00
+41 33 971 34 72 · www.moenchsjoch.ch/en

알프스 야생화

묀히요흐 산장

REAL PLUS ····②

아기자기한 산악 마을로 이어진 장엄한 산맥의 정상

쉴트호른 주변 마을

쉴트호른은 융프라우요흐에 비해 생소한 지역이다.
하지만 훨씬 저렴한 가격에 만년설이 덮인 봉우리와 울창한 계곡,
반짝이는 호수까지 아름다운 경치를 즐길 수 있는 덕에 스위스 현지인들이
자주 찾는다. 쉴트호른으로 가기 위해서는 산악 마을을 몇 군데 지나야
하는데, 모두 하나같이 독특하고 매력적이다. 숲으로 둘러싸이고 인구가
100명도 안 되는 김멜발트 마을부터 해발 1,645m에 자리하고 주민 500명이
사는 뮈렌 마을까지 하나씩 들여다보는 재미가 있다.

라우터브루넨

라우터브루넨 Lauterbrunnen

스위스에서 가장 유명한 알프스 마을 중 하나인 그림 같은 곳. 한국인보다 외국인에게 훨씬 인기가 많은 곳으로, 마을 초입에 들어서면 낮게는 300m에서 높게는 1,000m까지 수직으로 깎아지른 절벽이 곳곳에 서있다. 마을 이름은 '큰 소리가 나는(라우트Laut)', '샘(브루넨Brunnen)'이란 뜻이다. 실제로 절벽 사이 사이에는 빙설이 녹는 봄에서 여름까지 72개의 은빛 물줄기 폭포가 쏟아져 내리며 시원한 소리를 낸다. 여름에는 녹음이 우거진 숲과 구불구불한 강, 폭포가 여행자들을 반겨주고 겨울에는 이끼 낀 동굴의 바위에 물이 스며들어 강과 시내로 흐른다. 작가 존 로널드 루엘 톨킨John Ronald Reuel Tolkien은 1911년 스위스 라우터브루넨을 방문하고 감명받아 소설 〈반지의 제왕〉에 이 풍경을 녹여냈다. 여기가 바로 엘프성에 요정들이 사는 리벤델 계곡이다. 마을은 가로지르는 하얀 루취네강을 기점으로 양옆에 펼쳐지는데, 2023년부터는 새로운 산책길이 뚫려 루취네강으로 접근하기 편해졌다. 산책하다 시원한 빙하 강물에 손을 담가볼 수도 있다.

라우터브루넨 가는 방법

- **대중교통으로 갈 경우** 인터라켄 동역 플랫폼 2A에 서서 BOB(Berner Oberland Bahn) 열차를 타고 32분 소요
- **차량으로 갈 경우** 인터라켄에서 고속도로를 타고 빌더스빌과 츠바이뤼취넨을 경유. 약 13km 거리, 20분 소요

라우터브루넨 시내 교통

라우터브루넨역 바로 앞 버스 정류장에서 마을을 관통하는 141번 버스가 30분마다 다닌다. 쉴트호른으로 향하는 슈테헬베르그 정류장, 트뤼멜바흐 폭포 모두 이 버스로 갈 수 있다. 성수기에는 같은 시간에 버스 2대가 운행할 정도로 많은 사람을 실어 나른다.

Ⓕ 성인 CHF 4.60, 만 6~16세 CHF 2.30, 스위스 트래블 패스·베르너 오버란트 패스 무료

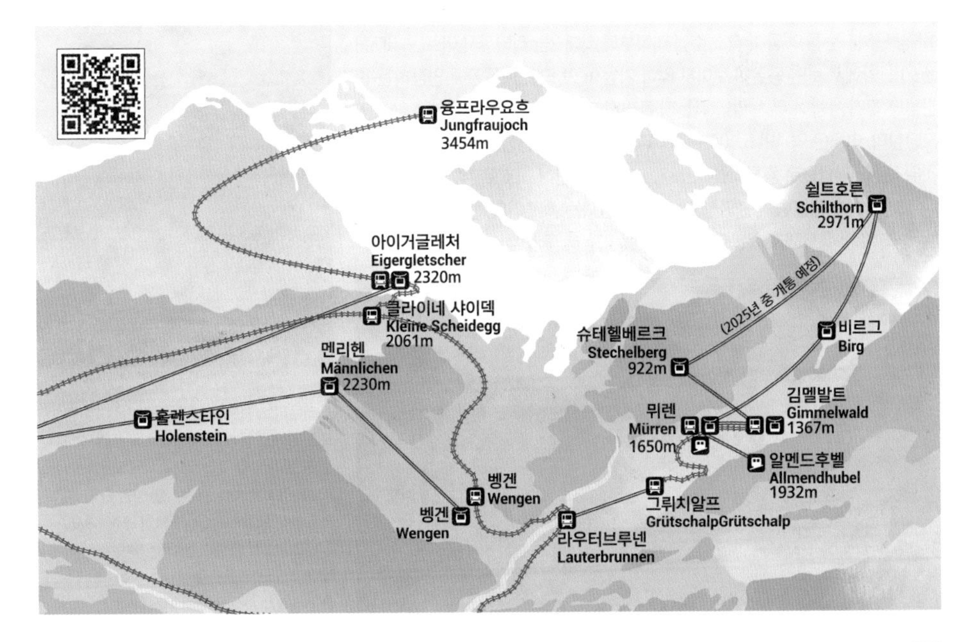

괴테도 반한 계곡

슈타우바흐 폭포

Staubach Waterfalls

스위스에서 세 번째로 높은 폭포로, 297m 높이에서 물이 떨어지면서 사방으로 흩날리는 모습이 장관이다. 1779년에는 시인 괴테가 라우터브루넨에 머무는 동안 이 폭포에 매료되어 '물 위 영혼의 노래Song of the Spritis over the Waters'라는 걸작 시를 짓기도 했다. 폭포 아래에는 지그재그로 난 길을 따라 폭포 중앙까지 다녀오는 왕복 40분의 짧은 하이킹 코스도 있다. 폭포가 가까워질수록 돌이 미끄럽고 튀는 물에 살짝 젖을 수 있으니 주의.

라우터브루넨 기차역을 나와 Dorfstrasse를 따라 도보 15분
3825 Lauterbrunnen

물이 바위를 침식하여 만들어진 대형 동굴

트뤼멜바흐 폭포 Trümmelbachfalle

1초당 떨어지는 물의 양이 최소 수십 리터부터 최대 2만 리터까지 이르는 거대한 폭포다. 밖에서 보면 동굴이 보이지 않아 가늠이 안 되지만 동굴에 입장하는 순간부터 앞뒤 사람이 무슨 말을 하는지 들리지 않을 정도로 거센 폭포 소리에 압도당한다. 이곳은 약 1만 5,000년 전 마지막 빙하기 때 형성된 전설적인 폭포로, 스위스 천연기념물로 등록되었다. 1877년 마을 주민이 최초로 개발하기 전까지 너무나 거대해 접근하기 불가능했을 정도. 현재는 폭포마다 번호가 붙어 있어 1번부터 10번 폭포까지 좁은 통로와 계단을 이용해 구경할 수 있다.

라우터브루넨 기차역에서 노란색 141번 포스트 버스 탑승, 트뤼멜바흐 폭포에서 하차 후 도보 4분 Trümmelbach, Stechelberg /Lauterbrunnen, 3824 성인 CHF 14, 만 6~16세 CHF 6 4~11월 초순 09:00~17:00, 7~8월 성수기 08:30~18:00
+41 33 855 32 32
www.truemmelbachfaelle.ch

너무 예쁜 사진 구간, 강력 추천!

슈타우바흐 폭포 전망대

Staubbachfall Aussichtspunkt

멋진 풍경을 배경으로 오래도록 기억에 남는 사진을 남길 수 있어 인스타그램 사진 명소로 가장 인기 있는 장소이다. 가파른 협곡 사이의 라우터브루넨 교회, 슈타우바흐 폭포, 화이트루취네강까지 모두 사진 한 장에 담을 수 있다.

🚶 라우터브루넨 기차역에서 Dorfstrasse 거리를 따라 걷다가 Hotel Schutzen auterbrunnen 옆 작은 골목으로 진입 📍 Beim Staubbach, 3822 Lauterbrunnen

4,000m 봉우리를 내려다보는 경험!

헬기 투어

헬리콥터를 타고 융프라우, 묀히, 아이거 등을 볼 수 있다. 헬리콥터를 타는 만큼 요금은 비싸지만 그만큼 값어치를 한다. 특히나 빙하를 지날 때 마주하는 풍경은 이루 말할 수 없을 정도로 감동적이다. 헬리콥터마다 다르지만, 추가 요금을 내면 빙하 중간에 착지할 수도 있다. 반드시 미리 온라인으로 예약해야 한다. 예약 홈페이지는 프랑스어, 독일어만 지원하니 참고.

🚶 라우터브루넨에서 도보 15분 또는 141번 버스 타고 Lauterbrunnen, Heliport 정류장에서 하차 📍 In der Weid, Heliport 217E, 3822 Lauterbrunnen Ⓕ 1~3인 CHF 600, 4인 CHF 700, 5인 CHF 875
🕓 07:30~12:00, 13:00~18:00
📞 +41 33 856 05 60
🏠 www.air-glaciers.ch/lauterbrunnen

김멜발트 Gimmelwald

100여 명의 사람이 오순도순 사는, 때 묻지 않은 작은 마을이다. 해발 1,367m에 위치한 산악 마을인 데다 자동차가 다니지 않아 더욱 자연 그대로의 모습이 고스란히 남아있다. 수많은 관광객이 찾는 라우터브루넨과 뮈렌 사이에 있는데도 불구하고 묘하게 세상과 단절된 느낌을 준다. 마을 인구가 계속 줄어든 탓에 학교는 2010년 문을 닫았고, 아이들은 라우터부르넨에 있는 학교를 다니며 여행자들과 함께 케이블카를 타고 집으로 돌아온다. 김멜발트를 둘러보는 데는 10분도 채 걸리지 않는다. 10개의 농가와 꽃으로 장식한 가옥 사이를 지그재그 형태로 걸으면 이미 마을을 다 걸은 것이다. 하지만 소박한 아름다움을 찾는 여행자들이 끊임없이 찾아오고, 사람에 따라 편안함을 느끼며 유난히 오래 머무는 경우도 있다. 이곳 농부들이 직접 생산한 김멜발트산 치즈, 우유, 달걀, 육포, 햄 등도 즐길 수 있다.

김멜발트 가는 방법

라우터브루넨역에서 141번 버스 타고 Stechelberg역 하차해 곤돌라를 타고 다음 역인 김멜발트에서 하차

감시카메라조차 없는 무인 상점

어네스티 샵 Honesty Shop

주인이 상주하지 않고 감시카메라도 없는 기념품 가게. 작은 열쇠고리, 소 목에 다는 방울인 워낭 등을 판매하며, 동네 농부가 만든 육포 또는 직접 만든 수제품도 만날 수 있다. 직원이 없으므로 마련된 저금통에 돈을 넣고 물건을 가져가는 시스템이다. 따로 거스름돈을 받지 못하니 잔돈을 포함한 현금을 가지고 가면 좋다.

김멜발트역 바로 앞(Hotel Pension 1층)
Kirchstatt 746a 3826 Gimmelwald 09:00~18:00 (호텔 오픈 시간과 동일) +41 33 855 17 30
www.hotel-pensiongimmelwald.ch

김멜발트 하이킹 중 만나는 귀여운 가게

미쉬 매쉬 Misch Masch

알프스 정원에서 직접 말린 허브차, 꿀, 잼을 판매한다. 겉으로는 일반 가정집 같아 지나치기 쉽지만, 오랜 세월 운영 중인 곳이다. 작고 아늑한 상점 안에는 식료품 외에도 직접 털로 짠 아이들의 옷부터 모자까지 다양한 제품을 판매한다. 공장에서 가공한 기성 제품이 아니니 특별한 기념품 또는 선물을 찾는다면 들러보자. 무인 상점 방식으로 운영되므로 반드시 현금과 동전을 가져가자.

Gehren 862E, 3826 Gimmelwald 월~토 10:00~18:30 일 휴무

우리가 꿈꾸던 백패킹

마운틴 호스텔 Mountain Hostel

평화로운 마을에서 유난히 북적거리는 곳이다. 배낭여행자들이 많이 찾는 숙소인 만큼 가격도 저렴한 편이다. 16인실이어서 많은 사람이 함께 자는 불편도 있지만, 각국에서 온 여행자들과 친구가 될 기회이기도 하다. 호스텔에 머물지 않는 사람도 잠시 들러 생맥주를 마실 수 있으며, 출출하면 핸드 메이드 화덕 피자를 주문할 수 있다.

치즈 피자 CHF 16, 피자 토핑 최대 4개 선택 CHF 21
김멜발트 곤돌라역에 내려서 왼쪽 오르막길로 걷기
Nidrimatten, Chilchstatt, 3826 Lauterbrunnen
레스토랑 12:00~21:00 +41 33 855 17 04
www.mountainhostel.com

뮈렌 Mürren

작고 아기자기한 세모난 지붕의 집들이 촘촘하게 모여있는 마을로, 고요한 아름다움을 사랑하는 여행자들이 찾는 곳이다. 열차가 생기기 전에는 노새를 타고 해발 1,638m까지 올라오는 수고가 필요했음에도 관광지로 인기가 많았다. 1857년 첫 번째 호텔이 지어진 후 지금은 수용 가능한 숙박 인원만 1,500명 수준이 되었고, 기차역과 곤돌라역이 생기며 인구도 400명 남짓으로 늘었다. 하지만 낮에 수백 명의 여행객이 드나드는 것과 달리 밤에는 옆집 사람의 기침 소리까지 들릴 만큼 고요하다. 마을에 소음이라고는 새소리와 덜컹거리며 지나가는 작은 전기 자동차 소리뿐이다. 동틀 녘과 해 질 녘이 특히 아름다워 하룻밤, 또는 며칠 밤 머물다 가기에 훌륭한 곳이다.
뮈렌 마을은 크게 두 가지 길로 나뉜다. 한 곳은 평평하게 쭉 걸어가는 헤마텐Hehmatten 도로이고 다른 한 곳은 약간 오르막에서 이어지는 그뤼비Gruebi 길이다. 대부분 여행자는 헤마텐 거리만 걷지만 그뤼비로 올라가면 또 다른 전경과 작은 카페들을 만날 수 있다. 수려한 자연과 더불어 맛집도 많은데, 지역에서 직접 만들어 판매하는 치즈나 말린 고기를 사용하는 곳은 물론 트렌디한 레스토랑까지 생겨서 맞춤 식도락 여행도 가능하다.

뮈렌 가는 방법

뮈렌은 굉장히 작은 산악 마을이지만 역은 2개가 있다. 하나는 융프라우요흐 열차가 운행하는 뮈렌 BLM 기차역과 쉴트호른 열차가 운영하는 뮈렌 곤돌라역이다. 라우터브루넨역에서 뮈렌 BLM 곤돌라 및 기차를 타고 가면 23분이 걸리며, 요금은 CHF 11.80이다. 반면 라우터브루넨역에서 141번 버스를 타고 쉴트호른반 곤돌라를 타고 도착하면 30분이 걸리고 요금은 CHF 16.40이다. 마을은 두 역 사이에 있다.

라우터브루넨역 ▶ 기차 ▶ Bergbahn Lauterbrunnen-Mürren역 하차 ▶ 곤돌라 ▶ Grütschalp역 ▶ 뮈렌 BLM 산악 열차 ▶ 뮈렌역

Ⓕ CHF 11.80, 스위스 트래블 패스 무료, VIP 패스 무료 ② 라우터브루넨역 ▶ 141번 버스 ▶ Stechelberg역 하차 ▶ 곤돌라 30분 ▶ 뮈렌역

Ⓕ CHF 16.40, 스위스 트래블 패스 무료

뮈렌 BLM 기차역

뮈렌 BLM 열차

뮈렌 곤돌라

알프스 하이킹 맛보기 체험

뮈렌~김멜발트 하이킹

Mürren to Gimmelwald

500년 된 농가와 창고가 양옆으로 펼쳐지는 조용한 하이킹 길이다. 봄~가을 사이에만 걸을 수 있는 하이킹 구간으로, 소와 염소가 풀을 뜯는 목가적인 풍경을 즐길 수 있다. 대부분 포장도로에다 쉬운 내리막길이라 알프스 하이킹 초급 코스로 볼 수 있다. 마을 중앙에서 노란색으로 하이킹 길 표시가 잘 되어 있어 길을 잃을 염려 없이 김멜발트역까지 갈 수 있다.

코스 길이 3.1km **시작 고도** 1,650m **도착 고도** 1,363m
오르막 0m **내리막** 270m **난이도** 하 **소요 시간** 1시간

뮈렌의 대표적인 포토 스폿

뮈렌 통나무

덩그러니 놓여있는 통나무지만 그곳에서 사진을 찍으면 뮈렌의 아름다움을 배경으로 담을 수 있어 인기가 많은 포토 스폿이다. 높이 4,000m 절벽 사이로 흐르는 폭포부터 시작해 자연의 광활함을 느낄 수 있다. 통나무가 전에 비해 작아진 데다 근처에서 호텔 공사 중이라 주변에 구조물이 가득한 것은 아쉽지만, 라우터브루넨 골짜기를 한 눈에 담을 수 있어 여전히 가볼 만하다.

🚶 뮈렌 기차역에서 직진 도보 5분, 또는 뮈렌 곤돌라역에서 도보 7분 📍 Im ussren Dorf 1062, 3825 Mürren

자연 암벽 체험

뮈렌 비아 페라타 Mürren Via Ferrata

'철로 만든 길'을 뜻하는 비아 페라타Via Ferrata는 이탈리아 돌로미티에서 시작되었다. 가파른 암벽에 두꺼운 와이어를 고정하고, Y자형 고정용 줄의 카라비너(등반용 고리) 2개를 번갈아 끼워가면서 오르는 스포츠다. 암벽 등반과 다르게 전문 산악인이 아닌 일반인도 가파른 암벽에 오를 수 있다. 발밑으로 라우터브루넨의 U자형 골짜기가 펼쳐지며 짜릿함이 느껴지는데, 고소공포증이 없고 4시간 정도 산을 탈 정도로 체력이 강한 사람이어야 한다. 준비물은 헬멧, 하네스, 등산 신발, 비아 페라타 장비 및 장갑이다. 뮈렌 중앙에 있는 인터스포츠Intersports 숍에서 모든 장비 및 등산화까지 빌릴 수 있다. 하지만 절벽에서 이루어지는 스포츠기 때문에 운동 실력이 좋다 하더라도 처음 시도한다면 반드시 스위스 공인 가이드와 함께하는 것을 추천한다.

🚶 뮈렌 인터스포츠 앞에서 비아페라타 'Klettersteig' 노란색 간판을 따라 입장 📍 Intersport Chalet Enzian, 3825 Mürren 🕒 09:00~15:00 📞 +41 33 856 86 86
🏠 www.klettersteig-muerren.ch

파리 아티스트가 세운 제일 힙한 호텔

호텔 드라이 베르게 Hotel Drei Berge

뮈렌 산골짜기에 파리 유명 예술가가 상륙했다. 프랑스-모로코 출신의 유명 예술가이자 크리에이티브 디렉터인 람단 투아미Ramdane Touhami가 직접 디자인한 호텔이다. 1907년에 지은 낡은 호텔이 그의 손을 거치며 펑키한 아트 호텔로 재탄생했다. 꼼꼼하기로 유명한 그는 오픈 직전 최종 검수를 하던 중 아예 처음부터 다시 만들 것을 지시했다고 한다. 그렇게 신중한 작업을 거친 후 2023년 오픈한 이 호텔은 펑키하고 힙한 공간에 수많은 예술가와 여행자들이 모여들고 있다. 레스토랑에서는 일본인 셰프의 일본 우동 및 튀김을 점심과 저녁 모두 맛볼 수 있다.

링귀니 카시오 에 페페Linguine cacio e pepe CHF 28, 셰프 코바야시 스페셜 우동 CHF 36 뮈렌 곤돌라역에서 직진하다 오르막 Lus 골목으로 도보 5분, 뮈렌 기차역에서 내려 그뤼비 거리로 진입해 직진 7분 Lus 1050A, 3825 Mürren 11:30~14:00, 18:30~21:00
+41 33 855 14 01 dreibergehotel.ch

정성 가득한 동네 카페

카페 리브 Café LIV

맛있는 커피와 직접 구운 빵, 비스킷을 맛볼 수 있다. 작고 소박한 카페여서 정감 있고 모든 먹거리와 음료가 정성스럽게 준비되어 먹는 사람도 행복해진다. 카페 앞에는 대형 체스판이 있어서 잠시 쉬면서 놀기 좋다.

커피 CHF 6~, 케이크 CHF 7~ 뮈렌 곤돌라역에서 6분, 뮈렌 기차역에서 8분
Bir Schiir 1056, 3825 Mürren 10:00~17:00 +41 76 213 73 05
www.cafeliv.business.site

전통 샬레 레스토랑

호텔 알펜루 Hotel Alpenruh

샬레 스타일의 호텔 1층에 위치한 오래된 레스토랑이다. 지역에서 생산된 치즈와 햄을 비롯해 뢰스티, 햄버거 등을 판매하는데 모두 맛있다. 현재 진행 중인 케이블카, 곤돌라 공사가 끝나면 테라스에 앉아 알프스 골짜기를 바라보며 맛있는 음식을 즐길 수 있다. 겨울에는 핫 초콜릿, 여름에는 생맥주 한잔하기 좋다.

배와 베리를 섞어 브리치즈로 구운 알펜루-뢰스티Alpenruh-Rösti CHF 24
뮈렌 곤돌라역에서 나오면 바로 건물
Eggli 954B, 3825 Mürren 11:30~22:00
+41-33 856 88 00 www.alpenruh-muerren.ch/en/Offer/Food__Drink/Restaurant_Alpenruh

한식이 그리울 땐 볶음밥 추천!

탐 레스토랑 Tham Restaurant

표면상으로는 중국 레스토랑이지만 싱가포르, 태국, 중국 등 다양한 아시안 음식을 맛볼 수 있는 간이 식당이다. 볶음밥, 볶음 누들, 튀김류 등 다양한 메뉴가 있지만 그중 별미는 태국 커리 또는 감칠맛 나는 볶음밥이다. 카드 결제는 안 되고 무조건 현금만 받는다.

볶음밥 CHF 22, 볶음 누들 CHF 22, 흑후추 소고기볶음 Black pepper beef CHF 35 Rouft 1067, 3825 Mürren
목~화 12:00~15:00, 17:00~21:00 수 휴무
+41 76 213 73 05 www.tham-restaurant.ch

알멘드후벨 Allmendhubel

뮈렌 마을보다 250m 높은 언덕에 위치한 마을. 비교적 고도가 높은 덕에 아이거, 묀히, 융프라우 전망이 공원 뒤로 펼쳐져 그림 같은 곳이다. 특히나 어린이를 동반한 가족들에게는 알프스 최고의 놀이터다. 햇볕이 잘 드는 레스토랑에서 맛있는 음식을 먹고, 대형 놀이터로 조성된 꽃 공원Flower Park에서 마음껏 뛰어놀 수 있기 때문이다. 놀이터 때문이 아니더라도 뮈렌보다는 훨씬 덜 붐비고 여유로워 찾아갈 가치가 있는 곳이다.

알멘드후벨 가는 방법

라우터브루넨역에서 141번 버스 탑승 ▶ Stechelberg 정류장 하차 ▶ 곤돌라 타고 다음 역인 김멜발트역 하차 ▶ 뮈렌 마을 중앙 언덕 위에 있는 푸니쿨라역 (구글 지도에서 HV6V+65 Lauterbrunnen 검색, 뮈렌 기차역에서 도보 10분 / 뮈렌 곤돌라역에서 도보 5분)에서 산악 열차 탑승 Ⓕ 왕복 성인 CHF 37.60, 만 6~15세 CHF 18.80, 스위스 트래블 패스 CHF 7, 베르너 오버란트 패스 무료

Allmendhubel, 3825 Lauterbrunnen 09:00~17:00(20분 간격)

+41 33 826 00 07 www.schilthorn.ch

아이들의 파라다이스

꽃 공원 Flower Park

마멋이 땅속에 굴을 파고 사는 데서 영감을 받아 제작된 놀이터로, 아이들 역시 굴에 들어가 숨바꼭질 놀이를 할 수 있다. 소젖짜기나 미로 사이 사이를 뛰어다닐 수 있는 시설처럼 재미있는 즐길 거리가 많다. 가족들은 옆에 있는 레스토랑에서 잠시 쉬거나 함께 점심을 먹기도 좋다. 다만 아쉽게도 겨울에는 눈이 쌓여 놀이터를 이용할 수 없다.

🚶 알멘드후벨역에서 나와 바로

스위스 야생화를 한 곳에서

플라워 트레일 Flower Trail

꽃 공원과 이어지는 하이킹 코스로, 이름처럼 다양한 꽃을 보며 걸을 수 있다. 꽃 공원에서 이어진 길에 플라워 트레일이 조성되었고, 꽃이 개화하는 5월 말~9월 초까지 고산 장미, 에델바이스 등 150종 이상의 알프스 꽃을 감상할 수 있다. 아이거, 묀히, 융프라우의 풍경 속에 뛰어다니는 아이들 모습을 사진으로 담기에도 좋은 곳이다.

🚶 알멘드후벨역에서 꽃 공원을 지나 오르막길 도보 5분

인터스포츠(썰매 빌리는 곳)

스위스에서
첫 썰매를 탄다면!

겨울 눈썰매 밥 런 Bob Run

융프라우 지역에는 수많은 썰매 코스가 있지만 알멘드후벨이 가장 타기 쉽다. 다른 곳처럼 가파르지 않고 다소 평평해서 초보들에게 제격이다. 옆에 난간이 있어 시야를 조금 가리기는 하지만, 그만큼 안전하기도 하다. 전나무숲 사이와 아기자기한 샬레 마을을 지나는 아름다운 길을 달리다 보면 시간이 금방 지나간다. 뮈렌역에 위치한 인터스포츠Intersports에서 썰매를 빌린 후 푸니쿨라를 타고 알멘드후벨로 올라갔다가, 썰매를 타고 다시 뮈렌 마을로 내려오는 코스다.

코스 길이 2.9km **시작 고도** 1,910m **도착 고도** 1,640m **오르막** 10m **내리막** 270m
난이도 하 **소요 시간** 1시간 15분~1시간

쉴트호른 Schilthorn

200개의 장엄한 알프스 봉우리가 눈앞에서 360도로 펼쳐지는 곳이다. 해발 2,970m 높이에 위치해 아이거Eiger, 묀히Mönch, 융프라우Jungfrau는 물론 맑은 날에는 프랑스 알프스에 자리한 몽블랑까지 보인다. 다른 전망대에 비하면 고도가 낮은 만큼 가격도 합리적이라 스위스 현지인들이 굉장히 자주 찾는 곳이다. 내부 전망대는 풍경이 잘 보이도록 통창으로 만들었고, 외부 전망대로 나가면 시원한 바람을 느끼며 더 자세히 볼 수 있다. 전망대의 회전 레스토랑 '피츠 글로리아'는 태양광 발전으로 운영하는데, 건물 자체가 천천히 회전해 자리에 앉은 채 360도 경관을 즐길 수 있다. 처음에는 1967년 개봉한 영화 007 시리즈 〈여왕 폐하 대작전〉의 촬영지로 유명해졌지만, 지금은 산에서 보이는 멋진 풍경과 레스토랑의 가성비 높은 브런치 때문에 더욱 인기가 많다.

쉴트호른 가는 방법

- **대중교통으로 갈 경우** 뮈렌 케이블카 정류장에서 케이블카 20분 소요, 라우터브루넨역 앞에서 141번 포스트 버스 타고 Stechelberg, Schilthornbahn 정류장에 하차 후 케이블카 타고 30분 소요
- **차량으로 갈 경우** 인터라켄에서 출발, Wilderswil에서 고속도로 출구로 나와 라우터브루넨을 지나면 도착

Ⓕ 성인 CHF 108, 스위스 트래블 패스 CHF 42.80, 반액 카드 CHF 54, 유레일 패스 CHF 81, 만 6~15세 CHF 54, 베르너 오버란트 패스 무료

@schilthornbahn

200개의 파노라마 고봉

야외 전망대

200개의 산봉우리가 보이는 전망대로, 해발 고도를 알리는 2,970m 핑크색 간판과 함께 사진 찍을 수 있다. 날이 좋은 날에는 멀리 프랑스의 몽블랑까지 볼 수 있어 인기가 많다.

쉴트호른역에서 만나는 금강산도 식후경

피츠글로리아 360° Piz Gloria 360°

360도를 45분 동안 천천히 회전하면서 통창으로 삐죽빼죽 솟은 알프스산맥 풍경을 볼 수 있다. 브런치 뷔페는 스위스 전통 음식부터 시작해 과일, 연어, 치즈, 커피, 프로세코(샴페인 일종)가 무제한 제공되어 굉장히 가성비가 좋다. 예약하면 200개의 봉우리를 볼 수 있는 멋진 창가 자리에 앉을 수 있다. 현지인들은 보통 식사를 먼저 한 후 여름이면 하이킹, 겨울에는 스키와 스노보드를 즐긴다.

* 2025년 3월까지 임시 휴업 중

Lengwald 301, 3824 Stechelberg 성인 CHF 37, 만 6~15세 CHF 22 08:00~17:55 +41 33 826 00 07
 www.schilthorn.ch

비르그역에서 만나는 짜릿함

스카이라인 워크와 스릴 워크
Skyline Walk & Thrill Walk

쉴트호른역에 도착하기 전, 비르그역Birg에서 내리면 아찔한 스릴 워크Thrill Walk가 펼쳐진다. 가파른 암벽을 따라 유리로 된 바닥이 이어지는데, 걷기만 해도 아드레날린이 솟구치는 곳이다. 절벽에 스릴 워크를 세운지라 아찔한 허공을 걷는 기분까지 든다. 9m 길이의 로프 다리 위를 걷거나 몸을 쭈그리고 8m 길이의 터널을 걷는 것은 그 자체로도 재미있다. 길이는 총 200m로, 사진도 찍고 천천히 감상하는 데 45분 정도 걸린다. 아무래도 해발 2,677m의 고산지대이기 때문에, 돌아오는 계단에서는 천천히 걸어야 몸이 덜 피곤하다.

비르그역Birg에 내려서 입구를 나와 왼쪽으로 돌면 계단이 보이는 곳이 입구 무료

독일어권역

체르마트·루체른·취리히·베른·바젤

스위스 전체 인구의 약 60%가 독일어를 사용하는 만큼 넓은 지역을 차지하며 대표적인 스위스 여행지가 모여있는 곳이다. 체르마트를 제외하고 독일과 지리적, 문화적으로 매우 가까운 곳인 북동쪽과 중부에 걸쳐 위치해 있다. 풍부한 역사적 유산을 간직한 곳으로 중세부터 유럽의 중요한 교역로와 정치적 중심지로 기능해 왔으며 현재 스위스 내에서 중요한 경제적, 문화적 발전을 이루었다. 따라서 볼거리도 풍부하고 즐길 거리도 많은 곳으로 꼭 가봐야 할 중요한 장소이다.

바젤
취리히
아펜첼
루체른
베른
쿠어
생모리츠
체르마트
마테호른

마테호른을 품은 마을

체르마트 Zermatt

#마테호른 #겨울스포츠메카 #스파호텔
#5대호수하이킹 #미식레스토랑탐방

체르마트에는 대기오염, 교통사고, 그리고 소음, 이 세 가지가 없다. 휘발유 차량은 1961~1986년 총 3번의 투표를 거쳐 금지되었고, 현재는 작고 귀여운 전기차들이 마을 곳곳을 분주히 오고 간다. 덕분에 역에 내리자마자 깨끗한 알프스 공기를 느낄 수 있으며, 자동차 경적 대신 말이 마차를 끄는 달그락달그락 소리가 반겨준다. 체르마트가 알려지기 시작한 것은 1865년 영국 출신 산악인 에드워드 휨퍼가 마테호른에 처음 오르면서부터다. 한여름 저지대에는 하이킹과 산악자전거를 즐기는 사람들로 가득 차며, 한겨울에는 스키를 타는 사람들로 북적인다. 액티비티 후에는 따뜻한 스파에서 피로를 풀 수 있는 호텔이 많아 명실공히 전 세계 여행자에게 꿈의 휴양지이다.

체르마트 가는 방법

체르마트 내에는 공항이 없으며 취리히공항, 제네바공항에서 기차를 이용해 들어올 수 있다. 각각 3시간 47분, 3시간 56분 정도 소요된다. 또한 체르마트는 자동차가 진입할 수 없는 마을이기 때문에, 가까운 역에 차를 세우고 기차를 타고 들어가야 한다. 언뜻 보면 까다롭고 멀게 느껴지지만 기차와 산악 교통망이 잘 구축되어 있어 접근하기 편리하며 주요 관광지로 가는 산악 열차와 케이블카도 발달해 있다.

기차

체르마트는 산악 마을 끝자락에 자리 잡고 있어 베른, 취리히, 루체른 등 주요 도시에서 출발하면 평균 2~3시간 이상 걸린다. 또한 인터라켄, 베른, 몽트뢰, 취리히, 제네바 등에서 온다면 비스프역Visp에서 한 번은 꼭 갈아타야 한다. 비스프역에서 빨간색과 하얀색으로 칠해진 마테호른 고타드 열차Matterhorn Gotthard Bahn를 타면 체르마트에 도착한다.

슈피츠 ▶ 체르마트 1시간 44분
베른 ▶ 체르마트 2시간 15분
그린델발트 ▶ 체르마트 3시간 6분
루체른 ▶ 체르마트 3시간 16분
인터라켄 ▶ 체르마트 2시간 30분
몽트뢰 ▶ 체르마트 2시간 34분
취리히 ▶ 체르마트 3시간 14분
제네바 ▶ 체르마트 3시간 43분

렌터카

휘발유 차량은 물론 전기차도 체르마트역까지는 진입이 불가능하다. 차량으로 가장 가까이 진입할 수 있는 곳은 체르마트에서 5km 떨어진 마테호른 터미널 태쉬역Matterhorn Terminal Täsch이다. 약 2,100대 주차 가능하며 131대의 전기차 충전소가 있다. 이곳에 차를 세우고 마테호른 고타드 열차를 타면 14분 만에 체르마트에 도착한다.

주차 요금 1일 CHF 16
태쉬역~체르마트역(05:55~21:55, 20분 간격) 철도 셔틀 1인 왕복 성인 CHF 17.20

차량을 렌트한다면 주목! 기차에 자동차를 싣는 방법

인터라켄에서 체르마트로 갈 때, BLS에서 운행하는 뢰치베르크 터널Lötschberg Tunnel을 지나는 경우가 많다. 뢰치베르크 터널은 베른주의 칸더슈텍과 발레주의 고펜슈타인Goppenstein을 연결하는 터널로, 기차에 차량을 실을 수 있는 이색적인 구간이다. 구글로 검색할 때 보통 가장 빨리 갈 수 있는 코스로 검색된다. 주차 요원의 안내에 따라 앞뒤 차량과 간격을 좁게 맞춰 기차에 주차하고 시동을 끄면 된다. 15분이 지나면 고펜슈타인역에 도착하고, 천천히 앞서 나간 차량을 따라 빠져나가서 태쉬Täsch로 이동한다. 신기한 스위스의 수송 방식을 느끼며 15분간 휴식을 취할 수 있다.

BLS AG Autoverlad Genfergasse 11 CH-3001 Bern
월~목 CHF 25, 금~일·공휴일 CHF 28

뢰치베르크 터널을 운행하는 기차

체르마트 시내교통

체르마트는 걸어서 20~30분이면 마을의 끝에서 끝까지 갈 수 있을 정도로 작은 마을이다. 산악 마을인 만큼 마을 끝자락으로 갈수록 길은 오르막이다. 짐이 많다면 체르마트역에서 전기버스나 택시를 이용하길 추천한다. 4~5성급 호텔에서 묵을 경우 역에 도착하기 전 미리 전화하면 호텔 전기차가 역까지 픽업을 와준다. 마을 내에서 돌아다닐 때는 도보만으로도 충분히 가능하다.

초록색 노선 무료 버스

전기 버스 E-Bus

체르마트역과 마을 구석구석을 운행하는 전기 버스. 초록색과 빨간색 2개 노선이 있는데, 초록색 노선은 시내 및 주요 명소 위주로, 빨간색 노선은 체르마트의 근교까지 다닌다. 이용 요금은 마을을 찾는 누구나 무료다.

Ⓕ 무료(스위스 트래블 패스 소지 여부에 상관없이 누구나) 🏠 www.e-bus.ch

전기 택시 Elektro-Taxi

체르마트역 앞에 전기 택시 및 호텔 택시들이 줄줄이 늘어서 있다. 5km 내외를 간다면 평균 요금은 CHF 20~25 정도이며, 카드 및 현금 결제가 가능하다. 가끔 카드 결제가 안 되는 경우도 있으니 현금을 소액 소지하면 더욱 좋다.

체르마트 전기차의 재미있는 FACT

체르마트의 전기차는 애초에 설계될 때부터 속도 20km를 준수하게 만들었다. 또 자동차들의 크기가 모두 똑같아 보이는데, 작은 도로 폭에 맞춰서 가로 1.4×4m, 높이 2m로 만든다. 알루미늄 소재라 실용적이고 가벼우며, 전기 소모도 적다. 이렇게 작고 가벼워 보이지만 가격은 1대당 CHF 65,000~90,000(한화 약 9,700만~1억 3,500만 원)이다.

체르마트 이렇게 여행하자

체르마트는 세계에서 가장 유명한 산봉우리 중 하나인 마테호른을 볼 수 있는 마을이다. 마테호른을 둘러싼 봉우리에 전망대가 3곳이나 있다. 고르너그라트, 수네가-로트호른, 마테호른 글래시어 파라다이스다. 전망대마다 출발 장소, 매력도 다 다르지만 모두 작은 체르마트 마을에서 출발하기 때문에 쉽게 찾을 수 있다. 고르너그라트는 산악 열차를 타고 편하게 올라가면서 환상적인 풍경을 볼 수 있어 유명하며, 왕복 최대 4시간이면 충분히 돌아본다. 마테호른 글래시어 파라다이스는 볼거리가 풍부하고 체험거리가 많아 최소 5~7시간 이상 넉넉하게 필요하다. 수네가-로트호른은 가장 저렴하고 여름에는 슈텔리 호수와 라이 호수에 반사되는 마테호른을 볼 수 있으며 등산객들에게 가장 사랑받는 곳이다. 이 세 곳을 다 둘러보려면 최소한 이틀은 필요하다. 마테호른 글래시어 파라다이스를 하루, 나머지 고르너그라트와 수네가-로트호른을 하루로 잡으면 된다.

체르마트역

도보 2분

반호프 거리

도보 5분

에드워드 휨퍼 추모벽

도보 1분

성 모리셔스 성당

도보 1분

마테호른 뷰 포인트

도보 2분

산악인 묘지

도보 1분

키르히 다리

도보 5분

힌터도르프 거리

도보 25분

체르마트 마테호른 전망대

체르마트 상세 지도

체르마트역 01
Zermatt
체르마트 GGB역 (고르너그라트반)
02 앤디스 무지크숍
앤티키태텐 글래시어 체르마트 04
u. Mattenstrasse
체르마트 마테호른 전망대
도보 7분 거리
포타토 파인 푸드 레스토랑 05
Bahnhofstrasse
01 아우프코
마테란트 기념품 05
02 반호프 거리
수네가-로트호른 푸니쿨라 & 케이블카역
02 다 니코
Bahnhofstrasse
Matterstrasse
도보 20분 거리
브라운 카우 펍
04
Hinterdorfstrasse
05 힌터도르프 거리
03 베이커리 푸흐스
03 에드워드 휨퍼 추모벽
06 마테호른 박물관
푸랄피나
04 성 모리셔스 성당
03
07 산악인 묘지
Kirchstrasse
키르히 다리
01 레스토랑 율렌
N
0
100m
체르마트 마테호른 글레시어 곤돌라역

환상적인 여행의 시작 ······ ①

체르마트역 Zermatt Station

체르마트역 앞은 전기차와 수많은 여행자로 붐비는 곳이다. 5성급 호텔인 몽 세르뱅 팔라스Mont Cervin Palace와 그랜드 호텔 체르마터호프Grand Hotel Zermatterhof에서 운영하는 마차와 말이 대기하는 모습을 볼 수 있고, 근처에는 체르마트 관광 안내소도 있다. 체르마트역 입구에 있는 피자 가게와 노스페이스 상점을 지나 지하 1층으로 내려가면 무료 화장실과 유료 짐 보관소(짐 크기에 따라 CHF 5~13, 24시간 운영)가 있다.

체르마트에서 가장 활발한 거리 ······ ②

반호프 거리 Bahnhofstrasse

체르마트역에서 쭉 뻗은 550m 길이 보행자 전용 도로다. 양옆으로 등산용품점, 고급 시계점, 기념품 가게, 음식점 등이 늘어서 있다. 우아한 고급 명품 상점을 지나면 맥주를 마실 수 있는 좁은 골목으로 이어진다. 설렁설렁 길을 따라가면 우아한 몽 세르뱅 팔라스Mont Cervin Palace 호텔이 등장하고, 스쳐 지나가는 좁은 골목에서 옛날 정취를 그대로 간직한 건물들도 볼 수 있다.

🚶 체르마트역에서 나와 오른쪽 길을 따라가면 반호프 거리
📍 Bahnhofstrasse, 3920 Zermatt

마테호른에 첫 번째로 오른 인물 ······ ③

에드워드 휨퍼 추모벽
Relief wall of Edward Whymper

영국 출생의 산악인 에드워드 휨퍼Edward Whymper를 추모하는 작은 기념비. 1865년 만 25세 나이에 처음으로 마테호른을 등반한 산악인이다. 그의 등반대는 정상에 도달하고 하산할 당시 밧줄이 끊어져 4명이 사망하고 3명이 생존했다. 에드워드가 쓴 〈알프스 등반기Scrambles Amongst the Alps〉(영국 초판 1871년)가 전 세계에 알려지면서 체르마트 마을도 서서히 유명해지기 시작했다. 에드워드 휨퍼는 1911년 71세로 프랑스 샤모니에서 타계했지만, 체르마트에는 영원히 그의 이름이 남아 많은 이들이 추모하고 있다.

🚶 체르마트역에서 반호프 거리를 따라 도보 7분(Monte Rosa Hotel 벽면) 📍 Bahnhofstrasse 86 / 94, 3920 Zermatt

마을에서 가장 가까이 마테호른을 만나는 곳 ······ ④

성 모리셔스 성당 Eglise St. Mauritius

1285년 작고 소박한 예배 장소에서 시작해 1980년에 현재 모습으로 재건축되었다. 내부 천장에 그려진 '노아의 방주'는 피렌체 출신 예술가 파올로 파렌테 Paolo Parente의 작품으로, 역시 1980년에 제작되었다. 성당 중앙 제단과 입구에 있는 세례대, 성당에서 따로 보관하는 세례대 모두 스위스 지역 중요 문화재 목록에 등재되어 있다.

🚶 체르마트역에서 반호프 거리를 따라 도보 8분 📍 Kirchpl., 3920 Zermatt
🕓 연중무휴 📞 +41 27 967 23 14
🏠 pfarrei.zermatt.net

과거 속으로 짧은 시간 여행 ······ ⑤

힌터도르프 거리 Hinterdorfstrasse

작고 오래된 집 30여 채가 빽빽이 들어찬 곳으로, 발레주 주민들의 전통 건축 스타일을 엿볼 수 있다. 16~18세기에 지어진 집들은 대부분 헛간과 곡물 창고로 이용되었으며, 현재는 사용되지 않지만 한때 체르마트의 산악 농부들이 어떻게 살았는지 볼 수 있다. 이 건물들은 원형 쟁반 모양을 한 단단한 돌판 위에 세워져 있는데 이 돌판은 쥐나 해충이 집으로 들어오는 것을 막는 역할을 했다. 작은 골목 사이사이를 걷다 보면 어느새 300여 년 전으로 돌아간 기분이 든다.

🚶 체르마트역에서 반호프 거리를 따라 걷다가 Boutique Ogier 건물을 끼고 왼쪽으로 진입, 도보 7분 📍 Hinterdorfstrasse, 3920 Zermatt

마테호른의 살아 숨쉬는 역사 박물관 ······ ⑥

마테호른 박물관 Matterhorn Museum-Zermatlantis

규모는 작지만 연간 4만 명이나 다녀가는 박물관이다. 오래전 농부들만 살았던 체르마트가 전 세계인들이 찾는 산악 마을로 변모한 과정을 볼 수 있다. 처음 마테호른을 등정할 때 산악인들이 썼던 밧줄이 보관되어 있을 뿐 아니라 마테호른을 포함해 악명 높은 4,000m급 알프스 봉우리에서 산악인들이 달성한 기록을 볼 수 있다. 멀티미디어실에서는 '산이 나를 부른다 Der Berg ruft'라는 영화가 상영되니 역사 혹은 산을 좋아한다면 들러볼 것을 추천한다.

체르마트역에서 반호프 거리를 따라 도보 8분
Kirchpl. 11, 3920 Zermatt 성인 CHF 12, 만 10~16세 CHF 7, 만 9세 미만 무료, 스위스 트래블 패스 무료 1/1~6/30, 10/1~ 10/31, 12/23~12/31 15:00~18:00, 7/1~9/30 14:00~18:00 11/22~12/22 휴무
+41 27 967 41 00
www.zermatt.ch/en/museum

산악인의 영혼,
체르마트에 잠들다 ······ ⑦

산악인 묘지
Mountaineer's Cemetery

마테호른을 등반하다 사망한 산악인들이 잠들어 있는 공동묘지로, 옆에 이어진 등산객 묘지에서는 주변 산에서 목숨을 잃은 등산객 50여 명의 묘도 볼 수 있다. 10대와 20대 초반의 젊은 생명이 산을 찾다 목숨을 잃었지만, 지금은 햇살 가득 양지바른 곳에 잠들어 있다. 많은 사람이 길을 오가며 꽃을 두는 덕에 항상 꽃이 가득하다.

마테호른 박물관에서 동쪽으로 도보 2분 Kirchstrasse, 3920 Zermatt

멀리 갈 필요 없어요
체르마트 '마을 안'에서 만나는 뷰 포인트 BEST 3

1

체르마트의 낭만 사진 촬영지

체르마트 마테호른 전망대

Zermatt Matterhorn Viewpoint

노란 불빛이 반짝이는 동화 같은 체르마트 마을과 마테호른 명봉의 핑크빛 풍경을 동시에 담을 수 있는 최고의 명당이다. 시내에서 도보로 약 15분 거리에 있고 산 중턱에 위치한다. 가파른 오르막길이 펼쳐지지만, 다행히 사람들이 사는 지역이라 길이 잘 포장되어 있다. 전기 택시로도 접근 가능하다. 일몰과 일출 때 특히 사람이 많이 몰리는데, 삼각대를 든 많은 사진작가들 사이에서 좋은 각도로 찍으려면 시간 여유를 두고 조금 일찍 가서 자리 맡기를 추천한다. 올라갈 때는 몸에 열이 나서 덥게 느껴지나, 막상 도착해서 기다리다 보면 상당히 쌀쌀하니 가방에 재킷 하나는 넣어 가는 게 좋다.

체르마트역에서 도보 17분(평지 5분 걷다가 오르막길 약 12분) Mürini, 3920 Zermatt

2

마을에서 가장 편하게 접근 가능한 곳

키르히 다리 Kirchbrücke

마테호른과 마을을 가로지르는 강을 동시에 담을 수 있는 뷰 포인트이다. 단점이라면 작은 강 위에 마련된 다리가 작은 데다가 전기 택시가 오고 가서 꽤 비좁다는 것. 원하는 각도로 사람 없이 풍경을 담으려면 약간의 눈치 싸움이 필요하다. 하지만 다리 밑에서도 충분히 좋은 사진을 찍을 수 있으니, 사람이 너무 많다면 왼쪽에 마련된 엘리베이터를 타고 내려가길 추천한다. 다소 한적하고 편안하게 즐길 수 있다.

체르마트역에서 반호프 거리를 따라 걷다 마테호른 박물관을 끼고 왼쪽으로 진입, 도보 10분
Kirchbrücke, 3920 Zermatt

3

마을에서 가장 가까이
마테호른을 만나는 곳

성 모리셔스 성당

Eglise St. Mauritius

마을 중심에 있는 성 모리셔스 성당 역시 마을 안에서 마테호른을 잘 볼 수 있는 장소 중 하나다. 성당 입구를 지나 앞에 있는 계단을 올라가면 멋진 뷰 포인트가 나온다. 곳곳에 의자가 놓여있어 잠시 휴식을 취하며 가장 편안하게 마테호른을 볼 수 있는 곳이기도 하다.

🚶 키르히 다리에서 도보 2분

주방용품 판매에 진심인 스위스 기념품 상점 ······ ①

아우프코 Aufco AG

스위스 과일칼부터 시작해 가정용품부터 선물용품까지 다양하게 판매하는 체르마트 대표 기념품 가게다. 알핀테 Alpinte에서 만든 고급스러운 마테호른 양주잔도 취급하는데, 양주잔은 CHF 25.50부터, 맥주잔 CHF 26 정도로 가격도 다른 상점에 비해 CHF 1~2 저렴하다. 체르마트역 근처에 있어서 접근성도 좋다.

체르마트역에서 반호프 거리를 따라 도보 2분 Bahnhofstrasse 5, 3920 Zermatt 월~토 08:00~12:00, 14:00~18:30 일 휴무 +41 27 967 34 33

체르마트의 추억은 복고풍 포스터와 함께 ······ ②

앤디스 무지크숍

Andy's Musikshop & Postershop

이름은 뮤직숍이지만 체르마트의 복고풍 포스터와 사진 및 엽서로 더 유명한 곳이다. 예전부터 마테호른과 체르마트를 홍보하려고 만들었던 포스터들이 남아있다. 포스터는 A4 용지 크기부터 시작해 A1 혹은 A0 사이즈 등 다양하게 판매하고 있다. 집까지 조심히 가져갈 수 있도록 규격에 맞는 원형 상자에 넣어준다.

체르마트역을 등지고 오른쪽 대각선 건물 Bahnhofpl. 2, 3920 Zermatt 10:30~19:30 +41 27 967 35 61

효과 좋은 스위스 천연 연고 ······ ③

푸랄피나 Puralpina

스위스 천연 연고 전문 브랜드 푸랄피나의 몇 안 되는 직영점! 이곳의 연고는 마멋 오일과 다양한 허브 및 오일을 결합해 만든 천연 치료제이다. 가장 인기 많은 제품은 빨간색과 파란색. 빨간색 연고는 근육, 관절 및 등의 긴장을 풀어주고 따뜻하게 해주는 효과가 있다. 파란색 연고는 관절과 인대 통증, 타박상에 효능이 있으며 냉각 효과를 준다. 천연 성분이라 어린이에게도 적합하다.

체르마트역에서 반호프 거리를 따라 도보 6분 Metzggasse 2, 3920 Zermatt 월~목 10:00~18:30, 금~토 10:00~19:00, 일 11:00~18:00 +41 27 967 01 56 www.puralpina.ch

진귀한 골동품, 진정한 빈티지 ······ ④

앤티키태텐 글래시어 체르마트

Antiquitäten Glacier Zermatt

앤티크 가구, 빈티지 인테리어 소품, 오래된 골동품을 찾을 수 있는 곳이다. 19~20세기의 아름다운 판화부터 오래된 사진이 담긴 액자 등 빈티지 물건이 가득하다. 소 목에 거는 종 역시 흔한 기념품 가게 제품이 아니라 실제로 쓰던 옛 종을 판매하듯, 세상에 단 하나밖에 없는 제품을 구할 수 있다. 오래되고 보관이 잘 된 만큼 가격이 꽤 비싼 편이지만, 진귀한 골동품 혹은 그림을 찾는 사람에게 가장 추천하는 가게다.

🚶 체르마트역에서 도보 6분
📍 Matterstrasse 59, 3920 Zermatt
🕓 월~토 09:30~11:00, 일 14:30~18:30
📞 +41 27 967 35 64
🏠 www.gozermatt.com

아기자기한 기념품 찾는 사람 모여라 ······ ⑤

마테란트 기념품 Matterland Souvenirs

오르골, 기념품 자석, 미니어처 밴과 자동차, 가방, 유리잔, 핀 등 아기자기한 소품을 취급하는 선물 숍이다. 특히 오르골은 직접 태엽을 감아 음악을 들어볼 수 있으며 케이스만 마음에 드는 걸로 고르면 된다. 다른 기념품 숍에 비해 규모는 지만, 살 것이 많아서 여행자들의 발길이 끊이지 않는 곳이다.

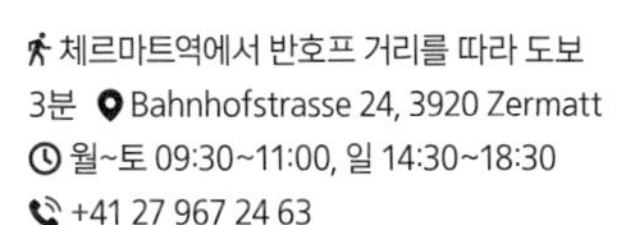
🚶 체르마트역에서 반호프 거리를 따라 도보 3분 📍 Bahnhofstrasse 24, 3920 Zermatt
🕓 월~토 09:30~11:00, 일 14:30~18:30
📞 +41 27 967 24 63
🏠 www.matterland.ch/en

체르마트의 고급 양고기 전문점 ······ ①

레스토랑 율렌 Restaurant Julen ₣₣₣

스위스 체르마트 지역의 명물 검은얼굴양을 맛볼 수 있는 레스토랑. 체르마트는 질 좋은 양고기가 굉장히 유명한 곳으로, 이곳에서는 냄새가 전혀 안 나는 양고기를 스튜, 구이 등 다양한 조리 방법으로 맛볼 수 있다. 양고기를 즐기지 않으면 소고기나 송아지 스테이크 등 다양한 옵션도 있다. 인테리어도 고급스럽고 특별한 날에 가도 좋을 만큼 주류, 디저트류도 훌륭해 예약하고 가는 것을 추천한다. 전반적으로 음식은 간이 조금 센 편이다.

- 훈제 양고기 CHF 69, 미국 들소 CHF 44
- 키르히 다리에서 도보 2분
- Riedstrasse 2, 3920 Zermatt
- 12:00~13:30, 18:00~22:00
- +41 27 966 76 00
- www.julen.ch/de/restaurant-julen

이탈리아의 풍미가 살아있는 곳 ······ ②

다 니코 Da Nico ₣₣₣

체르마트는 산만 넘으면 이탈리아라 그런지 이탈리아인이 많이 산다. 이곳은 이탈리아인이 운영하는 레스토랑으로, 친절한 종업원의 서빙을 받으며 수준급 이탈리아 음식을 먹을 수 있는 곳이다. 특히 화덕 피자와 해물 파스타, 포크 립이 인기가 많다. 포장 주문하면 10% 할인해 주니 돈을 아끼는 여행자라면 포장해서 숙소에서 먹는 것도 좋은 방법! 해산물 파스타는 CHF 33, 화덕 피자는 CHF 22~30 정도에 맛볼 수 있다.

- 피자 CHF 22~30, 파스타 CHF 27~33
- 체르마트역에서 도보 5분, 미그로스 슈퍼마켓 옆
- Hofmattstrasse 16, 3920 Zermatt
- 목~화 11:45~14:20, 18:00~00:00
- 수 휴무 +41 27 967 20 95
- www.danico-zermatt.ch/english/home

체르마트 인기 1위 빵집 ③

베이커리 푸흐스

Bäckerei Fuchs ₣₣₣

체르마트 마을에만 5곳이 영업할 정도로 인기 있는 빵집이다. 신선한 빵부터 최고급 수제 초콜릿까지 모든 것을 100% 수작업으로 만든다. 이곳에는 '산악 가이드 빵Bergführerbrot'이라는 독특한 빵을 파는데, 사과, 무화과, 견과류 등을 섞어 만들어 에너지를 보충하기 좋다. 하이킹이나 등산할 계획이라면 사가는 것을 추천! 그 외에 여행자들에게 가장 인기 있는 품목은 마테호른 모양을 본뜬 초콜릿. 크기별로 가격이 다르며 고급스러운 포장으로 선물하기에도 좋다.

산악 가이드 빵Bergführerbrot CHF 12, 마테호른 초콜릿 1개 CHF 3.80, 5개 1세트 CHF 13.50 체르마트역에서 반호프 거리를 따라 도보 3분 Bahnhofstrasse 72, 3920 Zermatt 07:00~19:00 +41 27 967 35 61 www.fuchs-zermatt.ch

체르마트 생맥주의 메카 ④

브라운 카우 펍 Brown Cow Pub ₣₣₣

스위스와 독일산 생맥주를 마실 수 있으며 체르마트에서 분위기가 가장 좋은 바 중 하나다. 체르마트에 묵으면 저녁때쯤 찾아가 곳곳에서 춤추는 사람들 틈에 끼어 들뜬 분위기를 느끼기 좋다. 간단한 햄버거와 갓 튀긴 두꺼운 감자튀김을 곁들이면 맥주가 더 잘 넘어간다.

생맥주 500cc CHF 9~, 스위스 버거 CHF 21, 치즈 나초 CHF 19 체르마트역에서 도보 6분 Bahnhofstrasse 41, 3920 Zermatt 08:30~02:00 +41 27 967 19 31 www.hotelpost.ch/en/restaurants

특별한 날에는 고급스러운 파인 다이닝 ⑤

포타토 파인 푸드 레스토랑

Potato Fine Food Restaurant ₣₣₣

반경 99km 이내에서 생산되는 재료를 사용한다는 콘셉트로 모든 요리를 만드는 곳. 2024년에는 〈고미요〉 미식가 평점에서 13점을 획득했을 정도로 음식 맛이 뛰어나고 비주얼 역시 사진 찍고 싶은 음식으로 가득하다.

3코스 메뉴 CHF 129, 5코스 메뉴 CHF 149, 와인 페어링 CHF 60 추가 체르마트역에서 도보 2분 Bahnhofstrasse 10 3920 Zermatt 월~토 18:00~23:00 일 휴무 +41 27 966 51 50 www.potatozermatt.com

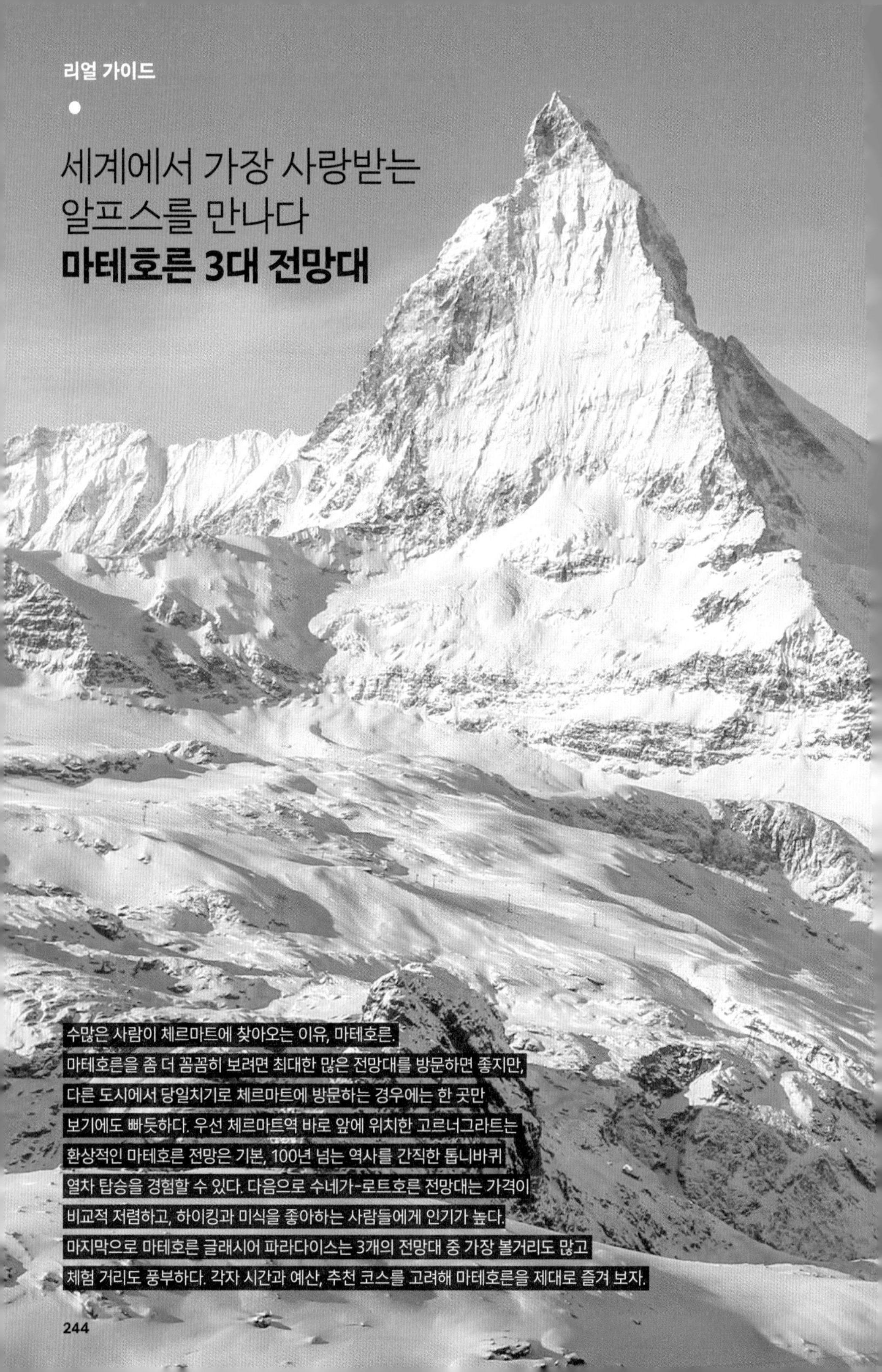

세계에서 가장 사랑받는 알프스를 만나다 **마테호른 3대 전망대**

수많은 사람이 체르마트에 찾아오는 이유, 마테호른.
마테호른을 좀 더 꼼꼼히 보려면 최대한 많은 전망대를 방문하면 좋지만,
다른 도시에서 당일치기로 체르마트에 방문하는 경우에는 한 곳만
보기에도 빠듯하다. 우선 체르마트역 바로 앞에 위치한 고르너그라트는
환상적인 마테호른 전망은 기본, 100년 넘는 역사를 간직한 톱니바퀴
열차 탑승을 경험할 수 있다. 다음으로 수네가-로트호른 전망대는 가격이
비교적 저렴하고, 하이킹과 미식을 좋아하는 사람들에게 인기가 높다.
마지막으로 마테호른 글래시어 파라다이스는 3개의 전망대 중 가장 볼거리도 많고
체험 거리도 풍부하다. 각자 시간과 예산, 추천 코스를 고려해 마테호른을 제대로 즐겨 보자.

추천 코스

- 체르마트 GGB역

  기차 33분

- 고르너그라트역

  기차 5분

- 로텐보덴역
- 리펠 호수 감상 후 하이킹 30분
- 리펠베르크역

  기차 10분

- 리펠알프역
- 근처 식당 알피타Alphitta에서 점심

  기차 19분

- 체르마트 GGB역

- 체르마트 기차역

  도보 7분

- 수네가-로트호른 푸니쿨라 & 케이블카역

  푸니쿨라 5분

- 수네가역

  곤돌라 7분

- 블라우헤르트역
- 슈텔리 호수까지 하이킹 왕복 40분
- 블라우헤르트역

  곤돌라 7분

- 수네가역

  푸니쿨라 5분

- 수네가에서 라이 호수 감상

  푸니쿨라 5분

- 체르마트 도착

3

- 체르마트 기차역

  도보 20분 or 초록색 전기 버스 6분

- 체르마트 곤돌라역

  곤돌라 7분

- 푸리역Furi

  곤돌라 9분

- 체르마트 슈바르츠제역 Zermatt Schwarzsee

  곤돌라 11분

- 트로케너 슈테크역 Trockener Steg

  곤돌라 11분

- 클라인 마테호른역 Klein Matterhorn 도착

* 돌아올 때는 반대로

실시간 라이브 캠으로 방문할 전망대 고르기

마테호른은 날씨가 시시각각 바뀌는 데다 바람의 방향에 따라 그 웅장한 자태를 드러내고 재빠르게 감추기도 하기 때문에, 전망대로 가기 전 라이브 캠으로 날씨를 확인한 후 마테호른의 영롱한 자태가 허락하는 곳으로 떠나는 것을 추천한다. 다음에 소개하는 전망대마다 라이브 캠을 확인할 수 있는 QR 코드가 수록되어 있다.

체르마트 전 지역 라이브 캠

www.matterhornparadise.ch/en/information/webcams

마테호른 3대 전망대

고르너그라트 & 마테호른 글래시어 파라다이스 & 수네가-로트호른

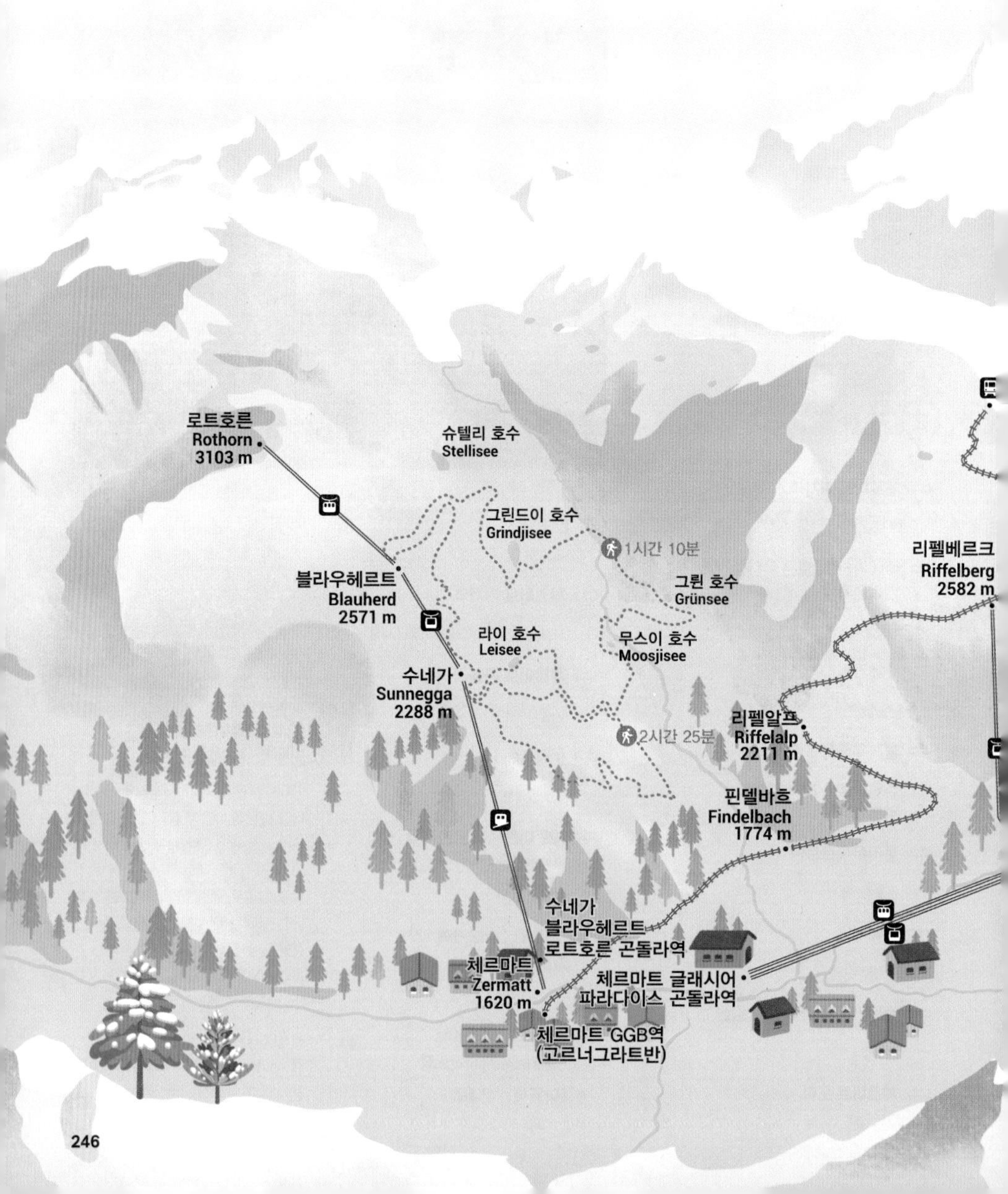

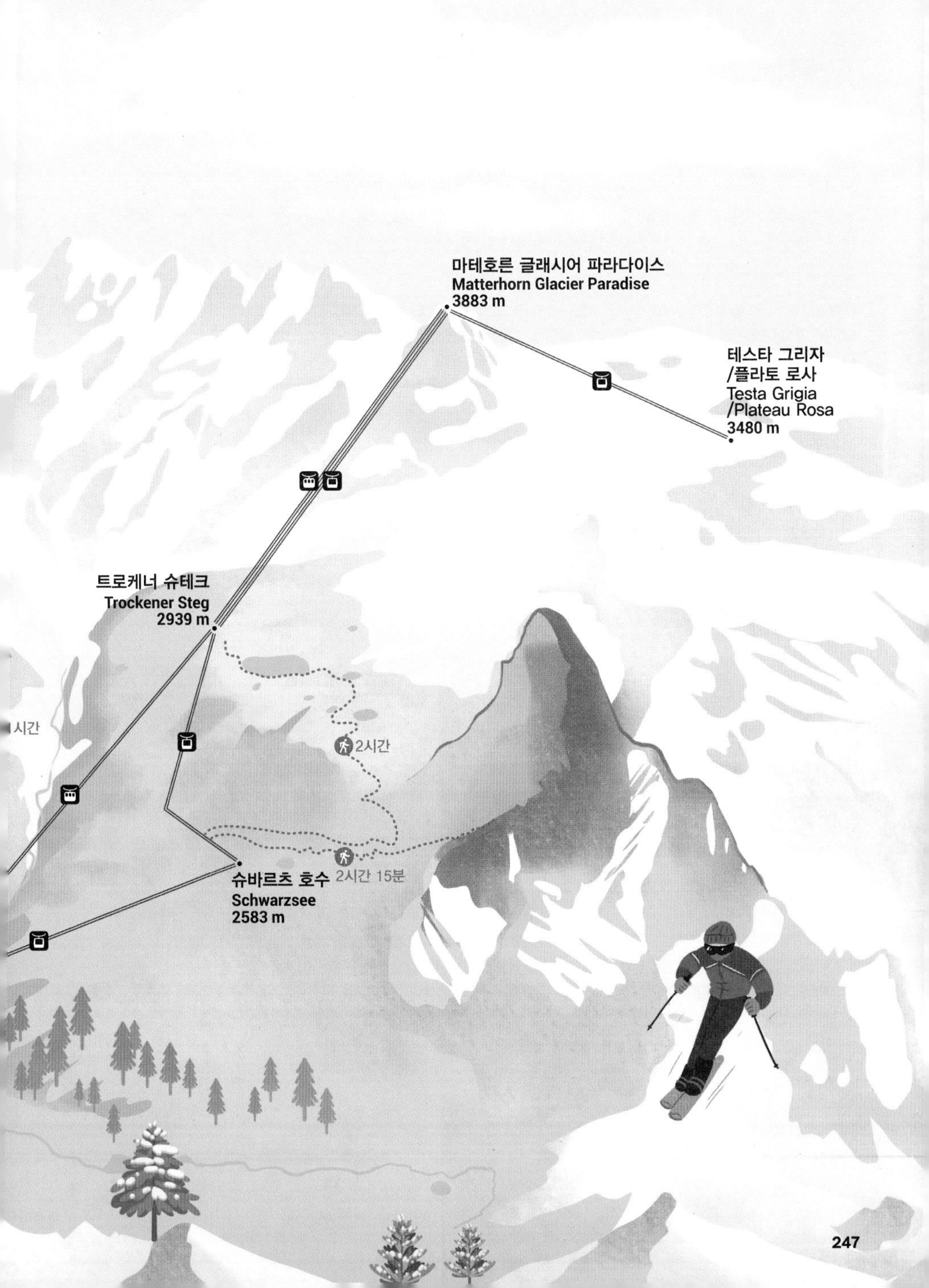
마테호른 글래시어 파라다이스
Matterhorn Glacier Paradise
3883 m
테스타 그리자
/플라토 로사
Testa Grigia
/Plateau Rosa
3480 m
트로케너 슈테크
Trockener Steg
2939 m
시간
2시간
슈바르츠 호수
Schwarzsee
2583 m
2시간 15분

125년 톱니바퀴 철도의 시작!

고르너그라트 Gornergrat 3,135m

1898년에 개통된 스위스 최초의 전기 톱니바퀴 철도로, 약 33분의 여정 동안 아름다운 경치를 편안하게 보며 갈 수 있다. 한국인이 가장 많이 찾는 전망대이자 체르마트 내에서 가장 인기 있는 곳이기도 하다. 체르마트 기차역에서 도보로 30초만 걸으면 고르너그라트 열차를 타는 곳이 나와 접근성이 좋은 데다, 126년이 훌쩍 넘은 톱니바퀴 기차 여행을 느긋하게 즐길 수 있다. 단점이라면 다른 전망대에 비해 가격이 비싸다는 것. 올라갈 때는 기차가 달리는 방향 오른쪽에 앉아야 리펠알프Riffelalp를 통과하면서부터 웅장한 마테호른의 모습을 감상할 수 있다(내려올 때는 왼쪽).

체르마트역 바로 앞 고르너그라트역에서 기차로 33분 체르마트~고르너그라트 07:00~19:00(연중무휴, 운영시간 계절마다 다름, 홈페이지 참고)
11~4월 CHF 92, 5·9·10월 CHF 114, 6~8월 CHF 132, 만 6~15세 50% 할인, 스위스 트래블 패스 50% 할인, 주니어 패스 무료
www.gornergratbahn.ch

고르너그라트
실시간 라이브 캠

추천 경로
약 4시간

- **체르마트 GGB역**
  기차 33분
- **고르너그라트 전망대 도착**
  산악 열차 5분
- **로텐보덴**
  산악 열차 7분 or
  리펠 호수 하이킹 1시간
- **리펠베르크**
  산악 열차 30분
- **리펠알프**
  기차 19분
- **체르마트 시내 도착**

체르마트 GGB역

숨겨진 테라스 풍경 맛집

리펠알프 Riffelalp 2,211m

고르너그라트 바로 다음 역으로, 울창한 숲에 있는 역이다. 기차역에서 내려 이어진 길을 따라 10분만 걸어가면 1년에 딱 7개월만 운영하는 5성급 호텔 리펠알프 리조트Riffelalp Resort가 있다. 유럽에서 가장 높은 실외 수영장(2,222m)도 있어 신혼부부에게 인기 만점. 굳이 호텔에 묵지 않아도 호텔을 지나면 바로 아래에 나오는 전통 알파인 레스토랑 알프히타Alphitta에 들러보자. 테라스 앞에서 보는 마테호른 전경이 굉장히 아름답다. 고르너그라트를 보고 출출하다면 이곳에서 식사하는 것도 추천한다. 레스토랑은 봄, 가을에는 문을 닫을 수도 있으니 방문 전 홈페이지를 확인하자.

알프히타 레스토랑 겨울 09:00~15:00, 여름 09:00~17:00 +41 27 967 24 63
www.alphitta.com, 예약 info@alphitta.ch

아름다운 호텔이 자리 잡은 역

리펠베르크 Riffelberg 2,582m

떡 하니 서있는 마테호른의 웅장한 모습을 바라볼 수 있는 역이다. 1853년, 체르마트 산맥 최초 호텔이 지어졌는데, 호텔 건축 당시에는 철도가 없었기에 노새 20마리와 사람들이 자재를 운반했다고 한다. 이 호텔은 미국 소설가 마크 트웨인이 방문했던 곳으로도 유명하다. 현재는 4성급 호텔 '리펠베르크 1853Riffelberg 1853'으로 운영 중이며, 호텔에서 묵으면 멋진 자쿠지와 통창 사우나를 통해 마테호른을 감상할 수 있다. 점심시간인 12:00~15:00에는 호텔 투숙객이 아니어도 식사가 가능하다.

호수에 반영된 마테호른을 사진에 담는 곳

로텐보덴 Rotenboden 2,861m

고르너그라트를 방문한 후에 리펠 호수Riffelsee에 반영된 마테호른 사진을 찍고 싶다면 로텐보덴역에서 내리면 된다. 비탈진 길을 약 10분 정도 내려가다 보면 리펠 호수가 나오고, 5분만 더 내려가면 작은 호수가 나온다. 두 곳 모두 아름답지만, 사람이 덜 붐비는 풍경을 원한다면 좀 더 걸어서 작은 호수까지 가보기를 추천! 참고로 겨울에는 호수가 얼어서 반영 사진을 찍을 수 없으며, 내려가는 길이 다소 험하기 때문에 다리가 불편한 사람이나 노약자는 주의가 필요하다.

매년 7~8월 날씨가 좋은 날엔 어김없이 로텐보덴에서 수채화나 유화를 그리는 영국인 화가 마크 씨를 볼 수 있다. 예전에는 클라이밍과 하이킹을 하러 체르마트를 찾다가 이제는 원래 직업인 화가로서 1년에 2~3개월씩 머물다 간다고 한다. 체르마트에서 라이센스를 받고 일하는 화가로, 매일 날씨에 따라 달라지는 구름을 담은 작품을 돌 위에 정성스레 전시해 두고 판매한다. 마음에 든다면 카드 결제로 구매 가능하다.

거대한 마테호른을 마주하는

No.21 리펠베르크 Riffelberg 하이킹

로텐보덴역에서 다음 역인 리펠베르크역까지 걷는 길이다. 리펠 호수에서 잠시 멈춰 호수에 반영된 그림 같은 사진을 찍어보자. 호수를 왼쪽에 끼고 내려가다 보면 리펠베르크 표지판이 나온다. 마테호른의 아름다운 모습에 자꾸만 걸음을 멈추고 싶은 길이다 보니 곳곳에서 멈춰 사진을 찍다 보면 2시간이 훌쩍 지나가기도 한다.

시작 지점 로텐보덴역 **도착 지점** 리펠베르크역 **코스 길이** 3km
시작 고도 2,815m **도착 고도** 2,582m **오르막** 53m
내리막 289m **난이도** 하 **소요 시간** 1시간

두둥, 마테호른의 인기 전망대

고르너그라트

Gornergrat 3,089m

4,000m 높이에서 29개의 봉우리를 볼 수 있는 역. 파노라마 전망이 펼쳐지는 전망대로 가려면 언덕 위에 있는 건물 내 엘리베이터를 타야 한다. 이 건물은 스위스에서 가장 높은 해발 고도에 위치한 3성급 호텔 '3100 쿨름호텔 고르너그라트 3100Kulmhotel Gornergrat'. 엘리베이터에서 내리면 호텔의 야외 테라스가 나오고, 이곳을 지나 5분만 더 걸어 올라가면 해발 3,130m의 고르너그라트 전망대에 닿는다. 몬테 로사Monte Rosa, 브라이트호른Breithorn, 덴트 블랑쉬Dent Blanche 등 유명한 산봉우리가 눈앞에 늘어서 있으며, 아래에는 빙하가 펼쳐진다. 유모차도 다닐 수 있도록 길을 다져놓았지만, 밀고 올라가기엔 상당히 가파르므로 주의하자. 전망대를 보고 내려오는 길에는 사진 촬영용 포인트가 곳곳에 마련되어 있으며 호텔 지하에는 기념품 가게도 있다.

빙하를 닮은 하얀 작은 예배당

베른하트 폰 아오스타 Bernhard von Aosta

19세기 말 고르너그라트에 3100 쿨름호텔이 설립된 이후 여름에는 호텔 식당에서 일요 미사가 열렸다. 하지만 지역 주교의 희망대로 예배당을 짓기 시작해 1950년에 건설이 완공되었다. 성당 내부에는 십자가 뒤로 발레주에서 가장 인기 있는 성인, 성 베르나르도와 발레주의 수호 성인 성 모리스, 성 테오둘레가 그려져 있다. 지금도 이곳에서 수많은 사람이 촛불로 기도를 드리고 간다.

마테호른 무료 체험관

줌 더 마테호른 ZOOM the Matterhon

현대적인 건물 밖에는 '줌 더 마테호른ZOOM the Matterhon'이라는 건물이 보인다. 따로 입장권이 필요없이 기차표의 바코드를 스캔하면 무료로 입장할 수 있다. 망원경으로 마테호른을 볼 수 있고, 가상 패러글라이딩 및 VR 체험을 할 수 있는 곳이다.

유럽에서 가장 높은 역

마테호른 글래시어 파라다이스

Matterhorn Glacier Paradise 3,883m

고도 3,883m에 있는 클라인 마테호른Klein Matterhorn이 정상에 있는 역으로 유럽 전체를 통틀어 대중교통으로 가장 높이 도달할 수 있는 곳이다. 세 전망대 중 가장 가까이서 마테호른을 볼 수 있고, 마을에서 보는 마테호른과 전혀 다른 모습을 감상할 수 있어 인기가 많다. 한여름에도 겨울 추위와 따스한 햇살을 동시에 경험할 수 있으며 만년설로 뒤덮여 사계절 내내 스키를 탈 수 있다. 정상에서는 프랑스, 이탈리아, 스위스 세 나라에 걸친 알프스 산맥의 38개 봉우리와 14개 빙하를 볼 수 있다. 2023년에는 마테호른 글래시어 라이드II가 신설되었다. 정상에서 이탈리아 접경지인 테스타 그리자/플라토 로사Testa Grigia/Plateau Rosa까지 이어지는 케이블카로, 알프스에서 가장 고도가 높은 국경 간 이동 수단이다. 극강의 빙하 경험과 새로운 체험을 해보고 싶다면 아직까지 한국인들의 불모지인 마테호른 글래시어 파라다이스를 강력 추천!

체르마트 곤돌라역에서 곤돌라 타고 33분 · 3920 Zermatt
Ⓕ 클라인 마테호른역(정상) 왕복 11~4월 CHF 95, 5~6월 & 9~10월 CHF 109, 7~8월 CHF 120, 마테호른 알파인 크로싱 왕복 CHF 156, 만 9~15세 50% 할인, 8세 이하 무료, 스위스 트래블 패스 50% 할인 · 08:00~17:00
+41 27 966 01 01 · www.matterhornparadise.ch

하루에 두 군데 전망대 정복하기

하루에 마테호른 글래시어 파라다이스와 고르너그라트를 모두 다녀올 수 있다. 마테호른 글래시어 파라다이스를 구경하고, 푸리역Furi에서 리펠베르크Riffelberg로 이어지는 곤돌라를 타자. 7분 만에 고르너그라트 지역인 리펠베르크역에 도착하고, 거기서 기차를 타고 10분이면 고르너그라트에 도착한다.

6월 말~8월 중순, 겨울만 운영(매년 다르니 홈페이지 참고) Ⓕ **푸리~리펠베르크** 곤돌라 편도 CHF 66, 주니어 카드 소시자·만 9세 이하 무료, 스위스 트래블 패스 50% 할인
리펠베르크~고르너그라트 기차 편도 CHF 30, 주니어 카드 소시자·만 5세 이하 무료, 스위스 트래블 패스 50% 할인
고르너그라트~체르마트 편도 CHF 55, 스위스 트래블 패스 50% 할인

추천 경로

- **체르마트 기차역**

  초록색 전기 버스 6분 or 도보 20분

- **체르마트 곤돌라역**
  Matterhorn Talstation

  케이블카 7분

- **푸리역Furi**

  케이블카 9분

- **슈바르츠 호수**

  케이블카 9분

- **트로케너 슈테크역**

  케이블카
  (마테호른 글래시어 라이드 I) 11분

- **마테호른 글래시어 파라다이스 (클라인 마테호른)**
- **빙하 궁전(20분)**
- **시네마(5분)**
- **전망대(20분)**

  케이블카
  (마테호른 글래시어 라이드 II) 5분

- **테스타 그리자/플라토 로사역**
- **산장에서 점심 식사(1시간)**

  케이블카
  (마테호른 글래시어 라이드 II) 5분

- **클라인 마테호른역**

  케이블카
  (마테호른 글래시어 라이드 I) 11분

- **트로케너 슈테크역**

  케이블카 20분

- **푸리역**
  - 산악 열차 10분
    리펠알프역
  - 케이블카 7분
    체르마트 마테호른 계곡역

마테호른 글래시어
파라다이스
실시간 라이브 캠

빙하의 과거를 엿볼 수 있는

푸리 Furi 1,867m

오래된 목조 헛간이 남아있는 곳으로 푸른 초원과 낙엽송 숲으로 가득하다. 100m 길이의 현수교를 건너면 옛날 고르너 협곡 빙하의 흔적, 도센 빙하 정원Dossen Glacier Garden을 볼 수 있다. 4,000년 전에 형성된 빙하가 움푹 파인 곳과 신비한 바위 동굴 등을 만나볼 수 있으며, 가족들과 함께 즐겨도 좋은 바비큐장, 벽난로, 어린이 놀이터도 마련되어 있다. 푸리역에서는 슈바르츠제역 혹은 트로케너 슈테크역으로 가는 케이블카도 탈 수 있다.

마테호른이 손에 닿을 듯한 곳

슈바르츠제 Schwarzseei 2,583m

척박한 빙하 풍경, 울퉁불퉁한 바위 표면, 신비로운 마테호른이 보이는 곳이다. '검은 호수'라는 뜻의 슈바르츠 호수는 일반 빙하수 호수의 에메랄드색과는 다르게 날씨에 따라 짙은 녹색 혹은 검은색처럼 보이기도 한다. 호수 옆에는 마리아 줌 슈네Maria zum Scnhee라 불리는 작은 예배당이 있다. 지금도 마테호른 정상에 다녀온 산악인들이 잠시 들러 성공적인 등반에 감사를 표하는 전통이 남아 있다.

등반가들의 희로애락을 간직한

No.27 회른리 산장 Hörnlihütte 하이킹 3,260m

마테호른을 처음 정복한 등반가가 이 길을 통해 정상까지 도달했다. 슈바르츠체 호수를 지나면서 등산이 시작되어 1시간 가까이 걸으면 맛있는 뢰스티를 파는 회른리 산장이 나온다. 마테호른에 등반하기 가장 좋은 8~9월에는 카라비너와 로프를 메고 내려오는 산악인과 마주친다. 쌍안경까지 가져가면 한낮에는 마테호른을 정복하고 내려오는 사람들을 볼 수 있다. 다만 오르막길이 이어지고 난도가 높은 편이기 때문에 평소에도 등산을 좋아하고 고소공포증이 없는 사람에게 추천하는 길이다.

시작 지점 슈바르츠제역 **도착 지점** 슈바르츠제역
코스 길이 4.3km **시작 고도** 2,583m **도착 고도** 3,260m
오르막 693m **내리막** 13m **난이도** 상 **소요 시간** 2시간 10분

크리스털 라이드

겨울 스포츠와
여름 빙하 트레킹의 만남

트로케너 슈테크

Trockener Steg 2,939m

마테호른이 불과 4km 거리에 있어 현실감이 없어지는 역이다. 역 바로 밖에는 세계에서 가장 높은 3S 곤돌라 시스템을 가상 체험할 수 있는 인포큐브Info Cube라는 공간이 있다. 80년 전부터 시작된 곤돌라를 짓는 건설 자재, 사실과 수치, 건설 현장을 사진과 영상을 통해 볼 수 있다. 또 CHF 10을 추가로 내면 케이블카 내부를 크리스털로 꾸민 크리스털 라이드Crystal Ride를 탈 수 있다. 유리로 제작된 바닥을 통해 특수 발아래에 펼쳐지는 멋진 빙하 풍경을 보며 내려갈 수 있다.

여름에만 만날 수 있는 환상적인 길

No.26 마테호른 빙하 트레일 하이킹 Matterhorn Glacier Trail

트로케너 슈테크에서 슈바르츠 호수까지 이어지는 길이다. 체르마트산에서 가장 힘든 하이킹 길 중 하나지만, 가장 아름다운 곳이기도 하다. 길을 따라 있는 23개의 다른 빙하, 특히 푸르그 빙하Furgg Glacier를 관찰할 수 있다. 척박한 바위, 후퇴하는 얼음, 또 무서우리만치 우뚝 선 마테호른의 전망 때문에 마치 다른 행성에 온 기분까지 느껴진다.

시작 지점 트로케너 슈테크 **도착 지점** 슈바르츠제 **코스 길이** 6.6km **시작 고도** 2,939m **도착 고도** 2,583m **오르막** 174m **내리막** 515m **난이도** 상
소요 시간 2시간 **시기** 6~9월

보는 위치에 따라 모양이 다른 마테호른

해발 3,821m, 유럽에서 가장 높은 역

마테호른 글래시어 파라다이스

Matterhorn Glacier Paradise 3,883m

유럽에서 가볼 수 있는 가장 높은 역이다. 앞서 소개한 '톱 오브 유럽'으로 알려진 융프라우요흐는 기차로 갈 수 있는 가장 높은 역이고, 마테호른 글래시어 파라다이스는 케이블카를 포함해 모든 교통수단으로 갈 수 있는 가장 높은 역이자 전망대다. 일반적으로 체르마트에서 보이는 마테호른은 동쪽 면이지만, 이곳은 마테호른의 남쪽 면을 볼 수 있다는 매력이 있다. 공기가 희박하게 느껴질 수 있지만 전망대로 나가는 순간 숨통이 트인다. 만년설로 뒤덮여 사계절 내내 스키와 보드를 타는 사람들로 분주하며, 잠시 밖으로 나가 설원을 걸을 수도 있다. 또한 스위스에서 가장 오르기 쉬운 4,000m급의 산인 브라이트호른으로 가는 사람들도 만나게 된다.

유럽 가장 높은 곳에서 초보 스키 배우기

유럽의 최정상에서 사계절 내내, 마침내 초보자도 첫 스키를 탈 수 있다. 옷과 장비 대여까지 모두 포함해 전문 가이드에게 스키 강습도 받을 수 있는 기회다. 역 안에 있는 스키 대여소 SnowXperience Plateau Rosa에서 강습 신청을 받으며, 홈페이지에서 예약하길 추천한다.

매년 5/1~10/31 CHF 129, 1시간 30분(스키 강습 및 장비 모두 포함) www.zermatters.ch

빙하 궁전

360도 파노라마 풍경!

전망대 Viewing Platform

전망이 360도로 트여 시원한 바람을 느낄 수 있는 전망대. 곤돌라역에서 엘리베이터를 타고 올라가 계단을 한 번만 오르면 4,000m급의 38개 봉우리가 맞이한다. 북쪽으로는 아이거, 묀히, 융프라우, 서쪽으로는 험준한 브라이트호른의 북벽, 동쪽으로는 유럽 최고봉인 몽블랑이 가깝게 보인다. 플랫폼에 있는 파노라마 보드와 함께 보면 산을 식별하기가 편하다. 특히나 전망대가 마테호른의 남쪽에 위치해서 다른 곳에서 볼 때와는 전혀 다른 모양이 보이는 매력을 갖고 있다.

세계에서 가장 높은 빙하 궁전

빙하 궁전 Glacier Palace

유럽에서 가장 높고 가장 잘 보존된 빙하 궁전이다. 엘리베이터를 타고 15m만 내려가면 동화 속 세계에서 반짝이는 얼음 결정과 정교한 조각품을 볼 수 있다. 부드러운 조명과 빙하 사이에서 흘러나오는 음악에 더욱 흥이 난다. 빙하의 조각과 틈새 사이를 걸어 볼 수도 있다.

전망대

세르비노 산장의 이탈리아 음식

곤돌라 한 번만 타면 맛집 도착, 세르비노 산장

플라토 로사에서 스키 렌털 가능

편하게 앉아 감상하는

시네마 라운지 Cinema Lounge

유럽에서 가장 높은 영화관으로, 체르마트의 알프스 세계를 보여준다. 알피니즘, 지역 동식물, 리프트와 철도, 얼음과 눈과 같은 주제에 대해 5분가량 감상할 수 있다. 영상에 별 관심 없어도 동그란 달걀 모양의 의자에 앉는 것만으로도 편안함을 느낄 수 있다.

한 발은 이탈리아에, 다른 한 발은 스위스에

테스타 그리자 / 플라토 로사 Testa Grigia / Plateau Rosa

마테호른 글래시어 라이드IIMatterhorn Glacier Ride II를 타고 이탈리아 국경까지 갈 수 있다. 2023년 전까지만 해도 스키를 탈 수 있는 사람만 갈 수 있었지만, 이제는 케이블카 덕분에 편해졌다. 이곳까지는 여권이 필요하지 않으나, 이탈리아 세르비니아Cervinia까지 가려면 여권을 소지해야 한다. 역에서 나오면 이 지역의 명물 세르비노 산장Rifugio Guide del Cervino에서 점심을 먹어보자. 이탈리아인이 운영하는 곳이라 스위스에 비해 가격도 저렴하고, 이탈리아 음식 또한 수준급이다.

가성비와 아름다움 모두 갖춘

수네가-로트호른 Sunnegga-Rothorn

수네가 실시간 라이브 캠

마테호른을 볼 수 있는 전망대 중 가장 저렴한 곳으로, 걷기 좋아하는 사람들에게 이보다 좋은 곳은 없다. 이 전망대는 수네가역, 블라우헤르트역, 로트호른역 총 3개 역으로 구성되어 있다. 가장 처음 만나는 수네가역에는 스위스를 대표하는 미식 레스토랑 4개가 있어 맛있게 먹고 즐기기 좋다. 다음 블라우헤르트역은 호수를 끼고 걷는 '5대 호수길'로 이어지는 곳으로 아름다운 하이킹을 즐길 수 있다. 마지막 로트호른역에서는 빙하의 아름다움을 제대로 만끽하게 될 것. 시간이 없더라도 블라우헤르트역에 내려 왕복 1시간 30분이면 충분히 볼 수 있는 슈텔리 호수Stelisee는 보고 오기를 추천한다. 호수에 반사되는 마테호른을 보면 비로소 체르마트 여행의 묘미를 느낄 수 있다. 고르너그라트와 달리 덜 붐비고 여유로운 여행을 하고 싶은 사람들에게 적극 추천하는 구간이다.

수네가-로트호른 푸니쿨라 & 케이블카역에서 푸니쿨라 5분
Vispastrasse 32, 3920 Zermatt 08:00~17:00(11/1~29, 4/21~5/1 정기 점검으로 운행 중단, 홈페이지 확인) 11~4월 CHF 64, 5·9·10월 CHF 74, 6~8월 CHF 81, 만 6~15세 50% 할인, 스위스 트래블 패스 50% 할인, 주니어 패스 무료
www.matterhornparadise.ch/en/information/operating-hours

추천 경로

약 5시간

- 체르마트 기차역
- 도보 7분
- 수네가-로트호른 푸니쿨라 & 케이블카역
- 푸니쿨라 5분
- 수네가역
- 곤돌라 7분
  - 블라우헤르트-수네가 하이킹
  - 로트호른역 케이블카
  - 5대 호수길 하이킹

어린이들의 놀이 천국

수네가 Sunnegga 2,288m

체르마트 마을에서 푸니쿨라를 타고 5분이면 도착하는 곳이다. 수네가역에서 내리면 동그란 터널이 왼편에 있고 오른편에는 테라스를 품은 레스토랑이 보인다. 터널을 통과하면 라이 호수 Leisee로 이어지는 작은 엘리베이터가 나온다. 호숫가의 볼리 어드벤처 파크Wolli's Adventure Park에서 아이들이 물놀이나 뗏목 타기 등 액티비티를 즐길 수 있고, 호수 근처에 마련된 놀이터에서는 미끄럼틀을 타고 물레방아를 돌리며 놀 수 있다. 유모차용 길이 닦인 데다 바비큐장, 그늘이 지는 작은 파빌리온까지 갖춰 가족 여행자에게 인기가 높다. 겨울에는 눈이 많이 쌓여 호수는 얼어붙고 초보용 스키장으로 변해 또 다른 재미가 있는 곳이다.

수네가역에 내리면 보이는 하트 액자

엄청난 풍광을 자랑하는 하이킹 시작점

블라우헤르트 Blauherd 2,571m

수네가역에서 8인승 곤돌라를 타면 7분 만에 도착하는 역이다. 다양한 하이킹 코스의 시작 지점으로 슈텔리 호수와 라이 호수를 볼 수 있는 8번 코스 마멋 트레일 및 11번 코스 5대 호수길을 걸을 수 있다. 삼륜 산악 카트를 타고 수네가역까지 갈 수도 있다. 역 근처에 마련된 나무로 만들어진 하트 액자에서 사진을 먼저 남기는 것도 잊지 말자.

38개의 고봉을 한자리에서 볼 수 있는 곳

로트호른 Rothorn 3,103m

체르마트 마을에서 로트호른까지 가는 데는 고작 30분밖에 안 걸린다. 이곳은 마테호른도 마테호른이지만 파노라마로 펼쳐지는 알프스산맥의 풍경이 너무 아름다워서 마테호른조차 그냥 하나의 산으로 느껴질 정도다. 실제로 마테호른뿐만 아니라 스위스에서 가장 높은 산이자, 알프스에서는 몽블랑 다음으로 높은 몬테 로사의 뒤푸르슈피체Dufourspitze 봉우리(4,634m)까지 볼 수 있다. 각 봉우리를 바라보는 장소마다 18개의 조각품이 설치된 '피크 컬렉션'이 있다. 산악 가이드들이 산에 올라 직접 가져온 돌과 함께 전시되어 있으며 고도, 지질학적 지식 및 가이드의 짤막한 경험담이 담겨 있다.

산악인들이 모아온 돌과 정상 설명

하이킹 마니아라면 놓칠 수 없는 길 **수네가에서 즐기는 하이킹**

여름 하이킹 코스 추천

No.8 마멋 트레일

슈텔리 호수에 반영되는 마테호른을 보고, 운이 좋으면 귀여운 마멋까지 볼 수 있는 쉬운 하이킹길이다. 마멋은 사람들이 지나가면 멀리서도 날카로운 휘파람 소리를 내며 경계한다. 소리 나는 방향을 잘 찾아보면 저 멀리 죽은 척하며 가만히 있는 마멋을 발견할 수 있다. 마멋이 사는 서식지를 지나기 때문에 '머멜베그Murmelweg'라고 불리며, 팻말을 따라가면 수네가역에 도착한다.

시작 지점 블라우헤르트역 **도착 지점** 수네가역 **코스 길이** 3.8km **시작 고도** 2,571m
도착 고도 2,288m **오르막** 7m **내리막** 296m **난이도** 하 **소요시간** 1시간 30분

하이킹 마니아에게 추천

No.11 5대 호수길 하이킹

서로 다른 매력을 가진 5개 호수를 따라 걷는 길이다. 해발 2,000m 이상에 위치한 호수들은 저마다 다른 색깔을 뽐내며 메마른 길에 쉼터가 되어준다. 겨울에는 꽁꽁 얼어있다가 여름이 되면 눈이 녹고 호숫가 주변에는 작은 들꽃이 흔들거린다. 호수에서 눈이 없고 수영도 즐길 수 있는 가장 이상적인 시기는 6월~10월 초.

첫 번째 호수

시간이 없다면 이곳만은 꼭!

슈텔리 호수 Stelisee 2,537m

아름다운 마테호른이 수면에 매혹적으로 반영되는 곳. 블라우트헤르트 역에 내리면 보이는 하트 액자를 따라 올라가다 보면 처음 3분만 힘들 뿐 나머지는 평평하고 쉬운 하이킹길이 이어진다. 약 1km만 걸어가면 첫 번째 호수인 슈텔리 호수가 나오며 바람이 불지 않는 날 호수의 끝자락까지 가면 마테호른의 반영을 볼 수 있다. 만약 산장에서 하룻밤을 꿈꾼다면 근처에 있는 플루알프Fluhalp 산장에서 1박 정도 머물길 추천한다. 마테호른 꼭대기가 핑크빛으로 물드는 해돋이 체험을 해볼 수 있다.

플루알프 산장에서 숙박 후 만나는 아침 풍경

두 번째 호수
우거진 숲속 인생 사진을 찍을 수 있는 곳

그린드이 호수 Grindjess 2,334m

의외로 사진이 잘 나오는 매력적인 장소 그린드이 호수. 슈텔리 호수를 돌아 나와 자갈이 많은 포장도로로 진입, 내리막길로 쭉 걸으면 된다. 노란색 이정표을 따라 소나무길로 들어가면 'Grindjess'라고 쓰인 표지판이 나온다. 호수 자체는 별로 예쁘지 않지만 호수 주변에 소나무 숲이 울창한 데다가, 그 사이의 초록빛 호수에 마테호른이 반영되는 멋진 풍경 덕분에 인기가 많다.

세 번째 호수
환상적인 수영과 맞바꾸는 20분 오르막길

그륀 호수 Grünsee 2,300m

그륀 호수는 '초록 호수'라는 이름답게 푸르른 초록빛 빙하 호수에서 수영하며 잠시 쉬었다 갈 수 있는 곳이다. 그린드이 호수에서 나와 넓은 자갈길을 걷다 보면 좁고 가파른 오르막길을 마주한다. 조금씩 좁아지는 길과 오르막길에 숨이 벅차지만, 금세 펼쳐지는 호수의 풍경 속으로 빠져보자. 수영복을 가져왔다면 이곳에서 수영할 수 있고, 혹은 시원한 물에 발을 담그고 간식을 먹기에도 매력적인 장소.

네 번째 호수
내리막길에 위치한
에메랄드빛 작은 호수

무스이 호수 Moosjisee 2,148m

체르마트 수력 발전 시스템의 일부로, 전기 생산을 목적으로 만든 작은 인공 호수. 빙하수로 채웠기 때문에 다른 호수보다 가장 진한 에메랄드빛 색깔을 뽐내는 곳이다. 한여름에는 전기 생산, 겨울철에는 스키장을 제설할 때 사용되기도 한다. 자연 보호와 지속 가능한 에너지 생산을 조화하려는 노력의 일환으로 관리하는 곳이다.

맥주 한잔 즐길 수 있는 Ze Seewjinu 산장

무스이 호수

다섯 번째 호수
마지막 호수로 향하는 길

라이 호수 Leisee 2,232m

무스이 호수에서는 두 갈래 길 중 하나를 선택해서 갈 수 있다. 한 곳은 수네가의 미쉐린 레스토랑이 모여있는 구르메길로 진입하는 곳이고, 또 다른 길은 가파른 산길을 따라 마지막 호수 라이를 찾아가는 길이다. 구르메길은 미슐랭 레스토랑이 모여있는 곳이므로 음식에 관심 있는 사람이라면 이 길로 빠져 식사한 다음 라이 호수로 향해도 좋다. 마지막 라이 호수에서 수네가역까지는 엘리베이터를 타고 편하게 올라갈 수 있다. 계속 걷고 싶다면 오르막길을 따라 10분 더 올라가면 수네가 산장에 도착한다.

5대 호수길 하이킹 5 Seen Wanderung

시작 지점 블라우헤르트역 **도착 지점** 수네가역 **코스 길이** 9.8 km **시작 고도** 2,571m **도착 고도** 2,288m
코스 슈텔리 호수(2,537m)~그린드이 호수(2,334m)~그뤼엔 호수(2,300m)~무스이 호수(2,148m)~라이 호수(2,232m)~수네가(2,288m)
오르막 165m **내리막** 454m **난이도** 중 **소요 시간** 2시간 30분~3시간

하이킹 왕복 40분, 그러나 만족도 99% 보장
수네가의 미식 레스토랑 구르메베그 Gourmetweg

스위스 음식은 맛없다는 편견을 싹 잊게 해주는 레스토랑들이 핀델른 마을에 몰려 있다. 전 세계 사람들이 몰려오는 이 지역은 스위스의 정체성을 지키면서 다양하게 음식 문화가 발전했다. 마을에서 굳이 푸니쿨라를 타고 수네가역까지 온 다음 15분 동안 걸어 내려가는 수고가 필요하지만, 높은 음식의 퀄리티에 찾을 가치가 있는 곳이다. 트립 어드바이저에서 손꼽히는 체르마트 지역 인기 레스토랑이 이곳에 몰려 있으며 프랑스에서 가장 권위 있는 레스토랑 가이드로 꼽히는 '고미요Gault millau'에서 상당히 높은 점수를 받은 레스토랑들까지 여기 위치한다. 한여름에는 푸니쿨라역에서 걸어서 가면 되지만 한겨울에는 스키와 스노보드로만 접근이 가능하다. 비수기(주로 4~5월, 10월 중순~12월 초)에는 운영을 안 하는 곳도 있으니 미리 홈페이지를 확인하는 것이 필수다.

25년째 같은 자리를 지키는 전통 가족 레스토랑

셰 브로니 Chez Vrony

겉만 보면 낡은 전통 가옥이지만, 한 발 들어서면 고급스럽고 스타일리시하게 꾸민 레스토랑이 펼쳐진다. 100년 전에는 작은 농장이던 곳을 개조해 현재는 체르마트 지역의 말린 고기류와 산에서 만든 치즈, 직접 만든 소시지 등 유기농 제품을 사용한 음식을 선보인다. 칵테일, 맥주, 커피, 음식 등 분위기에 한 번 취하고 마테호른 풍경에 한 번 더 취하게 만드는 멋진 장소다.

브로니 버거 CHF 36, 리소토 CHF 38 수네가역에서 Gourmetwerg 표지판을 따라 도보 15~20분
Findeln, 3920 Zermatt 6~9월, 12월 중순~4월 초 11:30~16:00 +41 27 967 25 52
www.chezvrony.ch

전통적인 스위스 샬레와 마테호른 전망

핀들러호프 Findlerhof

일반 샬레인 줄 알고 그냥 지나치는 여행자가 있을 정도로 가정집같이 생긴 곳이다. 하지만 음식에만큼은 정성이 가득 담겨 있다. 전통 뢰스티부터 사냥철에는 멧돼지, 사슴고기를 내고 가을에는 비프 타르타르와 멧돼지 라구 요리, 지역에서 생산된 버섯과 마늘을 활용한 요리, 채식주의자를 위한 메뉴까지 다채롭게 선보인다. 식사 후에는 수네가역으로 돌아가는 방법도 있지만 체르마트 마을까지 1시간 정도 걸어 내려가도 좋다.

달걀프라이를 곁들이 뢰스티 CHF 27, 발레주 치즈를 곁들인 베이컨 키슈 CHF 36
수네가역에서 라이 호수를 지나 Findeln 표지판을 따라 도보 25분(핀델른 예배당 근처)
Findeln, 3920 Zermatt 6~9월, 12월 중순~4월 초 11:30~16:00
+41 27 967 25 88
www.findlerhof.ch

한겨울, 산 속의 DJ 공연

아들러 히타 Adler Hitta

겨울에 가장 핫한 레스토랑이자 바! 겨울에 스키와 스노보드를 탄다면 블라우헤르트에서 6번 피스트를 타고 내려가 이곳을 찾길 추천한다. 평일에는 일반 레스토랑으로 운영하지만, 토요일마다 라이브 공연과 DJ 공연이 열린다. 여름에는 작은 수영장에 선베드가 많이 놓여 귀여운 밀짚 모자를 쓰고 햇빛을 즐길 수 있다. 햇빛을 피할 실내 레스토랑에는 탁구대까지 마련되어 하이킹 대신 잠시 눌러 앉아 휴식을 취할 수도 있다. 와인잔 사이로 비치는 장엄한 마테호른의 자태를 사진으로 담아 보자. 퀴노아 샐러드, 홈메이드 스파게티(슈페츨레) 등이 제공되며, 가격은 CHF 28~40 정도 생각하면 된다.

부추, 베이컨, 치즈를 곁들인 홈메이드 슈페츨레Spätzle CHF 29, 퐁뒤 CHF 28 **여름** 수네가역에서 도보 15분, **겨울** 피스트 6번, Findelbahn 리프트 탑승 Findeln, 3920 Zermatt 6~9월, 12월 중순~4월 초 11:30~15:30 +41 27 967 10 58 www.adler-hitta.ch

마테호른 풍경을 품은 첫 미식 레스토랑

@파라다이스 @Paradise

핀델른 마을의 첫 번째 레스토랑이자, 셰 브로니의 자매 레스토랑이다. 세계 여행을 좋아하는 젊은 셰프가 모여 각 나라에서 영감을 받아 만든 음식을 선보인다. 타파스는 2인 이상 주문 가능하며 채소튀김, 후무스, 차치키 같은 그리스 음식을 맛볼 수 있다. 그 밖에 햄과 토마토 루콜라가 올라간 베이글, 연어 베이글 등 가벼운 음식일지라도 마테호른을 보며 먹는 맛은 환상적이다. 수네가역에서 접근하기 가장 가까운 레스토랑으로 하이킹하기 힘든 사람들에게 특히 추천한다.

타파스(2인 이상 주문) 1인당 CHF 10, 연어 베이글 CHF 26
수네가역에서 핀델른 방향으로 도보 10분(겨울에는 하이킹 신발 필수 착용) Findeln, 3920 Zermatt
6~9월, 12월 중순~4월 초 12:00~20:00 월 휴무
+41 27 967 34 51 www.paradisezermatt.ch

스위스 안의 작은 스위스

루체른 Luzern

#음악의도시 #미니어처스위스 #중앙스위스
#스위스피요르드 #중세낭만도시

스위스를 한 곳에 축소해 놓은 도시. 도시와 자연, 산과 호수가 조화롭게 어우러진 덕분에 '스위스의 미니어처 도시'라는 별명을 갖고 있다. 리하르트 바그너와 라흐마니노프와 같은 작곡가들도 루체른의 대자연에 매료되어 수많은 명곡을 썼고, 덕분에 루체른은 스위스 음악의 도시로 불리며 1년 내내 수준 높은 공연을 즐길 수 있는 곳으로 발전했다. 루체른 호수 주변은 소피아 로렌이나 오드리 헵번과 같은 유명 인사들이 자주 방문했으며, 한때 영국 빅토리아 여왕이 휴가차 머문 곳으로도 유명하다. 도심은 로이스강 변을 따라 확장되어 중세 시대의 모습을 매력적으로 간직하고 있다. 중세에 지어져 유럽에서 가장 오래된 나무다리인 카펠 다리를 비롯해 많은 역사적인 건축물이 남아있으며 역사와 자연의 조화가 만들어 내는 매력적인 도시다.

루체른 가는 방법

루체른은 교통의 요지답게 스위스 주요 도시에서 편리하게 오고 갈 수 있다. 특히나 루체른과 인터라켄을 연결하는 루체른-인터라켄 익스프레스 기차 노선은 굉장히 인기가 많다. 따라서 많은 여행자가 인터라켄으로 가거나 인터라켄에서 나올 때 루체른에 들른다.

기차

항공편으로 스위스에 입국해 루체른으로 바로 갈 경우, 취리히공항에서 1시간 8분, 바젤공항에서는 1시간 36분, 제네바공항에서는 3시간 13분 정도 걸린다. 취리히 중앙역에서는 45~50분, 베른에서 1시간, 인터라켄까지 2시간 소요된다. 이탈리아 밀라노에서 넘어올 경우, 루가노에서 1회 환승해 4시간이면 올 수 있고, 프랑스 파리에서 넘어올 경우 스트라스부르 혹은 바젤을 지나 1~2회만 갈아타면 5시간 안에 루체른에 도착한다.

버스

플릭스 버스를 타면 이탈리아 밀라노에서 4시간, 프랑스 스트라스부르에서 5시간 25분 만에 루체른까지 올 수 있다.

렌터카

- **취리히공항 ▶ 루체른** 약 1시간 20분(62km)
- **인터라켄 ▶ 루체른** 약 1시간 10분(68km)
- **베른 ▶ 루체른** 약 1시간 30분(110km)

루체른 시내 교통

루체른에서 가장 많이 이용하는 교통수단은 버스와 유람선이다. 구시가지를 돌아볼 때는 대부분 도보로 이동하지만 빈사의 사자상이나 교통 박물관, 필라투스에 갈 때는 버스를 타게 된다.

버스 Bus

루체른에 숙소를 잡았다면 비지터 카드Visitor Card를 받을 수 있으며, 비지터 카드로 루체른 도심인 10구역 내 버스와 기차 2등석을 무료로 탈 수 있다(유람선은 이용 불가). 스위스 트래블 패스, 세이버데이 패스는 시내 교통은 물론 리기쿨름까지 무료로 다녀올 수 있다. 스위스 트래블 패스나 루체른 비지터 카드가 없다면 티켓을 사야 한다. 요금은 이동하는 구간과 시간에 따라서 다른데, 대부분의 관광지는 10구역 내에 있으니 편도 혹은 왕복, 이용 횟수를 고려해 티켓을 사면 된다. 버스는 딱히 1등석과 2등석 구분이 크지 않으므로, 버스를 3회 넘게 탈 경우 2등석 1일권을 사는 것이 효율적이다. 루체른역 앞에 파란색 티켓 판매기가 있고 버스 안에서 운전 기사에게 직접 살 수도 있다. 카드 결제도 가능하다. 티켓은 구매한 다음에 빨간색 기계 아래에 넣어 펀칭해야 유효한데, 1일권이 아닌 이상 버스 정류장에서 미리 찍기보다 버스에 타자마자 안에서 찍는 것이 유리하다.

Ⓕ **단거리권 Kurzstrecke** CHF 3(최대 6개 정류장까지, 30분 유효), 반액 카드·어린이 CHF 3
장거리권 Zone10 2등석 CHF 4.80, 1등석 CHF 8.20, 반액 카드·어린이(2등석) CHF 3.40,
반액 카드·어린이(1등석) CHF 5.80 **1일권 Tageskarte** 2등석 CHF 9.60, 1등석 CHF 16.40
반액 카드·어린이(2등석) CHF 6.80 ⌂ www.vbl.ch

유람선 Ferry

루체른역에서 나와 호수가 보이는 방향으로 걷다 보면 유람선 선착장이 나온다(도보 3분). 루체른 시내에서 갈 때나 리기쿨름에서 루체른으로 돌아올 때 많이 이용한다. 홈페이지에서 시간표 조회, 티켓 예매가 가능하다.

⌂ www.lakelucerne.ch

시티트레인 루체른 CityTrain Luzern

귀여운 기차 모양의 버스를 타고 도심의 유명한 관광지를 돌아볼 수 있다. 투어는 45분 동안 진행되며, 내려서 둘러볼 수는 없지만 한국어로 된 오디오 가이드 설명을 들을 수 있어 유익하다. 유모차나 휠체어를 실을 수 있는 것도 장점. 티켓은 운전사가 직접 판매하는데, 매진되는 경우도 종종 있기 때문에 출발 15분 전에는 도착하는 것이 좋다.

Ⓞ 6~9월 11:00~17:00 매시 정각, 4·5·10월 하루 3~6회 운행(11~3월 운행 중단)
Ⓟ Franziskanerplatz, Bahnhofstrasse 19, 6003 Luzern 🚶 루체른역에서 예수교회 지나 도보 9분 Ⓕ 성인 CHF 15, 만 5~15세 CHF 5, 스위스 트래블 패스 할인 없음
⌂ www.citytrain.ch

루체른 상세 지도

Spitalstrasse
26
로이스강
2
무제크 성벽 06
푸니쿨라역
(Luzern Gütsch)
로카 05
Löwer
Röss
10 샤토 귀치
슈프로이어 다리 05
체인지메이커 02
밀피유 01
로이스강 변 댐 04
푸니쿨라역
(Funicular Gütsch)
호텔 데 발랑스 04
Reussbrücke
빌덴 만 레스토랑 03
Bahnhofstrasse
N
0
100m
필라투스 쿨름

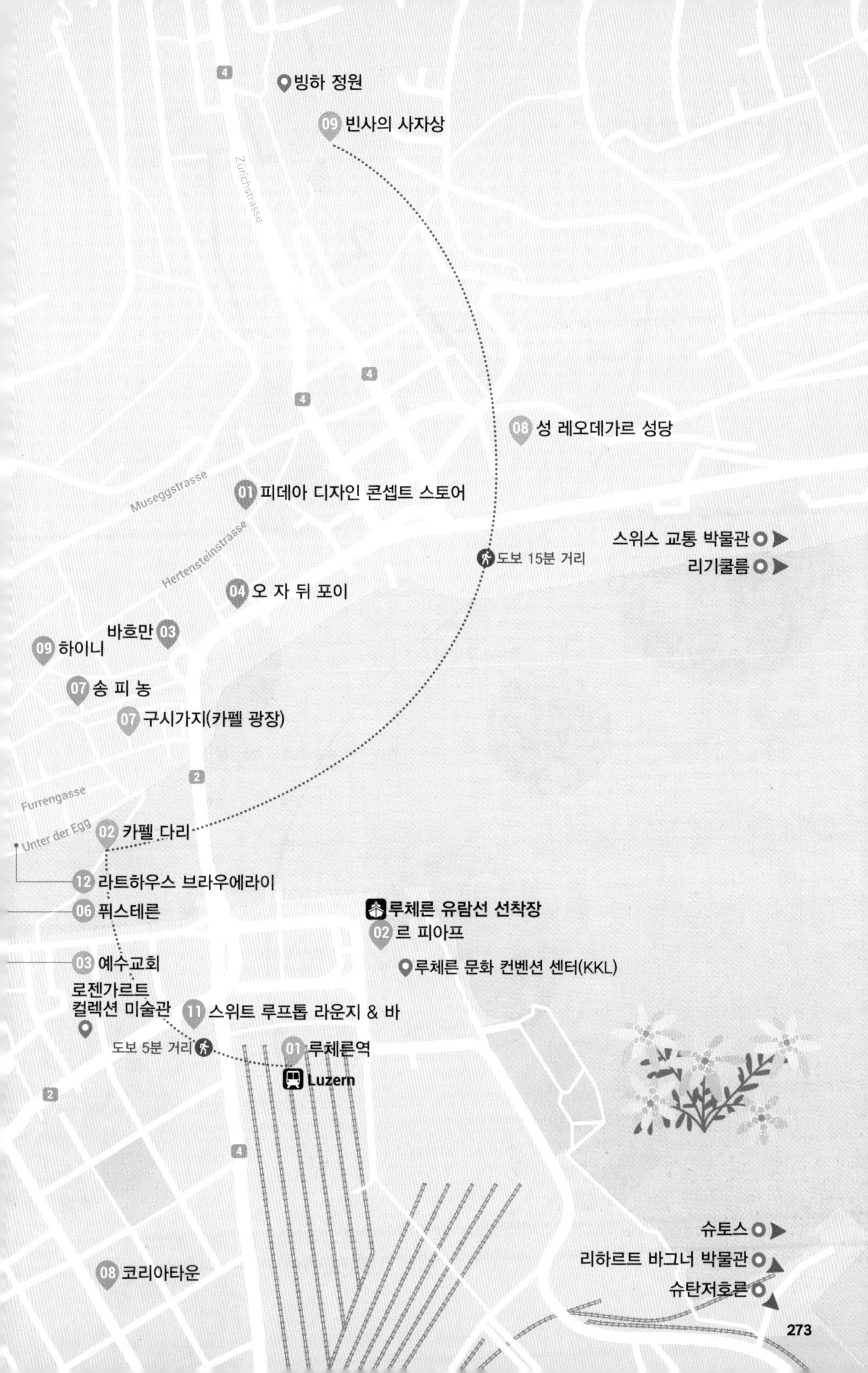
빙하 정원
09 빈사의 사자상
Zürichstrasse
08 성 레오데가르 성당
Museggstrasse
01 피데아 디자인 콘셉트 스토어
Hertensteinstrasse
스위스 교통 박물관
도보 15분 거리
리기쿨름
04 오 자 뒤 포이
바흐만 03
09 하이니
07 송 피 농
07 구시가지(카펠 광장)
Furrengasse
Unter der Egg
02 카펠 다리
12 라트하우스 브라우에라이
06 퓌스테른
루체른 유람선 선착장
02 르 피아프
03 예수교회
루체른 문화 컨벤션 센터(KKL)
로젠가르트
컬렉션 미술관
11 스위트 루프톱 라운지 & 바
도보 5분 거리
01 루체른역
Luzern
슈토스
리하르트 바그너 박물관
08 코리아타운
슈탄저호른

루체른
이렇게 여행하자

루체른 시내는 규모가 작아 2~3시간이면 둘러볼 수 있다. 구시가지는 차량이 진입할 수 없어 도보만 가능하니 산책할 겸 천천히 걸어서 돌아보자. 루체른에 하루를 온전히 투자할 수 있다면, 오전에는 리기쿨름이나 슈탄저호른 등의 산에 다녀오고 오후에는 구시가지를 둘러봐도 좋다. 아이와 함께 여행한다면 교통 박물관을 찾는 것도 좋은 경험이 될 것.

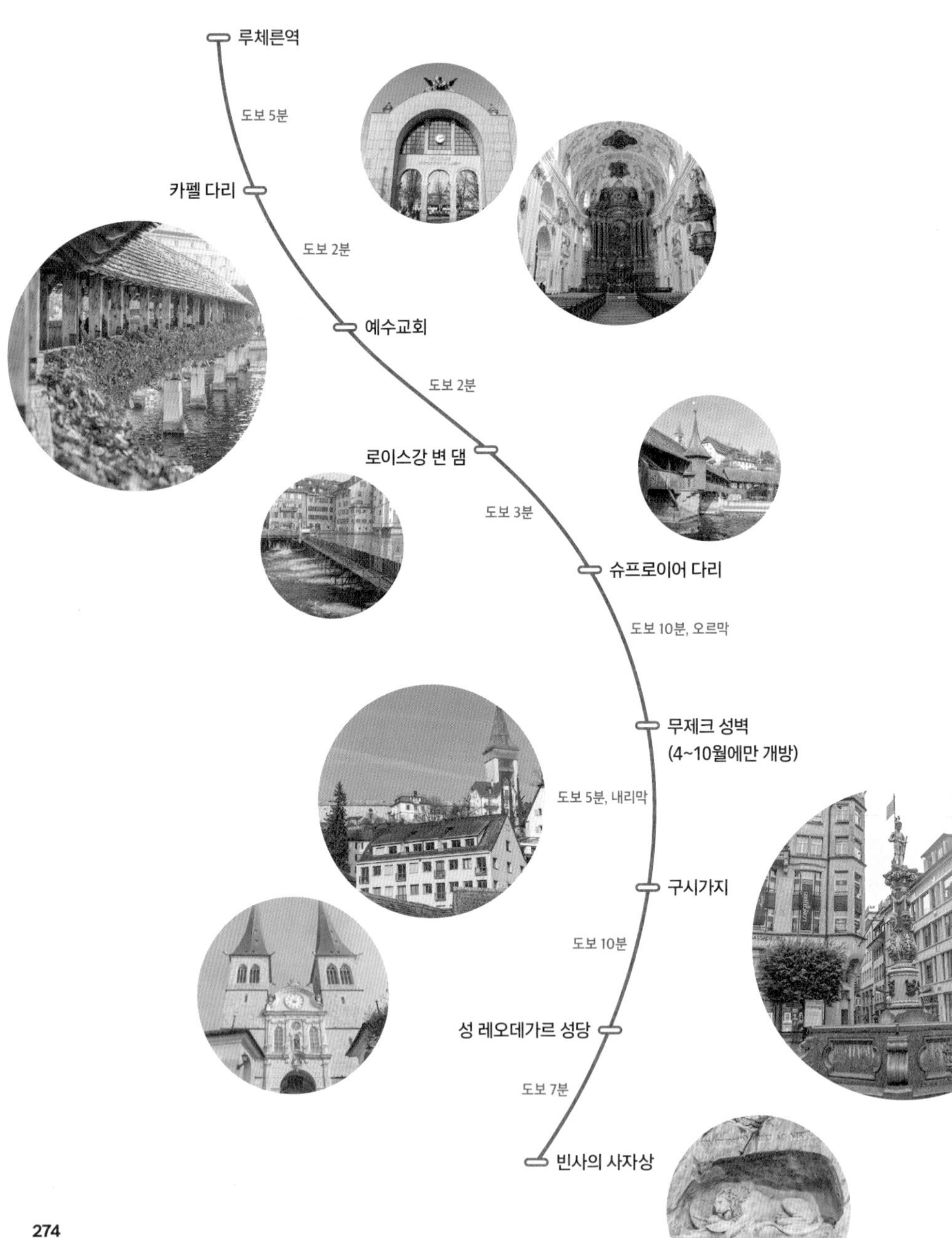

루체른 여행의 시작 포인트 ······ ①

루체른역 Luzern Hauptbahnhof & Torbogen

루체른 기차역은 파란만장한 역사를 지닌 역이다. 원래는 1856년에 목재로 기차역이 세워졌고, 그로부터 40년 후에는 스위스 건축가 한스 빌헬름 아우어가 유리 돔을 이용해 역을 완성했다. 하지만 1971년에 일어난 대형 화재로 원래 건물은 전소되었고, 지금의 역사는 1991년 재건축한 것이다. 지금은 목재로 지었던 흔적은 찾아볼 수 없지만, 루체른 기차역에 나오자마자 처음 지었을 당시의 문을 복원한 아치형 문을 볼 수 있다. 참고로 1925년 준공된 구 서울역사 건물(현 문화역서울 284)은 루체른역사를 모델로 디자인해 지은 것이다. 아치형 입구 위 있는 청동 조각은 스위스 조각가 리처드 키슬링의 '시대정신Zeitgeist'이라는 작품이다.

📍 Zentralstrasse 1, 6003 Luzern

스위스에서 가장 유명한 목조 다리 ······ ②

카펠 다리(카펠교) Kapellbrücke

루체른의 대표적인 건축물이자 유럽에서 가장 오래된 지붕 달린 나무다리다. 1332년경 도심을 방어하는 요새로 세워졌으며, 로이스강 북쪽의 구시가지와 강 남쪽을 연결하며 여전히 보행자들에게 길을 열어주고 있다. 지붕에는 17세기에 제작한 삼각형 모양의 판화가 걸려 있는데, 도시의 수호 어른인 성 레오데가르St. Leodegar와 성 모리스St. Maurice의 전기를 포함한 역사적인 장면이 담겨있다. 하지만 1993년 원인 불명의 화재가 발생해 다리가 거의 타버렸고, 안타깝게도 111개의 그림 중 78개가 역사 속으로 사라졌다. 지금 있는 다리는 CHF 340만(한화 약 50억 원)을 들여 1994년 4월에 재건축한 것이다. 다리 중간에 있는 34m 높이의 동그란 워터 타워Wasserturm는 1300년경에 지어진 것으로, 도시의 방어탑, 감옥, 고문실, 기록 보관소 등 다양한 용도로 사용되었다. 워터 타워는 현재 일반인에게는 개방하지 않고 포병 협회 본부에서 관리한다.

🚶 루체른역에서 대각선으로 길을 건너 도보 2분
📍 Kapellbrücke, 6002 Luzern

스위스에서 가장 아름다운 예배당 중 하나 ······ ③

예수교회 Jejuitenkirche

로이스강 변에 위치한 바로크 양식의 가톨릭 성당이다. 청록색 양파처럼 보이는 2개의 탑이 상징이며, 스위스 전역에서 가장 아름다운 예배당 중 하나로 꼽힌다. 1667년에 짓기 시작해 200년이 훌쩍 지난 1893년에야 2개의 탑까지 모두 완성되었을 정도라니 얼마나 정성 들여 지었는지 알 만하다. 이 교회는 스위스에서 개신교의 움직임이 활발할 때 가톨릭 성당을 지키기 위해 적극적으로 대응한 역사가 있다. 그 굳은 역사처럼 성당 문 역시 굳게 닫힌 듯 하나, 초록색 문을 밀고 들어가면 하얀색과 금색으로 장식된 화려한 분위기 속에 엄숙함이 느껴진다.

🚶 루체른역에서 로이스강을 따라 서쪽으로 도보 6분 / 카펠 다리에서 도보 2분 📍 Bahnhofstrasse 11A, 6003 Luzern Ⓕ 무료
🕓 06:30~18:30 📞 +41 41 240 31 33 🏠 jesuitenkirche-luzern.ch

선조들의 지혜가 현재까지 이어지는 ······ ④

로이스강 변 댐 Nadelwehr

역사적으로 로이스강과 루체른 호수는 루체른 시민들의 식수원이자 중요한 물류 운송의 길목이었다. 하지만 여름이면 빙하가 녹으면서 수면이 상승해 구시가지가 물에 잠기는 일이 빈번했고, 유속을 조정하기 위해 이 댐을 짓게 되었다. 1861년 만들어진 이 댐은 지금까지도 루체른 호수의 수위를 최적으로 조정해 주고 있다.

🚶 루체른역에서 로이스강을 따라 서쪽으로 도보 8분
📍 Reusssteg, 6003 Luzern

루체른 제2의 목조 다리 ······ ⑤

슈프로이어 다리 Spreuerbrücke

카펠 다리는 로이스강 상류에 있고, 슈프로이어 다리는 로이스강 하류에 있다. 1408년에 카펠 다리와 마찬가지로 도시 요새화의 일부로 지어졌는데 폭풍에 무너지고 1568년에 재건되었다. 다리에는 14세기에 유럽 전역을 뒤덮은 흑사병을 소재로 한 카스파 메글링게Kaspar Megliger의 1626~1632년 판화 작품 '죽음의 춤Totentanz' 45점이 남아 있다. 한 번 불에 타 많은 그림이 사라진 카펠 다리와는 달리 옛날 모습 그대로 묵직한 난간과 고풍스럽고 섬세한 목재 덕에 더욱 멋들어진다.

🚶 루체른역에서 로이스강 따라 서쪽으로 도보 10분
📍 Spreuerbrücke, 6004 Luzern

루체른의 왕관에서 바라보는 루체른 시내 ······ ⑥

무제크 성벽 Museggmauer

1386년에 축성된 이 성벽은 스위스에서 가장 잘 보존된 성벽 중 하나로, 루체른을 둘러싼 모습 때문에 '루체른의 왕관'이라고 불린다. 성벽은 총 길이가 870m, 평균 높이 9m에 두께가 1.5m에 달해 그 높이와 장엄함에서 당시의 권력과 통치의 모습을 엿볼 수 있다. 현재는 9개 성탑이 남아있는데, 그중 5개는 가이드와 동행해야만 둘러볼 수 있으며 나머지 4개 멘리 탑Männliturm, 시머 탑Schirmerturm, 치트 탑Zytturm, 바흐 탑Wachtturm은 개별 방문할 수 있다. 그중 치트 탑(시계탑)은 올라가면 탁 트인 시내 전경을 내려다볼 수 있어 추천한다. 이 탑의 시계는 시계의 장인 한스 루터가 1535년에 만든 것인데, 루체른에 있는 다른 시계보다 1분 먼저 울리는 재미난 역사가 있다.

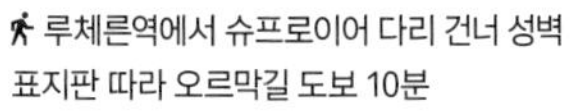

🚶 루체른역에서 슈프로이어 다리 건너 성벽 표지판 따라 오르막길 도보 10분
📍 Auf Musegg, 6004 Luzern Ⓕ 무료
🏠 www.museggmauer.ch

중세 시대 그대로 보존된 거리 ······ ⑦

구시가지 Altstadt

화려한 프레스코화로 장식된 유서 깊은 건물이 늘어선 고풍스러운 골목. 자동차가 다니지 않는 보행자 구역이라 마음껏 골목을 누비며 구경할 수 있다. 그중에서도 가장 인기 있는 곳은 바인마르크트 광장 Weinmarktplatz. 16세기 중반까지도 어시장이 있던 자리로 2층 목조 건물에는 고기, 빵, 가죽을 판매하는 시장도 있었지만, 건물은 1841년에 철거되고 지금처럼 광장만 남았다. 광장의 상징 바인마르크트 분수대는 10년에 걸쳐 지었는데, '루체른에서 가장 아름다운 분수대'라고 평가받는다. 또 구시가지 골목 끝에 위치한 카펠 광장Kapellplatz 분수대는 매년 2월에 열리는 카니발, 파스나흐트Fasnacht의 시작 장소이기도 하다.

🚶 루체른역에서 슈프로이어 다리를 건너면 구시가지 초입 📍 Löwengraben 8, 6004 Luzern

루체른 가톨릭 신자들이 미사를 드리는 곳 ······ ⑧

성 레오데가르 성당 Hofkirche St. Leodegar(Court Church of St. Leodegar)

도시의 수호 어른 이름을 딴 성 레오데가르 성당은 호수 옆 작은 언덕 위에 있다. 8세기 중반에 수도원 시설로 설립된 후 여러 번 보수 공사를 거쳐 17세기에 재건된 것이 지금까지 이어져 오고 있다. 성당 내부에서도 특히 가운데 복도를 기준으로 화려한 나무 의자와 소박한 의자가 양쪽으로 나뉘어 있는 모습이 눈에 띈다. 여기서 부유한 교인과 가난한 교인이 따로 미사를 드리던 풍경을 짐작할 수 있다. 1640년에 만들어진 대형 파이프 오르간은 제작 당시 세계에서 가장 크고 무거운 파이프를 사용했다. 지금도 7,374개의 파이프가 아름다운 소리를 내고 있으며, 때때로 파이프 오르간 연주회가 열리기도 한다(일정은 홈페이지 확인).

🚶 루체른역에서 도보 12분 / 루체른에서 1·6·8·19번 버스 타고 Luzernerhof 정류장에서 하차 후 도보 3분 📍 St. Leodegarstrasse 6, 6006 Luzern
Ⓕ 무료 🕒 07:00~19:00
📞 +41 229 95 00
🏠 www.kathluzern.ch

사자처럼 싸우다 전사한 스위스 용병 추모비 ······ ⑨

빈사의 사자상 Löwendenkmal

프랑스 혁명군을 상대로 루이 16세를 지키던 스위스 출신 용병들을 추모하는 기념비이다. 1792년 8월 10일 튈르리 궁전 습격 사건 당시 궁전을 지키던 스위스 근위대 약 700명이 전투 중 사망했다. 이곳의 사자는 사자처럼 용맹하게 싸운 이들의 모습을 표현한 것이며, '빈사'는 위독한 병 혹은 상처 때문에 죽음에 이른 상태를 말한다. 그들을 기리는 가로 10m, 세로 6m의 석상은 나무로 둘러싸인 차분한 공원 속에 있다. 방패 속 문양에서 프랑스 부르봉 왕가를 상징하는 백합과 함께, 사자 위 '스위스의 충성심과 용기에 바치다 HELVETIORUM FIDEI AC VIRTUTI'라는 라틴어 문구가 희생자들을 추모한다. 〈톰소여의 모험〉을 쓴 미국 작가 마크 트웨인은 〈유럽 방랑기A Tramp Abroad〉에서 빈사의 사자상을 세계에서 가장 슬프고도 아름다운 작품이라 표현한 바 있다.

🚶 루체른역에서 도보 15분 / 루체른역에서 1·71·14·19번 버스 타고 Löwenplatz 정류장에 내려서 도보 3분
📍 Denkmalstrasse 4, 6002 Luzern 🕒 24시간
🏠 www.loewendenkmal-luzern.ch

직접 보고 듣고 체험하는 재미 가득
루체른의 놓칠 수 없는 4대 박물관

이토록 많은 피카소의 작품이 이곳에

로젠가르트 컬렉션 미술관 Sammrung Rosengart Museum

피카소와 파울 클레의 수많은 작품을 소장한 미술관이다. 루체른 출신의 미술품 딜러 지크프리트 로젠가르트(1894~1985)는 19세기와 20세기 추상 미술가의 후원자이자 큰손이었다. 샤갈, 세잔, 칸딘스키, 브라크, 모네, 페르난도, 모딜리아니 등과 교류하며 주옥같은 작품을 수집했고, 지금은 외동딸 안젤라(현재 92세)가 대를 이어 운영 중이다. 박물관 1층은 피카소 작품으로만 전시할 정도로 많은 작품을 보유하고 있으며, 2층에 올라가면 피카소가 직접 그린 미술관 주인 안젤라의 초상화도 볼 수 있다.

루체른역에서 Pilatusstrasse 거리를 따라 도보 3분 Pilatusstrasse 10, 6003 Luzern 성인 CHF 18, 학생 CHF 10, 7~16세 CHF 10, 스위스 트래블 패스 무료 4~10월 10:00~18:00, 11~3월 11:00~17:00 루체른 파스나흐트 기간 휴관 +41 41 220 16 60 www.rosengart.ch

스위스 교통의 발전을 보여주는 곳

스위스 교통 박물관

Verkehrshaus der Schweiz(Swiss Museum of Transport)

기차, 자동차, 선박, 항공기와 관련된 교통수단을 전시해 놓은 거대한 박물관. 매년 스위스에서 가장 많은 방문객이 다녀가는 박물관이다. 전체적으로 체험형 전시로 구성되어 아이를 동반한 가족 여행자들에게 인기가 많다. 추가 입장료를 내면 남극, 세렝게티 등 세계의 자연을 볼 수 있는 3D 영화관, 우주를 체험할 수 있는 플라네타륨, 놀이 기구를 타고 초콜릿 역사를 탐험하는 스위스 초콜릿 어드벤처도 즐길 수 있다.

루체른역 버스 정류장에서 6·8·24번 버스 타고 Verkehrshaus 하차 후 도보 8분 / 루체른역 앞 유람선 선착장에서 유람선 타고 Verkehrshaus, Lido 하차 후 도보 2분 Haldenstrasse 44, 6006 Luzern 성인 CHF 35, 만 6~15세 CHF 15, 만 6세 미만 무료(박물관 통합권 성인 CHF 62, 만 6~15세 CHF 29, 만 6세 미만 CHF 12) 스위스 트래블 패스 50% 할인 10:00~18:00(동절기 ~17:00) 41 41 375 75 75 www.verkehrshaus.ch

서양 음악사에서 가장 영향력 있는 음악가를 만나다

리하르트 바그너 박물관

Richard Wagner Museum Lucerne

독일인 작곡가 리하르트 바그너(1813~1883)가 6년(1866~1872) 동안 살던 집을 개조해 박물관으로 개방했다. 바그너는 루체른 호숫가에 있는 이 집에서 머무는 동안 4부작 링 사이클 '라인의 황금Das Rheingold'과 '발퀴레Die Walküre', '트리스탄과 이졸데Tristan und Isolde' 등 다양한 작품을 완성했다. 박물관에서는 그의 애장품인 에라르Érard 그랜드 피아노를 비롯해 사진, 그림, 귀중한 악보와 편지 목록을 통해 예술가의 삶과 작품을 엿볼 수 있다. 바그너의 인생을 더 깊이 느낄 수 있는 오디오 가이드는 한국어는 지원하지 않지만, 영어 기기를 선착순으로 빌릴 수 있다.

루체른역에서 6·7·8번 버스 타고 Wartegg 정류장에서 하차 후 도보 7분 / 루체른역 앞 유람선 선착장에서 퀴틀리 유람선을 타고 Tribschen 하차 후 도보 2분
Richard-Wagner-Weg 27, 6005 Luzern
성인 CHF 10, 만 16세 이하 CHF 5, 만 10세 미만·스위스 트래블 패스 무료 5~10월 화~일 11:00~17:00
5~10월 월, 11~4월 휴무 +41 41 360 23 70
www.richard-wagner-museum.ch

루체른 빙하기의 짙은 흔적

빙하 정원 Gletschergarten luzern

빙하 시대 유적과 푸르른 정원이 함께 있는 야외 및 실내 박물관이다. 루체른은 2천만 년 전에는 아열대 해변이었고, 2만 년 전에는 마지막 빙하기를 겪었다. 빙하 정원에서는 그 흔적이 그대로 남은 모습을 직접 볼 수 있다. 공원에 입장하자마자 뜬금없이 거대한 구멍들이 보일 것이다. 이 구멍은 긴 시간 동안 빙하가 녹으면서 커다란 바위가 소용돌이치며 생겼으며 깊게는 최대 9m까지 이어진다. 사실 이 구멍에서 빙하 정원이 탄생했는데, 한 사람이 와인 저장고를 만들려고 땅을 파다가 움푹 파인 지형을 발견했던 것. 당시 루체른에서 관광 사업이 막 떠오르던 시점이라 와인 저장고가 아닌 빙하 정원을 조성하게 되었다. 이곳에서는 빙하 시대부터 지금까지 지층의 변화를 배울 수 있으며, 현재는 기획 전시가 열리는 사암 파빌리온, 아이들이 좋아하는 거울 미로가 설치되어 있다. 1980년부터는 풍화 작용에서 빙하 유적을 보호하기 위해 커다란 텐트를 세워 물과 바람을 차단하고 있다.

빈사의 사자상 입구 바로 옆 Denkmalstrasse 4, 6006 Luzern 성인 CHF 22, 학생 CHF 17, 만 16세 이하 CHF 12, 만 5세 이하 무료 10:00~17:00 +41 41 410 43 40
www.gletschergarten.ch

1년 내내 음악 축제가 가득한 스위스 음악의 수도 **루체른에서 즐기는 뮤직 페스티벌**

고전 음악 역사상 가장 유명한 작곡가 중 한 사람으로 꼽히는 라하르트 바그너는 루체른에 살면서 수많은 작품을 만들었고, 러시아 작곡가 세르게이 라흐마니노프Sergei Rachmaninoff와 이탈리아 지휘자 아르투로 토스카니니Arturo Toscanini 역시 한때 루체른에 정착해 음악을 만들었다. 그때부터 지금까지 루체른은 스위스의 음악 도시로서 연중 다양한 공연이 열린다. 장르의 구분 없이 종류도 다양하니, 음악의 도시까지 찾아간 김에 호숫가에서 아름다운 음악의 선율과 함께 여유를 찾아보는 것도 좋은 시간이 될 것이다.

9월 월드 밴드 페스티벌 루체른
World Band Festival Lucerne

9월 말, 9일 동안 이어지는 축제 기간에 전 세계에서 약 1,000명이 모여 음악 경연 대회 및 콘서트를 펼친다. 브라스 밴드, 콘서트 밴드, 재즈, 스윙, 월드 뮤직, 클래식, 포크부터 살사 음악까지 독특하고 다양한 음악을 아우르는 페스티벌이다. 메인 공연장은 KKL 콘서트홀이다.

KKL(루체른 문화 컨벤션 센터) 콘서트홀
www.worldbandfestival.ch

루체른 페스티벌 Luzern Festival

클래식 음악계를 대표하는 국제 페스티벌이다. 1938년에 시작돼 지금까지 이어지고 있는데, 1년 내내 다양한 페스티벌을 즐길 수 있다. 특히 메인 페스티벌은 8월 중순부터 9월 중순까지 열리는 서머 페스티벌. 100여 개의 콘서트와 이벤트가 열려 심포니 콘서트, 실내악, 리사이틀 등 다양한 스타일의 음악을 즐길 수 있다. 스위스에서 가장 오래된 오케스트라인 루체른 심포니 오케스트라를 비롯해 베를린 필하모닉, 비엔나 필하모닉과 네덜란드의 로열 콘세르헤바우 오케스트라까지 유명한 심포니 오케스트라와 솔리스트들이 게스트로 출연하기도 한다.
여름 외에도 4월 중순 부활절 전 주말에는 3일간 오케스트라 축제가 열리는 스프링 페스티벌, 5월에는 피아노 음악의 폭넓은 스펙트럼을 선보이는 피아노 페스티벌, 11월에는 젊은 음악가들에게 무대를 제공하는 루체른 포워드 페스티벌이 열린다. 2024년 5월에 열린 피아노 페스티벌에서는 한국인 피아니스트 임윤찬이 연주해 세계인의 주목을 받기도 했다.

www.lucernefestival.ch

7월 루체른 라이브 Luzern Live

7월 말 10일간 국내외 음악으로 60개 이상의 라이브 공연이 펼쳐진다. 공연은 팝, 록, 테크노, 일렉트로닉, 아프로비트 등 다양한 음악으로 이루어지며 총 5개의 무대에서 펼쳐진다.

유로파플라츠, 슈바이처호프, 파빌리온(쿠어플라츠), KKL 공연장 혹은 야외 무대 www.luzern-live.ch

11월 루체른 블루스 페스티벌
Luzern Blues Festival

1995년에 시작된 페스티벌로, 매년 세계적인 블루스 음악가들이 루체른으로 모인다. 8일간 열리며 더 많은 사람에게 블루스 음악을 알리기 위해 공연 중 일부는 무료로 개방한다.

www.bluesfestival.ch

시티 오브 뮤직, 루체른의 음악의 장 루체른 문화 컨벤션 센터
KKL, Kultur und Kongresszentrum Luzern

유리와 강철로 만들어진 이 아름다운 건물은 루체른 문화 예술의 중심이다. 특히 건축계의 노벨상이라 불리는 프리츠커상을 받은 프랑스의 유명 건축가 장 누벨Jean Nouvel의 건축 미학을 엿볼 수 있다. 건물 사이로 루체른강 물이 흐르고, 전면 유리창에서 다양한 각도로 도시와 강, 호수를 볼 수 있다. 건물 전체는 조명과 태양광이 이어지도록 디자인했다. 주로 클래식 공연이 열리는 홀은 세계에서 가장 음향이 뛰어난 어쿠스틱 홀로 꼽힌다. 건물 4층에는 미술관이 있으며 스위스 트래블 패스로 무료 입장할 수 있다.

스위스 트래블 패스를 100% 활용하는 방법
루체른에서 갈 수 있는 산 BEST 4

루체른에는 스위스 트래블 패스만 있으면 무료로 올라갈 수 있는 산이 3곳이나 있고,
할인 요금으로 올라갈 수 있는 전망대도 여럿 있다. 루체른 호수의 아름다운 전경에 더해
아기자기한 시가지 풍경까지, 올라가는 곳마다 보이는 풍경도 즐길 방법도 달라 루체른 여행이 더욱 즐겁다.

리기쿨름·슈탄저호른·슈토스·필라투스쿨름 상세 지도

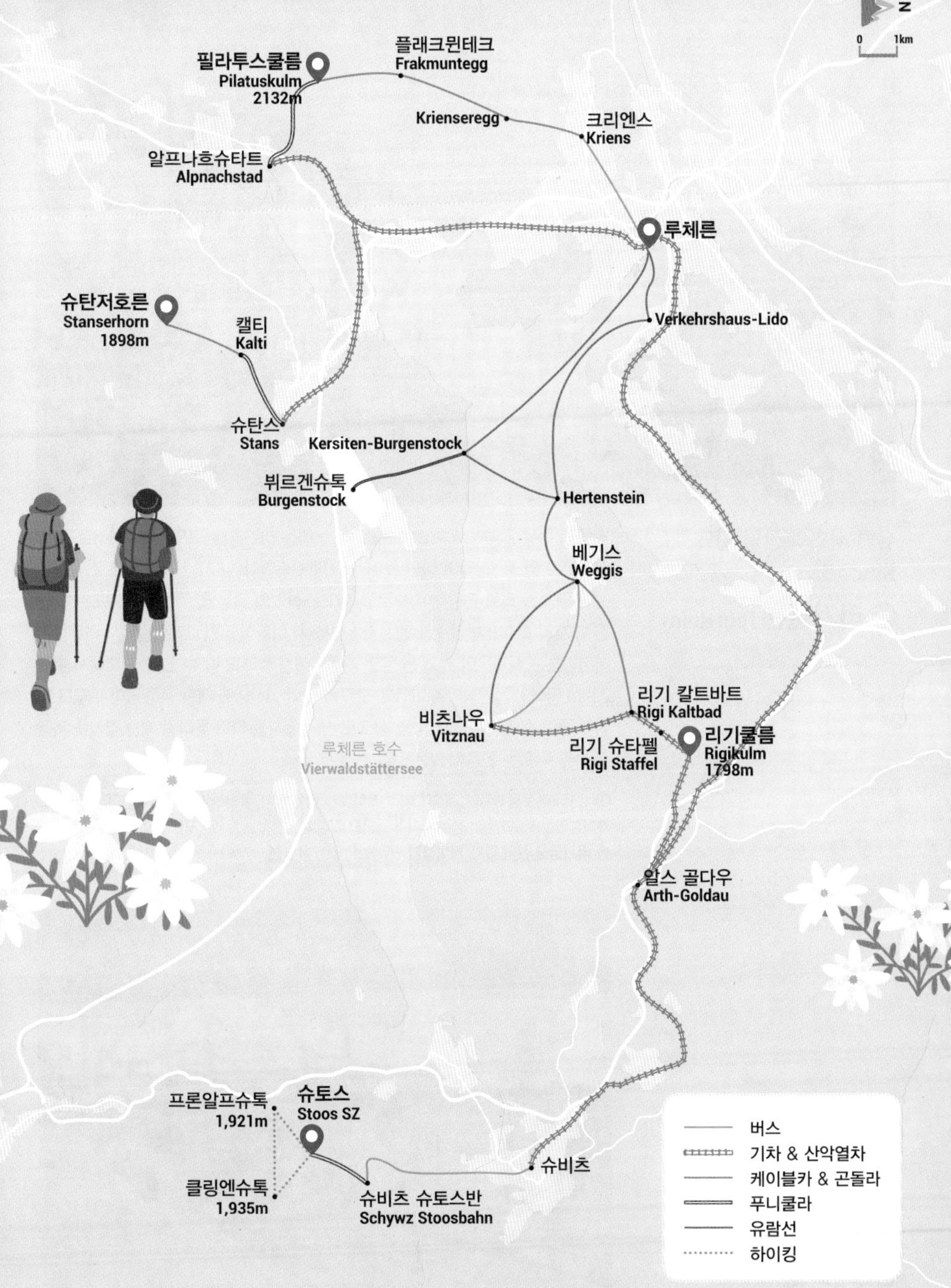

유럽 최초의 산악 철도
Since 1871

① 리기쿨름 Rigi Kulm

'산들의 여왕Queen of the Mountains'이라 불리는 리기쿨름. 고도는 1,798m로, 지질학적으로 알프스산맥이 아닌 스위스 고원에 속한다. 1871년 유럽 최초로 개통된 산악 열차를 타고 전망대에 오르면, 알프스산맥의 고봉 및 주변에 360도로 펼쳐진 13개의 호수가 반겨준다. 경사가 완만해서 여름이 되면 내리막길에서 여유롭게 하이킹하는 즐거움이 있고 눈 쌓인 겨울날에는 썰매도 탈 수 있다. 시내에서 불과 22km 떨어져 접근성이 뛰어나고, 고도가 낮아 고산병에 대한 걱정 없이 누구나 편하게 즐길 수 있다는 것도 장점. 참고로 산악 열차를 타고 올라갈 때는 경치를 제대로 즐길 수 있는 왼쪽에 앉는 것을 추천한다.

🕓 1년 내내 운행하지만, 계절에 따라 케이블카, 산악 열차, 유람선 시간대가 다르다. 또 베기스 케이블카는 3월에 정기 점검 시기가 있으므로 정확한 정보는 홈페이지를 찾아볼 것.
🏠 **리기쿨름 산악 열차·케이블카** www.rigi.ch **유람선** www.lakelucerne.ch

리기쿨름
실시간 라이브 캠
rigi.roundshot.com

사계절 내내 가능한 리기쿨름 하이킹

리기 슈타펠~리기 칼트바트 하이킹 Rigi Staffel~Rigi Kaltbad

일정이 바쁜 여행객이라면 리기쿨름 정상부터 리기 슈타펠역까지 걷는 코스가 정석이다. 약 1km의 짧은 구간으로 여유롭게 걸어 내려갈 수 있으며 보이는 풍경도 장관이다. 또한 1년 내내 누구나 쉽게 걸어 내려갈 수 있기 때문에 인기가 많다. 풍경을 조금 더 즐기고 싶다면 리기 슈타펠에서 약 30분 걸리는 리기 칼트바트까지 걷기를 추천한다.

시작 지점 리기쿨룸(1,767m) **도착 지점** 리기 슈타펠(1,604m) **난이도** 하 **소요 시간** 15~20분

리기쿨름 여행의 끝판왕

리기 칼트바트 미네랄 온천 Mineralbad & Spa Rigi Kaltbad

온천수에 미네랄이 풍부해 600년 전부터 많은 사람이 찾아오는 온천이다. 2012년 스위스 건축가 마리오 보타Mario Botta가 새로 디자인해 대규모 스파 시설로 거듭났다. 실내 수영장에서 알프스가 보이는 야외 수영장까지 이어져 있으며 한증막, 오가닉 사우나, 크리스털 스파 등도 함께 즐길 수 있다. 스파 코너의 사우나는 만 16세 이상만 이용할 수 있다.

🕓 11:15~18:30 Ⓕ 성인 CHF 41, 만 7~15세 CHF 21, 만 7세 미만 CHF 13 🏠 www.mineralbad-rigikaltbad.ch

리기쿨름으로 가는 방법

루체른에서 리기쿨름 정상까지 다녀오는 방법은 총 세 가지. 처음에는 ①번 코스인 유람선, 기차를 타고 올라갔다가 기차, 곤돌라, 유람선을 타고 ②번 코스대로 돌아오는 방법이 인기가 많다. 내려올 때는 아래의 역순으로 이용하면 된다.

① 루체른 유람선 선착장 → 유람선 1시간 → 비츠나우Vitznau 선착장 하차 → 도보 3분 → 비츠나우역Vitznau → 산악 열차 35분 → 리기쿨름역Rigi Kulm 🕓 1시간 42분
Ⓕ 편도 CHF 80, 왕복 CHF 131, 스위스 트래블 패스·세이버데이 패스 무료

② 루체른 유람선 선착장 → 유람선 55분 → 베기스Weggis 선착장 하차 → 오르막 도보 15분 → 베기스 곤돌라역Weggis → 곤돌라 10분 → 리기 칼트바트역Rigi Kaltbad → 산악 열차 10분 → 리기쿨름역Rigi Kulm 🕓 1시간 45분 Ⓕ 편도 CHF 80, 왕복 CHF 131, 스위스 트래블 패스·세이버데이 패스 무료

③ 루체른역 → 기차 27분 → 아스 골다우역Arth Goldau → 산악 열차 39분 → 리기쿨름역Rigi Kulm 🕓 1시간 29분 Ⓕ 편도 CHF 62, 왕복 CHF 105.20, 스위스 트래블 패스·세이버데이 패스 무료

세계 최초의 오픈 데크 케이블카에서 내려다보는 비경!

② 슈탄저호른 Stanserhorn 1,898m

슈탄저호른은 루체른역에서 기차로 44분이면 갈 수 있는 산으로, 숨겨진 절경과 탁 트인 전망을 자랑하는 매력적인 지역이다. 먼저 1893년에 개통한 작고 감성적인 기차역에서 사방이 뚫린 개방형 나무 객차를 타고 목가적인 마을을 지나간다. 다음으로는 슈탄저호른의 하이라이트이자 전 세계에 유일무이한 오픈 데크 케이블카, 카브리오CabriO를 타게 된다. 가능하다면 케이블카 2층에 올라 호수 방향 앞자리에 자리 잡자. 정상까지 올라가는 9분 동안 시원한 바람을 맞으며 알프스와 루체른을 내려다볼 수 있다. 슈탄저호른 정상에 도착하면 다양한 꽃과 식물이 반겨준다. 식물 보호 지역인 이곳에서는 봄이면 크로커스, 스노드롭, 수선화 등 다양한 알프스 꽃을, 5~6월에는 13종의 다양한 난초를 만날 수 있다. 전망대에서 빠져나와 5분 정도 걸어가면 작은 바비큐장과 피크닉 장소가 나온다. 여기서 피크닉을 즐겨도 좋고, 출출하면 역에 있는 회전 레스토랑에서 식사를 즐겨도 좋다. 옵발덴에서 만들어 낸 신선한 파스타를 사용한 앨플러마그로넨Äplermagronen을 추천한다. 퐁뒤는 2인 이상 주문 시 큰 냄비에 치즈가 담겨 나와 충분히 배부르게 먹을 수 있다.

📍 Stansstaderstrasse 19, 6370 Stans 🏠 www.stanserhorn.ch
날씨 웹캠 www.stanserhorn.ch/informationen/wetter-webcam

슈탄저호른 실시간 라이브 캠

슈탄저호른 가는 방법

루체른 기차역 → 기차 14분 → 슈탄스역Stans → 도보 5분 → 슈탄스 푸니쿨라Stanserhorn Bahn → 푸니쿨라 18분 → 캘티역 Kälti → 곤돌라 9분 → 슈탄저호른역Stanserhorn 도착(총 44분 소요)

🕔 매년 4월 초~11월 말 운행(홈페이지 참고) / 슈탄스 출발 첫차 08:15, 슈탄저호른 출발 막차 17:15 Ⓕ 스위스 트래블 패스 무료, 왕복 CHF 82, 만 6~15세 CHF 20.50

아이도 어른도 모두 좋아하는

③ 슈토스 Stoos 1,300m

슈토스
실시간 라이브 캠

다람쥐 통처럼 귀여운 모양의 푸니쿨라, 하지만 세상에서 가장 가파르게 올라가는 푸니쿨라를 경험할 수 있다. 743m를 편하게 오르면 차량 운행이 금지된 청정한 슈토스 마을에 도착한다. 슈토스 마을은 인구가 100명밖에 되지 않는 조용한 산악 마을이다. 마을 자체는 볼거리가 별로 없지만, 이곳에 오는 이유는 클링엔슈톡에서 프론알프슈톡Fronalpstock까지 가는 릿지 하이킹길 때문이다. 전망대만 즐기려면 프론알프슈톡까지 리프트를 타고 올라가면 된다. 10개의 호수 및 장엄한 알프스 산맥은 물론 스위스가 처음 생긴 발원지로 알려진 뤼틀리Rütli까지 수직으로 내려다 보이는 전망을 즐길 수 있다. 멋진 풍경이 뒤로 펼쳐지는 넓은 놀이터가 있어, 가족 여행객에게도 추천하는 곳이다.

📍 Stoosplatz 1 6433Stoos SZ 🏠 www.stoos.ch
날씨 웹캠 www.stoos.ch/de/pages/webcams

슈토스 가는 방법

슈비츠 기차역 → 501번 버스 10분 → 슈토스반 푸니쿨라역Schwyz, Stoosbahn → 푸니쿨라 7분 → 슈토스역 도착 → 도보 5분 → 슈토스 리프트(제젤반 프론알프슈톡Sesselbahn Fronalpstock) 15분 Ⓕ 성인 CHF 56, 만 6세 미만 무료, 스위스 트래블 패스 CHF 33(슈토스까지 무료, 슈토스~클링엔슈톡, 슈토스~프론알프슈톡 유료), 주니어 트래블 카드 CHF 13.20

슈토스 마을

푸니쿨라

한여름에 인생 릿지 하이킹을 하고 싶다면!

No.87 슈토스 릿지 하이킹 코스

조용한 슈토스 마을만 보고 떠나기에는 아쉽다면 프론알프슈톡(1,921m)으로 릿지 하이킹을 떠나길 추천한다. 슈토스역에 내려 5분 정도 걸어가 스키 리프트를 타고 클링엔슈톡Klingenstock까지 간 다음, 리프트에서 내려 프론알프슈톡까지 릿지 하이킹을 하는 코스다. 클링엔슈톡 정상에서는 뤼틀리, 브룬넨, 필라투스, 리기, 센티스 등 웅장한 산들이 펼쳐진 풍경을 볼 수 있으며 하이킹을 좋아한다면 리기, 필라투스보다 슈토스 릿지 하이킹을 추천한다. 가장 아름다운 시기는 꽃 피는 6월 말~8월 중순이지만 현지인들이 많이 오는 일요일과 바람이 많이 부는 날은 가급적 피하길 추천한다. 능선이 하나뿐이라 생각보다 오래 걸릴 수 있기 때문이다.

코스 클링엔슈톡(1,935m) → 로트 투름(1,852m) → 후저 스톡(1,904m) → 푸르겔리(1,782m) → 프론알프슈톡(1,922m) **시기** 6~11월
오르막 928m **내리막** 924m **난이도** 중 **소요 시간** 3시간

루체른 현지인들이 가장 애정하는 산

④ 필라투스쿨름 Pilatus Kulm

'산의 여왕' 리기쿨름과 전혀 다른, '산의 왕'이라 불릴 만한 뾰족하고 험준한 바위산. 험한 산세에 수많은 전설이 얽힌 만큼, 루체른 사람들과 뿌리 깊게 연관된 산이기도 하다. 치유의 능력이 있는 신비한 용이 산다고 전해오며, 지금까지도 용은 필라투스쿨름의 상징적인 존재로 여겨진다. 중세 시대에는 예수에게 십자가형을 선고한 로마 총독 폰티우스 필라투스Pontius Pilatus(본디오 빌라도)의 영혼이 산을 배회하며 날씨를 조종한다고 믿어 다가가기 꺼렸고, 이곳의 용을 자극하면 끔찍한 재난을 불러올까 두려워 수 세기 동안 등반 자체가 엄격히 금지되기도 했다. 수많은 전설 속의 필라투스쿨름이 세상에 얼굴을 드러낸 것은 1889년. 최대 48% 경사도를 자랑하는 세계에서 가장 가파른 톱니바퀴 철도를 건설하며 산 정상까지 도달하는 쾌거를 이뤄냈다. 이곳은 단순히 보러 가는 산이 아니라 걷고 경험하는 산이다. 한국인은 아직 많이 찾지 않지만, 산세의 풍부한 매력과 곳곳에 다양한 액티비티를 발견한다면 절대 잊지 못할 시간을 보낼 것이다.

필라투스쿨름
라이브 캠

필라투스쿨름으로 가는 방법

①로 올라갔다가 ②로 내려오는 방법이 인기가 많다. ②로 내려올 경우 정차 역인 프래크뮌테그에서 액티비티를 즐길 수 있기 때문. 하지만 11월 중순~4월에는 눈 때문에 산악 열차가 다니지 않으므로 ②로만 왕복이 가능하다. 렌터카로 여행한다면 ①로 갔다가 다시 ①로 내려오는 게 효율적이고, 여름에는 곤돌라 안이 매우 더우므로 더위에 약한 사람 역시 ①을 추천한다.

① 루체른 → 기차 17분 → 알프나흐슈타트Alpnachstad → 산악 열차 40분 → 필라투스쿨름Pilatus Kulm 도착 ⓣ 1시간 10분 ⓕ CHF 44.40, 왕복 CHF 88.80 / 스위스 트래블 패스 버스 무료, 곤돌라·산악 열차·케이블카 50% 할인

② 루체른 → 1번 버스 12분 → 크리엔스Kriens 하차 → 곤돌라 30분 → 프래크뮌테그Fräkmüntegg → 곤돌라 4분 → 필라투스쿨름 Pilatus Kulm 도착 ⓣ 1시간 5분 ⓕ CHF 43.80, 왕복 CHF 87.60 / 스위스 트래블 패스 버스 무료, 곤돌라·산악 열차·케이블카 50% 할인

한 번 오면 또 오게 되는 곳

필라투스쿨름 정상 Pilatus Kulm

2,132m

필라투스쿨름 정상에서는 무려 4개의 전망대를 통해 360도로 트인 전경을 볼 수 있다. 언제나 사람으로 북적거리는 곳이라 기본적으로 2개 이상의 전망대는 가야 한다. 그래야 온전하게 멋진 산 공기를 조용하게 즐기며 비로소 알프스의 향기를 느낄 수 있으니 말이다.

꽃을 보며 걷는 트레킹길

톰리스호른 전망대 Tomlishornweg 2,128m

필라투스쿨름에 왔다면 반드시 가야 할 전망대. 전망대까지 이어지는 완만한 하이킹길을 즐기려는 사람들이 더 많이 찾는다. 천천히 걸어도 왕복 1시간 정도 걸리는 곳으로, 햇볕이 잘 드는 남쪽 산 능선을 따라 꽃을 보며 걷다 보면 어느새 전망대에 도착한다. 특히나 고산 지대에 꽃이 피는 6~7월이 가장 하이라이트! 꽃마다 이름이 표시되어 있어 보는 재미도 쏠쏠하다.

시기 6~10월 **난이도** 중 **코스 길이** 3.1 km **소요 시간** 왕복 1시간 10분

필라투스쿨름에서 가장 접근하기 쉬운 전망대

오버하웁트 전망대 Oberhaupt 2,106m

필라투스쿨름역에서 가장 눈에 띄는 전망대로 열차에서 내려 10분만 올라가면 도착한다. 레스토랑 벨뷰 Restaurant Bellevue 건물 2층에 올라서면 전망대로 올라가는 계단이 나오고, 여기서 10분만 걸어 올라가면 필라투스 고원에 도달해서 멋진 전망을 감상할 수 있다.

연중 무휴

역에서 바로 보이는 전망대

필라투스쿨름에서 펼쳐지는 환상적인 전망

에젤 전망대 ESEL 2,118m

오버하웁트 전망대보다는 훨씬 더 가파르지만 더 멋진 경관을 보여주는 주는 곳이다. 특히 필라투스쿨름 호텔에 묵는다면 해돋이 명소로 손꼽히는 곳. 맑은 날에는 남서쪽의 베른 알프스에 있는 아이거, 묀히, 융프라우 등의 봉우리들을 볼 수 있고, 정상에서 북쪽으로는 남부 독일의 블랙 포레스트까지 볼 수 있다. 360도로 펼쳐지는 73개의 알파인 봉우리는 덤이다. 레스토랑 벨뷰Restaurant Bellevue 건물 뒤쪽으로 올라가는 길이 보인다.

🕒 3~10월

10분 동안 모험의 세계로 빠져드는 트레일

드래곤 트레일 Drachenweg

필라투스쿨름의 상징, 용의 몸처럼 꼬불꼬불한 트레일이다. 10분 동안 오르락내리락하며 동굴 및 능선을 탐험할 수 있다. 동굴 속에 뚫어 놓은 창문을 통해 멋진 경관을 보는 건 덤이다. 필라투스쿨름역 건물 안에서 왼쪽 자동문으로 이어진다.

🕒 3~10월

필라투스쿨름 호텔

필라투스쿨름 호텔은 1890년에 지어진 4성급 호텔이다. 객실은 슈페리어 더블룸 27개, 주니어 스위트 3개가 있으며 모두 알프스산맥의 숨 막힐 듯한 파노라마 전망을 만날 수 있다. 숙박 요금에 4코스 저녁 및 아침과 리기쿨름까지 가는 왕복 기차 티켓이 포함되어 가성비가 좋다. 날씨만 좋다면 저녁에는 일몰, 아침에는 루체른 호수 위로 떠오르는 일출을 볼 수 있어 추천한다.

Ⓕ 성수기 CHF 500~900, 비수기 CHF 350~600(2인 기준) ☏ +41 329 12 12
🏠 www.pilatus.ch/en/discover/hotels/pilatus-kulm-hotels

루체른 액티비티 1번지
프래크뮌테그역 Fräkmüntegg

필라투스쿨름에서 곤돌라로 한 정거장 떨어진 프래크뮌테그역에는 스위스에서 가장 긴 터보건부터 시작해 어린이들이 뛰놀며 즐길 수 있는 어드벤처형 놀이터까지 마련되어 있다. 단순히 필라투스 여행의 경유지를 넘어, 가족 여행자들이 함께 즐길 수 있는 어드벤처 놀이터가 마련되어 있다.

스위스에서 가장 길고 재밌는
터보건 Toboggan

무려 1,350m의 길이를 자랑하는 스위스에서 가장 긴 터보건. 터보건은 알루미늄으로 제작된 알파인 봅슬레이를 말한다. 필라투스쿨름의 코스는 다른 지역보다 2~3배 정도 길어서 더욱 속도를 내며 즐길 수 있다. 용의 구멍을 지나고 가파른 능선을 따라 알파인 파노라마를 감상하며 달린다. 곤돌라역에서 언덕을 따라 5분 정도 올라가면 탑승장이 있고, 탑승이 끝나면 다시 탑승장으로 데려다주기 때문에 여러 번 타고 싶은 사람에게도 좋다.

프래크뮌테그역에서 터보건 표시를 따라 도보 5분
성인 CHF 9, 만 8~16세 CHF 7, 만 6~7세 CHF 5 (만 3~7세는 성인과 동반해야 이용 가능) 4~10월 10:00~16:00(티켓 판매 16시 이전 종료)
+41 41 630 33 21 www.rodelbahn.ch

스위스와 닮은 자연 놀이터
자일 파크 Seil Park

다양한 난이도로 나무 위 코스가 조성된 어드벤처 파크로 그네, 나무다리, 집라인 등 집중력과 체력을 동시에 키울 수 있는 코스가 마련되어 있다. 총 10가지 코스 중 키에 따라 코스를 선택 가능하며(8세 이상만 가능) 몸집이 작은 아이라면 크리엔즈에그 곤돌라역 근처의 놀이터를 추천한다. 만 4세부터 8세까지 이용 가능한 어린이 전용 로프 파크도 있고, 피크닉 및 바비큐를 즐길 수 있는 공간도 있어 가족 여행자에게 특히 좋다. 추가 비용을 내면 가이드에게 교육받고 시작할 수 있다.

프래크뮌테그역에서 도보 3분 3시간 기준 성인 CHF 30, 만 8~15세 CHF 22, 성인 1명+어린이 1명 CHF 47, 성인 1명+어린이 2명 CHF 67 / 만 4~8세 전용 로프 파크 CHF 12(1시간) 5~6월 10:00~17:00, 7~8월 09:30~ 17:30, 9~10월 10:00~17:00
11~4월 +41 41 329 11 11
www.pilatus.ch/entdecken/pilatus-seilpark

디자인 좋아하는 사람들 모여라 ······ ①

피데아 디자인 콘셉트 스토어 Fidea Design Concept Store

스위스 루체른에 기반을 둔 디자인 회사로 엽서, 카드, 귀여운 소품을 발견할 수 있는 곳이다. 스위스인이 디자인하고 발명, 생산하는 제품 판매를 원칙으로 운영한다. 피데아의 이름을 건 제품들과 소량 생산하는 독특한 상품을 찾아볼 수 있어 인기 있는 곳이다.

🚶 루체른역 바로 앞에 있는 Seebrücke 지나 빈사의 사자상 방향으로 도보 9분 / 루체른역에서 8·7·15·24번 버스 타고 Schwanenplatz에서 내려 도보 4분
📍 Hertensteinstrasse 20, 6004 Luzern 🕓 월~금 10:00~18:30, 토 09:00~17:00
⊗ 일 휴무 📞 +41 77 418 90 71 🏠 www.fideadesign.com

믿고 쓰는 메이드 인 스위스 제품 ······ ②

체인지메이커 Changemaker

스위스에만 11개 매장이 있는 선물 가게이자 라이프 스타일 가게. 액세서리를 포함해 작은 가구 및 아동용품을 판매한다. 옷 하나라도 유기농법으로 생산된 원자재만 사용하며, 모두 스위스에서 제조한 제품으로 수공예와 친환경을 기반으로 만들고 있다. 따라서 계절마다 구할 수 있는 선물이 다른 것도 매력. '메이드 인 스위스' 제품을 구경하고 싶다면 들러보자.

🚶 루체른역에서 로이스강 변을 따라 걷다가 Reussbrücke 지나 직진, 도보 9분 📍 Kramgasse 9, 6004 Luzern
🕓 월~금 10:00~19:00, 토 09:00~17:00 ⊗ 일 휴무
📞 +41 41 440 66 20 🏠 www.changemaker.ch

아직 한국에는 없는 초콜릿 맛집 ③

바흐만 Bachman

루체른 곳곳에서 눈에 띄는 핑크색 간판. 루체른을 대표하는 베이커리다. 바흐만은 4대에 걸쳐 125년째 이어온 가족 경영 기업으로, 가족에게만 전수되는 전통 레시피에 최신 기술을 결합한 베이커리 및 초콜릿, 케이크를 선보인다. 매일 신선하게 만드는 500가지가 넘는 다양한 제품에는 화학 첨가물도, 방부제도 없고, 인공 향료도 넣지 않으며 천연 원료만 사용한다.

🚶 루체른역 바로 앞에 있는 Seebrücke를 지나 직진 도보 6분 📍 Schwanenplatz 7 6004 Luzern 🕒 월~수·금 07:00~19:00, 목 07:00~21:00, 토 07:00~18:00, 일 09:30~18:00 📞 +41 41 227 70 70 🏠 www.confiserie.ch

루체른에서 무료로 린도르 초콜릿 받기

① 루체른 기차역의 인포메이션 센터 방문
② 루체른 관광 가이드북 수령
③ 바흐만 방문
④ 루체른 관광 가이드북에서 초콜릿 쿠폰 뜯은 후 린도르 초콜릿 4개 수령

유럽의 가정용품 만나기 ④

오 자 뒤 포이 Aux Arts Du Feu

유럽 장인 정신이 깃든 고품질 가정용품을 만나볼 수 있는 매장. 크리스털, 은, 도자기를 만들 때 빠질 수 없는 '불'을 이름에 사용해, 1901년 'AUX ARTS DU FEU(불의 예술)'라는 매장을 운영하기 시작했다. 아직도 가족이 4대째 운영하는 기업으로 유리, 크리스털, 도자기, 은, 직물 등 홈 액세서리 분야의 최고 제품을 한곳에 모았다. 집안을 꾸밀 장식용품을 포함해 가벼운 선물 사기에도 좋은 곳.

🚶 루체른역에 나와 앞에 보이는 다리를 건너 도보 6분 📍 Schweizerhofquai 2, 6004 Luzern 🕒 월~금 10:00~18:30, 토 09:00~17:00 ⊗ 일 휴무 📞 +41 41 410 14 01 🏠 www.auxartsdufeu.ch

로이스강 변 분위기 좋은 맛집 ······ ①

밀푀유 Mill'Feuille ₣₣₣

로이스강 변에 자리한 카페 겸 레스토랑. 규모는 크지만 천장이 낮아 아늑한 분위기로, 따뜻한 날에는 야외 테라스에서도 식사를 즐길 수 있다. 치킨 피카타, 파니르, 연어 그라탱 등 매일 바뀌는 점심 메뉴는 베지테리언 메뉴까지 충실히 갖추고 있다. 꼭 식사하지 않아도 되며 맛있는 커피, 지역 맥주, 지역에서 생산된 와인 혹은 디저트만 즐겨도 좋은 캐주얼하고 따뜻한 분위기의 식당이다.

풀드 밀푀유 라자냐 CHF 31.50, 점심 특선 메뉴 CHF 22~24, 아이스티 300ml CHF 4.90 슈프로이어 다리에서 도보 2분 Mühlenplatz 6, 6004 Luzern
월~토 07:30~24:00, 일 09:00~24:00 +41 41 410 10 92
www.millfeuille.ch

루체른의 진짜 가성비 레스토랑 ······ ②

르 피아프 Le Piaf ₣₣₣

착한 가격, 푸짐한 양 덕에 가성비 좋은 식당으로 유명한 곳이다. 브런치, 점심, 저녁 메뉴가 모두 굉장히 다양한데 전체적으로 양도 많고 신선하고 맛있다. 여름에는 테라스까지 열려 루체른 호수와 구시가지의 아름다운 전망을 감상할 수 있다. 목요일부터 토요일까지만 판매하는 크로크무슈는 진한 스위스 치즈와 햄이 어우러져 특히 인기가 좋다. 루체른역에서 가까운 것도 장점.

파스타 CHF 19, 크로크무슈 CHF 18(목~토만 주문 가능) 루체른역에서 도보 1분(KKL 건물 1층) Europaplatz 1, 6005 Luzern 일~수 09:00~22:00, 목~토 09:00~23:00 (점심 11:30~14:00, 저녁 17:30~ 19:30) +41 41 226 71 00
www.lepiaf-luzern.ch

수준 높은 진짜 스위스 음식 ······ ③

빌덴 만 레스토랑 Wilden Mann Restaurant ₣₣₣

500년 역사의 호텔 1층에 자리 잡은 레스토랑. 1908년 오픈한 레스토랑은 당시 모습처럼 어두운 목재에 창문은 신고딕 양식으로 장식되어 있다. 재미난 통로를 따라 레스토랑으로 들어가면 예전 스위스 사람들이 먹었던 정통 루체른 음식을 그대로 맛볼 수 있다. 스위스에서 유명한 베를린 출신의 사샤 베렌트Sascha Behrendt가 수석 셰프로 주방을 이끌어 전통 음식 외에도 수준 높은 스위스 음식을 즐길 수 있으며, 매일 다른 점심 메뉴(CHF 26~30)가 제공되어 현지인들 사이에서도 인기가 높다.

루체른 전통 음식 츄겔리파스테테

✕ 루체르너 츄겔리파스테테Luzerner Chügelipastete CHF 38, 송아지 고기로 만든 루체른식 게슈넷츨테스 Geschnetzeltes Luzerner Art CHF 44 🚶 루체른역에서 예수교회를 지나 도보 8분 📍 Bahnhofstrasse 30, 6003 Luzern 🕓 11:30~13:30, 17:00~21:00
📞 +41 41 210 16 66
🏠 www.wilden-mann.ch/essen

특별한 날에 예쁜 옷 입고 가고 싶은 곳 ······ ④

호텔 데 발랑스
Hotel des Balances ₣₣₣

고급스러운 분위기로 미식 평론지 '고미요'에서 14점을 받은 미식가를 위한 레스토랑이다. 지역에서 생산된 제철 재료를 사용한 프랑스·지중해 요리를 선보이며 가격 대비 양도 푸짐하다. 날씨가 좋은 날에는 테라스가 열리고, 시원한 로이스강의 바람까지 느끼며 식사를 할 수 있다. 다른 곳보다 가격대는 높지만, 서비스 및 음식에 품격이 있어서 만족도가 높은 곳이다. 신혼여행 혹은 결혼기념일 등 특별한 날에 분위기 내기 좋다. 예약은 필수.

✕ 스위스 비프 필레 160g CHF 59, 3코스 런치 메뉴 CHF 43 🚶 루체른역을 나와 로이스강 변을 따라 라트하우스 스테그 다리를 건너면 바로, 도보 9분
📍 Weinmarkt, 6004 Luzern 🕓 07:00~24:00
📞 +41 41 329 11 11 🏠 www.balances.ch

골목길 틈새에서 맛보는 대만 바오번 ······ ⑤

로카 Rokka ₣₣₣

음료와 가벼운 식사를 즐길 수 있는 아담한 음식점. 생긴 지 얼마 안 되어 분위기도 깔끔하다. 오전 7시부터 11시까지는 신선한 크루아상, 커피, 갓 짠 주스를 마실 수 있고, 오전 11시부터 저녁 8시까지는 대만식 햄버거 바오빈을 맛볼 수 있다. 바오번은 치킨, 비프, 삼겹살 등의 속 재료를 고를 수 있다.

바오번 CHF 18 루체른역을 나와 로이스강 변을 따라 Reussbrücke 건너 Rössligasse 거리로 좌회전, 도보 9분
Rössligasse 2/4, 6004 Luzern
07:00~20:00 +41 77 266 56 52
www.rokka-by-the-lubo.ch

전통 레스토랑에서 즐기는 전통 음식 ······ ⑥

퓌스테른 Pfistern ₣₣₣

로이스강 변에 위치한 레스토랑. 여름에는 발코니 좌석에 앉아 카펠 다리를 바라보면서 퐁뒤를 즐길 수 있다. 레스토랑 이름의 '피스터Pistor'는 고대 로마인들이 빵 굽는 사람을 불렀던 이름이다. 이 레스토랑도 1408년에 빵을 굽는 상인들의 조합 장소로 만들어졌다가 지금까지 길드에 의해 운영되고 있다. 발코니 좌석에 앉으려면 예약하는 것이 좋다.

퐁뒤 CHF 35.50, 앨플러마그로넨 CHF 29.50 루체른 중앙역을 나와 로이스강 변을 따라 Rathausbrücke를 건너면 바로, 도보 7분 Kornmarkt 4, 6004 Luzern 월~토 09:00~24:00, 일 09:00~23:00 +41 41 410 36 50
www.restaurant-pfistern.ch

구시가지 인기 No.1
태국 식당 ······ ⑦

송 피 농 SONG PI NONG ₣₣₣

태국 사람들이 직접 요리하고 서빙하는 음식점으로 정통 태국 요리를 맛볼 수 있는 곳. 밥에 곁들인 칼칼한 음식이 당길 때, 겨울에 따끈한 국물이 생각날 때 찾기 좋다. 레스토랑 자제는 꽤나 비좁은 편이지만 전면 유리창으로 되어 있어 밝고 깨끗하다. 음식마다 맵기 조절도 가능하며, 태블릿 메뉴판이 마련되어 있지만 주문은 직접 해야 한다.

해산물 똠얌 CHF 27, 팟타이 치킨 CHF 25.50, 쏨 땀(밥 포함) CHF 26
루체른역에서 바로 보이는 다리를 건너 직진 도보 7분
Sternenpl. 6, 6004 Luzern 월~토 11:00~15:00, 17:00~21:00 일 휴무
+41 41 412 12 13 www.songpinong.ch

한식이 고플 때 주저 없이! ······ ⑧

코리아타운 Korea Town ₣₣₣

한식이 유난히 그리운 날, 루체른에서도 감칠맛을 찾을 수 있다. 코리아타운은 한 자리에서 25년째 영업 중인 음식점으로, 전통 양념으로 한식을 선보여 현지인은 물론 여행 온 한국인의 만족도도 높은 편. 점심은 뷔페로 운영되며(1인당 CHF 22), 음료는 반드시 주문해야 한다(1인당 CHF 4.50 이상). 저녁에 가면 수돗물Tap Water 역시 1인당 CHF 2를 받으니 미리 알아둘 것.

제육볶음 CHF 32, 김치찌개 CHF 34, 공깃밥 CHF 5 루체른역 뒤쪽으로 도보 7분 Hirschmattstrasse 23, 6003 Luzern 월~금 11:30~14:00, 토 17:30~23:00 일 휴무 +41 41 210 11 77
www.koreatown.ch

오드리 햅번이 즐겨 먹던 체리 케이크 ⑨

하이니 Heini ₣₣₣

1957년부터 루체른에서 영업 중인 베이커리. 루체른 시내에만 4곳이 있으며, 제과 종류와 고급 케이크, 초콜릿도 취급한다. 출출할 때는 피자나 샌드위치도 먹을 수 있고, 핫코코아나 따뜻한 커피와 함께 케이크만 즐겨도 좋은 곳이다. 이곳의 시그니처는 체리 케이크Kirschtorte이다. 자매 베이커리 트라이흘러Treichler에서 만든 체리케이크는 배우 오드리 햅번이 주기적으로 와서 즐겨 먹던 케이크로, 하이니에서도 같은 제품을 판매하니 꼭 맛볼 것!

샐러드 바 100g당 CHF 4.40, 샌드위치 CHF 8~ 아이스크림 CHF 5~
루체른역 바로 앞에 있는 Seebrücke 지나 Bucherer 시계점을 끼고 왼쪽으로 도보 8분 Falkenpl., 6004 Luzern 월~금 08:00~18:30, 토 08:00~17:00, 일 09:00~17:00
+41 41 412 20 20 www.heini.ch

루체른 올드 타운 전경을 보고 싶다면 ⑩

샤토 귀치 Hotel Château Gütsch ₣₣₣

루체른시 서쪽 언덕 위에 있는 성. 루체른 시내, 무제크 성벽, 리기쿨름뿐만 아니라 루체른 호수까지 내려다보인다. 1590년 도시 요새의 종점으로 건설되었다가 화재가 나서 완전히 소실되었고, 독일 퓌센에 있는 노이슈반슈타인성을 모델로 다시 지었다. 제2차 세계대전 당시에는 난민, 이민자, 전쟁 포로가 번갈아 가면서 수용되기도 했다. 최근에 리모델링 공사를 거쳐 더욱 우아하고 고풍스러운 호텔로 재탄생했다. 샤토 귀치에서 5분 정도 떨어져 있는 작은 별장, 펜션 월리스Pension Wallis는 1868년 영국 빅토리아 여왕이 5주간 휴가를 보낸 곳으로 유명하다.

칵테일 CHF 17~, 맥주 CHF 8~
루체른역에서 2·9번 버스 타고 Brügligasse에 하차 후 도보 4분, 샤토 귀치 전용 푸니쿨라 탑승하면 도착. 총 14분 소요
Kanonenstrasse, 6003 Luzern
10:30~22:00
+41 41 289 14 14
www.chateau-guetsch.ch

현지인들로 가득 찬 핫플! ······ ⑪

스위트 루프톱 라운지 & 바

Suite Rooftop Lounge & Bar ₣₣₣

루체른 도심을 내려다보며 다양한 칵테일을 즐길 수 있는 곳. 매우 화려하고 반짝이는 분위기에 기분마저 좋아진다. 한여름에는 루프톱 바에서 도시, 산, 호수가 어우러진 숨 막히는 전경을 감상할 수 있고, 추운 날에는 따뜻한 벽난로가 있는 라운지에서 편안하게 즐길 수 있다. 약 30종의 칵테일과 목테일(무알코올 칵테일)이 준비되어 있으니, 무엇을 마실지 고민된다면 칵테일에 진심인 바텐더들에게 추천을 부탁하자.

칵테일 CHF 15~20, 살라미와 올리브 CHF 24, 나초 & 살사 CHF 9.50 루체른역에서 길 건너 도보 2분, 모노폴 호텔 2층 Pilatusstrasse 1, 6003 Luzern
월 16:00~23:30, 화~수 16:00~24:30, 목 16:00 ~01:00, 금 15:00~03:00, 토 15:00~03:00, 일 15:00~ 23:30
+41 41 210 21 31 www.suite-rooftop.ch

여기서 생맥주 안 먹어 본 사람 없길 ······ ⑫

라트하우스 브라우에라이

Rathaus Brauerei ₣₣₣

루체른 구시가지에 위치한 유명한 수제 맥줏집 겸 레스토랑. 바로 옆에 카펠 다리가 있어 사람 구경을 하면서 맥주를 마실 수 있다. 맥줏집 건물은 루체른의 오래된 시청 건물에 있으며 1606년에 건축되었다. 맥주와 잘 어울리는 안주와 식사를 함께 할 수 있어 주말이면 여행객과 현지인들로 가득 찬다. 야외 좌석은 서버의 안내를 기다리지 않고, 비어있는 곳에 앉으면 된다.

수제 맥주 CHF 6~, 브라트부르스트 Bratwurst CHF 29
루체른역 바로 앞에 있는 Seebrücke 지나 Bucherer 시계점을 끼고 왼쪽으로 도보 8분
Löwenplatz 9 6004 Luzern 월~금 08:00~18:30, 토 08:00~17:00, 일 09:00~17:00
+41 41 412 20 20
www.rathausbrauerei.ch

금융과 기술, 문화와 예술의 중심 도시

취리히 Zürich

#취리히공항 #스위스대표도시 #취리히웨스트
#취리히구시가지 #취리히맛집

스위스를 대표하는 도시 취리히. 상업과 문화의 중심지이며, 세계 금융의 허브로서 스위스의 경제 수도를 담당하기도 한다. 취리히로 입·출국만 하고 잠시 지나치기만 하는 여행자가 많지만, 세계 최고 도시로 선정된 만큼 깨끗한 거리와 질서정연하게 이어지는 트램, 셀 수 없이 많은 공원, 굵직한 박물관을 소유한 매력 넘치는 여행지다. 여름에는 각종 대형 음악 페스티벌과 이벤트가 열리며, 50개가 넘는 세계 최고 수준의 박물관은 취리히의 자랑거리다. 레스토랑만 해도 2,000개가 넘어 파인 다이닝부터 세계 각지의 간식까지 다양하게 즐길 수 있다. 유럽에서 임대료가 가장 비싼 반호프 거리를 걷다가 20여 분 떨어진 취리히 웨스트 지역으로 가면 뜻밖의 트렌디함과 마주하는 곳, 반전 매력을 소유한 도시이다.

취리히 가는 방법

비행기

대한항공이 매년 4~10월 중순까지 인천-취리히 직항 노선을 주 3회(화·목·토) 운행한다. 인천에서 취리히로 갈 때는 13시간 25분, 취리히에서 인천으로 돌아올 때는 11시간 40분 걸린다. 스위스항공 역시 2024년 5월부터 인천-취리히(월·수·토) 직항 노선을 여행 성수기인 4~10월에만 운항한다. 그밖에 루프트한자(뮌헨 경유), 에어프랑스(파리 경유), KLM(암스테르담 경유), 터키항공(이스탄불 경유) 등의 경유 항공편을 이용해 취리히로 갈 수 있다.

유럽 내의 주요 도시에서도 다양한 항공사들이 취리히로 취항하고 있다. 런던 히드로공항(1시간 50분), 베를린 티겔공항(1시간 24분), 암스테르담(1시간 40분), 비엔나(1시간 20분), 파리(1시간 20분), 마드리드(2시간 25분), 함부르크(1시간 30분), 프랑크푸르트(1시간), 바르셀로나(1시간 45분) 등에서 취리히로 오는 다양한 직항 노선이 있다.

취리히공항에서 취리히 시내 가는 법

취리히공항Zürich Flughafen과 취리히역Zürich HB은 10.9km 떨어져 있고, 기차로 12분이면 닿는다. 공항에서 나오자마자 Bahn/Railway라는 간판을 따라가다 보면 지하 2층에 기차를 타는 곳이 나온다. 기차표는 지하 1층 자동판매기 혹은 역무원에게 직접 살 수 있다. 해당 날짜부터 유효한 스위스 트래블 패스, 세이버데이 패스가 있으면 무료다.

Ⓕ 2등석 CHF 7, 1등석 CHF 11.60(편도)

취리히 공항역

기차

유럽 주요 도시에서도 기차를 타고 취리히로 올 수 있다. 파리-취리히 구간을 잇는 테제베(TGV, 4시간 4분), 밀라노~취리히 구간의 유로시티(EC, 4시간 17분), 뮌헨~취리히 구간의 유로시티 익스프레스(ECE, 3시간 33분), 잘츠부르크~취리히 구간의 레일제트익스프레스(RJX, 5시간 24분) 등의 열차를 이용할 수 있다. 스위스 내에서는 루체른(1시간), 베른(55분), 제네바(2시간 25분), 인터라켄 동역(2시간), 바젤(55분) 등에서 취리히 중앙역까지 기차로 넘어올 수 있다.

버스

플릭스 버스를 이용하면 주변국에서 취리히로 저렴하게 넘어올 수 있다. 새벽 시간대에는 예정 시간보다 조금 빨리 도착하기도 한다. 일반적으로 뮌헨~취리히(3시간 50분), 밀라노~취리히(4시간), 리옹~취리히(6시간 35분)에서 많이 스위스로 넘어온다.

플릭스 버스 정류장 Ausstellungsstrasse 5, 8005 Zurich

렌터카

- **그린델발트 ▶ 취리히** 빌더스빌역Wilderswil을 지나 고속도로 8번을 타고 취리히 출구를 따라가면 된다. 136km, 약 2시간 소요
- **루체른 ▶ 취리히** 고속도로 14번을 지나 4번을 타고 'Zürich' 표지 글자를 따라간다. 52km, 약 1시간 소요
- **체르마트 ▶ 취리히** 태쉬Täsch에서 고속도로 4번을 경유해서 간다. 212km, 약 3시간 30분 소요

취리히 시내 교통

취리히의 주요 관광 지역은 걸어서 이동 가능하며, 조금 먼 곳은 트램이나 버스를 타면 된다. 취리히역에서는 취리히 구시가와 주변 지역 대부분까지 트램과 버스로 연결된다. 트램과 버스는 깨끗하고 안전하며 시간을 정확하게 지키므로 안심하고 탈 수 있다. 단, 스위스 주요 도시인 만큼 취리히역 주변 트램과 버스 정류장은 각각 다르기 때문에, 정확하게 물어보고 타는 것이 중요하다. 가장 쉽게 트램이나 버스 정류장으로 가는 법을 찾으려면 중앙역 천장에 붙은 간판에 있는 트램 번호를 따라가면 된다.

트램 Tram

흰색과 파란색 트램은 유연하게 S자 라인을 그리며 도시 곳곳을 촘촘히 연결한다. 취리히 교통국 앱 ZVV를 다운받아도 되지만, SBB 앱 혹은 구글 지도만 사용해도 충분하다. 여행자들은 특히 중앙역에서 1.6km 떨어진 취리히 웨스트(4·13·17번 트램, 뢰벤브로이Löwenbräu 하차)로 갈 때 자주 이용한다.

S반 S-Bahn

S반은 한국의 수도권 전철 같은 열차로, 취리히와 주변 도시를 연결한다. 취리히역에서 위틀리베르크로 갈 때 많이 이용한다.

버스 Bus

취리히 시내에서는 트램이 많이 다니며, 버스는 시내와 외곽을 이어준다. 여행자들이 버스를 이용하는 경우는 린트 초콜릿 박물관에 갈 때이다. 린트 초콜릿 박물관은 시내 중심에서 25분 정도 떨어진 곳에 있으며, 뷔르클리플라츠Bürkliplatz에서 165번 버스를 타고 린트 & 슈프륑글리Lindt & Sprüngli에서 내리면 된다.

취리히 교통 요금 이것으로 끝

① **트램 & 버스** 취리히에서는 취리히 승차권 1장으로 버스, S-Bahn, 트램 등을 모두 이용할 수 있다. 하지만 거리 권역에 따라 요금이 달라지기 때문에 표를 사기 전 어디까지 이용할지 이동 범위를 미리 정해야 하며, 이용할 시간별로 금액도 달라지기 때문에 탑승 직전에 구매하는 것이 좋다. 티켓은 기차역이나 S반 창구, 버스 정류장에 마련된 파란색 판매기에서 구매할 수 있다. 30분 이내 4정거장 이용권은 CHF 2.80, 1시간 유효 티켓은 CHF 4.60, 24시간 동안 유효한 1일권 티켓은 CHF 9.20이다. 하루에 네 번 이상 대중교통을 이용한다면 1일권 혹은 취리히 카드를 추천한다. 스위스 트래블 패스를 소지한 사람은 무제한 무료 이용 가능하다.

② **취리히 카드** Zürich Card 스위스 트래블 패스가 없는 사람이 한정된 시간 동안 취리히를 둘러볼 때 유용한 카드이다. 취리히 시내와 주변 지역의 모든 대중교통(2등 트램, 버스, 기차, 보트, 케이블카)을 무제한으로 이용할 수 있으며, 외곽 지역인 위틀리베르크와 취리히 공항까지도 갈 수 있다. 교통수단 이용 외에 취리히 내 지정된 박물관, 레스토랑 및 기념품 가게에서도 할인 혜택이 있다. 24시간 또는 72시간권 중 선택하며, 취리히 시티 가이드Zürich City Guide라는 앱에서 구매해 바코드를 발급받아 사용하면 된다. 취리히공항, SBB 판매소, 취리히역의 관광안내소에서도 판매한다. 가격은 성인 기준 24시간권 CHF 29, 72시간권 CHF 56이다.

취리히
이렇게 여행하자

취리히 도심은 중세의 구시가지를 통과하는 리마트강을 중심으로 크게 둘로 나뉜다. 강 동쪽에는 레스토랑, 바, 그로스뮌스터 교회가 있고 강 서쪽에는 고급 쇼핑가와 극장, 레스토랑, 부티크 거리가 모여 있다. 서쪽과 동쪽을 오가며 하루의 절반은 클래식한 올드 타운을 구경하고, 남은 절반은 근교로 나가기를 추천한다. 구시가지 여행은 도보로 충분히 가능하지만 도보 20분 이상 걸리는 곳은 트램과 버스를 이용하면 시간 단축이 가능하다. 시간이 얼마 없다면 구시가지만 보기를 추천하고, 시간은 있으나 건축과 종교 혹은 미술에 크게 관심이 없다면 취리히에서 30분 이내에 갈 수 있는 근교 여행지도 좋다.

오전 구시가지 돌아보기

취리히역
도보 9분 
린덴호프
도보 3분  
성 페터 교회
도보 2분
아우구스티너 거리 
도보 1분
반호프 거리
도보 8분  
프라우뮌스터
도보 6분
케 다리
도보 9분
그로스뮌스터

오후 근교 선택 1

① 반짝반짝 빛나는 날씨에는 위틀리베르크 P.316
② 날씨가 흐리면 박물관 구경! 린트 초콜릿 박물관 P.317 or 피파 세계 축구 박물관 P.319 or 취리히 예술 미술관 P.318
③ 힙한 도시의 분위기를 느끼고 싶다면 취리히 웨스트 P.320

취리히 상세 지도

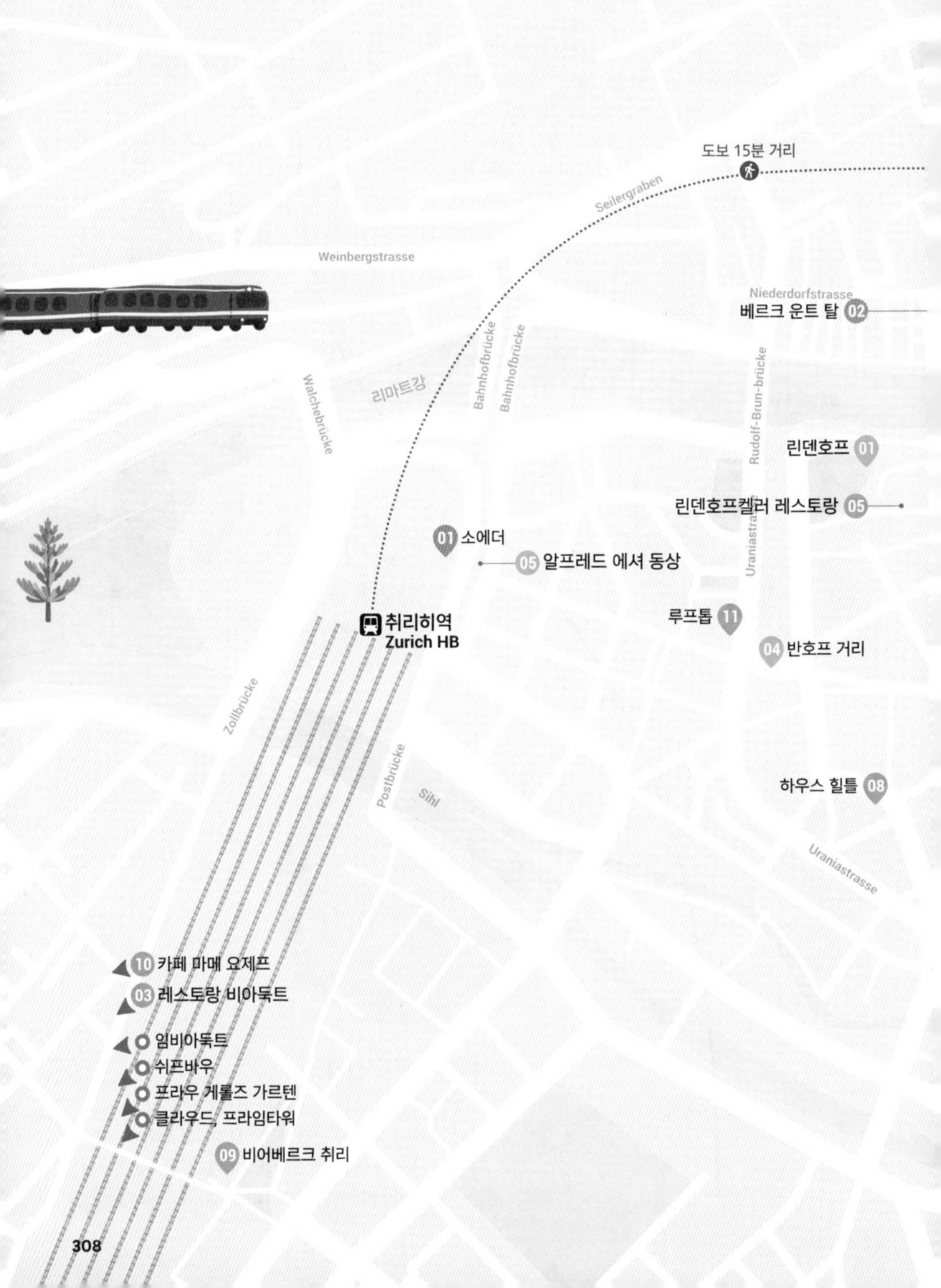

17

도보 15분 거리

Seilergraben

Weinbergstrasse

Niederdorfstrasse

베르크 운트 탈 02

Bahnhofbrücke

Bahnhofbrücke

Walchebrücke

리마트강

Rudolf-Brun-brücke

린덴호프 01

린덴호프켈러 레스토랑 05

Uraniastrasse

01 소에더

05 알프레드 에셔 동상

취리히역
Zurich HB

루프톱 11

04 반호프 거리

Zollbrücke

Postbrücke

Sihl

하우스 힐틀 08

Uraniastrasse

10 카페 마메 요제프

03 레스토랑 비아둑트

임비아둑트

쉬프바우

프라우 게롤즈 가르텐

클라우드, 프라임타워

09 비어베르크 취리

취리히 예술 미술관

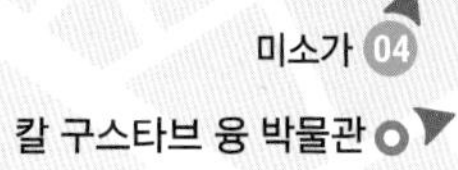

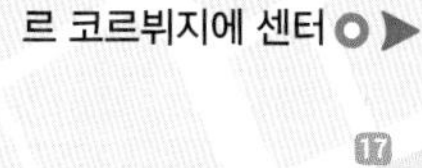

Münstergasse
12 카바레 볼테르
05 슈바르첸바흐
04 파이네딩게
Münsterbrücke

린트 초콜릿 박물관

06 프라우뮌스터
02 성 페터 교회
07 초이그하우스켈러
07 아우구스티너 거리
03 콘피제리 슈프륑글리
Bahnhofstrasse

Talstrasse
Bleicherweg

N
0 100m

위틀리베르크

피파 세계축구박물관

Sihl

햇살 가득한
취리히 뷰 포인트 언덕 ①

린덴호프 Lindenhof

기원전 400년경, 최초의 켈트족(헬비티족)이 정착했던 곳이다. 15년경 로마인들이 점령하면서 투리쿰Turicum이라는 이름을 붙였는데 수 세기가 지나면서 취리히라는 이름으로 발전했다. 투리쿰이란 단어는 린덴호프에 있던 2세기 로마인의 묘비에서 발견되었다. 또한 린덴호프는 1798년 취리히주가 스위스 연방 가입 서약을 거행한 곳으로, 현대 역사에서도 의미가 깊다. 현재는 사계절 상관없이 커다란 체스 게임을 하는 사람들과 따뜻한 햇살을 맞으며 리마트강을 바라보며 여유를 즐기는 현지인, 여행객으로 가득한 도심 속 오아시스 같은 공간이다.

취리히역에서 도보 10분, 혹은 Bahnhofquai/HB 정류장에서 4번 트램 타고 Rathuas 하차 후 도보 5분 Lindenhof, 8001 Zürich 24시간 +41 44 215 40 00

취리히 최초의 가톨릭 성당 ······②

성 페터 교회 St. Peterskirche

취리히에서 가장 오래된 교회. 원래 가톨릭 성당이었으나 16세기 종교개혁을 거치며 울리히 츠빙글리Ulrich Zwingli의 영향을 받아 개신교 교회로 바뀌었다. 옛날 로마 신전이 있던 자리에 세워져 취리히의 초기 기독교와 로마의 과거가 연결되는 곳이다. 시침이 달린 첨탑의 시계는 지름 8.7m인데, 유럽에서 가장 큰 시계판으로 유명하다. 시계가 흔하지 않던 시절 취리히 사람들에게 시간을 알려주는 실용적인 용도로 사용되었다고 한다.

St. Peterhofstatt 1, 8001 Zürich 무료
월~금 08:00~18:00, 토 10:00~16:00,
일 11:00~17:00 +41 44 250 66 33
www.st-peter-zh.ch

멀리서도 잘 보이는 유럽에서 가장 큰 시계 첨탑

취리히의 상징, 청록색 쌍둥이 탑 ······ ③

그로스뮌스터 Grossmünster

거대한 사원, 교회당이란 뜻의 그로스뮌스터는 스위스 종교개혁에 있어 가장 중요한 교회 중 하나다. 그로스뮌스터가 취리히의 랜드마크로 꼽히는 이유는 16세기 스위스 종교개혁의 시작인 울리히 츠빙글리가 마지막까지 이곳에서 설교했기 때문이다. 그로스뮌스터에서 걸어서 1분이면 닿는 리마트강 근처에는 츠빙글리의 석상도 세워져 있다. 전설에 따르면 프랑크 왕국의 왕이었던 카롤루스 대제의 말이 취리히의 수호 성인인 펠릭스, 레굴라, 엑수페란티우스의 무덤 위에 무릎을 꿇었고 그 자리에 그로스뮌스터가 생겼다고 전해진다. 2개의 첨탑이 특징인 교회는 12~13세기에 로마네스크 스타일로 건설되었고, 아우구스토 자코메티가 1932년 제작한 스테인드글라스와 독일의 조각가 오토 뮌히가 설치한 청동 문이 특히 볼만하다. 또한, 남쪽으로 향한 칼스투름탑 전망대는 187개의 계단을 오르는 수고가 필요하지만, 취리히시의 전경을 내려다 볼 수 있어 인기가 많다.

취리히역에서 리마트강을 따라 도보 15분 / 취리히역 앞에서 4번 트램 타고 Helmhaus에서 하차 Zwinglipl. 7, 8001 Zürich 교회 무료 입장, 칼스투룸탑 전망대 성인 CHF 5, 만 17세 미만 및 학생 CHF 2 3/1~10/31 10:00~18:00, 11/1~2/28 월~토 10:00~17:00(첨탑은 교회가 문 닫기 1시간 전까지만 입장 가능) +41 44 250 66 51 www.grossmuenster.ch

츠빙글리 석상

취리히에서 가장 바쁜 화려한 명품 거리 ······ ④

반호프 거리 Bahnhofstrasse

취리히의 메인 거리이자 유럽에서 임대료가 가장 비싼 소위 명품 거리다. 샤넬, 에르메스, 크리스찬 디올과 같은 고가 패션 브랜드가 들어서 있으며 롤렉스, 오메가, 브라이틀링 등 스위스를 대표하는 시계 숍들이 1.4km 거리에 뻗어 있다. 반호프 거리 끝에는 스위스 은행 업무의 중심지인 파라데플라츠Paradeplatz와 함께 스위스 은행인 UBS, 취리히 칸토날은행Zurich Cantonal Bank, 국립은행이 위치해 스위스 금융 센터의 중심지로 불리기도 한다.

🚶 취리히역에서 Bahnhofstrasse 간판을 따라 나오면 바로
📍 Bahnhofstrasse 8001, Zürich 🏠 www.bahnhofstrasse-zuerich.ch

루소에게 헌정된 많은 발걸음이 닿는 곳 ······ ⑤

알프레드 에셔 동상 Alfred Escher Statue

반호프 거리와 마주하고 청동으로 만든 알프레드 에셔의 동상이 서있다. 스위스 조각가 리처드 키슬링Richard Kissling의 1889년 작품이다. 알프레드 에셔는 스위스의 근대화를 이끈 중요한 인물로, 스위스 취리히 대학교에서 법학을 공부하고 1848년 스위스 첫 번째 연방의회 의원으로 선출됐다. 유럽의 북쪽과 남쪽을 연결하는 세계에서 가장 긴 터널, 고타드 터널Gothard Tunnel의 중요한 경로를 마련함은 물론, 엔지니어를 육성하려 스위스 연방 기술 연구소를 만들었다. 이러한 인물의 동상이 취리히 연방 공과대학교와 취리히역 사이에 위치해 더욱 의미가 깊다.

🚶 취리히역 바로 앞 📍 Bahnhofplatz, 8001 Zürich

프라우뮌스터 Fraumünster

프라우뮌스터는 '여자의 수도원'이라는 뜻으로, 카롤루스 대제의 손자이자 동프랑크 왕국의 초대 왕인 루이 2세가 딸을 위해 서기 835년에 지은 수녀원이다. 이 교회는 13세기까지만 해도 신성 로마 제국의 프리드리히 2세 황제가 독립성을 부여해 화폐 관리, 시장 선출, 통행료 징수 등의 자체 통치권을 쥐고 있었다. 하지만 16세기 츠빙글리의 종교개혁으로 수녀원은 해체되고 그로스뮌스터와 마찬가지로 개혁 교회로 남게 되었다. 교회 내부에는 20세기의 천재 예술가로 칭송받는 마르크 샤갈Marc Shagall이 남긴 스테인드글라스 작품이 있다. 총 5장의 스테인드글라스에는 예언자 엘리야의 승천, 야곱의 전투와 천국의 꿈, 그리스도의 삶, 나팔 부는 천사들, 모세가 내려다보는 백성들의 고통이 형형색깔로 표현되어 있다. 또 교회를 나가기 직전에는 1940년 아우구스토 자코메티가 만든 높이 9m짜리 강렬한 붉은색의 스테인드글라스도 볼 수 있다.

🚶 취리히역에서 리마트강을 따라 도보 13분, 혹은 취리히역에서 11·13번 트램 타고 파라데플라츠 하차 후 도보 2분 📍 Münsterhof 2, 8001 Zürich
Ⓕ 성인 CHF 5, 아동 무료 🕒 월~금 09:00~17:00
⊗ 토·일 휴무 📞 +41 44 210 00 73 🏠 www.fraumuenster.ch

샤갈의 스테인드글라스 작품

취리히에서 가장 사진이
많이 찍히는 거리 ⑦

아우구스티너 거리 Augustinergasse

반호프 거리를 걷다 보면 나오는 중세 골목. 풍경이 워낙 예뻐 자기도 모르게 발걸음을 멈추게 되는 곳으로, 인증 사진을 찍으러 일부러 찾아오는 사람도 많다. 거리 이름은 근처에 있던 옛 아우구스티안 수도원에서 따왔다. 17세기부터 부유한 공장주들이 이곳에 정착하면서 부를 과시하고자 외관을 화려하게 치장하는 경쟁이 벌어졌고, 그 결과 지금처럼 거리가 예뻐졌다고 한다. 나무로 된 돌출형 발코니가 아직도 곳곳에 남아 있으며 스위스 부활절 주간에는 분수대에 화려하게 장미꽃을 장식한 명장면도 만날 수 있다.

취리히역에서 반호프 거리를 따라 10분 / 6·7·11·13번 트램 타고 Rennweg 하차 후 도보 2분 Augustinergasse 1, 8001 Zürich

취리히에서 가장 바쁜 교차로 속에
한결같은 아름다운 풍경 ⑧

케 다리 Quaibrücke

구시가지를 관통하는 리마트강과 취리히 호수가 만나는 다리다. 넓이 30m에 길이 120m로 취리히의 벨뷰Bellevue와 뷔르클리플라츠Bürkliplatz를 연결하며, 매일 5만 대 이상의 차량과 1,530대의 트램이 지나간다. 취리히 시내에서 가장 바쁜 교차로지만, 탁 트인 호수 전망 뒤로 펼쳐지는 알프스 풍경과 취리히의 교회 첨탑이 솟아난 평화로운 풍경이 많은 여행객의 발걸음을 잠시 잡아끄는 곳이다.

취리히역에서 리마트강을 따라 도보 20분 / 11번 트램 타고 Bürkliplatz 하차
Quaibrücke, 8001 Zürich

날씨에 따라 즐길거리 가득 **취리히 근교 즐기기**

날씨가 좋다면 **전망대로 향하기**

번잡한 도시에서 벗어나 자연을 느끼는 전망대

위틀리베르크 Uteliberg

여행 당일 날씨가 맑다면 일순위로 찾아가야 할 곳. N서울타워(236.7m, 남산 해발 고도 포함 479.7m)의 2배 가까이 높은 해발 고도 870m의 산으로, 취리히 도심 한복판에서도 쉽게 찾을 수 있는 전망대다. 취리히역에서 기차 타고 21분, 기차에서 내려 숲길 사이를 10분 정도 걸어 올라가면 위틀리베르크에 도착한다. 자동차 없는 공간이라 잠시 시간이 멈춘 듯한 느낌까지 든다. 취리히 호수와 취리히시 전경은 물론 남서쪽은 루체른 필라투스산, 아이거 북벽까지 알프스 풍경이 파노라마로 펼쳐진다. 11월에는 안개가 취리히시를 자욱하게 덮는 일이 잦은데, 이때 위틀리베르크에 가면 운해를 볼 확률이 높다. 한여름에는 시원한 바람을 맞으며 반짝거리는 호수, 푸르른 숲의 전경을 만날 수 있고 1~2월에는 하얀 눈에 뒤덮인 고원지대와 그 위를 감싼 따뜻한 조명과 크리스마스 장식이 반겨준다.

취리히역 21번 또는 22번 승강장에서 S10 열차 21분
www.utokulm.ch
QR코드 날씨 꼭 확인하기 https://uetliberg.roundshot.com

위틀리베르크 전망대 Aussichtsturm Uetliberg

에펠탑을 연상시키는 작은 삼각형 모양 강철로 만들어진 전망대이다. 높이 72m, 178개 계단을 올라 전망대 꼭대기에 다다르면 더욱 탁 트인 전망을 볼 수 있다. 200m 떨어진 곳에 하얀색과 빨간색 옷을 입은 187m 높이 TV 타워도 보인다. 바람이 너무 불거나 눈이 많이 내린 날에는 올라갈 수 없다.

CHF 2

산속의 고급 레스토랑 우토쿨름

UTO Kulm ₣₣₣

세련되고 아늑한 분위기에서, 신선한 제철 재료로 요리한 일품요리 및 고급 메뉴를 선보인다. 한여름에는 취리히에서 가장 높은 파노라마 테라스에서 스테이크부터 디저트까지 즐길 수 있고, 한겨울에는 고급스럽고 따뜻한 분위기 속에서 고기 퐁뒤와 치즈 퐁뒤 등 다양한 메뉴를 맛볼 수 있다.

07:00~14:00, 18:00~21:30
utokulm.ch/kulinarik/sommer

날씨가 흐리다면 **박물관 투어**

스위스에서 가장 큰 초콜릿 박물관

린트 초콜릿 박물관 Lindt Home of Chocolate

버스 정류장에 내리자마자 진한 밀크 초콜릿 향이 후각을 자극한다. 린트 초콜릿은 1845년 다비트 슈프륑글리David Sprüngli가 아들과 함께 창업한 회사로, 코코아와 우유를 섞어 부드럽고 깊은 맛을 내는 기법을 세계 최초로 발명했다. 지금은 그 기법에 힘입어 스위스를 대표하는 초콜릿 브랜드로 성장했으며, 롤렉스에 이어 스위스 브랜드 가치 2위에 올라섰다.

'린트의 초콜릿 집Lindts Home of Chocolate'에 들어서면 9m 높이의 거대한 초콜릿 모형이 반겨준다. 여기서는 무려 1,500리터의 초콜릿이 모형 거품기에서 흘러내리며 군침을 돌게 한다. 박물관에서는 코코아의 재배부터 초콜릿의 역사, 스위스 초콜릿 선구자들, 초콜릿 생산 과정을 보여주며, 마지막에는 맛과 종류가 다른 린도르(대표 브랜드)를 시식하는 코너도 있다. 무료로 빌려주는 오디오 가이드는 한국어도 있어 더욱 편리하다. 아이와 함께 방문하면 초콜릿을 녹이고 꾸며보는 프로그램도 참가할 수 있는데(70분, 참가비 1인당 CHF 40), 성인이 아이 4명까지 동반할 수 있다. 여름에는 티켓이 매진될 정도로 그 인기가 어마어마하니, 홈페이지에서 미리 표를 사는 것을 추천한다(체험 프로그램 이용일 한 달 전부터 예약 가능).

취리히역에서 S8 타고 4정거장 후 Kilchberg ZH역에서 하차 후 도보 11분(총 25분 소요) / 취리히역에서 11번 트램 타고 3정거장 후 Kantonalbank역에서 내려 Bürkliplatz에서 165번 버스 타고 린트 & 슈프륑글리역 하차 후 도보 3분(총 28분 소요) Schokoladenplatz 1, 8802 Kilchberg 만 16세 이상 CHF 15, 만 8~15세 CHF 10, 만 7세 미만 무료
10:00~19:00(마지막 입장 17:30)
+41 44 716 20 00
www.lindt-home-of-chocolate.com/

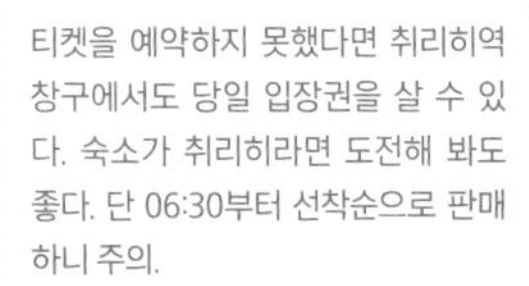
티켓을 예약하지 못했다면 취리히역 창구에서도 당일 입장권을 살 수 있다. 숙소가 취리히라면 도전해 봐도 좋다. 단 06:30부터 선착순으로 판매하니 주의.

스위스 최대 규모의 미술관

취리히 예술 미술관 Kunsthaus Zürich

취리히 미술관은 스위스에서 가장 큰 미술관이며, 13세기부터 현대에 걸친 미술 작품을 소장하고 있다. 피카소, 반 고흐, 샤갈처럼 잘 알려진 인상주의·표현주의 작가들의 작품을 비롯해, 노르웨이를 제외한 세계 최대 규모의 뭉크 컬렉션을 선보이기도 한다. 2020년에는 기존 건물 맞은편에 새로운 건물이 들어서 분기별로 새로운 작품을 전시한다. 프리츠커상을 수상한 영국 건축가 데이비드 치퍼필드가 설계한 새 건물은, 건물 자체에 기하학적 볼륨이 많고 빛이 많이 들어와 작품에 더욱 집중할 수 있도록 설계되었다.

취리히역에서 도보 20분 / 취리히역에서 3·5·8·9번 트램 타고 Kunsthaus에서 하차
Heimplatz 1/5, 8001 Zürich
수요일 무료, 성인 CHF 24, 14세 미만·취리히 카드 소지자 무료
화~일 10:00~18:00 월 휴무
+41 44 253 84 84
www.kunsthaus.ch

MBTI의 아버지, 정신의학자의 집

칼 구스타브 융 박물관 C.G. Jung House Museum

스위스의 정신의학자이자 분석 심리학의 개척자인 칼 구스타브 융이 아내와 살았던 집이다. 현재는 같은 건물 위층에 그의 손자가 사는 곳으로 1년에 5개월, 일주일에 최대 2~3회만 공개한다. 온라인으로 예매 시 무료 투어도 신청할 수 있다. 1층에서는 다이닝룸과 취리히 호수가 보이는 정원, 윈터 가든을 볼 수 있고, 2층에서는 투어에서만 공개되는 서재와 환자 대기실 및 진료실도 가볼 수 있다. 특히 서재에 들어서면 칼 구스타브 융이 마치 직전까지 머물렀던 것처럼, 그가 생전에 즐겨 피우던 파이프 담배 향이 4,000여 권의 책에 배어 있음이 느껴진다.

취리히역에서 S6 혹은 S16 타고 Küsnacht ZH 하차 후 도보 12분(25분 소요) Seestrasse 228, 8700 Küsnacht
성인 CHF 22, 만 12~20세 CHF 15 목·금(5/17~11/1 한정) 13:30~17:00, 토(매월 1~2회 개장) 11:00~15:00
공휴일 휴무 www.cgjunghaus.ch

세계 유일 축구 박물관

피파 세계 축구 박물관

FIFA World Football Museum

축구를 좋아하는 사람은 가봐야 할 세계에서 하나뿐인 축구 박물관이다. 축구의 초창기 시절부터 월드컵 개막까지의 역사, 피파 조직의 역사, 월드컵과 축구 경기 등을 보기 쉽게 정리해 두었다. 전설적인 선수들과 역대 월드컵 우승자들이 착용했던 수많은 유니폼, 신발도 볼 수 있다. 2층에는 직접 축구공을 차며 놀 수 있는 공간도 있어서 아이들과 함께라면 더 즐겁게 시간을 보낼 수 있다.

취리히역에서 5·6·7번 트램 타고 Bahnhof Enge 또는 Bahnhof Enge/Bederstrasse에서 하차 후 도보 1분 / 취리히역에서 S2·8·21·24 기차 타고 Bahnhof Enge에서 하차 후 도보 1분 Seestrasse 27, 8002 Zürich 성인 CHF 26, 만 7~15세 CHF 15, 만 6세 미만 무료 화~일 10:00~18:00 월 휴무
+41 43 388 25 00 www.fifamuseum.com

호숫가에 남긴 건축 거장의 마지막 작품

르 코르뷔지에 센터 Pavillon Le Corbusier

현대 건축의 거장이자 선구자였던 르 코르뷔지에Le Corbusier(1887~1965)의 작품. 그가 지은 마지막 건물이자 기존 콘크리트 구조에서 벗어나 강철과 유리로 만들어진 유일한 건물이기도 하다. 원래 르 코르뷔지에의 고객이자 친구이며 후원가였던 하이디 베버가 의뢰한 건물이었다. 하지만 시공 도중 르 코르뷔지에는 사망했고, 건물은 2년 후에 완공되었다. 내부에서는 르 코르뷔지에의 건축 설계, 드로잉, 구조물, 그림, 가구, 책 등이 전시되고 있으며 때때로 기획 전시가 열린다.

취리히역에서 2·4번 트램 타고 Höschgasse에 하차 후 도보 4분 Höschgasse 8, 8008 Zürich
성인 CHF 12, 학생 CHF 5, 스위스 트래블 패스 무료
5월 초~11월 중순 화~일 12:00~18:00, 목 ~20:00
월 휴무 +41 22 310 10 28
www.pavillon-le-corbusier.ch

힙한 커피숍과 바에 가보고 싶다면

취리히 웨스트

존재만으로도 트렌디 그 자체

임비아둑트 Im Viadukt

지금은 '세계에서 가장 살기 좋은 도시 1위'라는 명성의 취리히지만, 불과 40년 전만 해도 매연이 가득 찬 공장 지대가 있었다. 1980년대부터 제조업이 쇠퇴하면서 조선소, 중공업 공장들이 문을 닫자 텅 빈 컨테이너와 공장만이 남았다. 그 버려진 공간들이 취리히시의 노력과 예술가들의 창작성이 모여 문화 예술 및 상업 공간으로 재탄생했다. 취리히 시내 서쪽에 위치해 '취리히 웨스트'라고 불리는 공간은 이제 도시를 대표하는 트렌디한 지역으로 거듭났다. '고가 다리 안에'라는 뜻의 임비아둑트는 허름하고 낡은 36개의 고가 다리 아치 아래 공간이 문화, 업무 및 여가 공간으로 탈바꿈한 곳이다. 각 기둥 사이에 번호가 붙은 상점들이 들어서 있다. 인테리어 가구점, 부티크 숍, 레스토랑 및 스위스 농산물과 식료품 가게 등 종류도 다양해 많은 사람의 발길을 이끈다. 'Markthalle Im Viadukt'라고 크게 쓰인 건물에는 식료품 가게가 있으며, 현지 생산자 또는 농부가 운영하는 20개 이상의 가판대를 둘러보는 재미를 느낄 수 있다. 내부에 푸드코트도 붙어있어 가볍게 식사도 즐길 수 있다.

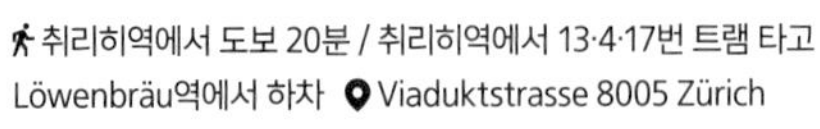
취리히역에서 도보 20분 / 취리히역에서 13·4·17번 트램 타고 Löwenbräu역에서 하차 Viaduktstrasse 8005 Zürich
월~토 11:00~20:00 일 휴무 +41 43 322 14 14
www.im-viadukt.ch

세상에 단 하나밖에 없는 가방

프라이탁 FREITAG

스위스 사람 집에 하나쯤은 다 있다는 가방 '프라이탁' 본점도 이곳 취리히에 있다. 색깔도 모양도 다른 컨테이너를 켜켜이 쌓아 올린 건물 외관에서부터 브랜드의 아이덴티티가 느껴진다. 스위스인 형제가 1993년 설립한 가방 회사인 프라이탁은 세상에 단 하나뿐인 가방을 만든다. 폐기되고 버려지는 자동차 안전벨트를 가방끈으로 만들고 트럭을 덮는 방수 천을 재활용해 가방을 만든다. 지속 가능하고 친환경적이며, 원단의 무늬에 따라 유니크한 디자인도 많아 인기가 많다. 본점에 가면 한국에서 구할 수 없는 디자인도 많은데, 스위스 사람들은 색으로만 이루어진 디자인보다는 숫자 혹은 스펠링이 들어간 가방을 선호하는 편이다.

취리히역에서 도보 20분 / 취리히역에서 S3·S7·S15 타고 Zürich Hardbrücke역 하차 후 도보 3분 Geroldstrasse 17, 8005 Zürich 월~금 11:00~19:00, 토 10:00~18:00 일 휴무 +41 43 366 95 20 www.freitag.ch

힙스터들이 즐겨 찾는 매력적인 도시 정원

프라우 게롤즈 가르텐 Frau Gerolds Garten

서로 다른 꽃과 초록빛 풀이 삐죽빼죽 자리 잡은 정원 속, 자유로운 분위기의 비어 가르텐. 겨울에는 야외에서 즐기는 따뜻한 퐁뒤로 인기가 많고, 여름에는 맥주를 마시는 힙스터들로 가득한 곳이다. '게롤즈 여인의 정원'이란 뜻의 이곳은 스위스가 가진 완벽한 이미지에서 한 발짝 벗어나 캐주얼하고 편안한 분위기가 주를 이룬다. 일 년 내내 야외에서 간단한 음식과 맥주, 아이스크림 등을 즐길 수 있고, 때때로 벼룩시장 등 기획 프로그램도 진행되어 더욱 즐겁다.

프라이탁 건물 바로 옆 Geroldstrasse 23, 8005 Zürich 여름·겨울 18:00~23:00 일·월 휴무, 봄·가을 운영 중단 +41 78 971 67 64 www.fraugerold.ch

폐기된 조선소의 탈바꿈

쉬프바우 Schiffbau

폐업한 조선소를 개조해 만든 복합 문화 공간이다. 연극, 뮤지컬, 오페라 등 다양한 공연이 열리며 레스토랑과 카페, 바도 들어서 있다. 높은 천장과 뻥 뚫린 공간, 노출된 배관 파이프나 철관에 옛 도시의 조선소 모습이 그대로 담겨 있지만, 지금은 세련된 카페가 그 자리를 대신한다. 공연장 내의 여러 레스토랑과 바도 조선소의 모습을 살린 인테리어로 꾸며져 또 하나의 볼거리로 자리 잡았다. 특히 1층의 '무드Moods'라는 재즈 바가 인기가 많다. 공연 스케줄과 티켓 예매는 홈페이지에서 가능하다.

취리히역에서 S3·S7·S15 타고 Zürich Hardbrücke역에서 하차 후 도보 7분
Schiffbauplatz, 8005 Zürich 월·화·목 19:30~00:00, 수 19:30~03:00, 금~토 19:00~04:00, 일 18:00~22:00(재즈 바 무드Moods 기준) +41 44 276 80 00
www.schauspielhaus.ch/en

푸른 녹색으로 반짝거리는 스위스 타워

클라우드 Clouds

스위스에서 세 번째로 높은 타워, 프라임 타워 35층에는 레스토랑 겸 바 '클라우드'가 있다. 저녁에는 맛있는 음료와 함께 취리히 웨스트의 빛나는 야경을 볼 수 있고, 낮에는 햇살에 반짝이는 취리히 호수를 볼 수 있다. 식사하는 곳은 따로 분리되어 있으며, 온라인으로 예약해야 한다. 취리히의 랜드마크라 항상 사람이 많고, 로맨틱보다는 캐주얼한 느낌이 강하지만 복장은 단정히 입고 갈 것.

취리히역에서 S3·S7·S15 타고 Zürich Hardbrücke역에서 하차 후 도보 3분 Maagpl. 5, 8005 Zürich 월~목 11:00~23:00, 금 11:00~24:00, 토·일 10:00~15:00, 16:00~24:00 +41 44 404 30 00
www.clouds.ch

유기농 스위스 비누 ······ ①

소에더 Soeder

인공 첨가물을 전혀 넣지 않고 오로지 스위스 꿀, 단백질 등을 냉압착해 생산한 유기농 비누 전문점. 천연 에센셜 오일을 기반으로 생산하며, 취리히 내 자체 공장에서 모든 제품을 개발하고 생산한다. 용기를 계속 쓸 수 있도록 리필 비누를 저렴한 가격에 제공해 환경까지 생각하는 브랜드다. 스위스에 있는 호텔과 스파, 화장실에서 자주 찾아볼 수 있으며, 고급스러운 패키지에 향도 우아하고 세련되어 선물용으로도 좋다.

취리히역 1층, SBB 매표소 맞은편 Bahnhofpl., 8001 Zürich 09:00~21:00
+41 43 883 92 19 www.soeder.ch

산과 계곡에서 가져온 메이드 인 스위스 ······ ②

베르크 운트 탈 Berg und Tal

알프스산맥의 들꽃을 말린 차, 양봉가가 직접 생산한 고품질 꿀, 육포 등을 살 수 있는 식료품 전문점. '베르크 운트 탈'은 산과 협곡이란 뜻으로 스위스 곳곳의 소규모 생산자들이 손수 만든 제품을 직거래하는 것을 말한다. 모든 음식은 인공 향료나 첨가물을 사용하지 않고 천연으로 만드는 것이 철칙이며, 포장도 예뻐서 기념품과 선물 사기에 좋다.

취리히역에서 4번 트램 타고 3분 후 Rudolf-Brun-Brücke에서 하차 후 도보 3분 Niederdorfstrasse 3, 8001 Zürich
월~토 10:00~19:00 일 휴무
+41 44 260 87 86 www.soeder.ch

165년 동안 한자리를 지킨 초콜릿 가게 ······ ③

콘피제리 슈프륑글리 Confiserie Sprüngli

초콜릿을 취급하는 고급 제과점. 취리히와 근교에만 17개 매장이 있고 스위스 전역에서 만나볼 수 있다. 이곳은 1836년 설립 이후 1859년부터 지금까지 같은 자리에서 운영 중인 본점이다. 색깔별로 맛이 다른 작은 마카롱 룩셈부르게를리Luxemburgerli와 입안에서 살살 녹는 초콜릿 케이크가 인기가 많다. 마카롱은 4개부터 상자 포장해 주기 때문에 선물용으로도 좋다.

취리히역에서 반호프 거리를 따라 도보 12분 / 11번 트램 타고 3분 후 Paradeplatz 하차 Bahnhofstrasse 21, 8001 Zürich
월~금 08:00~18:30, 토 09:00~18:30, 일 09:00~17:00
+41 44 224 46 46 www.spruengli.ch

스위스 고급 기념품 숍 ······ ④

파이네딩게 Feinedinge

하나의 예술품처럼 고급 페인팅으로 장식된 마그넷, 색감이 뛰어난 엽서, 스위스산 나무로 만든 도마, 스위스 전통 문양이 그려진 우산, 스위스 군용 담요까지 취급하는 세련되고 고급스러운 기념품 숍이다. 요즘 떠오르는 기념품 마테호른잔도 판매한다. 위치가 구시가지라 입지도 좋아 스위스에서 취리히만 잠깐 들를 때 방문하기 좋은 곳이다.

취리히역에서 도보 10분 Marktgasse 8, 8001 Zürich
월~토 10:00~19:00 일 휴무
+41 41 524 70 20 www.feinedinge.ch

160년 전통의 고급 구멍가게 ······ ⑤

슈바르첸바흐 Schwarzenbach

1864년 오픈한 이후 6대째 가족 경영 중인 가게. 커피, 차, 초콜릿을 판매하는 구멍가게에서 시작해 어엿한 식료품 전문점으로 자리매김했다. 엄선된 커피 농장에서 생산하고 자체 로스터리에서 갓 로스팅한 프리미엄 커피, 유기농 차, 고품질의 견과류, 말린 과일 등을 판매하며 스위스 특산품뿐만 아니라 세계 각국의 고급 향신료까지 판매한다. 예쁜 간판과 분위기 자체만으로 매장 밖에서 자동으로 셔터를 누르게 되는 곳이다.

취리히역에서 도보 12분 Münstergasse 19, 8001 Zürich
월~금 09:00~18:30, 토 09:00~17:00 일 휴무
+41 44 261 13 15 www.schwarzenbach.ch

스위스 명품 소시지와 매운 소스의 조합 ······ ①

슈테르넨 그릴 Sternen Grill ₣₣₣

1963년부터 영업한 오랜 소시지 가게로, 유독 점심시간에 줄 서서 먹는 맛집이다. 그릴에 구운 겉바 속촉의 하얀 소시지를 단단한 빵에 곁들여, 고추냉이 못지않게 매운 소스를 찍어 먹는 게 별미다. 보통 식당과는 달리 일주일 내내 저녁 늦게까지 열어 언제든 배고픔을 달랠 수 있다. 갓 튀겨 낸 노란 감자튀김도 굉장히 맛있다.

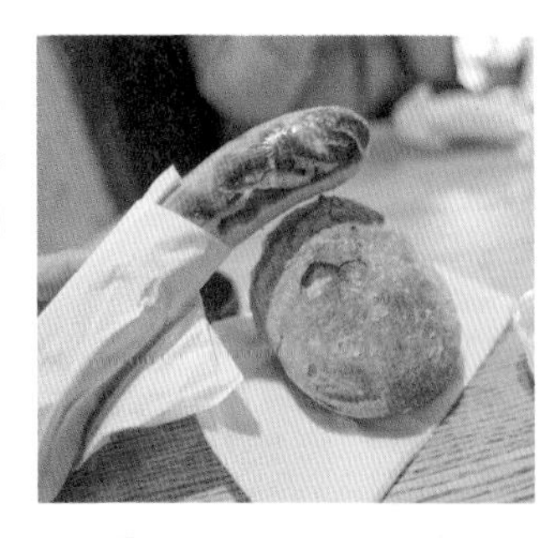

생갈렌 소시지 CHF 8.50, 감자튀김 CHF 7.80 취리히역에서 S5·S12·S16 타고 Stadelhofen역 하차 후 도보 3분 / 4· 11번 트램 타고 Bellevue 하차 후 도보 3분
Theaterstrasse 22, 8001 Zürich 일·월 10:30~23:00, 화~토 10:30~00:00
+41 43 268 20 80 www.sternengrill.ch

전 세계 거장들의 작품이 걸려있는 곳 ······ ②

크로넨할레 Kronenhalle ₣₣₣

©Zürich Tourism

스위스에서 가장 유명한 레스토랑을 뽑으라면 크로넨할레가 빠질 수 없다. 1924년부터 운영 중이며, 단골손님만 해도 파블로 피카소, 이브 생 로랑, 블라디미르 호로비츠 등 쟁쟁한 화가, 배우, 음악가 등이 애정한 만남의 장소로 손꼽혔다. 창립 초기부터 고급 버전의 가정식 요리를 내왔으며, 음식과 어울리는 아주 진귀한 보르도 와인부터 스위스 와인까지 맛볼 수 있다. 실내에는 마르크 샤갈, 페르난도 호들러, 피에르 보나르의 작품들이 걸려있고, 이외에도 스위스 조각가 알베르토 자코메티가 만든 조명과 피카소가 선물한 그림들도 전시되어 있다. 격식 있는 레스토랑인 만큼 드레스 코드도 비즈니스 캐주얼은 갖춰 입고 가야 한다.

크로넨할레 뢰스티 CHF 61, 무스 오 쇼콜라 CHF 19
취리히역에서 S5·S12· S16 타고 Stadelhofen역 하차 후 도보 3분 / 4·11번 트램 타고 Bellevue 하차 후 도보 3분
Rämistrasse 4, 8001 Zürich 12:00~24:00
+41 44 262 99 00 www.kronenhalle.com

©Zürich Tourism

스위스 음식이 이렇게 맛있다고?! ③

레스토랑 비아둑트 Restaurant Viaduct ₣₣₣

고급스러우면서도 펑키하고 편안한 레스토랑이다. 1년에 네 번 메뉴가 바뀌는데, 엄선된 재료들은 대부분 유기농이며 최대한 취리히 주변에서 생산되는 채소와 고기를 쓴다. 위치가 아치형 고가 다리에 있는 만큼 공간을 최대한 활용해 세련되게 장식한 현대적인 인테리어로 주목받기도 한다. 공원 내에 테라스가 있어 여름에는 그늘 아래에서 편안하게 식사하고, 겨울에는 아늑한 실내에서 따뜻하게 먹을 수 있다.

비프 타르타르 CHF 39, 스파게티 CHF 29 (계절에 따라 메뉴 바뀜) 취리히 중앙역에서 S3·S7·S15 타고 Zürich Hardbrücke역 하차 후 도보 7분 / 취리히역에서 4번 트램 타고 Schiffbau 하차 후 도보 4분
Viaduktstrasse 69/71, 8005 Zürich
월~금 08:00~24:00, 토 09:00~24:00, 일 10:00~24:00 +41 43 204 18 99
www.restaurant-viadukt.ch

한식 하면 미소가, 미소가 하면 한식 ④

미소가 Misoga ₣₣₣

현지인들에게 인기 많은 한식당이자 한국인 입맛도 사로잡은 레스토랑이다. 인기 메뉴는 비빔밥, 불고기, 김치찌개 등이며 소불고기 바비큐는 직접 구워 먹을 수 있다(2인분 이상 주문 가능). 가격대는 1인 최소 CHF 30부터 CHF 50까지 다양한데, 포장 주문하면 식당에서 먹는 것보다 저렴하니 주머니가 가벼운 여행자는 포장해서 숙소에서 먹어도 좋다.

김치찌개 CHF 35, 소고기 비빔밥 CHF 35, 소불고기 CHF 42, 공깃밥 CHF 5, 김치 추가 CHF 6
취리히역에서 31번 버스, 또는 11번 트램 타고 Hegilbachplatz 하차 후 도보 1분
Drahtzugstrasse 5, 8008 Zürich 월~금 11:30~14:00, 18:00~22:30, 토 18:00~22:30 일 휴무
+41 44 422 99 90 www.misoga.ch

미슐랭 스타를 받은 레스토랑 ⑤

린덴호프켈러 레스토랑 Lindenhofkeller Restaurant ₣₣₣

한낮에도 식사에 와인을 곁들이기 좋은 고급 레스토랑이다. 매력적인 구시가지 언덕에 있는 유서 깊은 지하 저장고를 새로 개조해 꾸몄다. 여러 가지 희귀한 와인과 빈티지 와인을 만나볼 수 있을뿐더러, 계절마다 바뀌는 메뉴는 창의적이며 신선하다. 스위스 음식의 새로운 맛을 느껴보고 싶다면 좌석 예약을 추천한다.

1인 4코스 CHF 135, 5코스 CHF 155
취리히역에서 도보 10분 / 취리히에서 6·7·13·17번 트램 타고 Rennweg 하차 후 도보 4분
Pfalzgasse 4, 8001 Zürich
화~토 18:00~24:00, 수 12:00~14:00
월 휴무
+41 44 599 95 70
www.lindenhofkeller.com

100살이 넘은 카페 ⑥

카페 오데온 Café Odeon ₣₣₣

100년 넘는 세월 동안 한자리를 지키며 정치인, 작가, 시인, 화가, 음악가 등 수많은 유명인이 들렀던 만남의 장소. 제1차 세계대전 당시 스위스 장군부터 시작해서 러시아 혁명가 레닌, 물리학자 아인슈타인, 이탈리아 정치인 무솔리니도 방문했다. 2022년 세심한 수작업으로 다시 내부를 단장해 지금은 누구에게나 열려있다. 햄버거, 샌드위치, 샐러드가 고급스럽고 먹음직스럽게 나오며 커피, 칵테일을 밤늦게까지 마실 수 있다.

오데온이 만든 샴페인(글라스) CHF 19, 카푸치노 CHF 7 취리히역에서 S5·S12·S16 타고 Stadelhofen역 하차 후 도보 4분 / 취리히역에서 4·11번 트램 타고 Bellevue 하차 후 도보 2분 Limmatquai 2, 8001 Zürich 월~목 07:00~24:00, 금 07:00~02:00, 토 09:00~02:00, 일 09:00~24:00 +41 44 251 16 50 www.odeon.ch/en

왁자지껄 즐거운 스위스 전통 레스토랑 ······ ⑦

초이그하우스켈러 Zeughauskeller ₣₣₣

구글 지도에 리뷰만 1만 개 이상 달린 유명 레스토랑으로, 스위스 음식 먹기에 좋은 곳이다. 15세기에 지어진 건물에서는 고풍스러움이 풍긴다. 원래는 전쟁 때 사용하던 무기 창고였는데 1926년부터 레스토랑으로 다시 태어났다. 직원만 80명에 달할 정도로 분주한 음식점이며, 취리히에서 가장 유명한 취리히식 송아지 뢰스티를 맛볼 수 있다.

취리히식 송아지 뢰스티 CHF 36.50, 오리지널 송아지 소시지 CHF 20
취리히역에서 반호프 거리를 따라 도보 12분 · Bahnhofstrasse 28A, 8001 Zürich · 11:30~23:00 · +41 44 220 15 15
www.zeughauskeller.ch

역사 깊은 세계 최초 채식 레스토랑 ······ ⑧

하우스 힐틀 Haus Hiltl ₣₣₣

'세계에서 가장 오래된 채식 레스토랑'으로 기네스북에도 등재된 곳. 1989년에 오픈해 아직도 '채식 식당' 하면 스위스에서 가장 먼저 손꼽힌다. 뷔페 형식으로 놓인 접시에 20~30 종류 음식을 담아 무게를 재서 계산하는 방식이다. 토마토 스튜부터 태국·인도 스타일의 밥, 다채로운 샐러드와 채소 튀김 등이 모든 이의 입맛을 사로잡는다.

뷔페 음식 100g당 CHF 5.10 · 취리히역에서 도보 10분
Sihlstrasse 28, 8001 Zürich · 월~수 07:00~22:00, 목~금 07:00 ~23:00, 토 08:00~23:00, 일 10:00~22:00
+41 44 227 70 00 · www.hiltl.ch

생맥주 좋아하는 분, 여기예요! ······ ⑨

비어베르크 취리 Bierwerk Züri ₣₣₣

맥주 양조자 3명이 크라우드 펀딩으로 문을 연 곳. 2021년 오픈 이래 취리히에서 가장 인기 많은 펍으로 성장했다. 그동안 맥주 판매에서 당연시해 온 저온 살균 방식, 긴 유통 방식은 배제하고, 그 자리에서 신선한 맥주를 공급한다. 청량한 진짜 생맥주를 마시고 싶은 사람은 꼭 가볼 것. 카페, 레스토랑이 몰려있는 유로파알레Europaallee에 있다.

모든 생맥주 200ml CHF 4.50, 400ml CHF 8.00
취리히역에서 Europaallee 방향으로 나와 도보 3분
Gustav-Gull-Platz 10, 8004 Zürich · 14:00~12:00
+41 44 230 23 11 · www.bierwerkzueri.ch

세계 대회 챔피언을 휩쓴 카페 ······ ⑩

카페 마메 요제프 Café Mame Josef ₣₣₣

스위스 바리스타 챔피언을 휩쓸었던 두 사람이 사랑에 빠져 창업한 카페. 까다로운 스위스 사람들의 입맛을 사로잡아 현재 취리히에 3곳, 제네바에 2곳이 더 생겼다. 직접 로스팅한 싱글 오리진 원두로 내린 커피와 베이커리류를 제공하며, 로스팅한 원두도 판매한다. 공간이 좁아 여유롭게 즐기기는 어렵지만 분위기는 편안하다. 카페 분위기보다 커피 맛이 중요하다면 찾아가 볼 만한 곳.

카푸치노 CHF 7, 로스팅 커피 CHF 8 · 취리히역에서 도보 13분
Josefstrasse 160, 8005 Zürich · 월~금 08:30~17:30, 토·일 09:00~18:00 · www.mame.coffee

도심 속에서 칵테일 한 잔 ······ ⑪

루프톱 Rooftop ₣₣₣

반호프 거리에 있는 루프톱 바. 입구에 간판이 없어서 아는 사람만 가는 곳이다. 취리히 전경이 보이지는 않지만 도심 속 오아시스 분위기가 물씬 풍긴다. 서비스와 음식에 큰 기대없이, 쉴만한 장소가 별로 없는 반호프 거리에서 잠시 쉬러 가는 곳 정도라고 생각하면 좋다. 'RITUAL'이라고 쓰인 화장품 매장 안으로 들어가면 나오는 엘리베이터를 타고 6층으로 올라가면 된다.

칵테일 CHF 15~, 레모네이드 CHF 7 · 취리히역에서 도보 4분
Bahnhofstrasse 74, 8001 Zürich · 월~목 11:00~23:00, 금 11:00~24:00, 토 11:00~24:00 · +41 44 400 05 55
www.ooo-zh.ch

다다이즘이 발현한 곳 ······ ⑫

카바레 볼테르 Cabaret Voltaire ₣₣₣

다다이즘은 전통을 부정하며, 비이성적이고 비논리적인 예술을 통해 관습을 파괴한 예술 사조다. 제1차 세계대전 발발 당시, 스위스로 몰려든 많은 예술가가 근대 문명에 회의를 느끼면서 시작되었다. 백남준, 오노 요코, 이상(작가) 등이 다다이즘에 영향을 받은 인물이다. 카바레 볼테르가 다다이즘의 출발 장소. 건물 1~2층에는 카페가 있고, 지하 1층에서는 유료 전시가 열린다.

음료 CHF 5, 커피 CHF 6~ · 취리히역에서 4·15번 트램 타고 Rathaus에 하차 후 도보 2분 · Spiegelgasse 1, 8001 Zürich
화~목 13:30~24:00, 금~토 13:30~02:00, 일 13:30~18:00
월 휴무 · +41 43 268 08 44 · www.cabaretvoltaire.ch

취리히 출발 하루 코스 여행
에셔 산장과 아펜첼

에셔 산장

에벤알프역에서 내리막길 15분

바서라우덴(에벤알프) 케이블카역

세계에서 가장 아름다운 산장

에셔 산장 Aescher

아찔한 절벽에 아슬아슬하게 위치한 에셔 산장. 1860년대부터 현재까지 한자리에서 운영 중인 이 산장은 스위스에서 가장 오래된 산악 여관 중 한 곳이다. 산장이 오래되었다지만 그 역사는 더 깊다. 에셔 산장에 도착하기 전에 만나는 빌트키르힐리 동굴Wildkirchli은 100년 전 발굴된 선사시대 유물을 통해 약 4만 년 전 네안데르탈인이 거주했다는 것이 밝혀졌다. 또 1658년부터 울만 목사가 은둔 생활을 했으며 1853년까지 남성 약 20명 이상이 그의 업적을 기리며 이곳의 역사를 형성했다. 거대한 동굴을 지나면 그제야 사진으로만 보았던 에셔 산장을 만날 수 있다. 해발 1,454m에 자리한 에셔 산장은 언제나 많은 하이킹 여행자와 관광객들로 붐비는 곳이다. 위치가 아펜첼 지역인 만큼 스위스 3대 치즈인 아펜첼 치즈 요리를 맛볼 수 있고, 혹은 가볍게 커피 한잔하며 산장을 바라보기를 추천한다. 4,000m의 산이 주를 이루는 스위스에서 동화에 나올 법한 초록 언덕 동산 위에 세워진 집은 보는 것만으로도 큰 즐거움이다. 또 취리히에서 아펜첼로 가는 길은 주변의 부드러운 구릉지대가 조화로워 창문에서 눈을 떼려야 뗄 수 없다.

Aescher-Gasthaus am Berg, 9057 Weissbad Ⓕ 취리히~바서라우넨 기차 편도 CHF 41, 왕복 CHF 82, 스위스 트래블 패스 무료 / 에벤알프 케이블카 왕복 CHF 36, 만 6~15세 CHF 18, 스위스 트래블 패스 50% 할인 5월 중순~11월 중순 아침 07:30~11:00, 점심·저녁 11:00~20:30, 11월 08:00~20:00 +41 71 799 11 42 www.aescher.ch/en

가는 방법

- 취리히역
  - 기차 1시간 54분
- 바서라우넨(에벤알프반)역 Wasserauen(Ebenalpbahn)
  - 도보 3분
- 에벤알프역Ebenalp
  - 케이블카 6분+하이킹 15분
- 에셔 산장 도착

에셔 산장에서 한 발 더!
동화 같은 마을 아펜첼

여기까지 와서 에셔 산장만 보고 돌아가기 아쉽다면 아펜첼역Appenzel으로 가 동화 같은 마을을 구경하자. 소개하는 두 상점만 다녀와도 하루가 알차게 채워질 것이다.

가는 방법
총 45분

에벤알프역Ebenalp
케이블카 6분
바서라우넨역Wasserauen
기차 11분
아펜첼Appenzell

아펜첼 맥주 공장 방문하기
브라우어라이 로허 Brauerei Locher AG

스위스에서 가장 잘 팔리는 맥주 중 하나인 아펜첼 맥주의 본점. 로허 가문이 1886년부터 5대에 걸쳐 운영하는 가족 기업으로 물, 맥아 보리, 홉, 효모 등 40종류의 맥주를 판매한다. 매장 내에서는 1인당 CHF 12을 내면 3가지 맥주 맛을 시음할 수도 있다. 레몬맛이 나는 논알콜 맥주 파나쉐Panache도 인기가 많다. 또한 세계 맥주 대회에서 은상을 받은 100% 스위스 홉, 보리, 알프슈타인 워터로 만든 뷘츨리 뷕스Bünzli Büx도 추천! 뜨거운 열기를 품은 양조장을 구경해도 좋다.

아펜첼역에서 도보로 6분 Weissbadstrasse 27, 9050 Appenzell 양조장 입장료 무료 월 13:00~18:30, 화~금 09:00 ~18:30, 토 09:00~ 17:00, 일 10:00~17:00 +41 71 788 37 88 www.appenzeller.com

스위스 명품 치즈
아펜첼러 케제 Appenzeller Käse

생우유로 만들어 단단하고 부드러운 치즈로 유명한 아펜첼 치즈 직영 매장. 추천 제품은 순하고 은은한 향에 감칠맛 나는 핑크색 치즈 아펜첼러린Appenzellerin. 매콤한 치즈를 맛보고 싶다면 빨간색 포장지의 에델Edel 4단계를 선택할 것. 이 외에 아펜첼에서만 살 수 있는 기념품도 있어 구경하기 좋다.

아펜첼역에서 도보 6분 Weissbadstrasse 27, 9050 Appenzell 화~금 10:00~12:00, 13:30~18:00, 토 09:00~16:00, 일 11:00~17:00 월 휴무 +41 71 787 50 77 www.appenzeller.ch

우아한 유네스코 골목길

베른 Bern

#스위스수도 #정치의중심 #중세골목길
#유네스코도시 #시계탑 #곰공원

스위스의 수도이자 행정 도시. 중세의 역사를 고스란히 간직한 동시에 여유로운 수도의 향기를 느낄 수 있다. 국가 의회의 중요한 안건을 처리하는 연방 의사당이 자리 잡고 있어 역사와 기품이 도시 곳곳에 흐른다. 하지만 스위스 사람들은 베른을 반쯤 졸고 있는 도시라는 뜻의 '슬리피 타운Sleepy Town'이라고 말한다. 지역 사람 특유의 느린 베른 독일어Bärndütsch 억양도 한몫하지만, 구시가지 전체가 세계문화유산으로 지정되어 변화가 느린 것도 이유다. 베른 사람들의 평균 걷는 속도는 초당 1.05m로 세계 수도 중 가장 느리면서 여유롭다는 재미난 연구 결과도 있다. 이렇게 느린 도시이지만, 도시의 50% 이상이 녹지로 구성되어 2020년에는 가장 친환경적인 유럽의 수도 중 2위를 차지했다. 여행자의 바쁜 마음을 잠시 내려놓고 베른 사람들처럼 천천히 여유롭게 푸르른 녹음을 즐겨보자.

베른 가는 방법

베른은 스위스의 행정을 관할하는 수도로, 한국에서 가는 항공편은 직항, 경유 모두 없다. 아주 작은 비행장은 대부분 국회 안건을 처리하는 정치인이나 사업차 방문하는 비즈니스맨의 전용기 이착륙에 쓰이고, 다른 나라에서 베른으로 들어오려면 취리히나 베른 공항으로 입국해 기차를 타거나, 유럽 내 다른 지역에서 버스, 기차를 이용해야 한다.

기차

베른은 스위스의 수도인 만큼 주요 도시와 기차 노선이 굉장히 잘 연결되어 있다. 취리히, 루체른, 바젤, 인터라켄까지 1시간 안에 올 수 있으며, 취리히공항에서 1시간 19분, 바젤공항에서는 1시간 25분, 제네바공항에서는 2시간 걸리고 따로 갈아탈 필요가 없다. 독일 프랑크푸르트에서 ICE 기차를 타면 3시간, 프랑스 파리에서 TGV 기차를 타고 오면 4시간 30분 만에 도착한다.

버스

뮌헨에서 플릭스 버스를 타면 7시간 만에 베른으로 올 수 있고, 프랑스 파리에서는 9시간 정도 걸린다. 베른에 있는 플릭스 버스 정류장은 꽤 황량한데, 도보 3분 거리에 있는 버스 정류장 노이펠트(구글검색 Neufeld P+R)에서 버스 11번을 타면 7분만에 베른 기차역으로 갈 수 있다.

플릭스 버스 정류장 Studerstrasse, 3012 Bern

렌터카

취리히, 루체른, 바젤, 인터라켄 등에서 모두 자동차로 1시간 30분 이내에 도착한다. 베른 도심은 유네스코 세계문화유산으로 지정된 구시가를 제외하고 차량으로 손쉽게 접근 가능하다. 도심 곳곳에 지하 주차장이 잘 되어 있으며, 베른 파킹 홈페이지(parking-bern.ch)에서 공영주차장 빈자리를 실시간 확인할 수 있다.

- **취리히 ▶ 베른** 고속도로 1번을 타면 도착하며, 가장 막히는 구간 중 한 곳이다. 121km, 약 1시간 50분 소요
- **루체른 ▶ 베른** A2를 지나 A1을 경유한다. 110km, 약 1시간 20분 소요
- **인터라켄 ▶ 베른** 고속도로 6번을 타고 베른 'BERN' 글자를 따라가면 도착한다. 56km, 약 45분 소요

베른 시내 교통

베른 시내에서 가장 많이 이용되는 교통수단은 트램과 버스이다. 버스와 트램은 일반 차량과 달리 구시가지를 통과하기에 굉장히 편리하다. 장미공원으로 갈 때는 UBS 은행 앞에서 10번 버스, 파울 클레 박물관은 12번 버스, 베른 역사박물관과 아인슈타인 박물관은 6·7·8·10번 버스를 타면 갈 수 있다.

베른대중교통 www.bernmobil.ch, www.mylibero.ch 버스 및 트램 1회 CHF 3(30분 내 3개 정거장), 1시간 CHF 5.20, 1일권 CHF 10.4

베른
이렇게 여행하자

베른 구시가지와 주요 명소를 빠르게 돌아보는 데는 3~4시간이면 충분하다. 하지만 베른에서 1박 이상을 한다면 오전에는 여유롭게 박물관과 중세 분수를 따라 산책하고, 오후에는 에메랄드빛 아레강에 발을 담그다 도시 곳곳에서 쇼핑할 수 있다. 해가 저무는 시간대에는 현지인들과 함께 장미 공원에 앉아 한 손에 맥주를 들고 노을을 감상하는 것도 베른 여행의 포인트다. 날씨가 좋다면 베른의 가장 높은 곳인 구어텐쿨름에 올라가 장엄하게 솟은 20여 개 봉우리의 알프스산맥을 보는 것을 추천한다.

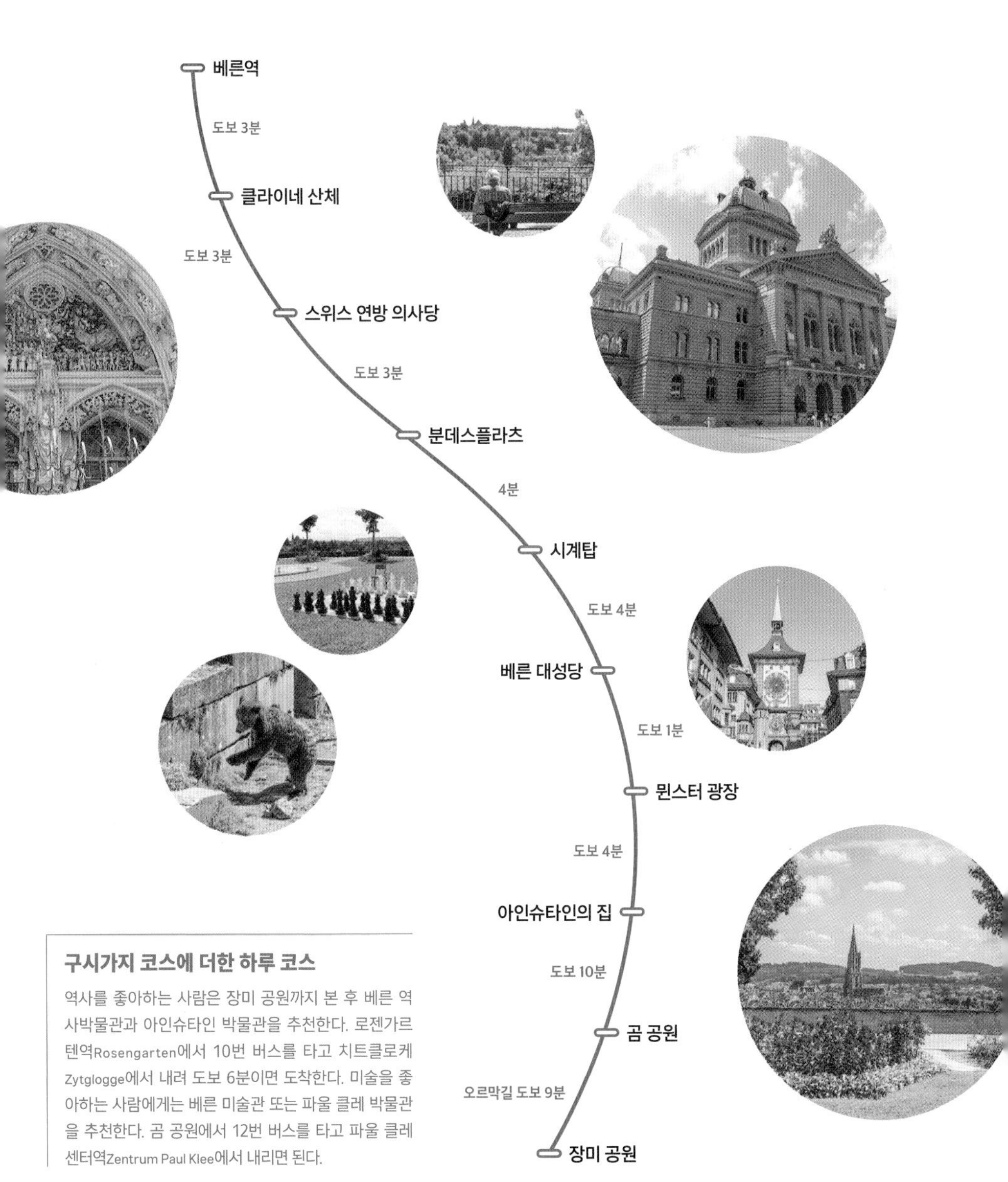

구시가지 코스에 더한 하루 코스

역사를 좋아하는 사람은 장미 공원까지 본 후 베른 역사박물관과 아인슈타인 박물관을 추천한다. 로젠가르텐역Rosengarten에서 10번 버스를 타고 치트글로케Zytglogge에서 내려 도보 6분이면 도착한다. 미술을 좋아하는 사람에게는 베른 미술관 또는 파울 클레 박물관을 추천한다. 곰 공원에서 12번 버스를 타고 파울 클레 센터역Zentrum Paul Klee에서 내리면 된다.

베른 상세 지도

05 남산 레스토랑
Lorrainestrasse
Nordring
아레강
1
Lorrainebrücke

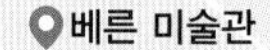

09 PROGR 툰할레
Speichergasse
04 친 레스토랑
Kornhausbrücke
아레강
Nägeligasse
도보 10분 거리
글라츠 01
콘하우스켈러 06
03 클뢰츨리 메서슈미데 베른
베른역
01 베른 구시가지
유미하나 05
아인슈타인의 집
샤 누아르 02
02 시계탑
아드리아노스 바 & 커피 07
07
06 플라카트켈러
앙트레코트 페데랄 02
홀츠 아트 엥겔 & 조 04
05 베른 대성당
1
04 분데스플라츠
06 뮌스터 광장
Bundesgasse
03 스위스 연방 의사당
Kirchenfeldbrücke
10 클라이네 샨체
아레강
Dalmazibrücke
베른 역사박물관 & 아인슈타인 박물관
08 젤라테리아 디 베르나
구어텐쿨름

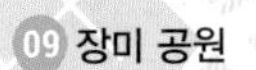

09 장미 공원

03 레스토랑 로젠가르텐

Aargauerstalden

Monument im Fruchtland

파울 클레 센터

Nydeggbrücke

08 곰 공원

01 알테스 트람데포

Grosser Muristalden

6

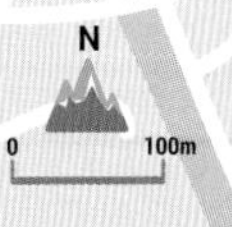

스위스의 수도는
유네스코 세계문화유산 ⋯⋯ ①

베른 구시가지

베른의 구시가지에 들어서면 작게 탄성이 나온다. 200개가 넘는 르네상스 스타일의 분수대와 회색 석조 건물이 6km나 줄지어 늘어서 있기 때문이다. 지금 보이는 풍경을 만들어 낸 것은 1405년에 발생한 대화재. 당시 베른에 있던 목조 주택 650채가 전소했고 100여 명이 목숨을 잃었다. 그 후 새로 짓는 집과 건물들은 모두 석회암만 사용해야 하는 건축법이 제정되어 1층에 석조 아케이드를 만들면서 지금의 풍경이 완성되었다. 유럽에서는 태양과 비를 피해 걸을 수 있는 가장 긴 아케이드이며, 골목마다 이야기와 역사가 담긴 분수대를 볼 수 있다. 1983년에 도시 전체가 유네스코 세계문화유산에 등재되었으며, 오늘날 아케이드는 쇼핑, 가구점, 레스토랑이 늘어선 시민들의 휴식 공간으로 자리 잡았다.

베른역에서 도보 5분 Bern Old Town, Markegasse 670, 3011 Bern

스위스에서
가장 오래된 시계 ⋯⋯ ②

시계탑 Zytglogge

54.5m 높이의 시계탑. '치트글로케Zytglogge'는 베른 독일어로 '종 시계'라는 뜻이다. 한자리에서 800년 이상 자리를 지킨, 베른에서 가장 오래된 기념물이자 도시의 상징이다. 13세기 제작 당시에는 구시가지 서쪽 성문을 오가는 방어 탑이었는데, 이후에 도시가 확장되면서 감시탑, 감옥, 창고, 공습 대피소 등 다양하게 사용되다 시계탑까지 이르렀다. 1405년 대화재로 탑이 완전히 손실되었고, 지붕 아래의 후기 고딕 처마 장식과 계단 탑만이 초기 역사를 보여주는 유물로 남았다. 화재 후에는 종 시계가 설치되어 매시 56분마다 인형이 움직이는 퍼포먼스를 펼친다. 곰, 기차, 광대, 황금 수탉, 시간의 신 크로노스가 각각 움직이는데, 시간이 맞으면 보는 정도로 충분하다.

베른역에서 도보 7분 Bim Zytglogge 1, 3011 Bern

시계탑 내부 투어

내부 관람은 가이드 투어로만 가능하며 영어, 프랑스어, 독일어로 진행한다. 오래된 돌담, 거대한 나무 기둥 사이로 약 130개의 계단을 올라가면 유네스코 세계문화유산인 지붕, 테라스, 골목 등 숨 막히는 전경을 작은 창문을 통해 볼 수 있다. 함께하는 가이드에게 시계탑의 숨은 이야기도 들을 수 있다. 가이드에 따라 시간이 바뀌니 홈페이지 확인.

1시간
투어 예약 및 시간 확인 bern.com/en/explore/guided-city-tours/tour-of-the-clock-tower 성인 CHF 20, 학생 CHF 15, 만 6~16세 CHF 10

스위스 정치의 중심 ③

스위스 연방 의사당 Bundeshaus

연방 의회가 상·하원으로 구성된 양원제를 통해 국가의 입법 활동을 수행하는 장소. 스위스 의회가 정부를 구성하고 국정을 논의하는 연방 회의를 여는 곳이다. 스위스 대통령은 대부분 나라보다 짧은 1년의 임기 동안 대외적으로 국가를 대표하는 역할을 담당한다. 연방 의사당 건물은 스위스-오스트리아 출신의 건축가인 한스 아우어Hans Auer가 19세기 말에 설계해 1902년 4월 1일에 완성한 것이다. 네오 르네상스 양식의 푸른빛 돔이 상징적이며, 13개 주에서 가져온 석재를 활용해 스위스를 대표하는 건물을 표현했다. 화~토요일(의회 기간 제외)에는 전문 가이드와 함께 내부를 무료로 탐방할 수 있다(온라인 예약 필수). 개방하는 연방 의사당 내부는 200명의 국민 의회 의원들이 법안을 논의하고 표결하는 국민 의회 홀National Council Hall, 각 주를 대표하는 위원들이 국가 법률에 대해 논의하는 주의회 홀Council of States Hall 등이다. 연방 의사당 건물 뒤 테라스에 올라가면 웅장한 알프스 산맥과 구어텐쿨름까지 한눈에 들어와 내부를 방문하지 않더라도 들러볼 만하다.

베른역에서 도보 8분 Bundesplatz 3, 3003 Bern
www.parlament.ch/en

연방 의사당 내부 가이드 투어(1시간)

무료 화~금 11:30, 15:00(프랑스어, 독일어 진행), 토 11:30, 14:00, 15:00, 16:00(독일어, 프랑스어, 이탈리아어, 영어 진행) / 20분 전까지 도착, 여권 필수 지참 / 온라인 선착순 예약
예약 www.parlament.ch/en/services/visiting-the-parliament-building

스위스의 심장 ④

분데스플라츠 Bundesplatz

연방 의사당 앞에 있는 광장. 시민을 위해 개방하는 광장으로, 곳곳에 널린 의자에 앉아 도시의 여유를 즐기는 밝은 분위기다. 여름이면 광장 앞 분수대에서는 스위스의 주의 개수와 같은 26개의 물줄기가 뿜어져 나오고, 아이들이 물장난을 즐기곤 한다. 매년 10~11월 저녁에는 하루 세 번 30분 동안 연방 의사당 외벽을 장식하는 레이저 쇼 '랑데부 분데스플라츠'가 펼쳐지며 매주 화·토요일에는 베른 지역 내 농부가 와서 물건을 직접 판매하는 마켓도 열린다.

레이저 쇼 www.rendezvousbundesplatz.ch

스위스에서 가장 높이 솟은 첨탑 ⑤

베른 대성당 Berner Münster

높이 100.6m로 스위스에서 가장 높은 첨탑을 가진 개혁 교회이자 국가 중요 문화재. 15세기 알프스에서 가장 빠르게 성장하던 베른은 그 힘을 과시하기 위해 대형 성당을 지었다. 고딕 양식으로 지어진 건물은 1421년에 건축을 시작해 16세기 중반에 주요 구조가 완성되었는데, 성당의 탑은 1893년에야 완전히 완성되어 무려 472년이나 걸린 셈이다. 성당 입구의 조각물 '최후의 심판'과 성당 내부에 화려한 스테인드글라스로 장식된 '죽음의 춤'은 꼭 찾아보자. 성당을 구경한 후 시간과 체력이 된다면 254개 계단을 걸어 올라 베른과 멀리 알프스 고원지대를 보기를 추천한다. 고소공포증만 없다면 추가로 90계단을 올라가 보자. 베른 구시가지에서 가장 높은 곳이자 스위스에서 가장 높은 첨탑에 도달할 수 있다. 올라가다 볼 수 있는 종은 무게 10.5톤으로 스위스에서 가장 큰 종이다. 1611년에 제작되었으며, 지금도 매일 두 번, 낮 12시와 오후 6시에 울린다. 종소리를 가까이에서 듣는 데 의미가 있지만 소리가 매우 크므로 귀를 가릴 것.

🚶 베른역에서 도보 12분 / 중앙역에서 8번 트램이나 10·12번 버스 타고 시계탑에서 내린 후 도보 3분 📍 Münsterplatz 1, 3003 Bern Ⓕ **교회** 무료 **첨탑 입장료** CHF 7(1인 입장 금지, 2인 이상 가능) **오디오 가이드** CHF 5(총 35분), 독일어, 영어, 프랑스어, 이탈리아어, 스페인어
Ⓘ 월~토 10:00~17:00, 일 11:30~17:00(첨탑은 폐관 30분 전 마감) 📞 +41 31 312 04 62
🏠 www.bernermuenster.ch

베른 대성당 첨탑에서 보이는 풍경

최후의 심판

성당 입구에는 독일 출신 건축가이자 석공인 에르하르트 퀑의 작품 '최후의 심판'이 있다. 종교 개혁을 거치며 유일하게 남은 조각상으로, 총 170명의 인물을 섬세하게 묘사하였다. 칼을 든 대천사 미카엘을 중심으로 왼쪽에는 나팔 부는 천사들과 풍요로운 천국을 표현했으며, 오른쪽에는 끔찍한 지옥의 모습을 생생하게 나타냈다. 최후의 심판 주변을 장식한 47개의 조각품은 심각하게 훼손되어 베른 역사박물관 지하 1층에 영구 전시 중이며, 대중에 공개한 것은 복제품이다.

죽음의 춤

교회에 들어서서 오른쪽 끝에 있는 스테인드글라스 장식 '죽음의 춤'은 흑사병이 돌던 시기의 모습을 담았다. 죽어가는 각계각층의 사람들을 묘사한 이 그림을 보면서 죽음은 지위나 부에 상관없이 누구에게나 찾아온다는 사실을 인지했다.

리얼 가이드

형형색색 품은 의미도 다른 **베른의 분수 산책**

베른 구시가지에는 총 217개의 분수가 있다. 이 분수들은 중세 시대부터 19세기 후반까지 도시에 물을 공급하고 화재를 진압하는 데 아주 중요한 역할을 해왔으며, 지금도 물통만 있으면 깨끗하고 시원한 식수를 무료로 받아 마실 수 있다. 원래 중세 시대에는 나무로만 분수를 만들었지만, 1550년경에 지금처럼 돌로 만든 분수대로 교체하면서 정교한 조각상을 세우기 시작했다. 조각에는 성서 속 인물, 역사적 인물 등을 나타내어 당시의 시대상을 엿볼 수 있고, 마차를 끄는 말들이나 소가 마실 수 있도록 낮고 작은 분수대를 만든 것도 세심하게 느껴진다. 현재 같은 장소에서 강아지들이 물을 마시는 모습을 보면서 중세 시대의 풍경을 떠올려 볼 수 있다.

예술가의 상징

백파이어 분수

Pfeiferbrunnen

스위스 르네상스 조각가 한스 기엥Hans Gieng이 1514년 알브레트 뒤러Albrecht Dürer의 목판화를 기반으로 1545~1546년에 만들었다. 한때 분수대 근처에 있던 여관에 여행 온 음악가를 표현한 작품이다. 음악가는 커다란 자루에 바람을 불어넣으며 연결된 관으로 연주하는 유럽의 전통 악기 백파이프를 들고 있는데, 그 모습이 무척 인상적이다.

Spitalgasse 21

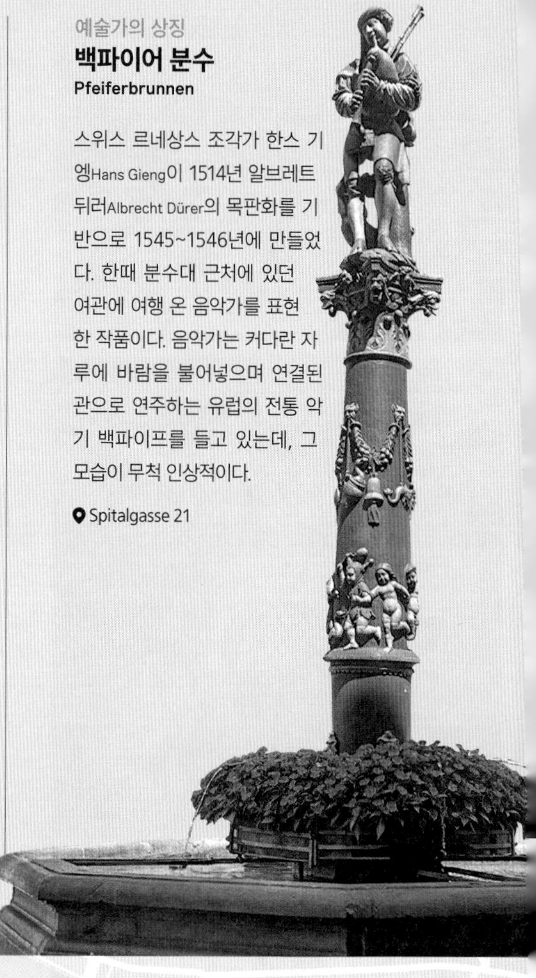

스위스의 나이팅게일

안나 자일러 분수
Anna-Seiler-Brunnen

스위스 최대 규모인 베른대학병원Inselspital의 창시자 안나 자일러Anna Seiler에게 헌정된 분수대. 1354년 흑사병이 유행하자 안나 자일러는 자기 재산을 바쳐 병원을 설립하겠다고 시에 건의했고, 병상 13개와 간호사 2명으로 시작한 것이 지금의 베른대학병원의 시초이다. 이제는 병상 900여 개에 직원이 1만 명 넘게 근무하는 대형 병원이지만, 병원의 본관 이름은 여전히 안나 자일러라는 이름으로 불린다. 한 손에는 그릇을 들고 다른 한 손으로는 물병에 물을 붓는 모습은 절제를 상징한다.

📍 Markgasse 61

중세 시대 사격협회의 상징

사격수 분수 Schützenbrunnen

오른손에는 사격협회의 깃발을, 왼손에는 검을 든 사격수의 분수이다. 다리 사이에 있는 새끼 곰은 소총으로 사격협회를 가리키고 있었다. 하지만 1799년 사격협회가 해체되어 상징으로만 남은 동상이다.

📍 Markgasse 15

스위스의 망태 할아버지

식인 괴물 분수 Kindliopferbrunnen

벌거벗은 아이를 잡아먹는 괴물을 묘사한 분수로, 중세와 근대 초기에 아이를 잡아먹는 자를 표현했다. 유태인 모자를 쓴 유태인을 잡아먹는 괴물이라는 등 다양한 이야기가 난무하지만, 현재 가장 설득력 있는 주장은 어른 말을 안 듣는 아이들에게 겁을 주려고 만들어낸 전설의 인물을 표현했다는 것이다.

Kornhauspl. 18

체링겐 가문이 만든 도시

체링거 분수 Zahringerbrunnen

베른의 창시자인 베르히톨트 5세에게 헌정한 분수로, 1535년에 만들었다. 베른에 내려오는 전설에 따르면 베르히톨트 5세는 도시를 건설할 부지를 물색하면서 처음 사냥에 성공한 동물로 도시 이름을 짓고 그 자리에 도시를 짓겠다고 했다고 한다. 그가 곰을 사냥하게 되면서 베른이란 이름이 탄생했고, 이 분수의 발아래에도 사냥한 곰을 표현했다. 갑옷을 입은 사람 역시 용맹을 상징하는 곰을 나타낸다.

Kramgasse 63

16세기 힘의 상징

삼손 분수 Simsonbrunnen

삼손이 사자의 입을 잡고 찢는 모습을 묘사하고 있다. 삼손은 구약 성서에 등장하는 인물로 이름은 '작은 태양'이라는 의미를 담고 있다. 분수가 건설된 16세기에 삼손은 힘과 용기의 상징이었다.

Kramgasse 36

1791년에 만들어진 분수

모세 분수 Mosesbrunnen

대성당 맞은편 코너에 세워진 분수로 모세가 오른손으로 율법 돌판의 두 번째 계명을 가리키고 있다. 이 모습은 이스라엘 12지파들에게 십계명을 전하는 모습을 상징한다. 머리 위 2개의 뿔 같은 것은 빛의 줄기를 묘사한 것인데, 이는 하느님을 만난 후 그의 얼굴에 나타난 빛을 상징한다.

📍 Münstergasse 32

정의의 상징

정의의 여신 분수 Gerechtigkeitsbrunnen

양쪽 눈을 가린 채 오른손에는 긴 검을, 왼손에는 저울을 든 정의의 여신. 발밑에는 교황, 황제, 시장, 술탄이 아주 작게 조각되어 있고 모두 눈을 감고 있다. 이 조각상은 어떠한 권력과 힘 앞에서도 편견 없이 공정하게 판결하겠다는 의미를 담고 있다. 정의는 종교 개혁 시대 베른의 정치적 담론에서 자주 등장하는 요소이자, 모든 권위에 대한 올바른 정의를 나타내는 것이다. 이 분수대는 국가적으로 중요한 문화유산으로 지정되어 있다.

📍 Gerechtigkeitsgasse 35

베른의 여유로움을 느끼는 공간 ⑥

뮌스터 광장 Münsterplattform

베른 대성당 바로 뒤에 펼쳐진 광장으로, 베른 지역 주민들의 일상을 엿볼 수 있는 곳이다. 아인슈타인이 이곳에서 휴식을 취하면서 유명한 'E=mc²' 공식을 떠올렸다는 소문이 있을 정도로 아름다운 풍경을 자랑한다. 커다란 밤나무가 시원한 그늘을 드리우고, 눈앞으로는 아름다운 아레강이 흐르는 모습을 볼 수 있다. 날씨가 좋으면 공원 모퉁이에 아인슈타인 정원 카페Einstein-au jardin가 열리니, 여기에 앉아 따스한 햇살과 음료를 즐겨도 좋다. 무료 화장실도 모퉁이에 마련되어 있다.

베른 대성당 바로 앞 Münsterplattform 9, 3011 Bern

'E=mc²'가 탄생한 곳 ⑦

아인슈타인의 집 Einsteinhaus

아인슈타인이 1903년부터 1905년까지 아내와 아들과 함께 살았던 곳이다. 그는 이곳에 살 당시 물질이 가진 에너지에 대한 공식인 '상대성 이론'을 정리했다. 뮌스터 광장 바로 옆에 있는 건물 2층에서 당시 살았던 단출한 집을 볼 수 있다. 작은 책상과 침대가 놓인 정도라 크게 볼거리는 없다. 아인슈타인에 대해 좀 더 깊게 알고 싶고 스위스 트래블 패스가 있다면 베른 역사박물관과 아인슈타인 박물관에 가는 것이 더 효율적이다. 1층에는 커피 맛집으로 유명한 아인슈타인 카페Einstein Cafe가 있으니 놓치지 말 것!

베른역에서 도보 7분(500m)
Kramgasse 49, 3011 Bern
성인 CHF 7, 학생 CHF 5, 만 8~15세 CHF 4, 스위스 트래블 패스 CHF 5
10:00~17:00
+41 31 312 00 91
www.einstein-bern.ch

베른의 이름이 곰에서 유래된 사실! ······ ⑧

곰 공원 Bärenpark

베른과 곰은 떼려야 뗄 수 없는 관계이다. 베른주 깃발에도 곰이 있고, 다양한 상점에서 곰 인형, 곰 과자를 판다. 게다가 수도 한가운데에 뜬금없이 곰이 사는 공원이 있다. 사실 '베른'이라는 이름은 12세기 체링겐Zähringen 가문의 베르히톨드가 베른에 도착했을 때 첫 번째 사냥했던 농물이 곰이었다는 일화에서 비롯되었다. 곰을 뜻하는 독일어 'Bär'에서 따와 베른Bern이 되었다고. 1513년부터 베른시는 베런 광장Bärenplatz에서 곰을 사육하다 이후 아레강 근처의 자리로 옮겨와 5,000평 부지에서 동물법에 따라 철저하게 관리한다. 현재 곰 공원에는 친숙한 동요처럼 곰 세 마리, 아빠 곰 핀Finn과 엄마 곰 비욕Björk 그리고 딸 우르시나Ursina가 살고 있다. 여름에는 곰이 수영하고 낮잠 자거나 노는 모습을 관찰할 수 있고, 겨울에는 겨울잠을 자기 때문에 못 보는 경우도 종종 있다.

🚶 베른역에서 12번 버스 타고 Bärenpark역에서 하차
📍 Grosser Muristalden 4, 3006 Bern Ⓕ 무료 🕓 08:00~17:00 📞 +41 31 321 15 25 🏠 www.tierpark-bern.ch

장미 공원에서 내려다보이는 풍경

베른의 절대적인 풍경 맛집! ······ ⑨

장미 공원 Rosengarten

400종 이상의 장미와 붓꽃, 28종의 진달래가 장식하는 공원. 1765년부터 1877년까지 묘지로 사용되던 곳이 1913년에 지금의 공원으로 탈바꿈했다. 여름이 다가오면 수많은 장미가 피어나지만, 공원 곳곳에 아주 작게 조성되어 있어 눈에 확 들어오지는 않는다. 장미 공원의 진짜 포인트는 여기서 내려다보는 구시가지 풍경. 언덕 위에 있는 장미 공원에서는 석조 아케이드가 압축적으로 겹겹이 펼쳐지는 베른의 구시가지 풍경을 만날 수 있다. 해가 지는 여름에 방문하면 아름다운 노을을 보는 사람들로 붐비고, 늦은 저녁에는 야경을 보는 장소로도 인기가 높다. 사진도 예쁘게 나오는 대표적인 스냅 촬영 장소다.

🚶 베른역에서 10번 버스 타고 Rosengarten역에서 하차 📍 Alter Aargauerstalden 31B, 3006Bern 🕓 24시간 📞 +41 31 321 69 22 🏠 www.bern.ch/themen/freizeit-und-sport/grunanlagen/parkanlagen/rosengarten

현지인들의 인기 스폿 ⑩

클라이네 산체

Kleine Schanze

베른 시민들이 가장 즐겨 찾는 공원 중 한 곳으로, 작은 언덕에 오르면 인터라켄 근처에 있는 아이거, 융프라우, 묀히 봉우리까지 볼 수 있다. 원래는 1625년부터 도시 요새 역할을 하다가 19세기에 이르러 공원으로 바뀌었다. 1871년 요새가 허물어지고 산책로가 들어서면서 스위스 최초로 바로크 양식이 원예로 재설계되었다는 평가를 받는다. 여름에는 푸른 잔디밭에서 피크닉을 즐기고, 주변에서 크고 작은 카페를 만날 수 있다. 특히 겨울이면 공원 전체가 크리스마스 마켓으로 바뀌어 여행의 즐거움을 더한다. 거대한 나무에는 화려한 크리스마스 장식이 달리고 20개가 넘는 레스토랑 가판대에서 기념품과 맛있는 음식을 만나볼 수 있다.

베른역에서 도보 3분 Murtenstrasse 51, 3008 Bern

베르너 슈테르넨마크트(크리스마스 마켓)

Berner Sternenmarkt

나무로 만든 오두막 80여 개가 줄지어 서있는 낭만적인 시장이다. 시장 안에는 베른 지역의 별미를 맛볼 수 있는 음식 혹은 기념품을 판매한다. 레드와인과 과일을 넣고 오랫동안 끓여 만든 스위스식 온溫 포도주 글뤼바인을 맛볼 수 있고, 술을 안 마신다면 '푼치Punch'라 부르는 달콤하고 따뜻한 과일 음료를 마시며 추위를 달랠 수 있다. 아이들을 위한 회전목마, 200명이 들어가 즐길 수 있는 아늑한 퐁뒤 샬레도 마련되어 있다. 스위스에 있는 여러 크리스마스 마켓 중 성탄절 이후 3~4일 정도 더 열기 때문에 날짜를 놓쳤다고 실망하지 말 것. 참고로 현금은 받지 않기 때문에 신용카드를 준비해 가야 하고, 음식과 술을 시킬 때는 컵과 그릇에 대한 보증금을 내야 한다. 접시와 잔을 돌려주면 보증금을 다시 돌려주지만, 스위스 사람들처럼 그해의 크리스마스 기념품으로 간직해도 좋다.

11/21~12/28(2024년)

●

알프스의 핑크빛 고봉을 만나고 싶다면
구어텐쿨름 Gurten Kulm

베른역에서 불과 30분 떨어졌지만, 도심에서는 볼 수 없는 멋진 파노라마 풍경이 펼쳐지는 곳. 1899년에 첫 개통된 푸니쿨라를 시작으로 이제 매년 100만 명이 오고 가는 명소가 된 구어텐쿨름이다. 정상에는 호텔, 레스토랑, 전망대, 어린이 놀이터 등이 다양하게 마련되어 있지만 그중 가장 빛나는 풍경은 알프스산맥이다. 이곳은 거대한 알프스산맥에 비하면 굉장히 낮은 해발 858m이지만, 저 멀리 4,000m 알프스 고봉이 병풍처럼 펼쳐진 모습을 감상하기에는 딱 좋은 높이다. 나선형 계단을 하나씩 오르다 보면 금방 25m 전망대에 도착한다. 유라Jura 산맥, 아이거, 묀희, 융프라우가 내려다보이고, 그와 어우러진 베른시의 풍경을 조망할 수 있다. 가장 추천하는 시간대는 해 지기 30분 전. 수십 개의 고봉이 핑크빛 노을로 물든 하늘과 함께 반짝반짝 빛나는 베른의 야경을 만날 수 있다. 푸니쿨라에서 내린 방향에서 잘 포장된 길을 따라 5분 정도 올라가다 보면 잔디밭이 끝없이 펼쳐진 공간을 만날 수 있다. 책 읽는 사람, 낮잠을 청하는 사람, 피크닉을 즐기는 사람 속에서 잠시 숨을 고르고 편안하게 알프스 풍경을 즐기기 좋다. 구어텐쿨름은 베른 시민들이 즐겨 찾는 짧은 하이킹 구간이기도 한데, 차량이 진입할 수 없어 공기가 훨씬 맑고 상쾌하다.

🚶 베른역에서 Belp 방향 S/3 혹은 S31 열차 타고 9분 후 Wabern bei Bern역 하차(또는 베른역에서 9번 트램 타고 Gurtenbahn역 하차) 후 푸니쿨라로 갈아타 15분 후 하차 📍 3084 Köniz
Ⓕ 푸니쿨라 왕복 성인 CHF 12.60, 만 6~16세 CHF 6.30, 스위스 트래블 패스 50% 할인
🕓 푸니쿨라 하행 막차 월~토 23:30, 일·공휴일 20:00 🏠 www.gurtenpark.ch

구어텐 페스티벌

1977년 시작되어 매년 7만 명 넘는 사람이 참가하는 베른의 음악 페스티벌이다. 매년 7월 중순 3일간 열리며, 주로 인디밴드, 록밴드가 초청된다. 뻥 뚫린 야외 지대에서 동시다발로 다양한 공연이 열리고, 형형색색의 페스티벌 룩을 입고 온 유럽 친구들을 만날 수 있다. 2019년에는 한국 가수로는 처음으로 혁오가 초청되어 공연하기도 했다.

🕓 7/16~19(2025년)
🏠 gurtenfestival.ch/en/

스위스 수도의 품격이 담긴
베른의 미술관과 박물관

베른은 스위스의 행정 수도인 만큼, 박물관과 미술관의 수준이 굉장히 높다.
특히나 스위스 역사에 대해 자세히 알고 싶다면 베른 역사박물관에서 한나절은
충분히 보낼 수 있으며, 미술관을 좋아한다면 파울 클레 센터를 꼭 방문하길 추천한다.

20세기가 낳은 선과 색채의 천재

파울 클레 센터 Zentrum Paul Klee

베른 출신의 세계적인 미술가 파울 클레. 1997년 파울 클레의 며느리가 자신이 물려받은 690점의 작품을 베른주에 기증하면서 2005년 파울 클레 센터가 완성되었다. 이곳에는 그의 작품만 무려 4,000여 점이 모여있는데, 지하 1층은 파울 클레 작품을 주로 전시하며, 계절별로 120~150점을 볼 수 있다. 지상 전시실에서는 기획 전시가 열려 다양한 아티스트들의 작품을 만나볼 수 있다. 건물은 이탈리아 건축가 렌조 피아노가 파울 클레 작품의 상징인 간결한 색채와 패턴을 살려 설계했다. 섬세하고 유려한 곡선으로 3개의 언덕을 표현한 건물 외관이 베른의 풍경과 조화롭게 어우러져, 건물 자체만으로도 볼거리다.

베른역에서 12번 버스 타고 종점 Zentrum Paul Klee 하차, 18분 소요 Monument im Fruchtland 3, 3006 Bern 성인 CHF 20, 학생 CHF 10, 만 6~16세 CHF 7, 스위스 트래블 패스 무료 화~일 10:00~17:00 월·12/24~12/25 휴무 +41 31 359 01 01 www.zpk.org

아인슈타인의 일생을 배울 수 있는 공간

베른 역사박물관 & 아인슈타인 박물관

Bernisches Historisches Museum & Einstein Museum

중세부터 20세기까지 베른의 역사를 심도 있게 소개하는 전시관이다. 총 4층으로 구성되어 있으며, 2층에서는 노벨상 수상자인 물리학자 알베르트 아인슈타인Albert Einstein의 삶과 업적에 관한 흥미로운 전시를 볼 수 있다. 영어로 된 오디오 가이드를 무료로 빌려준다.

베른역에서 6·7·8·10번 트램 혹은 19번 버스 타고 Helvetiaplatz 하차 후 도보 1분 Helvetiaplatz 5, 3005 Bern
성인 CHF 16, 만 6~16세 CHF 8, 스위스 트래블 패스 무료
화~일 10:00~17:00 일·12/25 휴무
+41 31 350 77 11 www.bhm.ch

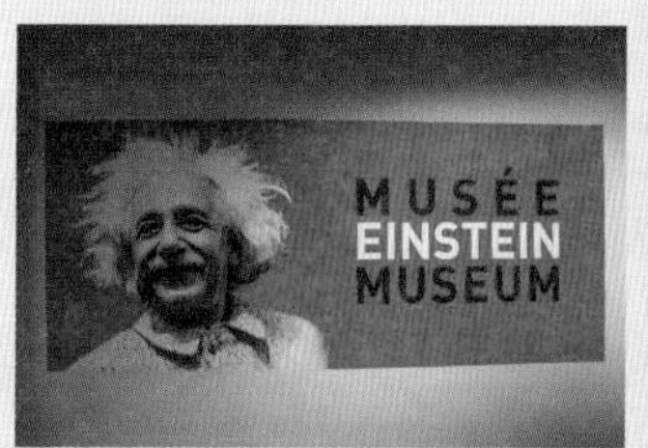

스위스 예술가들의 작품이 돋보이는 곳

베른 미술관 Kunst Museum Bern

4,000여 점의 그림과 조각, 4만 8,000여 점의 드로잉, 판화, 사진 등을 보유한 베른 최대 미술관. 1879년에 세워진 베른에서 가장 오래된 미술관이다. 주요 작품으로는 프란츠 니클라우스 쾨니히의 〈라우터브루넨 계곡의 슈타우바흐〉와 가브리엘 로페의 〈마테호른〉 같은 스위스 풍경화, 바실리 칸딘스키와 클로드 모네의 현대미술 작품도 만날 수 있다. 또한 파울 클레, 파블로 피카소, 페르디난트 호들러, 메레 오펜하임 등 유명 예술가들의 작품이 포함되어 있어 국제적으로 중요한 기관이다. 기획 전시에서 세계적으로 유명한 거장의 작품을 자주 선보여 더욱 주목받는다.

Hodlerstrasse 8, 3011 Bern 성인 CHF 24, 학생 CHF 12, 만 16세 미만 무료, 스위스 트래블 패스 무료, 파울 클레 센터 세트권 CHF 32, 오디오 가이드 CHF 6
화 10:00~21:00, 수~일 10:00~17:00 월 휴무 +41 31 328 09 44
www.kunstmuseumbern.ch

맛있는 곰 쿠키 원조 ······ ①

글라츠 Glatz

귀여운 곰 모양 쿠키 만델바르리Mandelbärli는 외국 관광객은 물론이고 다른 주에 사는 스위스인도 베른을 방문하면 꼭 사 가는 선물 중 하나다. 1898년 이 가게에서 처음 만들기 시작해 바닐라, 초콜릿, 블루베리, 레몬 등 다양한 맛을 판매한다. 인기를 몰아 스위스 전역의 쿱COOP 슈퍼마켓에도 납품하지만, 다양한 맛과 크기, 특히 선물용 사이즈는 이 가게에서만 판매한다.

베른역에서 도보 6분 Weyermannsstrasse 21, 3008 Bern
월~금 07:00~18:00, 토 07:30~16:00 일 휴무
+41 31 300 41 41 www.mandelbaerli.ch

베른의 대표적인 선물 가게 ······ ②

샤 누아르 CHAT NOIR

1978년 창업한 베른의 대표 선물 가게다. 이름은 '검은 고양이'라는 뜻. 엄선된 다양한 선물과 장식품, 소형 가구, 맞춤 제작한 액자나 포스터를 구매할 수 있다. 특히 3만여 종의 엽서와 포스터 중 베른 및 스위스와 관련된 엽서들이 매우 예뻐서 나도 모르게 충동 구매하게 될 정도다.

베른역에서 도보 7분 Marktgasse 53 3011 Bern 월~수·금 09:00~18:30, 목 09:00~19:00, 토 09:00 ~17:00 일 휴무
+41 31 311 81 85 www.chat-noir.ch

6대째 내려오는 칼 전문점 ······ ③

클뢰츨리 메서슈미데 베른
Klötzli Messerschmiede Bern

스위스에서 주방 칼 종류가 가장 많은 곳이다. 클뢰츨리라는 가문이 이름을 걸고 175년째 최상품 칼을 판매하고 있다. 현재는 6대째로 남매가 운영하며, 다양한 브랜드의 부엌칼, 접이식 칼, 주머니칼, 야외 및 레저용 칼까지 모두 있다. 특히 빅토리 녹스 같은 유명 브랜드 제품뿐 아니라 클뢰츨리 가족이 직접 생산하는 칼도 판매한다. 지금은 품목을 넓혀 칼 외에도 여러 실용적인 주방용품도 만나볼 수 있다.

시계탑에서 도보 2분 Rathausgasse 84, 3011 Bern
월 09:00~18:30, 화~금 08:30~18:30, 토 08:30~17:00
일 휴무 +41 31 311 00 80 www.klotzli.com

아기자기한 목재 기념품 ······ ④

홀츠 아트 엥겔 & 조 Holz Art-Engel & So

풍선 부는 수호천사, 피아노 치는 산타, 심술궂은 호두까기 인형 등 귀여운 나무 장식을 파는 상점이다. 고급 목재를 활용해 손으로 일일이 만든 제품이라 작은 실내 인테리어용품을 좋아하는 사람들에게 선물용으로 사 가길 추천한다.

시계탑에서 Münstergasse로 진입해 도보 3분
Münstergasse 36, 3011 Bern 월~금 10:00~18:30, 토 10:00~17:00 일 휴무 +41 31 312 66 66
www.holz-art-bern.ch

걷다가 시원한 밀키스 한잔하고 싶다면 ······ ⑤

유미하나 Yumi Hana

유미하나는 취리히에 본점이 있는 한인 슈퍼마켓으로, 베른에는 2024년 8월에 오픈했다. 시계탑 근처에 있어 접근성이 뛰어나며, 한국 음료수, 아이스크림, 과자는 물론 일본 식료품까지 구매할 수 있다. 고국의 맛이 그리울 땐 이곳에서 식재료를 사서 직접 조리해 먹는 것도 방법이다.

시계탑에서 도보 2분 heaterplatz 8, 3011 Bern
월~토 09:30~19:00 일 휴무
+41 44 211 57 57 www.yumihana.ch

스위스 그래픽 아티스트가 일하는 곳 ······ ⑥

플라카트켈러 Plakatkeller

스위스를 여행하다가 문득 눈길을 끄는 포스터를 봤다면 카스파 알렌바흐Kaspar Allenbach의 작품일지도 모른다. 그는 스위스 전역에 걸쳐 마주한 인상적인 장면들을 그대로 녹여내어 엽서나 포스터로 제작한다. 자유로운 그래픽 아티스트가 운영하는 탓에 토요일만 문을 연다.

베른 대성당 바로 앞 Münstergasse 32, 3011 Bern
토 10:00~14:00 일~금 휴무
+41 44 211 57 57 www.kaspar-allenbach.ch

곰 공원 바로 뒤, 베른 양조장 ······①

알테스 트람데포 Altes Tramdepot ₣₣₣

홀에서만 230명 이상 수용할 수 있는, 스위스에서 보기 드문 대형 레스토랑이다. 원래 이 건물은 1889년 트램 화물역 창고 및 주차장으로 지어져 사용되다가, 1998년 양조장 및 레스토랑으로 개조되었다. 양조장에서 다양한 맥주를 생산하는 만큼 이것저것 맛보고 싶다면 맥주 샘플러를 주문하자. 안주로는 아주 얇은 도우에 베이컨과 치즈를 토핑으로 올린 플람쿠헨Flammkuchen을 추천한다.

✕ 플람쿠헨 CHF 22.50, 트람데포 비프 버거 CHF 34.50, 맥주 샘플러 5개(100cc) CHF 13, (200cc) CHF 19.80 🚶 곰 공원 바로 옆
📍 Grosser Muristalden 6, 3006 Bern
🕓 11:00~24:30 📞 +41 31 368 14 15
🏠 www.altestramdepot.ch

연방 의사당 앞, 현지인들의 맛집 ······②

앙트레코트 페데랄

Entrecôte Fédérale ₣₣₣

연방 의회 의사당 건물 바로 앞에 있는 레스토랑으로 1880년부터 운영 중인 유서 깊은 곳이다. 최고의 위치답게 오래전부터 정치인들이 회동하는 만남의 장소였으며, 지금도 수많은 사업가와 정치인들이 모여 식사하는 자리이다. 2층에는 연방 의회에서 일했던 사람들의 모습이 흑백사진으로 걸려 있다. 매일 고정된 10개 음식만 준비하는 것이 특징으로, 항상 신선하고 정성을 들인 고퀄리티 스테이크를 제공한다. 여름에는 야외 테라스와 우거진 나무 아래에서 분수를 보며 식사를 즐길 수 있는데, 건물 밖 3층에는 120년 전에 트롱프뢰유 기법으로 그린 가짜 창문도 있으니 놓치지 말 것.

✕ 설로인 스테이크 CHF 45.50, 송아지 슈니첼 및 리소토 CHF 45.50(모든 식사에 샐러드 포함) 🚶 연방 의사당 바로 맞은편 📍 Bärenplatz 31, 3011 Bern 🕓 월~토 09:00~23:30, 일 11:00~22:00 📞 +41 31 311 16 24
🏠 www.entrecote.ch

아주 특별한 날, 뷰 맛집 ③

레스토랑 로젠가르텐 Restaurant Rosengarten ₣₣₣

레스토랑 전체가 통창이라 뷰 맛집으로 불리는 곳이다. 베른 사람들도 특별한 날에 찾는 곳으로 신혼여행 혹은 기념일이라면 무조건 찾아가길 추천한다. 특히 석양 시간에 맞춰서 가면 베른의 구시가지에 아름다운 노을이 지는 모습을 볼 수 있어 몹시 낭만적이다. 베른을 한눈에 내려다보면서 식사할 수 있는 것은 장점이지만, 공간이 좁고 테이블이 가까이 붙은 데다 사람도 많아 어수선할 때도 있다. 예약 필수.

명이나물 뇨키 CHF 27, 닭가슴살과 아스파라거스 CHF 45(메뉴 계절별로 변동)
베른역에서 10번 버스 타고 Rosengarten에서 하차 후 도보 2분
Alter Aargauerstalden 31b, 3006 Bern
09:00~23:00 +41 31 331 32 06
www.rosengarten.be

셰프가 갓 뽑은 신선한 면발 ④

친 레스토랑 Qin Restaurant ₣₣₣

우루무치 출신의 요리사가 중국 북서부 요리를 선보이는 식당. 주문과 동시에 즉석에서 면을 뽑아 만들어 줄 정도로 중식에 대한 자부심을 내보인다. 불맛 나는 음식이 생각날 때는 매콤한 치킨 볶음우동(CHF 27.50)이 제격이다. 따뜻한 차를 한 잔 시키면 따뜻한 물을 한 번 더 리필해 주기 때문에 그냥 물을 주문하기보다 가성비가 좋다.

치킨 볶음우동 Gebratene Udonnudeln CHF 25.50 베른역에서 도보 10분
Speichergasse 29, 3011 Bern 월~수 11:30~13:30, 18:00~20:00, 목·금 11:30~13:30, 18:00~22:00, 토 17:00~22:00 일 휴무 www.qin-restaurant.ch/food

외국인이 운영하는 한식 맛집 ······ ⑤

남산 레스토랑 Namsan Restaurant ₣₣₣

현지인과 한국인들이 모두 모이는 베른의 한식당이다. 사장이 한국인은 아니지만 한국에서 20년 가까이 거주한 경험이 있어 한식 외에도 볶음국수 같은 아시아 음식도 판매한다. 김치찌개, 된장찌개는 없지만 돌솥비빔밥과 불고기로 고국의 향수를 달래기 좋다.

닭불고기 CHF 24, 돌솥비빔밥 CHF 27 베른역에서 Lorrainebrücke를 건너 도보 16분 Lorrainestrasse 32, 3013 Bern 월~토 11:00~14:00, 17:30~21:30, 일 17:00~21:30 +41 31 558 28 86
restaurant-namsan.ch

우아하고 고급스러운 옛 곡물 창고 ······ ⑥

콘하우스켈러 Kornhauskeller ₣₣₣

역사적인 건물의 웅장한 아치형 지하실에 자리 잡고 있으며, 베른 여행자들 사이에서 가장 인기 있는 레스토랑이다. 바로크 시대 장식과 현대적인 스타일이 조화를 이루고 아름다운 벽화와 천장 장식이 돋보인다. 지역 및 제철 재료를 사용한 베른 특선 요리와 클래식 요리를 제공한다. 또한, 다양한 와인을 갖춘 와인 저장고가 있어 와인 애호가들에게 인기가 많다.

베르너 게슈넷첼테스(송아지고기) CHF 45, 베르너 오버란트 양고기 CHF 52
베른역에서 Lorrainebrücke를 건너 도보 16분 Kornhausplatz 18, 3011 Bern
월~토 11:30~14:30, 17:30~23:30 일 휴무 +41 31 327 72 72
https://kornhaus-bern.ch

스위스 최초의 로스터리 매장 ······ ⑦

아드리아노스 바 & 카페

Adrianos Bar & Café ₣₣₣

자체 시설에서 로스팅한 신선한 커피를 마실 수 있다. 아침 일찍 열고 저녁 늦게 닫으며 커피부터 칵테일까지 다양한 음료를 판매한다. 커피와 함께 먹을 빵과 디저트가 다양하고, 갓 볶은 커피를 사려는 현지인에게도 인기가 많다. 커피숍 자체는 작지만 트램이 바쁘게 오가는 시내 중심에서 햇빛을 즐기는 베른 사람들의 모습을 쉽게 만나볼 수 있다.

커피 CHF 6~, 디저트류 CHF 5~ 치트클로케에서 도보 1분
Theaterpl. 2, 3011 Bern 월~수 07:00~23:00, 목~토 07:00~00:30, 일 09:00~22:00 +41 31 311 86 64 www.adrianos.ch

베른의 자랑, 젤라토 맛집 ······ ⑧

젤라테리아 디 베르나

Gelateria di Berna ₣₣₣

베른에만 매장이 5개나 있을 정도로 현지에서 인기가 대단한 젤라토 가게. 무려 취리히까지 진출했다. 베른 출신의 삼형제가 이탈리아 최고의 젤라토리아에서 기술을 배워와 전통 방식대로 생산하며, 모두 현지 유기농 재료로 만든다. 가장 인기 있는 맛은 누텔라, 라즈베리 & 생강, 초콜릿 등. 매년 새로운 맛이 나오고 종류는 무려 20가지가 넘는다. 단, 겨울에는 운영하지 않는다.

아이스크림 CHF 4~ 베른역에서 도보 14분
Marzilistrasse 32, 3005 Bern 5~10월 12:00~22:00
www.gelateriadiberna.ch

베른 사람들의 편안한 쉼터 ······ ⑨

PROGR 툰할레 PROGR Turnhalle ₣₣₣

정원이 딸린 쾌적하고 편안한 문화 공간이자 카페. '①차별 반대 ②인종주의자 반대 ③누구나 환영'이라는 이곳만의 규칙이 있어 무척 개방적이고 따뜻한 분위기다. 툰할레는 독일어로 체육관이라는 뜻인데, 실제로 체육관 건물을 개조해서 카페로 만들었다. 아침에는 크루아상과 커피, 오후에는 맥주와 안주를 즐길 수 있으며 주말 저녁마다 다양한 음악 공연이 열린다.

커피 CHF 4~, 맥주 CHF 6 베른역에서 도보 4분
Speichergasse 4, 3011 Bern 월~수 08:30~24:00, 목 08:30~02:30, 토 09:30~03:30, 일 09:30~23:00 +41 31 533 54 11
www.progr.ch/en/turnhalle

스위스 미술과 건축 일번지

바젤 Basel

#라인강 #현대건축 #아트바젤
#프랑스와독일국경도시 #박물관천국

프랑스와 독일로 넘어갈 수 있는 스위스의 국경 도시. 도시 한가운데를 관통하는 라인강 덕분에 주변 국가를 잇는 무역 거점으로 발달했다. 스위스에서 흔한 산과 호수 풍경은 찾아볼 수 없지만, 풍요로운 문화 예술 산업이 그 빈자리를 단단하게 채워주는 곳이다. 1661년에 세계 최초로 일반인들이 접근할 수 있는 예술 컬렉션인 쿤스트 뮤지엄이 세워졌고, 현재 40여 개의 다양한 미술관과 박물관이 도시 곳곳에 자리 잡고 있다. 특히 50년 넘게 세계 미술 시장을 주도하는 박람회 '아트 바젤Art Basel'의 본고장이기도 하다. 그밖에 도시 곳곳에서 비범한 건축가들의 작품도 볼 수 있어 문화 예술에 관심이 많다면 꼭 들러야 한다.

바젤 가는 방법

바젤은 프랑스, 독일과 접경 도시로 스위스 국내에서는 물론 다른 유럽 국가에서 렌터카, 비행기, 기차, 버스로 쉽게 접근할 수 있다. 바젤 국제 공항까지 한국에서 바로 가는 직항편은 없지만 한 번만 경유하면 갈 수 있고, 유럽의 주요 도시에서 연결되는 항공편이 많다. 기차를 타고 프랑스 파리에서 스위스를 오갈 때 반드시 환승해야 하는 역이기도 하다.

비행기

바젤에는 유로에어포트 바젤 뮐루즈 프라이부르크EuroAirport Basel Mulhouse Freiburg(바젤 국제공항, BSL)이라는 공항이 있다. 엄밀히 말하면 프랑스에 있지만, 스위스와 프랑스가 공동으로 관리하고 있다. 유럽의 수도를 대부분 연결하는 저가 항공사 이지젯Easyjet, 동유럽 편을 연결하는 위즈 에어Wizz Air, 영국으로 가는 라이언에어Ryanair 등 다양한 항공사가 이곳을 거점으로 운영 중이다. 바르셀로나 엘프라트공항에서 1시간 40분, 런던 개트윅공항에서 1시간 35분, 베를린 브란덴부르크공항에서 1시간 30분이 소요된다.

공항에서 시내 가는 법

바젤 유로에어포트Flughafen Basel Mulhouse Freiburg에서 시내까지는 약 8km 떨어져 있으며, 50번 버스를 타면 20분 만에 바젤역에 도착한다. 티켓은 버스정류장 바로 앞에 있는 기계에서 판매한다(편도 CHF 8.40). 스위스 트래블 패스 및 세이버데이 패스는 무료 이용 가능하다.

기차

바젤역에는 스위스 철도청인 SBB, 프랑스 철도청인 SNCF(플랫폼 30~35)가 자리 잡고 있다. 독일 철도청인 DB에서 운행하는 바젤 바디셔역Basel Badischer은 바젤역에서 기차로 한 정거장, 버스와 트램을 타고 10분 거리에 있다. 독일의 남서부와 스위스를 연결하는 스위스 연방철도의 모든 장거리 및 지역 열차가 바젤 바디셔역에 정차한다.

프랑스 파리 ▶ 바젤 3시간 4분 소요　**프랑스 스트라스부르 ▶ 바젤** 1시간 17분 소요
독일 프라이부르크 ▶ 바젤 45분 소요　**독일 프랑크푸르트 ▶ 바젤** 3시간 3분 소요

버스

유럽 전역을 잇는 저렴한 플릭스 버스를 타고 바젤로 올 수 있다. 프랑스 파리, 스트라스부르 외에 독일의 프랑크푸르트, 뮌헨 등지에서 이용할 수 있다. 바젤 시내뿐만 아니라 바젤 유로에어포트에서 출발·도착하는 편도 있다.

플릭스 버스 정류장 Meret Oppenheim-Strasse 4053, 4053 Basel

프랑스 스트라스부르 ▶ 바젤 2시간 40분　**프랑스 파리 ▶ 바젤** 8시간 5분
독일 프랑크푸르트 ▶ 바젤 5시간 20분　**독일 뮌헨 ▶ 바젤** 5시간 30분

렌터카

- **취리히 ▶ 바젤** 고속도로 3번 타고 1시간 소요, 약 87km
- **독일 프랑크푸르트 ▶ 바젤** 고속도로 5번을 지나 35번으로 갈아타면 3시간 소요, 약 327km
- **프랑스 파리 ▶ 바젤** 고속도로 5번을 타고 5시간 30분 소요, 약 510km

바젤 시내 교통

바젤은 시내만 본다면 도보 여행으로 충분하지만, 여러 박물관이 큰 공원 부지에 자리 잡고 있어서 버스와 트램을 적절히 활용하면 시간과 체력을 아낄 수 있다. 바젤역에서 나오면 트램이 좌우를 오가므로 길을 건널 때 조심해야 한다.

트램

바젤 시내에서 가장 많이 이용되는 교통수단은 트램이다. 바젤역에 도착해서 시내로 가고 싶다면 6·8·11·14·15·16·17번 트램 탑승 후 Markplatz에 하차하면 시내 어디든 도보로 쉽게 이동할 수 있다. 바젤역에서 바젤공항으로 갈 때는 역 바로 앞 정류장에서 50번 버스를 타면 20분만에 도착한다.

승차권

교통 요금은 트램과 버스에 상관없이 똑같이 적용된다. 관광 명소는 대부분 1, 2존에 있어 단거리권을 주로 사용하게 된다. 단거리권은 4개 정류장(최대 2km)까지만 갈 수 있으며 30분간 유효하다. 스위스 트래블 패스 이용자는 트램과 버스를 무제한으로 이용할 수 있다. 바젤 호텔, 호스텔, B&B 등 숙소에 묵는다면 바젤 카드Basel Card를 받을 수 있다. 바젤 카드로는 무제한 버스 및 트램 이용이 가능할 뿐 아니라 동물원과 라인강 보트, 가이드 투어, 박물관 등을 이용할 때 50% 할인 혜택을 받을 수 있다.

Ⓕ **단거리권**Kurzstrecke 성인 CHF 2.60(최대 2km, 30분 유효), 어린이 CHF 2
1존(2등석) 성인 CHF 4.20, 어린이 CHF 2.90
2존(2등석) 성인 CHF 5.10, 어린이 CHF 3.40
1일권 Tageskarte **(2등석)** 성인 CHF 10.70, 어린이 CHF 7.50

⌂ www.bvb.ch 바젤 대중교통(BVB)

바젤
이렇게 여행하자

대부분의 박물관 휴무일은 월요일. 바젤을 방문하려면 화~일요일에 가기를 추천한다. 도시 자체는 크지 않지만 박물관은 대부분 서로 멀리 떨어져 있으니 방문하고 싶은 박물관을 중심으로 하루 일정을 짜 보자. 박물관에 들를 예정이 없다면 구시가지만 둘러보는 데 3시간 정도 걸린다.

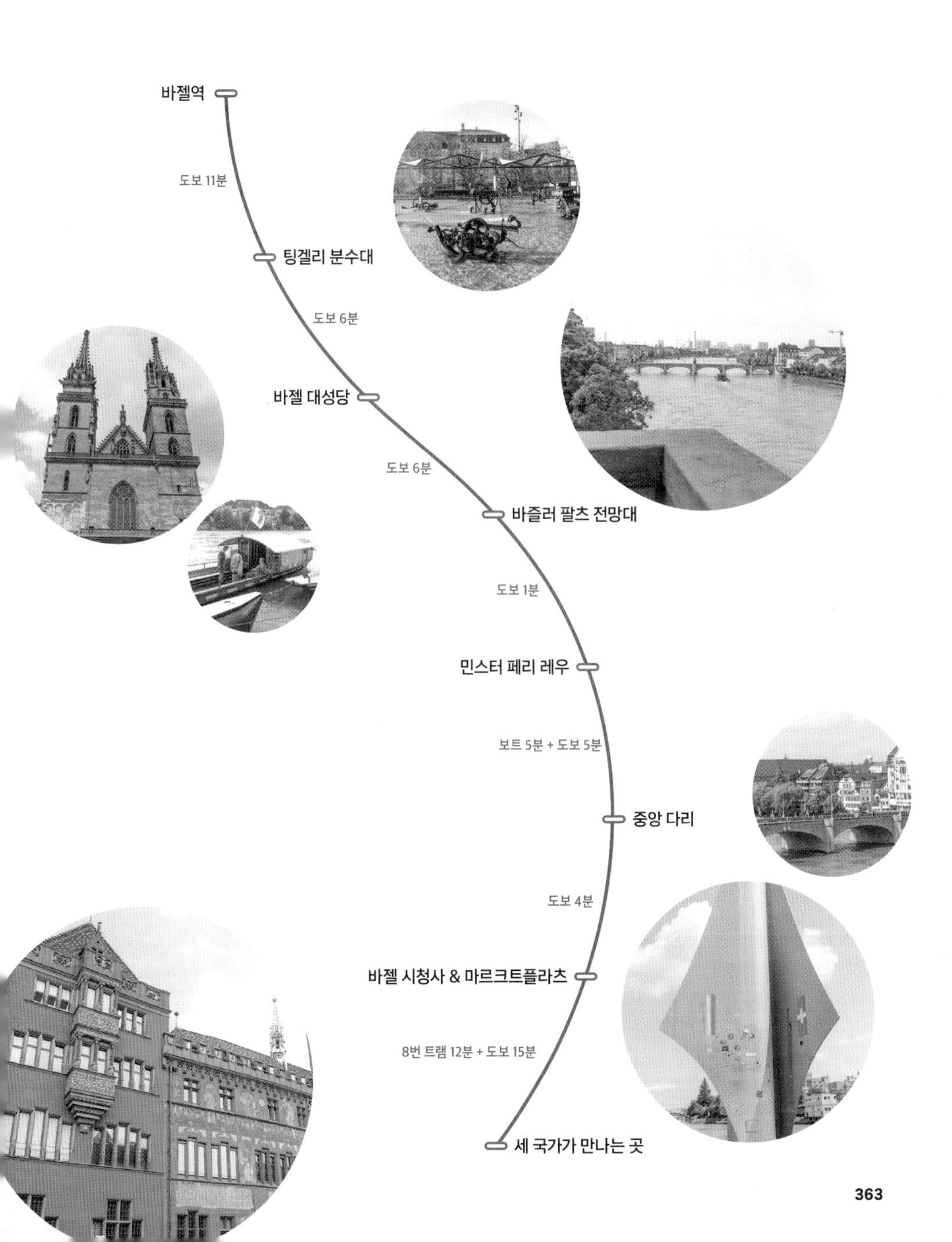

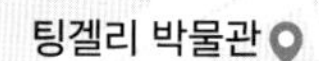

팅겔리 박물관

3

바이엘러 재단 미술관

비트라 디자인 박물관

Basel Bad

Grenzacherstrasse

라인강

3

Wettsteinbrück

민스터 페리 레우 04

바즐러 팔츠 전망대 02

바젤 대성당 01

바젤 자연사 박물관

중앙 다리 05

렉컬리 후스 02

07 세 국가가 만나는 곳

부베트7
플로라 암 라이

바젤 시청사 & 마르크트플라츠 06

스위스 항구 박물관

레스토랑
피오렌티나 바젤 05

운터네멘 미테 02

드라이로젠 부베트

외틀링거 부베트

요한 바너
크리스마스 하우스 04

Unterer Rheinweg

Johanniterbrücke

야콥스 바즐러 렉컬리 01

뢰벤초른 06

타잔 03

3

라인강

Petersgraben

Leonhardsgrat

Schanzenstrasse

바젤 상세 지도

N
0
100m

2
18
쿤스트 뮤지엄
도보 15분 거리
03 베어크 아흐트
Dornacherstrasse
2
Elisabethenstrasse
03 팅겔리 분수대
04 우니온 디네
바젤역 Basel SBB
장난감 세계 박물관
Steinentorberg
Heuwaage-Viadukt
01 마르크트할레 바젤
Margsrethenstrasse
BinningerStrasse

성 조지

성 마틴

고요한 분위기와 평화로움까지 갖춘 교회 ①

바젤 대성당 Basler Münster

라인강 위쪽 근처에 자리한 붉은색 사암 건물 교회. 1019년에 로마네스크 및 고딕 양식으로 지어졌다. 원래는 가톨릭 교회로 지어졌다가 종교 개혁 이후 개신교 교회로 바뀌었다. 초록색과 노란색 도자기로 지은 독특한 지붕이 눈에 띈다. 원래는 총 5개의 첨탑이 있었으나, 1356년에 일어난 지진으로 모두 무너지고 정면 첨탑 2개만 재건되었다. 왼쪽은 성 조지 타워Georgsturm(67.30m)이며 입구의 왼쪽에 동상이 있다. 이는 중세 기독교의 중요한 상징 중 하나로, 용을 물리치는 성인의 이미지를 통해 용기와 신앙의 중요성을 강조하고 있다. 오른쪽 타워는 성 마틴 타워Martinsturm(65.50m)로 입구에 있는 동상은 자비와 용기를 상징한다. 성당 내부에는 사회와 교회의 부패를 풍자하고 비판했던 16세기 지식인 에라스뮈스의 무덤이 안치되어 있고, 교회 밖 회랑에는 16~19세기 바젤 명문가의 화려한 묘비가 안착해 있다.

팅겔리 분수에서 도보 7분 Münsterpl. 9, 4051 Basel 11:00~16:00 성 조지 타워 & 성 마틴 타워 전망대 성인 CHF 6, 만 14세 미만 무료(교회 폐장 30분 전부터 입장 불가) +41 61 272 91 57 www.baslermuenster.ch

잔잔한 풍경의 전망대 ······ ②

바즐러 팔츠 전망대 Basler Pfalz

바젤 대성당 뒤에 있는 전망대. 라인강 너머 구시가지를 볼 수 있는 곳으로, 바젤 대성당을 뒤로하고 바라보면 왼쪽은 프랑스 국경이고, 앞에 보이는 검은 숲은 독일 언덕이다. '팔츠Pfalz'라는 단어는 '궁전'을 의미하는 라틴어 팔라티움Palatium에서 파생된 것으로, 한때 주교의 궁전이 근처에 있었다는 뜻에 이런 이름이 붙었다. 여름에는 나무 아래 벤치에 앉아 휴식을 즐기거나, 라인강에서 수영을 즐기는 사람들로 가득하다. 특히 강변으로 저무는 해를 보기 좋아 일몰 무렵 찾는 것을 추천한다.

🚶 바젤 대성당에서 도보 1분 📍 Pfalz, 4051 Basel

모두를 위한 예술, 현지인들의 만남 장소 ······ ③

팅겔리 분수대 Tinguely-Brunnen

움직이는 예술, '키네틱 아트'로 유명한 장 팅겔리Jean Tiguely가 얕은 물에 9개의 조형물을 설치한 분수대. 햇살이 잘 드는 지역에 있어 항상 사람들로 가득한 만남의 장소다. 이 분수대가 만들어진 것은 1977년, 현대화가 이루어지던 때다. 새로 건물을 짓기 위해 문을 닫는 극장이 많아지자 장 팅겔리는 버려진 무대 소품을 주워서 조형물을 만들기 시작했다. 과거 같은 자리에서 연기했던 무용수, 배우들을 기발한 조형물로 표현했으며, 조형물은 제각각 분주하게 움직이며 물을 내뿜어 경쾌함을 자아낸다.

🚶 바젤역에서 2·8·10·11번 트램 타고 Bankverein 하차 후 도보 3분 / 16번 트램 타고 Barfüsserplatz에서 하차 후 도보 3분 📍 Klostergasse 7, 4051 Basel

돛단배같이 귀여운 페리 ④

민스터 페리 레우 Minster Ferry Leu

긴 와이어 케이블에 연결되어 순전히 라인강 자체의 흐름으로만 구동되는 페리다. 150년 전 바젤 사람들이 했던 방식 그대로 운항하기 때문에 역사 속으로 떠나는 느낌이 흥미진진하다. 탑승 시간은 5분도 채 되지 않지만 초록빛 라인강을 가까이서 볼 수 있고 아름다운 대성당을 떠나 구시가지로 접어드는 여정의 시작이니 꼭 타볼 것을 추천한다.

바젤 대성당 뒤, 팔츠 전망대 옆에 있는 계단 내려가기
Altstadt Grossbasel, 4051 Basel 성인 CHF 2, 어린이 CHF 1, 스위스 트래블 패스 할인 없음
여름 09:00~20:00, 겨울 11:00~17:00
+41 76 424 77 77 www.leu-faehri.ch

바젤의 역사를 담은 다리 ⑤

중앙 다리 Mittlere Brücke

라인강을 건널 수 있는 바젤 지역 최초의 다리로, 13세기에 나무로 지었다. 중세 시대에는 유럽 각지의 상인들이 바젤을 거쳐 이동하며 이 다리를 이용했기 때문에 일대가 상업과 무역의 중심지로서 큰 역할을 했다. 그러다 라인강의 유속이 증가하고 기둥의 침식이 가속화되면서 다리는 1903년에 재건되었다. 처음에는 '라인 다리'라 불렀으나, 재건했을 때 이 다리 양옆에 2개의 다리가 있어서 '중앙 다리Mittere Brücke'라는 이름이 붙었다.

바젤역에서 8번 트램 탑승, Rheingasse에서 하차 후 도보 3분
Mittlere Brücke, 4000 Basel 24시간

늘 사람들로 북적거리는 중심가 ······ ⑥

바젤 시청사 & 마르크트플라츠 Basel Town Hall & Marktplatz

500년 역사를 가진 붉은색 시청사 건물. 그 앞에 신선한 과일과 현지 별미를 맛볼 수 있는 마켓이 자리 잡았다. 바젤은 1501년 연방 의회에 가입하면서 시청사 건물을 세웠고, 왼쪽과 오른쪽으로 건물을 넓히며 확장해 지금 모습이 되었다. 붉은색 사암으로 지어진 시청 건물의 안뜰까지 들어가면 제작 당시 모습을 그대로 담은 프레스코 벽화를 볼 수 있다. 특히 1537년 제작된 청동 명판에는 바젤에서 일어났던 두 번의 홍수가 기록되어 있기도 하다.

🚶 바젤역에서 6·8·11·14·15·16·17번 트램 탑승 후 Markplatz에 하차
📍 Marktplatz. 9, 4001 Basel

스위스, 독일, 프랑스가 만나는 삼각점 ······ ⑦

세 국가가 만나는 곳 Dreiländereck

독일, 프랑스, 스위스의 강물이 라인강에서 합류하는 지점이다. 북해를 향해 출항하기도 하고, 원자재를 공급받기도 하는 운송 허브의 역할을 한다. 삼각형의 은색 타워는 1990년에 만들어졌고 현재도 수많은 사람의 발걸음이 닿는 곳이다. 별달리 볼 것은 없지만 상징적인 장소로, 왼쪽에는 프랑스, 오른쪽에는 독일을 나타내는 국기가 그려진 인증 사진 명소이다.

🚶 바젤역 앞에서 8번 트램 타고 종점 Kleinhüningen에서 하차 후 도보 10분
📍 Westquaistrasse 75, 4057 Basel
📞 +41 61 268 68 68

시티 오브 뮤지엄
예술의 도시 바젤 박물관 탐험

바젤의 인구는 18만 명에 불과하지만, 박물관은 40개가 넘는다. 인구 4,500명당 미술관, 박물관을 하나씩 보유하고 있으니, '스위스 예술의 수도'라는 별명이 딱 맞아떨어진다. 전시된 작품뿐만이 아니다. 미술관 건물은 대부분 건축계의 세계적 거장의 작품이기 때문에 건축학도와 미술학도라면 바젤은 꼭 들러야 할 도시다.

건물이면 건물, 작품이면 작품!

바이엘러 재단 미술관 Foundation Beyeler

현재 '아트 바젤'의 명성은 바이엘러 재단을 설립한 에른스트 바이엘러(1921~2010년)의 노력이 있었기에 가능했다. 전설의 아트 딜러로 불리는 바이엘러는 1970년 아트 바젤을 창설한 장본인으로, 이 미술관에서는 그가 부인과 함께 평생 수집한 방대한 컬렉션을 전시하고 있다. 대표 소장품이자 상설 전시품으로 클로드 모네의 〈수련〉이 있으며 반 고흐의 〈사이프러스가 있는 밀밭〉과 피카소와 앙리 마티스, 앤디 워홀, 로이 리히텐슈타인 등의 다양한 작품을 만나볼 수 있다. 건물은 현대 건축계의 거장 렌조 피아노가 설계했는데, 미술관 외벽에 통창을 써서 자연광을 활용해 빛에 따라 미술 작품을 최대한 아름답게 보이도록 한 것이 특징이다. 또 한 가지 재미난 것은 건물뿐 아니라 작품과 자연의 조화 역시 고려했다는 것. 통창 너머로 보이는 풍경과 그림의 조화가 오랫동안 발을 뗄 수 없을 만큼 아름답다.

Wettsteinplatz에서 6번 트램 타고 리헨Riehen, Fondation Beyeler에서 하차
Baselstrasse 101, 4125 Riehen · 성인 CHF 30, 매주 화 성인 CHF 20, 만 25세 미만 무료
목~화 10:00~18:00, 수 10:00~20:00 · +41 61 645 97 00 · www.fondationbeyeler.ch

전 세계에서 가장 오래된 공공 미술관

쿤스트 뮤지엄

Kunst Museum, Fine Arts Museum Basel

전 세계에서 가장 오래된 공공 미술관으로 1661년 개관해 스위스 문화유산으로도 등록된 곳이다. 총 3개의 건물로 이루어져 있는데, 1936년 지어진 본관Hauptbau 건물에는 한스 홀바인, 렘브란트, 에두아르 마네, 폴 세잔, 반 고흐, 파블로 피카소, 폴 고갱 등의 고전 및 근대 작품들이 전시되어 있다. 2016년에 확장 오픈한 신관Neubau은 본관과 1분 거리에 있으며 지하로도 연결된다. 신관에서는 주로 대형 기획전 및 특별전이 열리며 1층에 큰 기념품 가게도 있다. 마지막으로 1980년대에 개관한 현대미술관Museum für Gegenwartskunst은 본관에서 약 10분 떨어진 곳에 위치하며 주로 20세기 후반과 21세기의 현대 미술 작품들이 전시된다. 스위스 트래블 패스로 세 전시관 모두 무료 입장할 수 있으니 예술에 관심이 있다면 꼭 가보는 것을 추천한다.

바젤역에서 1·2·15번 트램 탑승 후 쿤스트 뮤지엄 하차
St. Alban-Graben 16, 4051 Basel 20세 이상 CHF 16, 만 13~19세 CHF 8, 학생 CHF 8, 만 13세 미만 무료, 스위스 트래블 패스 무료 화·목~일 10:00~18:00, 수 10:00~20:00 월 휴무
+41 61 206 62 62 www.kunstmuseumbasel.ch

재미있고 천재적인 장 팅겔리의 전시회

팅겔리 박물관 Museum Tinguely

장 팅겔리는 스위스를 대표하는 현대 조각가로, 산업화로 접어들면서 벌어진 과잉 생산 및 과잉 소비를 작품으로 풍자한 인물이다. 쇳덩어리, 녹이 슨 냄비 등을 파리의 거리에서 수집하는 데 많은 시간을 보냈고 나중에는 작품을 만드는 데 열정을 다했다. 그가 설립한 팅겔리 박물관은 소위 '움직이는 전시회'처럼 보고 듣고 느낄 수 있는 곳이다. '기계는 영감을 준다. 누구나 기계를 재밌게 만들 수 있다.'를 모토로, 폐기된 부품과 쇳조각을 매개체로 삼았다. 전시품마다 달린 버튼을 발로 살짝 누르면 기계가 소리내며 움직인다. 미술관 건물은 서울의 리움 미술관 건축에도 참여한 바 있는 세계적인 건축가 마리오 보타의 작품이다.

바젤역에서 1번 트램 타고 Wettsteinplatz 하차 후, 31번 트램 타고 팅겔리 뮤지엄에서 하차, 총 18분 소요
Paul Sacher-Anlage 2, 4002 Basel 성인 CHF 18, 학생 CHF 12, 만 16세 미만 무료, 스위스 트래블 패스 무료
화·수·금~일 11:00~18:00, 목 11:00~21:00 월 휴무
+41 61 681 93 20 www.tinguely.ch

장난감 미니어처 천국

장난감 세계 박물관 Toy Worlds Museum Basel

총 4층 건물에 6,000여 종의 테디베어, 인형, 인형의 집, 미니어처 컬렉션을 소장한 화려한 장난감 박물관이다. 장난감들은 대부분 1870년에서 1920년 사이 인형 제조가 한창일 때 수집되었고, 테마에 맞춰 전시하고 있다. 특히 3층에 위치한 1:12 크기로 축소 제작한 미니어처 인형의 집은 세부적으로 밀도 있게 표현해, 하나하나 주의 깊게 들여다보면 두세 시간도 모자랄 정도다. 전시품은 입구에서 무료로 나눠주는 태블릿을 활용해 더 자세히 들여다보며 입체감 있게 즐길 수 있다. 효율적으로 보려면 엘리베이터를 타고 올라가 4층부터 천천히 내려오는 것이 편하다. 박물관 1층에는 레스토랑과 오래전 장인이 손수 만들었던 작품을 판매하고 있다.

바젤역에서 8·10·16번 트램 타고 Barfüsserplatz에서 하차 후 도보 1분 Steinenvorstadt 1, 4051 Basel
성인 CHF 7, 만 16세 미만 무료, 스위스 트래블 패스 무료
화~일 10:00~18:00 월 휴무 +41 61 225 95 95
www.spielzeug-welten-museum-basel.ch

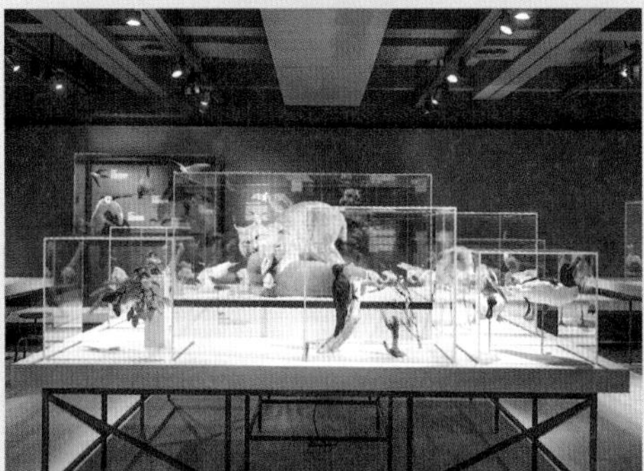

자연의 신비, 인체의 신비

바젤 자연사 박물관

Museum of Natural History Basel

보유한 개체 수만 1,100만 개로 볼거리가 풍성한 스위스의 자연사 박물관이다. 동물학, 곤충학, 광물학, 인류학, 골학 및 고생물학 분야에 초점을 맞춘 컬렉션이 전시 중이다. 엘리베이터를 타고 맨 위층인 4층으로 올라가 하나씩 보면서 내려오는 것을 추천한다. 거대한 공룡의 뼈가 공중에 매달려 있는 작품과 실제 크기에 맞춰 생생하게 박제된 동물을 보는 것만으로도 상상 이상으로 만족스럽게 즐길 수 있다. 특히 아이들과 함께 여행한다면 무조건 필수!

바젤역에서 1·8·10·11·16번 트램 타고 Bankverein에서 하차 후 도보 8분 Augustinergasse 2, 4051 Basel 성인 CHF 17, 만 20세 미만 CHF 7, 만 13세 미만 무료, 스위스 트래블 패스 무료
화~일 10:00~17:00 월 휴무
+41 61 266 55 00
www.nmbs.ch

스위스 바젤항의 역사!

스위스 항구 박물관 Verkehrsdrehscheibe Schweiz

해운의 역사, 바젤 물류의 중요성, 바젤항의 운영 등을 소개하는 곳이다. 2021년에 새롭게 단장해 다양한 선박 모형과 영상도 추가로 마련됐다. 특히 어린이 눈높이에 맞춘 별도의 서랍형 전시물이 설치된 점이 좋다. 다만 모두 독일어로만 설명되어 있으니 번역기 애플리케이션을 적절히 활용하면 좋다. 배에 관심 있다면 선박 모형과 영상을 보는 것만으로 충분히 가치가 있다.

바젤역에서 8번 트램 타고 Kleinhüningen에서 하차 후 도보 4분 Westquaistrasse 2, 4057 Basel 성인 CHF 12, 학생 CHF 7, 만 6세 미만 무료, 스위스 트래블 패스 무료
화~일 10:00~17:00 월 휴무 +41 61 631 42 65
www.hafenmuseum.ch

현대 건축학도와 디자이너들이 사랑하는 곳

비트라 디자인 박물관 Vitra Design Museum

바젤의 작은 상점에서 탄생한 세계적인 가구 회사 비트라. 더 넓은 시장으로 뻗기 위해 독일의 스위스 국경 지역 바일 암 라인에 큰 규모의 캠퍼스를 설립했다. 이곳에서는 비트라 가구를 볼 수 있는 플래그십 스토어, 가구를 전시하는 샤우데포Schaudepot를 중심으로 볼 수 있으며 가구, 조명, 인테리어 디자인 컬렉션을 기반으로 한 전시회도 만날 수 있다. 또 비트라 가구의 90%를 제조하는 공장까지 여기 있다. 하지만 공장 쪽에는 일반인이 들어갈 수 없고, 건축 투어를 신청한 사람(1일 80명 제한)에게만 공개한다. 따라서 비트라 디자인을 제대로 즐기려면 건축 투어Architecture Tour는 필수다. 공장 부지 내에는 세계적인 건축 거장인 안도 다다오(일본), 자하 하디드(이라크계 영국), 헤르조그 & 드 뫼롱(스위스), 렌초 피아노(이탈리아), 알바로 시자(포르투갈)가 설계한 작품도 있으니 전문 가이드를 따라다니면서 들으면 더욱 알찬 시간을 보낼 수 있다.

바젤역에서 8번 트램 타고 30분 후 Weil am Rhein에서 하차 후 도보 20분
Charles-Eames-Straße 2, 79576 Weil am Rhein, Germany 종합 티켓 만 13세 이상 €21, 만 13세 미만 무료/디자인 박물관·샤우데포·건축 투어 종합권 €35
10:00~18:00 건축 투어(영어) 12:00, 15:00 +49 7621 7023200
www.design-museum.de, 건축 투어 예약 design-museum.reservix.de

렉컬리의 원조, 핸드메이드 쿠키 ······ ①

야콥스 바즐러 렉컬리

Jakob's Basler Leckerly

렉컬리는 밀가루, 꿀, 헤이즐넛, 아몬드, 설탕에 절인 과일 껍질 등을 버무려 만든 바젤의 전통 쿠키로, 바젤에 왔다면 꼭 맛봐야 하는 먹거리다. 야콥스는 바젤의 수많은 렉컬리 가게 중에서도 원조라 할 수 있다. 1753년에 창업해 300년 가까운 시간 동안 전통 방식 그대로 아몬드 분쇄와 포장까지 일일이 수작업으로 만들어 오고 있다. 두께 역시 일반 렉컬리보다 2배가량 두꺼워, 먹음직스러워 보이는 것은 기본이고 식감 또한 뛰어나다. '스위스 패키징 어워즈'에서도 상을 받은 알루미늄 상자는 시즌마다 다른 디자인으로 출시된다. 특이하고 예뻐서 선물용으로도 좋다.

바젤역에서 8·11·16번 트램 탑승 후 Marktplatz에서 하차, 도보 3분 www.baslerleckerly.ch 월 13:00~18:30, 화~금 10:00~18:30, 토 10:00~17:00 일 휴무 +41 61 261 00 30 www.baslerleckerly.ch

렉컬리의 후발 주자, 그러나 시장의 선두 ······ ②

렉컬리 후스 Läckerli Huus

1903년 설립된 렉컬리 회사로 비교적 후발 주자에 속하지만 현재는 시장의 선두 주자다. 전통 렉컬리를 만드나 제품의 품질을 일관되게 유지하기 위해 현대 기술을 사용하며, 고급스러운 포장과 세련된 디자인이 특징이다. 스위스 전역에 매장이 있으며 슈퍼마켓에서도 구할 수 있다. 매장 내에는 렉컬리를 포함한 초콜릿과 비스킷을 판매하며, 선물용 상품이 미리 포장되어 있어 편리하다.

바젤역에서 8·10·16번 트램 탑승, Barfüsserplatz에서 하차 후 도보 1분
Gerbergasse 57, 4001 Basel
월~금 09:00~18:30, 토 09:00~18:00
일 휴무 +41 61 264 22 05
www.laeckerli-huus.ch

스위스의 지속가능성 가치관을 담아낸 패션 브랜드 ······ ③

타잔 Tarzan

'지속가능성'을 고려해 탄생한 바젤의 디자인 상점. 현재는 취리히에만 판매점이 두 곳이나 있을 정도로 핫한 브랜드다. 지속 가능한 생산 과정을 거치지만 가격이 그리 높지 않고 세련된 제품이 출시되어 인기가 많다. 옷, 가방, 액세서리, 생활용품, 선글라스 등 디자인도 힙하고 선물하기 좋은 다양한 제품을 판매한다. 패션에 관심이 있다면 꼭 한번 들러보길 추천한다.

바젤역에서 8·11·16번 트램 탑승, Marktplatz에서 하차 후 도보 3분
Spalenberg 39, 4051 Basel
월 12:00~18:30, 화~금 10:00~18:30, 토 10:00~17:00 일 휴무
+41 61 361 18 67 www.tarzan.ch

365일 크리스마스 분위기 ······ ④

요한 바너 크리스마스 하우스 Johann Wanner Christmas House

365일 내내 크리스마스 장식을 판매하는 곳이다. 상점에 들어서면 마치 보물 창고에 들어간 것처럼 아기자기한 장식들이 반겨준다. 50년이 넘은 골동품부터 유리 장식품까지 시대와 소재, 디자인을 뛰어넘은 갖가지 소품에 놀라울 정도다. 주인 요한 바너 Johann Wanner는 1969년부터 크리스마스 디자이너로 일해 왔다. 딱히 겨울철이 아니어도 크리스마스 분위기를 내며 기념품 사러 들르기 좋은 곳이다.

바젤역에서 8·11·16번 트램 탑승, Marktplatz에서 하차 후 도보 2분 Spalenberg 14, 4051 Basel 월~금 09:00~18:30, 토 09:00~17:00 일 휴무
+41 61 261 48 26
www.johannwanner.ch

바젤역 근처, 힙하고 맛있는 푸드코트 ①

마르크트할레 바젤

Markthalle Basel ₣₣₣

1929년 농산물 시장으로 시작해 2004년까지 도매 시장으로 사용되었다. 유통 채널이 변하면서 시장을 찾는 사람들이 줄어들자 건축가와 문화 기업가가 머리를 싸매 고민한 끝에 마침내 지금의 힙한 푸드코트로 재탄생했다. 이곳에서는 시장처럼 간단히 한 끼 먹을 수 있는 콘셉트로, 조리법도 간편한 요리 위주로 제공한다. 평소에 접하기 힘든 이스라엘, 아프가니스탄, 페루 음식부터 친숙한 일본, 태국, 베트남 음식까지 종류도 다양해 점심에는 줄을 서야 할 정도로 인기가 많다. 바젤역에서 도보로 4분이니, 잠시 여유가 있다면 기차역보다는 이곳에서 간단한 한 끼를 해결해 보자.

CHF 15~25 바젤 기차역을 등지고 왼쪽 방향으로 도보 4분 Steinentorberg 20, 4051 Basel 월 08:00~19:00, 화~목 08:00~24:00, 금·토 08:00~02:00, 일 08:00~22:00 www.altemarkthalle.ch

바젤 도심의 오아시스 ②

운터네멘 미테 Unternehmen Mitte ₣₣₣

혼자 가도, 친구들과 가도 좋은, 언제나 사람들로 바글바글한 만남의 장소. 계절에 맞춰 현지에서 구한 재료로 요리해서 믿고 먹는 곳이다. 월~금 점심은 모두 유기농으로 제공되며 매일 전 세계 다양한 음식으로 바뀌는 것이 특징이다. 그 외에도 브런치, 베이커리, 맛있는 커피까지 맛볼 수 있다. 옛 은행 건물을 활용하는데 천장이 높고 확 트인 공간 역시 기분 좋다. 입구로 들어가면 왼쪽에는 커피하우스, 오른쪽에는 젤라테리아가 있지만 걸음을 멈추지 말고 계속 들어가 큰 문을 열어보자. 노트북을 펴고 일하는 사람, 친구와 오랜만에 만난 사람들이 따로 또 같이 앉아 있다. 누구에게나 열린 공동 작업 공간이라 일도 하고 밥도 먹고 차를 마실 수 있으니 동네 사람들로 항상 붐빈다. 운터네멘 미테의 약자로 건물 입구에는 크게 'UM'이라고 쓰여있으니 지나치지 않도록 주의할 것.

유기농 오늘의 점심 CHF 21, 점심+샐러드 혹은 수프 CHF 28
바젤역에서 8·11·12·22번 트램 탑승 2정거장 후 Bankverein에서 하차 후 도보 6분 / 바젤역에서 도보 15분 Blumenrain 12, 4051 Basel 월~수 08:00~22:00, 목 08:00~24:00, 금·토 08:00~ 01:00, 일 09:00~11:00 +41 79 757 80 33 www.mitte.ch

모든 연령층이 찾는 트렌디한 술집 ······ ③

베어크 아흐트 WERK 8 ₣₣₣

공장 지대를 트렌디하게 꾸민 레스토랑 겸 바. 전문 바텐더가 만든 칵테일은 가격은 조금 높은 편이지만 한 번 맛보면 또다시 생각날 맛이다. 일 끝난 바젤 직장인들이 이곳에 다 모인다고 해도 과언이 아닐 정도로 인기 있는 곳으로, 연령층도 다양하고 누구나 함께 어울리는 분위기라 여행자도 환영받는다. 한여름에는 라이브 공연도 열리며 4인 이상 가면 테이블을 예약할 것을 추천한다.

허브 감자튀김과 딥을 곁들인 클럽 샌드위치 CHF 25, 굴튀김과 김치 마요네즈 소스 CHF 23 바젤역에서 구시가지 반대편으로 도보 15분 Dornacherstrasse 192, 4053 Basel 11:30~23:00 +41 61 551 08 80 werkacht.ch

바젤의 수제 버거는 이곳으로! ······ ④

우니온 디네 Union Diner ₣₣₣

바젤에서 가장 맛있는 햄버거 가게. 스위스산 소고기로 만든 육즙 가득한 패티와 맛있는 스위스 치즈, 그리고 푹신하고 쫄깃한 빵이 인기 비결이다. 주문 방법은 먼저 햄버거를 고르고 사이드메뉴로 로즈메리 감자튀김이나 샐러드 선택 시 CHF 6, 고구마튀김 선택 시 CHF 7을 내면 된다. 음료도 10종류 넘게 마련되어 있고 가격은 모두 CHF 5~10대. 가격이 절대 싸지 않은 햄버거 세트지만, 버거 한 입 왕 베어 먹으면 절로 가격에 수긍하게 된다.

치즈비프버거Manhattan CHF 17, 비프버거Love Affair CHF 15 바젤역에서 10번 트램 타고 Theater에서 하차 후 도보 1분 Stänzlergasse 3, 4051 Basel 11:00~22:30 +41 61 331 91 91 www.uniondiner.ch

라인강 테라스에서 즐기는 피자 ······ ⑤

레스토랑 피오렌티나 바젤 Restaurant Fiorentina Basel ₣₣₣

라인강 변 바로 위에 있는 테라스로, 세련되고 아늑한 공간이다. 탁 트인 전망이 일품이며 주중에도 많은 사람이 모여 북적거린다. 고급 부라타치즈부터 시작해 나폴리 피자, 지중해의 생선 필레와 엄선된 최고 이탈리아 와인까지 갖춘 곳. 예약 필수.

문어 부라타 CHF 22.50, 나폴리 피자 CHF 23.50 바젤역에서 8·11·16번 트램 탑승 후 Schifflände에서 하차, 도보 2분 Blumenrain 12, 4051 Basel
11:30~23:00 +41 61 381 12 12 www.fiorentinabasel.ch

전통 음식 먹고 싶은 사람 여기로 모여랏! ······ ⑥

뢰벤초른 Löwenzorn ₣₣₣

오래된 구시가지에 자리한 인기 많은 전통 레스토랑이다. 1874년에 오픈한 이래로 바젤 시민들과 관광객에게 항상 인기가 많아 자리 예약이 필수다. 얇은 햄을 스위스 치즈에 싸서 기름에 튀긴 코르동 블뢰, 오래전부터 전해져 내려오는 바젤의 스페셜 음식인 매콤한 돼지고기 소시지, 그리고 감칠맛 나는 인도 카레까지 판매해 다양한 사람들의 입맛을 사로잡는다.

송아지 코르동 블뢰Cordon Bleu CHF 46, 돼지고기 소시지 Anwar's spicy pork sausage CHF 36 바젤역에서 8·11·16번 트램 탑승 후 Marktplatz에서 하차, 도보 3분
Gemsberg 2/4 4051 Basel 월~목 11:00~14:00, 16:30~23:00, 금 11:00~14:00, 16:30~23:00, 토 12:00~23:00, 일 14:00~22:00 +41 61 261 42 13
www.loewenzorn-basel.ch

리얼 가이드

시원한 바젤에서의 여름 나기 **부베트에서 음료와 간식거리를**

바젤은 특히 여름에 찬란하게 빛나는 도시다. 라인강을 따라 얼굴만 내놓고 수영하는 사람들로 가득하다. 작지만 힙한 바Bar들이 테이블을 내놓고 강변을 따라 띄엄띄엄 서있다. 이런 작은 상점들을 프랑스어로 '부베트Buvette'라고 한다. 시원한 음료와 주류, 젤라토, 간단하지만 맛있는 음식을 제공해 강변을 거닐다 목을 축이며 쉬어가기 딱이다. 음료 한잔을 사들고 따사로운 햇살 아래 라인강에 발을 담가보자. 바젤의 숨겨진 매력에 어느 순간 푹 빠질지도 모른다.

* **가이드 팁** 부베트는 야외 상점이기 때문에 음료를 주문하면 보증금(CHF 2~3)을 더 내야 한다. 컵을 돌려주면 동전이나 카드로 보증금을 돌려준다.

©Basel tourismus

추천 부베트 BEST 3

BEST 1

분위기도 굿, 기업 철학은 그레이트!

부베트7 플로라 암 라이
Buvette7–Flora am Rhy

버려지는 자재로 상점을 짓고 지역 내에서 생산되는 맥주와 음식을 판매하는 등, 지속가능성에 초점을 맞춘 세련되고 멋진 부베트. 바젤의 유명한 우엘리 양조장과 함께 '클라인바즐러 바가분트Kleinbasler Vagabund'라는 자체 생맥주도 판매하며, 포카치아 빵은 바젤에 있는 베이커리에서 가져온다. 커피 역시 바젤에 있는 자체 로스팅 회사와 직거래한다. 바에서 작게 흘러나오는 음악 선곡도 굉장히 좋아 발걸음을 멈출 수밖에 없는 매력적인 곳이다.

- 아이스 라테 CHF 7, 아이스크림 CHF 5
- 중앙 다리에서 라인강 변을 따라 도보 6분
- Unterer Rheinweg-Höhe, Florastrasse, 4057 Basel
- 여름철 날씨가 좋을 때(5월~10월 초) 11:30~23:00
- www.ufer7.ch/de/buvette7-flora-am-rhy

BEST 2

바비큐도 해먹고 차가운 음료수 한 잔!

외틀링거 부베트

Ötlinger Buvette

한 번 보면 절대 잊지 못할 에메랄드색 컨테이너에 자리한 상점. 가게 앞에 대형 그릴을 제공하기 때문에 고기나 소시지만 구매해서 가져오면 마음껏 구워 먹을 수 있다. 저렴한 가격에 바비큐를 즐기면서, 차가운 음료가 필요하면 바로 바에서 주문해 먹을 수 있어 가장 붐비는 곳이다. 다양한 와인과 안줏거리도 판매하며, 가끔 아이스크림도 판매해서 인기가 많다.

화이트와인 CHF 7, 아이스커피 CHF 5.80, 케이크 CHF 6~ 중앙 다리에서 라인강 변을 따라 도보 10분 Unterer Rheinweg 104, 4057 Basel 여름철 날씨가 좋을 때(5월~10월 초) 11:00~23:00
www.oetlinger-buvette.ch

BEST 3

시원한 생맥주와 곁들이는 따뜻한 파니니

드라이로젠 부베트 Dreirosen Buvette

인기 부베트 중 위치는 가장 가장자리지만 나무와 그늘이 많아 항상 사람들로 북적인다. 바젤에서만 맛볼 수 있는 우엘리 맥주Ueli Bier를 생맥주로 마실 수 있으며, 올리브와 치즈, 말린 토마토로 구성한 안줏거리를 시킬 수 있다. 간단한 식사 대용으로 안성맞춤인 토마토 모차렐라 파니니 혹은 모차렐라 치킨 파니니도 판매한다.

우엘리 생맥주 500cc CHF 8, 아페롤 스프리츠 CHF 9.50, 파니니 CHF 15 이내
중앙 다리에서 라인강 변을 따라 도보 15분 Unterer Rheinweg, 4057 Basel
여름철 날씨가 좋을 때(5월~10월 초) 11:00~23:00 www.dreirosenbuvette.ch

프랑스어권역

제네바·로잔·몽트뢰·브베

레만 호수를 따라 발달한 지역으로 풍부한 자연 유산과 문화가 살아 있다. 수많은 박물관과 미술관이 곳곳에 자리해 예술과 역사의 향기를 느낄 수 있으며, 섬세한 미식 문화를 자랑하는 레스토랑들이 즐비하다. 스위스 음식에 대한 편견을 단번에 지울 만큼 맛과 멋을 겸비한 이곳은, 특히 샤슬라Chasselas 품종의 화이트 와인이 유명하다. 독일어권과 전혀 다른 프랑스어권 지역은 우아하고 은은한 샤슬라 와인처럼 그 존재 자체로도 매력적이다.

스위스 안의 국제 도시

제네바 Geneva

#평화의도시 #UN유럽사무소 #제네바공항
#국제기구 #살기좋은도시 #프랑스국경지역

프랑스어 발음은 '주네브Genève', 독일어 발음은 '겐프Genf'인 이름도 다양한 제네바. 제네바는 세계에서 가장 작지만 중요한 국제도시이다. '평화의 수도'라는 명칭 아래 140개 이상의 다국적 기업과 36개의 국제기구, 300개 이상의 비정부 기구가 있다. 동시에 세계적인 금융의 허브로, 글로벌 기업과 투자자를 끌어들여 다양한 미팅이 열리는 도시이기도 하다. 스위스의 다른 도시보다 다양한 인종이 모여 살며, 스위스에서 최저임금은 가장 높은 주(州)에 속한 도시다. 여행지로 제네바는 시내 곳곳의 아름다운 공원, 생동감 넘치는 구시가지 거리부터 UN 유럽 본부까지 색다른 즐거움을 맛볼 수 있어 인기가 높다. 프랑스 지중해 연안까지 이어지는 에메랄드빛 론강이 도시를 관통하며 호반 산책로와 차 없이 걷는 도로가 많아 여유가 느껴지는 매력적인 도시이다.

제네바 가는 방법

제네바는 프랑스 접경 도시로 렌터카, 비행기, 기차, 버스 모두 접근이 가능하다. 특히 한국에서 바로 스위스에 입국할 때, 경유 편을 통해 제네바로 오는 경우도 많다.

비행기

제네바공항은 취리히공항 다음으로 가장 많은 한국인이 이용하는 스위스 공항이다. 한국에서 제네바로 바로 가는 직항은 없지만, 에어프랑스, 핀에어, KLM, 루프트한자, 터키항공, 에어차이나, 카타르, 에미레이트항공사 등의 경유 편을 이용해 제네바로 갈 수 있다. 항공사와 운항 스케줄마다 다르지만, 경유지 체류 시간을 포함해 약 16시간 이상 걸린다. 그 외에 유럽 국가에서는 프랑스 파리·보르도·니스·낭트·툴루즈, 이탈리아 베네치아·밀라노, 독일 뮌헨·프랑크푸르트·베를린, 영국 런던·맨체스터·브리스톨, 스코틀랜드 에든버러, 스페인 바르셀로나·마드리드·말라가 등에서 직항 편이 다닌다.

제네바공항에서 시내까지 가는 방법

기차

제네바공항과 연결된 제네바공항 기차역Genève Aéroport에서 제네바 기차역Gare de Genève Cornavin까지는 7분이 걸린다. 제네바 기차역은 '제네바 코르나뱅Geneva Cornavin'이라고도 부른다. 제네바에서 1박 이상 숙박하면 호텔 숙박 요금에 도시세가 포함되어 결제하게 된다. 이 경우 도착 전날 '제네바 교통 카드Geneva Transport Card'를 이메일로 보내준다(에어비앤비 제외). 이 카드로 기차, 버스를 무료로 이용할 수 있으며 공항에서 시내로 갈 때, 시내에서 이동할 때, 공항으로 돌아갈 때 교통비가 모두 무료다. 만약 이메일이 도착하지 않았을 경우 호텔에 문의해 꼭 받기를 추천한다.

Ⓕ 1회 CHF 3, 스위스 트래블 패스 무료

택시

공항에서 시내까지는 약 20분 소요되며, 비용은 약 CHF 45~60이다. 심야 시간대에는 할증 요금이 적용된다. 4인 기준 큰 캐리어 4개를 소지했다면, 넉넉하게 밴을 이용하는 것이 좋으며 우버도 이용 가능하다. 우버 요금은 CHF 45~60 정도로 택시 요금과 크게 차이가 없다.

기차

제네바는 스위스의 주요 도시를 모두 연결하는, 취리히 다음 가는 교통의 허브 도시다. 베른, 바젤, 루체른, 취리히에서 직행열차로 올 수 있으며, 인터라켄에서는 한 번, 그린델발트에서는 베른과 인터라켄 동역에서 두 번 갈아타면 도착한다. 프랑스 접경지라 파리나 리옹에서 넘어오는 직행열차도 있다. 참고로 플랫폼 7·8번은 TGV 열차 파리 출도착 편, 혹은 TER 열차 리옹 출도착 편 전용이다. 국제선 열차를 타고 제네바로 들어올 때는 불시에 여권 검사를 하기도 하니 꺼내기 쉬운 곳에 잘 보관하는 것이 좋다.

파리~제네바 3시간 13분 **그린델발트~제네바** 3시간 50분 **체르마트~제네바** 3시간 35분
베른~제네바 2시간 10분 **루체른~제네바** 2시간 50분

버스

프랑스 샤모니(2시간), 안시(1시간), 파리(8시간), 이탈리아 토리노(3시간 50분)와 제네바를 연결하는 저렴한 플릭스 버스Flix bus가 있다. 버스 정류장도 제네바 기차역에서 걸어서 6분 걸릴 정도로 가깝다.

플릭스 버스 정류장 Geneva Bus Station, 1201 Genève www.flixbus.com

렌터카

- **프랑스 샤모니 ▶ 제네바** 샤모니에서 205번 도로를 타고 출발, 40번 고속도로로 갈아타고 83km, 1시간 10분 소요
- **베른 ▶ 제네바** 고속도로 1번 타고 약 162km, 1시간 50분 소요
- **루체른 ▶ 제네바** 고속도로 2번 타다 초핑겐 지나서 고속도로 1번 타고 약 267km, 3시간 소요
- **취리히 ▶ 제네바** 고속도로 1번 타고 총 280km, 약 3시간 소요

제네바 시내 교통

트램 및 버스

제네바는 트램과 버스 노선으로 촘촘하게 연결된 도시다. 시내만 구경할 때는 따로 트램과 버스를 타지 않아도 충분히 걸어 다닐 수 있다. 제네바에서 숙박한다면 무료로 받을 수 있는 제네바 교통 카드Geneva Transport Card를 이용해 자유롭게 다닐 수 있어 따로 티켓이 필요 없다. 시 외곽에 있는 UN 본부, 국제적십자 및 적신월 박물관, 파텍 필립 박물관, 카루즈Carouge 지역으로 나갈 때에는 1시간권을 구매해 트램을 타면 된다. 만약 제네바 교통 카드가 없으면 트램 정거장에 마련된 유니레소Unireso 기계에서 티켓을 구매한다. 스위스 국영 철도 시스템 CFF·SBB, 제네바 대중교통 TPG, 레만 호수의 대중교통 무에트 보트 모두 포함된다.

1시간권 CHF 3(1시간 이내 사용), 1일권 CHF 8(구매 다음날~새벽 5시) www.unireso.com

01 국제연합 UN 제네바 사무소
02 국제적십자와 적신월 박물관
03 아리아나 박물관
06 유럽원자핵공동연구소 CERN
08 오 마탱!
서울 06
Rue de Montbrillant
레 브라쇠르 03
05 라 쇼콜라테리 드 쥬네브
제네바역 Geneva
Rue des Alpes
알프티튜드 오리지널 스위스 기념품 06
07 비빔
Rue de Coutance
Pont du Mont-
루소 섬 04
론강
Pont des Bergues
Pont la Coulouvrenière
론강
도보 15분 거리
빅토리 녹스 플래그십 스토어 제네바 04
레스토랑 레 자르뮈르 01
테오도라 03
루소와 문학의 집 11
Rue Henri-Fazy
키오스크 데 바스티옹 04
Rue de la Croix-Rouge
종교 개혁비 07
무기고 10
종교 개혁 국제 박물관 09
성 피에르 교회 08
Av. du Mail
Rue de Colonel-Coutau
파텍 필립 박물관 14

제네바 상세 지도

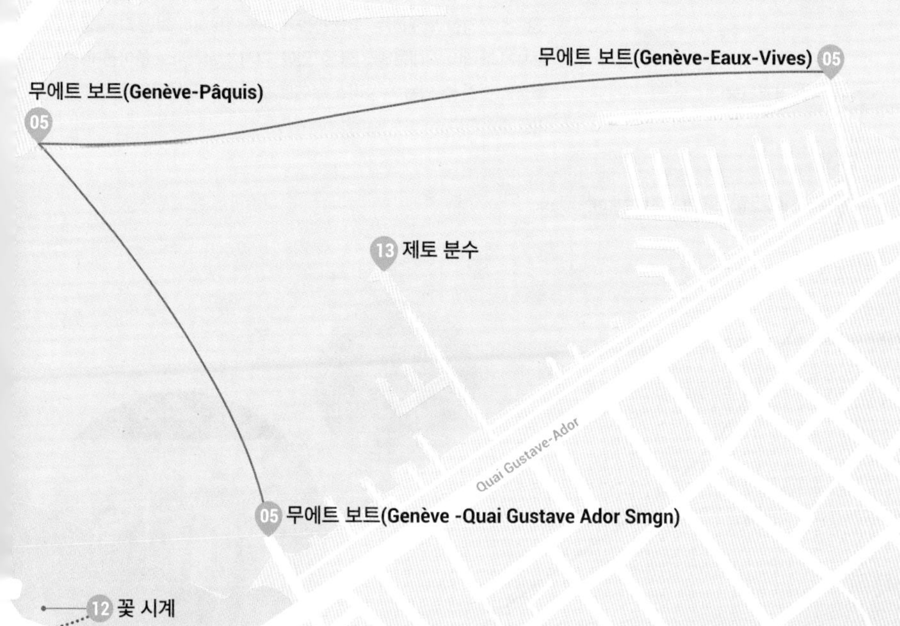

Quai du Mont-Blanc
05 라 부베트 데 방
레만 호수
무에트 보트(Genève-Eaux-Vives) 05
무에트 보트(Genève-Pâquis)
05
13 제토 분수
Quai Gustave-Ador
05 무에트 보트(Genève -Quai Gustave Ador Smgn)

12 꽃 시계
02 아우어
01 미장시에
02 스리키즈 베이글 리브
Rue Ferdinand-Hodler
Bd Helvétique

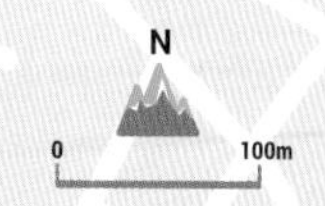

N
0
100m

제네바 이렇게 여행하자

제네바 도심을 가로지르는 론강은 도시를 크게 두 부분으로 나눈다. 제네바 코르나뱅역 부근의 신시가지는 리브 드와트Rive Droite, 강 건너 올드 타운이 있는 곳은 리브 고쉬Rive Gauche라고 부른다. 제네바 코르나뱅역에서 UN 사무소 및 적십자 박물관까지 가려면 버스를 타야 한다. 오전에는 먼저 UN 사무소 주변의 볼거리들을 둘러본 다음, 버스를 타고 올드 타운 근처까지 가보자. 올드 타운에서 점심을 먹고 주변을 구경한 후 원하는 박물관을 1~2개 방문하다 보면 하루 동안 알차게 제네바 시내를 둘러볼 수 있다. 다시 신시가지로 돌아올 때는 풍경도 즐길 수 있는 수상버스 무에트 보트를 타고 하루를 마무리하기를 추천한다.

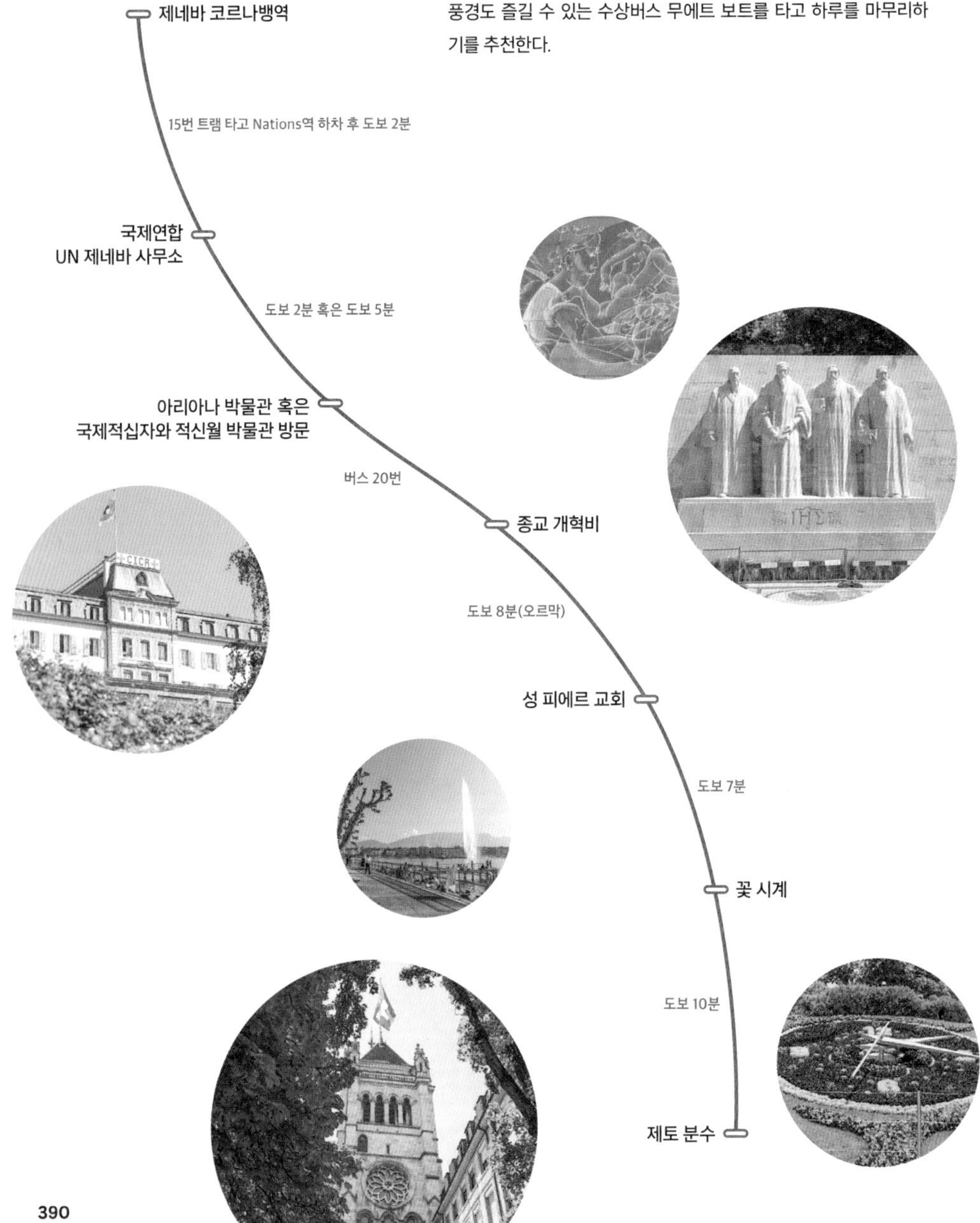

제네바의 신시가지

리브 드와트 Rive Droite

제네바 중앙역인 코르나뱅역을 기점으로 레만 호수 다리를 건너기 전까지 지역을 가리킨다.
UN 본부, 적십자 및 적신월 박물관을 포함해 제네바의 번화가 몽블랑 거리와 유람선역을 포함한다.

세계 평화의 상징 ······ ①

국제연합 UN 제네바 사무소

Le Palais des Nations Unies à Genève

제네바와 UN은 떼려야 뗄 수 없는 관계. UN 본부는 뉴욕에 있지만, 유럽 본부가 제네바에 자리 잡으며 스위스 제2의 도시이자 국제도시로 명성을 떨치게 되었다. 이곳에서는 매년 600개의 주요 회의를 포함해 약 8,000개의 회의가 열리며 국제 평화와 안전에 힘쓰고 있다. 건물 맞은편에 다리 하나가 부러진 커다란 붉은 의자가 있다. 지뢰 사고로 신체 일부를 영구적으로 잃은 희생자들의 모습을 형상화해 1997년 설치한 것으로, UN 제네바 사무소의 상징이다. 일반인에게는 전쟁의 참상을 상기시키고, UN 회의에 참석하러 온 외교 사절단에게는 지뢰 금지를 촉구하며 전쟁의 참혹함을 경고하고 있다.

제네바역에서 13·15번 트램, 5·11·14번 버스 타고 Nation 하차 후 도보 5분 / 제네바역에서 5·18번 버스 타고 Appion 하차 Palais des Nations, 1211 Genève +41 22 917 12 34 www.ungeneva.org

UN 방문 예약하는 법

UN 사무소는 사전 신청을 통해 견학할 수 있지만, 개인 방문객의 자리는 매우 한정적이다. 미리 홈페이지를 통해 예약해야 하며 현장 신청은 불가능하다. 투어는 약 1시간 소요되며, 반드시 여권을 지참하고 시작 30분 전에 도착해야 한다.

Ⓕ 성인 CHF 22, 만 14세 이상 CHF 12, 만 6~13세 CHF 11 www.ungeneva.org/en/visit
문의 visit-gva@un.org

사람이 먼저다. 인도주의의 상징 ②

국제적십자와 적신월 박물관 International Museum of the Red Cross and Red Crescent

적십자는 스위스 출신의 장 앙리 뒤낭Jean-Henri Dunant(1828~1910)이 이탈리아 전쟁에서 수많은 사람이 죽어가는 것을 보고 충격을 받아 설립한 인도주의 기관이다. 스위스 국기에서 색깔만 바꿔 적십자의 로고가 탄생했으며, 이슬람 국가가 가입했을 때는 십자가 대신 초승달 모양을 사용해 적신월赤新月이라는 명칭도 함께 쓰인다. 이곳은 국제적십자 활동 150주년을 기념하고 전쟁의 참상을 알리기 위해 세운 박물관이다. 박물관 내부는 영구 전시 및 기획 전시로 나뉜다. 전시는 사진과 영상으로 생생하게 전달하며 국제적십자 활동에 대한 설명이 주를 이룬다. 영어로 된 오디오 가이드를 무료로 빌릴 수 있다.

UN 사무소에서 도보 5분 / UN 사무소에서 5·8·15·60번 버스 탑승 후 Appia에서 하차 Avenue de la Paix 12, 1202 Genève CHF 15, 스위스 트래블 패스 무료 4/1~10/31 10:00~18:00, 11/1~3/31 10:00~17:00
+41 22 748 95 11 www.redcrossmuseum.ch

접시와 유리 안의 예술 ······ ③

아리아나 박물관

Musée Ariana

도자기와 유리 공예품을 전시하는 곳. 작은 접시가 시대상을 반영하고, 유리에서 역사를 볼 수 있는 신기한 경험이다. 전 세계에서 수집한 고대부터 현대에 이르는 약 2만 7,000점의 도자기 및 유리 공예품 컬렉션을 보유하고 있다. 박물관의 건물 자체도 주목할 만하다. 1877년에서 1884년 사이에 건축되었고, 신 고딕 및 신고전주의 건축 양식이 혼합되어 굉장히 독특하다. 특히 내부의 웅장한 돔과 화려한 장식이 특징이다. 박물관은 무료 입장이며 특정 주제나 작가에 초점을 맞춘 기획 전시만 요금을 받는다.

UN 사무소에서 도보 2분 Av. de la Paix 10, 1202 Genève 도자기 박물관 무료, 기획 전시 CHF 14~18, 스위스 트래블 패스 무료 화~일 10:00 ~18:00 월 휴무 +41 22 418 54 50 www.musee-ariana.ch

많은 발걸음이 닿는 루소에게 헌정된 곳 ······ ④

루소 섬 Île Rousseau

제네바 출신의 작가이자 철학자 장 자크 루소Jean-Jacques Rousseau에게 헌정된 작은 섬. 이 섬은 원래는 16세기 옛 군사 요새로 건설되었지만, 현재는 큰 나무 아래 편안한 휴식 공간을 제공한다. 섬 안에는 루소의 동상이 있다. 1835년 제네바 출신 조각가 제임스 프라디에James Pradier가 세운 작품이다. 손에 펜을 들고 책을 펼친 모습은 철학자의 생전 모습을 보여준다.

제네바역에서 도보 10분, 몽블랑 다리 바로 옆
Ile Rousseau 1, 1204 Genève

제네바의 명물, 노란 수상택시 ······ ⑤

무에트 보트 Mouettes Genevoises

1년 365일 운행하는 노란색 셔틀 보트를 타고 제네바 호수 반대편으로 갈 수 있다. 1825년 시작된 운항이 200여 년이 지난 지금까지 이어지고 있다. 일반 시민에게는 대중교통의 역할을 톡톡히 하고, 관광객에게는 즐겁고 짧은 호수 여행을 제공해 인기가 많다. 총 4개의 노선 중 M2 라인(제네바 파키Geneve-pâquis~오비브Eaux-Vives)은 도시의 명물 제토 분수 근처까지 간다는 장점이 있다. 보트에서 꼭 내리지 않아도 상관없으니, 시원한 바람을 느끼며 강을 건너보길 적극 추천. 참고로 '무에트'는 갈매기라는 뜻이다.

🚶 제네바역에서 Genève-Pâquis 선착장까지 도보 10분 📍 Quai du Mont-Blanc 8, 1201 Genève Ⓕ 성인 CHF 2, 청소년·어린이 CHF 1.80, 스위스 트래블 패스·제네바 패스 무료 🕒 4/1~11/3 월~금 07:25~ 09:05, 토·일·공휴일 10:05~21:05, 11/4~3/31 07:25~07:35, 토·일·공휴일 10:05~17:55 (10분마다 출발) 📞 +41 22 732 29 44 🏠 www.mouettesgenevoises.ch

신비한 현대 물리학의 세계 ······ ⑥

유럽원자핵공동연구소 CERN

Conseil Européen pour la Recherche Nucléaire

〈유럽원자핵공동연구소〉는 스위스와 프랑스 사이 국경 지대에 있는 세계 최대 입자 물리학 연구소다. 대형 강입자 충돌기(LHC)와 같은 주요 프로젝트에 대한 전시와 설명을 통해 현대 물리학의 신비를 체험할 수 있다. 쌍방향 전시와 시청각 자료를 통해 복잡한 과학 개념을 쉽게 이해할 수 있도록 안내하며, 다양한 교육 프로그램과 워크숍도 제공한다. 무엇보다 고물가인 제네바에서 과학, 기술, 인류 역사에서 가장 중요한 장소를 무료로 방문할 수 있다는 점에서 매력적이다. 가이드 투어는 실제 이곳에서 연구하는 과학자들이 진행해 더욱 알찬데, 예약은 할 수 없고 당일 선착순 현장 신청만 받기 때문에 오픈 시간에 맞춰 도착해 신청하기를 추천한다. 90분간 프랑스어나 영어로 진행되며, 물리와 과학에 대한 지식이 어느 정도 있으면 더 흥미롭게 참여할 수 있다.

🚶 제네바역에서 18번 트램 탑승 후 종점 하차 📍 Espl. des Particules 1, 1211 Meyrin Ⓕ 무료 🕒 화~일 09:00~17:00 ⊗ 월, 비정기 휴무(홈페이지 참고) 📞 +41 22 767 84 84 🏠 www.home.cern

제네바의 구시가지

리브 고쉬 Rive Gauche

올드 타운을 중심으로 제네바의 랜드마크인 제토 분수,
명품 숍이 늘어선 론Rhône 거리를 포함해 꽃 시계 및 종교 개혁과 관련한 모든 역사가 담겨있는 곳.

거대한 조각상, 종교 개혁의 상징 ······ ⑦

종교 개혁비 Reformation Wall

종교 개혁의 주요 인물인 장 칼뱅John Calvin 탄생 400주년과 제네바대학 설립 350주년을 기념하며 세운 곳. 여기에는 장 칼뱅 외에 윌리엄 파렐, 테오도르 베자, 존 녹스의 거대한 동상이 5m 높이로 서 있다. 돌담에는 '어둠 뒤에는 빛이 있노라Post Tenebras Lux'라는 라틴어 문구가 새겨져 있다. 위치가 제네바대학 터와 바스티옹 공원 안에 있어 한적하게 걷기도 좋다.

제네바역에서 Thônex, Vallard 방면 5·25번 버스 탑승, Place de Neuve에서 하차 후 바스티옹 공원 안으로 이동. 총 10분 소요
Prom. des Bastions 1, 1204 Genève +41 22 418 65 00

칼뱅이 앉았던 의자

제네바의 대표적인 개신교 교회 ······ ⑧

성 피에르 교회 Cathédrale de Saint-Pierre

1535년 종교 개혁 이후, 칼뱅이 28년 동안 목회를 하며 개신교를 널리 알린 곳이다. 원래는 11세기에 건축된 고딕 양식의 가톨릭 성당이었으나, 종교 개혁으로 중앙 난간, 측면 예배당 및 스테인드글라스와 의자 몇 개만 빼고 모두 사라져 현재의 단순한 형태만 남았다. 칼뱅이 앉았던 의자도 교회 왼쪽, 사람들이 앉는 의자 사이에 덩그러니 놓여 있다. 교회 입구는 1749년 붕괴 위험으로 교회가 폐쇄된 후 7년 동안 공사해 지금의 그리스-로마 스타일 현관이 완성되었다. 이곳의 하이라이트는 바로 제네바의 풍경을 한눈에 내려다볼 수 있는 계단. '파노라마Panorama'라는 글자를 따라 157개의 계단을 올라가면 제네바 도시와 레만 호수의 놀라운 풍경이 눈앞에 펼쳐진다.

제네바역에서 Thônex, Vallard 방면 8·25번 버스 탑승, Métropole 하차 후 도보 1분 Cr de Saint-Pierre, 1204 Genève 성당 무료, 타워 성인 CHF 7, 만 7~16세 CHF 4
월~토 10:00~17:30, 일 12:00~17:30
+41 22 311 75 75 www.cathedrale-geneve.ch

역사와 종교에 관심이 있다면 MUST! ······ ⑨

종교 개혁 국제 박물관

International Museum of the Reformation

16세기 종교 개혁 운동의 기원, 발전, 그 이후의 변화를 전시하는 곳. 총 12개의 방이 있으며 특히 4번 전시장에서는 장 칼뱅이 1520~1540년 제네바에서 종교 개혁을 이룬 내용을 자세히 다루고 있다. 그밖에 17세기에서 19세기 사이에 개신교의 확장을 볼 수 있으며, 지하 1층에는 사상, 정치, 문화 간 개성과 주제를 강조하는 현대 개신교 헌신을 위한 공간이 있다. 특히나 장 칼뱅의 방도 따로 마련되어 종교에 관심 있다면 들러볼 만하다.

성 피에르 교회에서 도보 1분 · Cr de Saint-Pierre 10, 1204 Genève
성인 CHF 13, 만 7세 미만 무료, 스위스 트래블 패스 무료 · 화~일 10:00~17:00
월 휴무 · +41 22 310 24 31 · www.musee-reforme.ch

구시가지에 남아있는 스위스 방어의 역사 ······ ⑩

무기고 L'Ancien Arsenal

구시가지 중심부에 있는 오래된 무기고. 이곳에 남아있는 5개의 대포에서 침략자로부터 자신을 방어해 온 제네바의 옛 역사를 짐작할 수 있다. 원래 이곳은 로마 시대에 시장이었다가 1588년 곡물 창고가 세워졌고, 1720년부터 1877년까지는 군용 창고로 사용되었다. 벽에는 알렉산더 싱그리아Alexander Cingria가 기원전 58년 율리우스 카이사르Julius Caesar 황제의 모습을 담은 프레스코화가 남아있다.

제네바역에서 도보 10분, 몽블랑 다리 바로 옆
Grand-Rue 39, 1204 Genève

제네바 태생 장 자크 루소의 생가 ⑪

루소와 문학의 집

House of Rousseau and Literature(MRL)

철학자 장 자크 루소가 1712년에 태어난 생가. 작은 공간이지만 루소의 위대한 일생을 밀도 있게 시청각 자료로 보여준다. 루소는 올바른 국가관에 관한 생각을 담은 〈사회계약론〉, 어린이의 경험을 중요시하는 자연 중심 교육서 〈에밀〉 등을 집필했다. 이 책들은 당시에는 사회와 종교를 비판했던 이유로 금지되었지만 현재는 청소년 필독 도서가 되었다. 이곳은 교육, 자연과 환경, 세속주의, 행복, 시민권 등 시대를 앞서나갔던 철학자의 사상을 만나볼 수 있는 공간이다. 1층에는 루소의 철학을 반영하는 조용한 커피숍이 운영 중이다.

제네바역에서 도보 10분, 몽블랑 다리 바로 옆
Grand-Rue 40, 1204 Genève 성인 CHF 7, 학생 CHF 5, 만 12세 미만 무료, 스위스 트래블 패스 무료
화~금 08:00~18:00, 토·일 11:00~18:00 월 휴무
+41 22 310 10 28 m-r-l.ch/

아름다운 꽃으로 꾸민 실제 시계 ⑫

꽃 시계 L'Horloge Fleurie

제네바의 또 다른 명물인 꽃 시계를 볼 수 있다. 영국 공원Jardin Anglais에서 1년에 네 번, 각 계절에 맞는 꽃으로 새로운 무늬를 만드는데 보통 3,000개의 꽃을 지름 4m의 다이얼 내부와 주변에 심는다. 파텍 필립Patek Philippe이 제작하여 기증한 시계 초침은 전 세계에서 가장 큰 것이며 길이가 2.5m에 달한다. 전자식으로 제작된 시계는 시계 강국 스위스의 명성에 걸맞게 정확히 돌아간다.

제네바역에서 8·25번 버스 타고 Métropole 하차 후 도보 1분
Quai du Général-Guisan 28, 1204 Genève

제네바의 랜드마크 ⑬

제토 분수 Jet d'Eau

제네바로 들어오는 비행기에서도 보일 정도인 대형 분수이다. 제토는 '물 제트기'라는 뜻으로, 호수에서 하늘로 마치 제트기가 날아가는 것처럼 빠르고 강력하게 물이 수직으로 발사된다. 처음에는 론강에 30m 길이로 설치되어 수압 조절을 담당했는데, 아름답다고 호평을 받다가 스위스 연방 창립 600주년을 기념해 지금의 자리로 옮겨왔다. 초당 500리터의 물이 145m 공중까지 치솟아 오르는 모습이 장관이며 특히 물이 수면 위로 낙하하는 모습에는 넋을 놓게 된다. 다만 물이 바람에 날려 옷이 젖을 수 있으니 유의할 것. 해가 지고 나면 LED 불빛으로 화려하게 장식되는 분수도 아름답다.

제네바역에서 Genève-Pâquis역까지 도보 10분, 무에트 보트 타고 Eaux-Vives역에 내려 도보 5분 / 꽃 시계에서 도보 10분
Quai Gustave-Ador, 1207 Genève
12월 10:00~16:00, 1·2월, 3·4월 10:00~19:00, 5~9월 09:00~23:15, 9월 첫 번째 주~10월 마지막 주 일요일 10:00~17:00(10/28~12/4 정기 점검으로 운영 중단)
ww2.sig-ge.ch/en/a-propos-de-sig/nous-connaitre/sites_expositions/jet_deau

스위스 시계가 빛나는 이유 ······ ⑭

파텍 필립 박물관 Patek Philippe Museum

시계에 관심이 있든 없든 파텍 필립 박물관은 놓칠 수 없다. 스위스 시계가 유명해진 이유를 알 수 있는 굉장히 고풍스럽고 교육적인 박물관이기 때문. 총 4층으로 이루어진 박물관에 약 2,500개의 시계 및 보석류가 전시되어 있다. 고급스러운 초록색 카펫과 금색으로 칠해진 장식장만 바라봐도 끊임없이 탄성이 나온다. 2층에는 파텍 필립이 1839년 창립 이래 현재까지 만든 매혹적인 손목시계가 전시 중이고, 1층에서는 시계 장인이 수공예로 하나씩 시계를 만드는 모습도 볼 수 있다. 이곳의 하이라이트 3층에서는 파텍 가족이 직접 모은 16~19세기 초의 가치를 담은 수려하고 섬세한 작은 시계를 만나보자. 무료로 빌려주는 오디오 가이드(영어, 독일어, 프랑스어)를 통해 시계마다 제작된 시대적인 배경과 함께 왜 이런 모양의 시계가 만들어졌는지에 대한 역사를 들을 수 있다.

🚶 제네바역에서 1번 버스 탑승 후 École-de-Médecine 정류장 하차 / 제네바역에서 12·15번 트램 탑승 후 Plainpalais 정류장 하차 📍 Rue des Vieux-Grenadiers 7, 1205 Geneva Ⓕ 성인 CHF 10, 만 18세 미만 무료 🕒 화~금 14:00~18:00, 토 10:00~18:00 ⊗ 일·월 휴무 📞 +41 22 707 30 10
🏠 www.patek.com/en/company/patek-philippe-museum

세계적으로 유명한 조향사가 세운 향수 회사 ······ ①

미장시에 Mizensir

랑콤의 미라클, 겐조의 플라워 바이 겐조, 마크제이콥스의 데이지 등을 만든 조향사 알베르토 모리야스가 1999년 제네바에서 설립한 향수 & 향초 회사. 처음에 크리스마스 향기를 재현한 머스크 향초가 인기를 얻어 지금은 전 세계 향수 마니아들에게 알음알음 입소문이 났다. 향수는 CHF 100~, 방향제는 CHF 50~, 향초는 CHF 50부터 시작한다. 파리, 뉴욕을 제외하고 전 세계에 몇 개 안 되는 희귀한 매장이니 제네바에 들른다면 필수!

꽃시계에서 도보 5분 Rue Verdaine 4, 1204 Genève
월~토 09:30~18:30, 목 09:30~19:00 일 휴무
+41 22 310 10 40 www.mizensir.com

제네바인들이 사랑하는 아몬드 초콜릿 ······ ②

아우어 Auer

5대째 내려오는 가족 초콜릿 가게. 1964년 개발된 아몬드 프린세스Amades Princesses가 가장 유명하다. 캐러멜로 코팅한 구운 아몬드 겉면에 코코아가루를 듬뿍 뿌려 풍부한 맛을 느낄 수 있다. 포장 없이 그냥 사면 CHF 14부터 시작하며, 선물 포장 제품은 CHF 34부터 시작한다. 그 밖에도 가나슈, 프랄린, 트러플 초콜릿 등과 함께 간단한 음료도 마실 수 있다.

꽃 시계에서 걸어서 4분 Rue de Rive 4, 1204 Genève 월~토 12:00~22:30, 일 12:00~23:00
+41 22 818 71 71 chocolat-auer.ch

니치 향수를 한 곳에 모아둔 매장 ······ ③

테오도라 THEODORA

'니치 향수'란 세계 최고의 조향사들이 소수의 취향에 맞춰 만든 프리미엄 향수를 뜻한다. 이곳은 세계적인 니치 향수 전문점으로, 우리에게 생소한 유럽 브랜드부터 아주 고급스러운 향수까지 가득 진열되어 있다. 향수 가격은 일반적으로 CHF 150~250 정도, 희귀한 향수는 CHF 500부터 시작한다. 전문가에게 하나하나 직접 안내받으며 살 수 있어 만족도가 높다.

성 피에르 교회에서 도보 3분 Grand-Rue 38, 1204 Genève
월~금 10:00~19:00, 토 10:00~18:00 일 휴무
+41 22 310 38 75 www.parfumerietheodora.com

나만의 군용 칼을 만들고 싶다면? …… ④

빅토리 녹스 플래그십 스토어 제네바

Victorinox Flagship Store Geneve

3층짜리 대형 매장. 지하 1층에서 주방용품 및 스위스 칼을 판매하고 1층에서는 시계, 2층에는 여행용품을 판매한다. 특히 나만의 스위스 군용 칼을 제작할 수 있는데, 칼날에 새겨진 특별한 조각은 손으로 조립했다는 것을 증명하며 직접 색상과 각인을 맞춤 설정할 수 있다. 그 밖에 빅토리 녹스 캐리어를 쓰면서 보증서를 갖고 있다면 바퀴까지 현장에서 교체할 수 있다.

꽃시계에서 도보 8분 · Rue du Marché 2, 1204 Genève
월~금 10:00~19:00, 토 10:00~18:00 · 일 휴무
+41 22 318 63 40 · www.parfumerietheodora.com

스위스 초콜릿계의 편집숍 …… ⑤

라 쇼콜라테리 드 쥬네브

La Chocolaterie de Genève

제네바 기차역 근처에 있어 초콜릿과 기념품을 사기에 좋은 곳이다. 기회가 된다면 제네바의 쇼콜라티에가 직접 만드는 부드러운 생초콜릿을 시식할 수도 있다. 특히 장인이 만든 그랑 크뤼 프랄린의 가격이 인근 수제 초콜릿 가게에 비해 우리 돈으로 5,000원 정도 저렴해, 여행자 사이에서 만족도가 높은 곳이다.

제네바역에서 도보 3분 · Rue des Alpes 25, 1201 Genève
월~금 10:00~19:00, 토 10:00~18:00 · 일 휴무
+41 22 310 38 75 · www.la-chocolaterie-de-geneve.ch

깔끔하게 정돈된 스위스 기념품 매장 …… ⑥

알프티튜드 오리지널 스위스 기념품

Alptitude Original Swiss Souvenirs

얼핏 보면 보통 기념품 가게와 다를 바 없지만, 친절하고 세심한 판매원이 인상적인 곳이다. 다양한 크기의 뻐꾸기시계, 도시 이름이 적힌 모자, 엽서, 자석, 티셔츠, 스위스 칼 등 모든 제품이 깔끔하게 정돈되어 있다. 매장 내에 세일 품목을 모아둔 코너에서 잘 찾아보면 보물을 건질 수도 있다.

제네바역에서 도보 7분 · Rue des Alpes 9, 1201 Genève
10:00~21:00 · +41 22 732 16 26
www.alptitude-shop.ch

구시가지에 자리한 스위스 전통 레스토랑 ······ ①

레스토랑 레 자르뮈르 Restaurant Les Armures ₣₣₣

제네바에서 가장 오래된 레스토랑이자 믿고 먹을 수 있는 스위스 전통 음식점이다. 토마토 퐁뒤는 사계절 막론하고 맛있게 즐길 수 있으며, 레만 호수에서 잡은 농어는 머스터드소스에 곁들여 맛볼 수 있다. 내부에 있는 고풍스러운 장식은 17세기에 만들어졌고, 레스토랑 역시 1957년에 문을 열어 지금까지 사랑받고 있다.

레만 호수 농어 CHF 48, 토마토 퐁뒤 CHF 30, 송아지 소시지 CHF 24 성 피에르 교회에서 도보 2분 Rue du Soleil-Levant, 1204 Genève 월~토 12:00~22:30, 일 12:00~23:00 +41 22 818 71 71 lesarmures.ch

신선하고 맛있는 베이글 샌드위치 ······ ②

스리키즈 베이글 리브 Threekids Bagel Rive ₣₣₣

제네바에서 저렴하면서 맛있는 점심을 먹기란 하늘의 별 따기지만, 여행자들에게 희소식이 있다! 하루에 딱 4시간만 여는 샌드위치 가게에서 간단히 식사를 해결할 수 있다. 매일 만든 신선한 뉴욕 스타일 베이글에 파르마 햄, 모차렐라 치즈, 페스토, 말린 토마토를 넣은 오비브 베이글 샌드위치부터 타르타르소스, 녹인 그뤼에르 치즈와 양파를 넣은 플레인플레까지 다양한 샌드위치 옵션을 제공한다. 사람들이 많이 기다리지만 5분 이내에 음식을 받을 수 있고 근처 호수에서 먹기도 좋다.

오비브 베이글 CHF 13.50, 플레인플레 CHF 13.50
성 피에르 교회에서 도보 5분
Rue du Vieux-Collège 10BIS, 1204 Genève 월~토 11:00~15:00
일 휴무 +41 22 311 24 24
www.threekids.ch

코르나뱅역 바로 앞 ······ ③

레 브라쇠르 Les Brasseurs ₣₣₣

스위스 보통 도시의 식당과 달리, 새벽까지 사람들로 북적거리는 왁자지껄한 대형 펍으로, 맥주 양조장에서 직접 만든 생맥주를 마실 수 있으며 제네바역 바로 앞에 있어 접근성이 굉장히 좋다. 살짝 출출하면 얇은 도우에 크림을 얹어 베이컨과 양파를 얹은 플람키슈 Flammekueches와 생맥주를 추천한다.

✕ 플람키슈 CHF 19.80, 라클레트 햄버거 CHF 23
🚶 제네바역 맞은편 도보 1분 📍 Place de Cornavin 20, 1201 Genève 🕘 월~목 11:00~01:00, 금~일 11:00~02:00
📞 +41 32 721 12 12 🏠 www.les-brasseurs.ch

한가로운 공원 안에 자리 잡은 고급 레스토랑 ······ ④

키오스크 데 바스티옹 Kiosque des Bastions ₣₣₣

바스티옹 공원 내에 간이 식당과 고급 레스토랑이 함께 어우러진 곳이다. 날씨가 좋은 봄~가을에는 노천 테이블이 깔려 있어 음료를 마시며 공원에서 힐링할 수 있다. 겨울에는 레스토랑 자체만 운영하며, 밖에는 화려한 조명으로 가득 찬 크리스마스 마켓이 공원을 따라 열려 구경하기에도 만점이다.

✕ 램 생크Lamb Shank(양다리찜) CHF 43, 비프 타르타르 CHF 35 🚶 제네바역에서 18번 버스 타고 Place de Neuve역에서 하차 후 체스장 바로 옆 📍 Prom. des Bastions 1, 1205 Genève
🕘 일~수 09:00~24:00, 목 09:00~01:00, 금·토 09:00~02:00 📞 +41 22 310 86 66
🏠 www.bastions.ch

수영도 하고 퐁뒤도 먹고 ⑤

라 부베트 데 방 La Buvette des Bains ₣₣₣

제토 분수가 보이는 호수 중앙에 있는 레스토랑이다. 특히 점심 메뉴가 매일 바뀌며 가격도 CHF 16~19로 저렴한 편이라 현지인과 여행자 모두에게 인기 만점이다. 식당 뒤에 있는 부두와도 연결되어, 지나가려면 입장료를(성인 CHF 2, 어린이 CHF 1) 내야 한다. 한여름에는 계단에 올라가 다이빙하는 시원한 모습도 보이며, 호수에 발을 담그고 잠시 쉬기에도 완벽한 장소다. 겨울에는 점심시간부터 저녁까지 퐁뒤를 팔아 호수 위에서 낭만적인 분위기를 느낄 수 있다.

점심 CHF 16~19, 퐁뒤 CHF 27
제네바역에서 Rue des Alpes로 걷다가 몽블랑 호반 길 따라 도보 12분, 레만 호수 수영장Bains des Paquis에 위치 Quai du Mont-Blanc 30, 1201 Genève 07:00~22:30 +41 22 738 16 16
www.bains-des-paquis.ch/buvette

제네바 속 육개장 맛집 ⑥

서울 SEOUL ₣₣₣

제네바역 근처에서 한국인이 운영하는 한식당이다. 한국식 바비큐를 즐기는 외국인들로 가득하며, 돌솥비빔밥과 김치찌개를 먹는 한국인도 많다. 맛은 현지인 입맛에 맞춰서 간이 짠 편이지만 김치찌개와 육개장에 건더기가 많아 한 끼 든든하게 먹을 수 있다. 곁들여 나오는 반찬도 맛있다. 보통 예약하는 것이 좋고, 오픈 시간에 맞춰 가면 기다리지 않고 식사할 수 있다.

육개장 CHF 30, 김치찌개 CHF 30
제네바역에서 도보 6분 Rue de Zurich 17, 1201 Genève 화~목 12:00~14:00, 18:30~22:30, 금 12:00~14:00, 18:30~23:00, 토 18:00~23:00 일·월 휴무
+41 22 732 46 05
www.seoulgeneva.com

제네바 속 비빔밥 맛집 ······ ⑦

비빔 Bibim ₣₣₣

점심에만 운영하는 비빔밥 전문 간이 식당. 비빔밥 위에 올라가는 토핑을 불고기, 제육볶음, 두부 등에서 선택할 수 있으며 푸짐하게 나오는 덕에 든든한 한 끼로 손색이 없다. 반찬 느낌으로 먹을 수 있는 잡채도 인기가 많고, CHF 3.5만 추가하면 개운하고 맛있는 김치를 먹을 수 있다. 주로 테이크아웃을 많이 하지만, 매장 밖에 7개의 간이 테이블이 있다.

불고기 비빔밥 CHF 22, 제육볶음 비빔밥 CHF 21, 두부 비빔밥 CHF 19, 잡채 CHF 5.50
제네바역에서 도보 7분
Place De-Grenus 9, 1201 Genève
월~토 11:30~14:30 일·월 휴무
+41 22 738 81 00 www.bibim.ch

제네바역 No.1 넘사벽 카페 ······ ⑧

오 마틴! Oh Martine! ₣₣₣

제네바역 바로 근처에 있는 힙한 카페. 제네바 역사에 있는 레스토랑과 카페가 비싸고 양이 적다 싶으면 이곳으로 향하자. 멋진 인테리어로 꾸민 넓은 공간에 알록달록하고 건강한 샐러드는 물론 스페셜티 커피, 다양한 음료 및 샌드위치 종류까지 갖췄다. 제네바에 지점이 2개 있는데 둘 다 인기가 높다. 역 근처는 2호점으로 현지인 사이에서 브런치 장소로 핫하다. 무엇보다 화장실도 깨끗해서 역에서 유료 화장실을 사용하느니 이곳에서 커피도 한 잔 마실 겸 여유롭게 들르는 것도 좋다.

반미 CHF 18.90, 샐러드 CHF 18.90, 카푸치노 CHF 5.20 제네바역 내 플랫폼 8번 쪽 출구 방향으로 나가다 건물 밖 바로 Rue de Montbrillant 2, 1201 Geneva 월~금 07:00~18:30, 토·일 07:30~18:30 +41 22 575 87 88 www.ohmartine.com

우아함 속 역동적인 도시

로잔 Lausanne

#올림픽수도 #레만호수 #미술관의 도시
#미식의천국 #로잔대성당

'올림픽 수도'와 '언덕의 도시'라는 별명을 가진 로잔. 별명처럼 호숫가에는 국제 올림픽 위원회(IOC)를 비롯해 스포츠 중재 재판소와 55개의 스포츠 연맹이 밀집되어 있다. 도심이 호수보다 500m나 높은 곳에 있어서, 스위스에서 유일하게 지하철이 다니는 도시이기도 하다. 로잔은 전반적으로 생활 수준이 높아 다양한 미식 레스토랑과 풍부한 작품을 보유한 박물관이 도시 전체에 분포해 있다. 또 지하철이 연결된 골목마다 명문 대학과 고등학교가 있어 젊은 에너지를 다분하게 느낄 수 있다. 여름에는 우시 항구에 정박한 요트와 낚싯배들이 제네바 호수 위에 그림처럼 펼쳐져 더욱 아름다운 곳이다.

로잔
가는 방법

기차

스위스 서쪽에 자리한 로잔까지는 스위스 주요 도시에서 환승할 필요 없이 기차로 올 수 있다. 특히 제네바에서 가까워서 입국 후 바로 둘러보기 좋으며, 리옹과 같은 프랑스 도시에서도 제네바를 거쳐 기차로 올 수 있다.

제네바 ▶ 로잔 35분, 48분
그린델발트 ▶ 로잔 3시간
체르마트 ▶ 로잔 3시간 2분
베른 ▶ 로잔 1시간 12분
루체른 ▶ 로잔 2시간 16분

렌터카

- **제네바 ▶ 로잔** 1번 고속도로를 타고 달리다 로잔-쥐드Lausanne-Sud/로잔-우시Lausanne-Ouchy/로잔-상트라Lausanne-Centre 표시를 따라 나오면 된다. 총 61km, 교통 상황에 따라 40분~1시간 소요
- **체르마트 ▶ 로잔** 태쉬에서 9번 고속도로를 따라 시옹, 마흐티니, 몽트뢰를 지나 도착. 총 167km, 2시간 소요
- **그린델발트 ▶ 로잔** 인터라켄을 지나 6번 고속도로를 타고 가다 베른에서 12번 도로로 갈아탄 후 브베로 빠져나와 로잔으로 진입. 총 180km, 2시간 30분 소요

로잔 시내 교통

호반을 따라 도시가 형성된 로잔에는 경사로와 계단이 많아, 메트로와 버스를 적절하게 활용해 돌아다니기를 추천한다. 로잔역은 호수와 구시가지의 중간에 있다. 로잔역 8번 출구로 나오면 올드 타운(구시가지)으로 가는 길이고, 반대로 1번 출구로 나가면 올림픽 공원으로 가는 호수를 향한 길이다. 8번 출구 방면으로 나와 맥도날드와 스타벅스 사이에 'Metro'라고 적힌 곳으로 가면 작은 메트로 역이 나온다. 티켓은 1장으로 버스와 지하철을 모두 이용할 수 있으며, 이용 구역과 시간에 따라 요금이 나뉜다.

메트로 Metro

메트로(지하철)는 수시로 운행하므로 언제든 편하게 탈 수 있다. 노선은 총 2개, 구시가와 호수를 잇는 핑크색 2호선을 자주 타게 된다. 1호선은 대학 캠퍼스를 잇는 노선이라 학생들이 많이 이용한다. 로잔역Lausanne-Gare에는 메트로 2호선만 다니고, 다음 정거장인 로잔 플롱역Lausanne Flon에 가야 1호선을 이용할 수 있다.

Ⓕ 30분 내 3정거장 CHF 2.30, 1시간권 CHF 3.90, 1일권 CHF 9.80

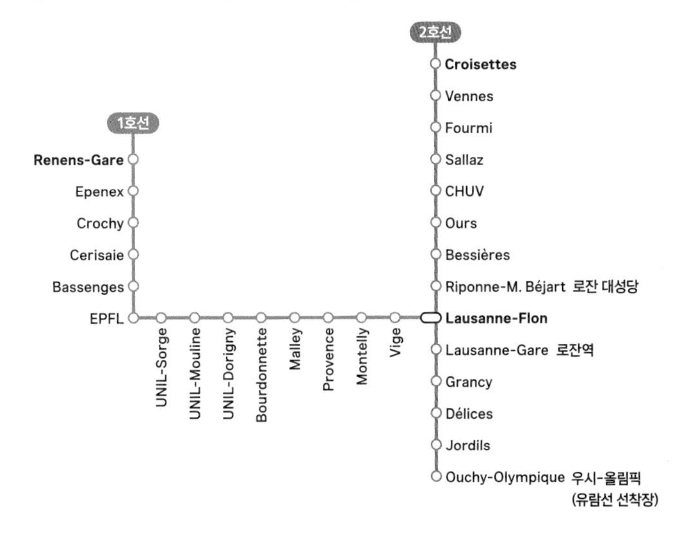

버스

버스 또한 가파른 오르막과 내리막을 다닐 때 유용하다. 1·3·21번 버스는 로잔 기차역Lausanne Gare과 시내를 관통하며, 주요 지역을 연결한다.

Ⓕ 30분 내 3정거장 CHF 2.30, 1시간권 CHF 3.90, 1일권 CHF 9.80

로잔 트랜스포트 카드

로잔에서 숙박하면 숙소에서 로잔 트랜스포트 카드Lausanne Transport Card를 무료로 준다. 메트로는 물론 버스도 무료이고, 라보 지역의 일부인 빌레트Villett, 퀴이Cully, 그랑보Grandvaux, 에페스Épesse까지도 무료로 기차를 탈 수 있다.

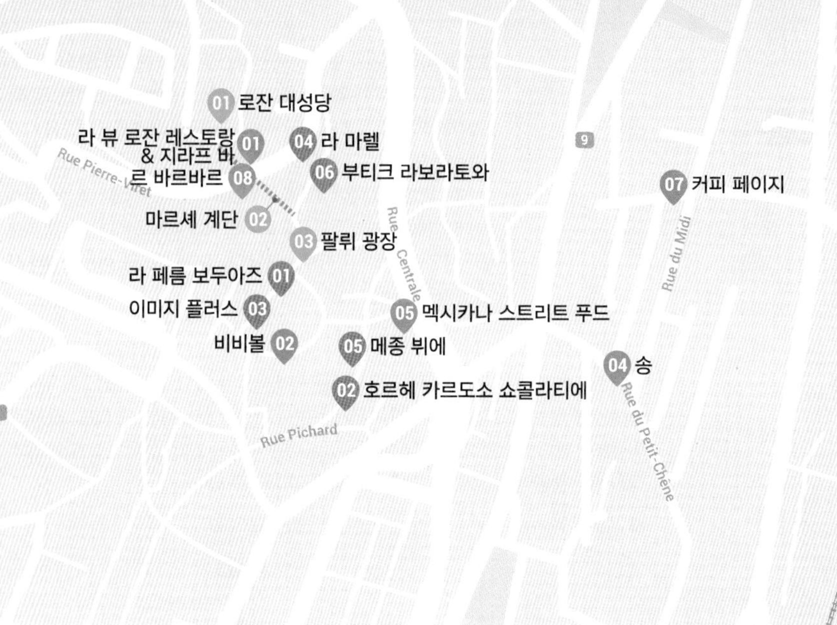

11 파티세리 자포네즈 오시오

로잔 상세 지도

Av. de denantou

도보 20분 거리

Quai d'Ouchy

Vieux port d'Ouchy à Lausanne

Av. d'Ouchy

카루젤 버거 06

우쉬올림픽역 M
Ouchy-Olympique

CGN 유람선역
Lausanne-Ouchy

에비앙

Av. de Rhodanie

우시 항구 04

레만 호수

10 쥬테 드 라 콩파니

로잔
이렇게 여행하자

로잔 시내를 둘러보는 데는 한나절이면 충분하므로, 하루의 반은 로잔 시내에서 보내고 나머지 반은 근교를 다녀와도 좋다. 그중에서도 프랑스령이자 우리에게도 잘 알려진 생수의 원천 에비앙을 추천한다. 아침 일찍 로잔 구시가지로 나와 커피와 빵을 먹으며 여유를 즐긴 후, 오전에는 시내의 주요 볼거리를 둘러본다. 점심을 먹은 후에는 에비앙 혹은 로잔역 주변에 3개의 박물관이 한자리에 모인 플랫폼 10 박물관을 둘러봐도 좋다.

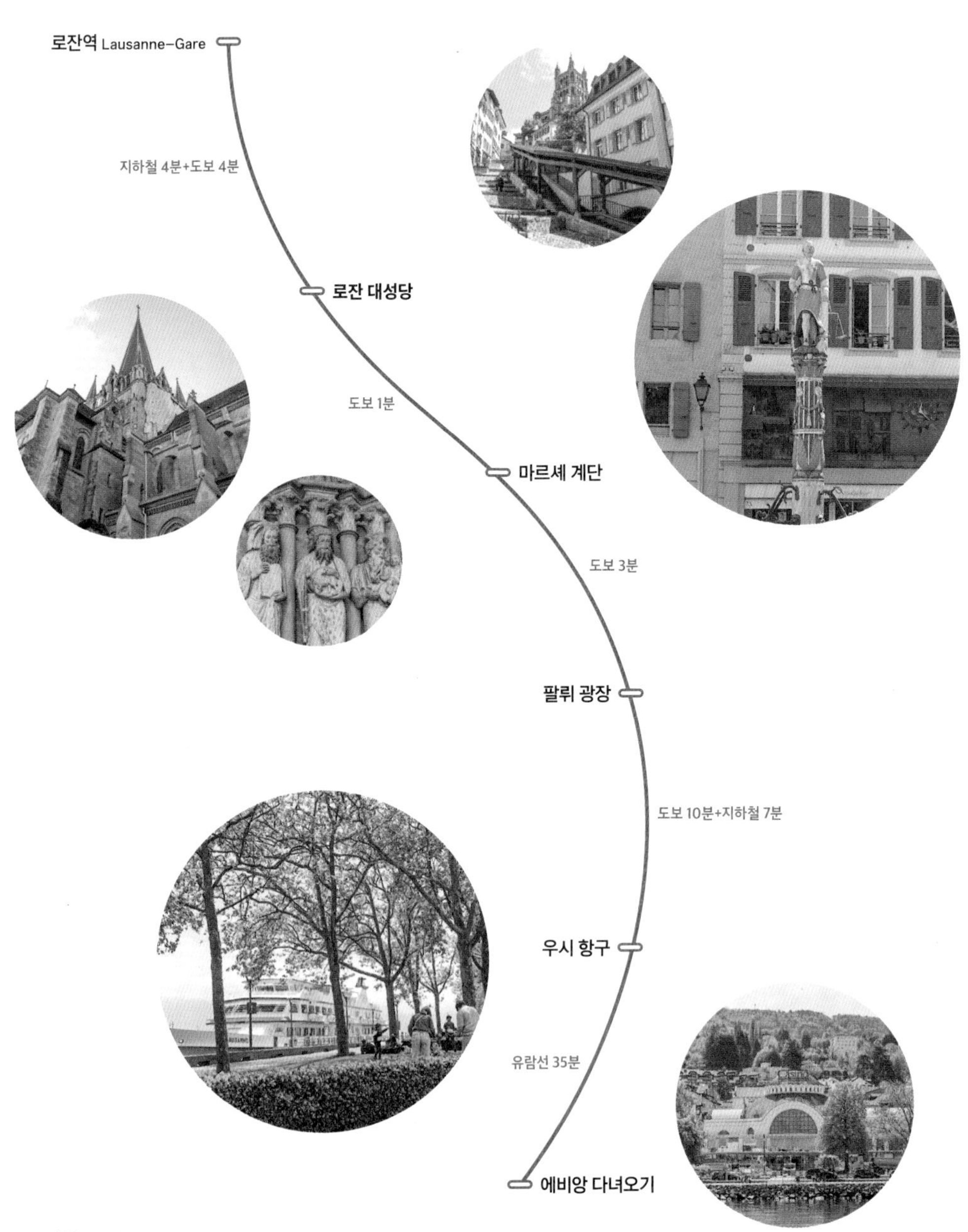

로잔 종교 개혁의 현장 ······ ①

로잔 대성당 Cathédrale de Lausanne

구시가지 중심부에 있는 로잔 대성당(노트르담 로잔 대성당)은 스위스에서 가장 중요한 초기 고딕 양식 교회이다. 12세기 말~13세기 초기에 가톨릭 성당으로 지어졌다가 1536년 칼뱅과 츠빙글리의 종교 개혁 영향을 받아 개신교 교회로 바뀌었다. 매년 40만 명 이상 방문객이 찾는 이 교회에서 특히 눈여겨볼 것은 교회 남쪽에 있는 '사도들의 입구'이다. 이 안에는 성경에 등장하는 십이사도와 복음 전도자 등의 조각상들이 있는데, 이상하게도 하나같이 코가 베여 있다. 이는 종교 개혁 당시, 코를 베면 숨을 쉴 수 없어 영혼이 죽는다고 믿었기 때문이라고 한다. 또 하나 중요한 작품은 1205년에 만들어졌다가 1900년에 복원된 아름다운 장미의 창이다. 지름 8m에 스테인드글라스로 꾸민 창문은 신이 강, 바람, 불, 사계절 등을 창조하는 모습을 담아 당시 세계관을 자세히 묘사했다. 또 내부에는 7,396개의 파이프로 이뤄진 스위스 최대의 파이프 오르간도 걸려있다. 이 오르간의 케이스는 오리지널 폭스바겐 골프Volkswagen Golf 자동차 디자인으로 유명한 조르제티 주자로Giorgetti Giugiaro가 디자인했다. 오르간 연주도 자주 열리니 관심 있다면 교회 홈페이지를 참고해서 시간을 맞춰볼 것. 내부 관람 후에는 장엄한 제네바 호수의 풍경과 도시가 내려다보이는 첨탑에 올라가 보자. 힘들다면 한 층만 올라가도 멋진 풍경을 볼 수 있다. 따뜻한 여름날 오후에는 대성당 앞 테라스에서 노을을 보는 이들이 가득해 가슴 속 깊이 여운이 남을 공간이다.

메트로 2호선 타고 Ripponne-Béjart역 하차 내리막길 도보 5분 Place de la Cathédrale 1, 1005 Lausanne 대성당 무료, 첨탑 CHF 5 09:00~17:30 +41 21 316 71 61
www.cathedrale-lausanne.ch

마르셰 계단 없는 로잔은
꿈꿀 수 없다! ······ ②

마르셰 계단

Escaliers du Marché

구시가지 중심지인 팔뤼 광장과 가파른 언덕 위에 있는 노트르담 대성당을 잇는 177개의 계단. 지나가는 사람들의 발걸음이 울릴 만큼 오래된 목조 지붕 계단은 그 자체만으로 로잔의 역사를 보여준다. 이미 13세기에 문헌상 처음 언급되었고, 현재 보이는 구불구불한 나무 계단은 1717~1719년에 완성되었다. 오래전에 시장이 열렸던 자리라서 '마르셰'라는 이름이 붙었는데, 계단 옆으로 빼곡히 들어선 건물 1층에는 오늘날에도 상점 및 레스토랑이 자리 잡고 있다.

🚶 로잔 대성당에서 도보 1분

마르셰 계단을 지나 로잔 대성당에서 보이는 풍경

800년 전통의 시장이 열리는 곳 ······ ③

팔뤼 광장 Place de la Palud

구시가지 언덕에 있는 광장으로, 르네상스 스타일의 시청사와 정의의 여신 분수대가 있다. 분수대 뒤편 건물 외벽에는 '팔뤼 시계'가 달려 있다. 이 시계는 오전 9시부터 저녁 7시까지 매시 정각이면 장난감 인형이 튀어 나와 음악에 맞춰 움직여 관광객을 즐겁게 해준다. 또 1220년에 시작된 전통 시장은 이제 주 2회 열리는 명물 파머스 마켓이 되었다. 신선한 유제품, 꽃, 꿀 등 지역 생산자들이 직접 만든 유기농 제품을 저렴한 가격에 판매해 늘 현지인들이 북적거리는 활기찬 시장이다.

🚶 로잔역에서 메트로 2호선 타고 Riponne-M.Béjart역 하차 후 도보 2분, 혹은 마르셰 계단에서 바로
📍 Place de la Palud 1, 1003 Lausanne
🕒 파머스 마켓 수·토 08:00~13:00

365일 항상 여유롭고 한가한 우시 항구 ······ ④

우시 항구 Le Port d'Ouchy

로잔의 삶이 여유롭고 아름다운 데는 우시 항구가 한몫한다. 제네바 호수를 따라 푸른 잔디와 넓은 공원, 오래되고 멋진 건물들이 들어선 풍경에 마음도 차분해진다. 130종 이상의 다양한 장미 덤불이 우거진 제너럴 기장 광장Place du Général Guisan의 장미 정원을 찾으면 그늘을 드리운 커다란 나무를 따라 여유롭게 걸을 수 있다. 호수를 기점으로 왼쪽으로 가면 우아한 우시성을 지나 올림픽 박물관이 나온다. 어린이 놀이터뿐만 아니라 그늘진 호수를 따라 웅장한 보행자 산책로가 펼쳐져 있어 한 번쯤 들르면 좋은 곳이다.

🚶 메트로 2호선 우시역Ouchy에서 나오자마자 왼쪽으로 길 건너편 도보 3분
📍 Place du Vieux-Port 1, 1006 Lausanne

수준 높은 스위스와 프랑스 예술이 한 자리에
로잔에서 놓칠 수 없는 미술관 BEST 3

오랜 문화 전통을 유지하며 예술과 학문이 발달한 도시 로잔. 로잔시는 물론 스위스 정부도 로잔의 예술과 문화에 많은 투자를 한 덕에 다양한 미술관과 문화 기관이 설립되어 수준 높은 예술을 즐길 수 있다.

소외된 사람들에게 기회를 준 독특한 미술관

아르 브뤼 미술관
Collection de l'Art Brut

'아르 브뤼'라는 용어는 프랑스 화가이자 조각가 장 뒤뷔페Jean Dubuffet(1901~1985)가 만든 것으로, 예술 교육의 배경 없이 독학한 사람들의 작품을 지칭한다. 원래 프랑스인인 장 뒤뷔페는 파리에 박물관을 만들고 싶어 했으나, 파리 행정부가 계속 승인을 지연하는 바람에 결국 고국이 아닌 스위스에 미술 작품을 제공해 로잔에 미술관이 생기게 되었다. 미술관 내에는 소외된 사람들, 정신 질환자, 수감자 등 다양한 사람들의 작품이 걸려있고, 옆에는 설명이 제공되어 더욱 흥미롭게 관람할 수 있다.

로잔역에서 2·3번 버스 타고 Beaulieu-Jomini역 하차 후 건너편 Avenue. Bergières 11, 1004 Lausanne 성인 CHF 12, 만 16세 미만 무료, 매월 첫 토 무료, 스위스 트래블 패스 무료 7·8월 11:00~18:00, 9~6월 화~일 11:00~18:00 월 휴무 +41 21 315 25 70 www.artbrut.ch

로잔의 새로운 예술 지구

플랫폼 10 Plateforme 10

위트 있는 이름이 눈에 띄는 예술 지구. 도시 곳곳에 흩어져 있던 3개의 박물관을 한자리에 모았다. 로잔 기차역에는 플랫폼이 8번까지 있는데, 모든 시민이 편하게 들를 수 있는 다음 정거장이라는 의미로 플랫폼 10이라 이름붙였다고 한다. 사진 매체만 전시해 인기가 많은 포토 엘리제Photo Elysée, 고대 및 현대 미술까지 아울러 전시하는 로잔 주립 미술관 MCBA, 현대 디자인 및 응용 예술 박물관 MUDAC 이렇게 3개 박물관이 모여있다. MUDAC는 프랑스어로만 해설되어 이해하는 데 한계가 있지만 디자인, 그래픽 아트, 현대 주얼리, 유리 예술, 도자기 등 5개 분야에 걸쳐 환경, 과학 기술 등의 사회적 주제를 다루고 있어 흥미롭다. 2개 건물로 구성된 예술구에는 박물관 외에도 레스토랑, 테라스, 서점 및 부티크가 자리하고 있다.

로잔역 8번 출구 쪽 입구로 나와 왼쪽으로 도보 5분
Place de la Gare 16/17, 1003 Lausanne 만 26세 이상 박물관 1개 입장 CHF 15, 3개 입장 CHF 25, 만 26세 미만 무료, 스위스 트래블 패스 무료
10:00~18:00 +41 21 318 44 00 www.plateforme10.ch

그림처럼 아름다운 언덕 위에 지어진 미술관

에르미타주 미술관 Fondation de l'Hermitage

웅장한 19세기 르네상스식 건물에서 엄선된 컬렉션이 정기적으로 전시된다. 특히 19세기 후반부터 20세기 초반의 유럽 미술 작품을 전시하며 인상주의, 포스트 인상주의, 나아가 실험적인 현대 미술까지 다양한 주제와 스타일의 작품을 감상할 수 있다. 특히 프랑스 인상파와 관련된 작품이 많이 소장되어, 그 시대의 예술 발전과 역사를 엿볼 수 있다. 장소 또한 언덕 위의 에르미타주 공원에 있는 까닭에 대성당, 호수 및 산과 도시의 전망을 모두 내려다볼 수 있어 미술관 주변에는 가볍게 소풍 중인 사람들도 흔히 볼 수 있다.

로잔 대성당에서 보이는 언덕으로 800m(15분 소요), 로잔역에서 메트로 2호선 타고 Riponne-M.Béjart역에서 하차 후 16번 버스 타고 에르미타주에 내려 도보 4분. 총 20분 소요
Route du Signal 2 1018 Lausanne 만 18세 이상 CHF 22, 만 10~17세 CHF 10, 스위스 트래블 패스 무료 화·수 10:00~18:00, 목 10:00~21:00, 금~일 10:00~18:00 월 휴무
+41-21 320 50 01 www.fondation-hermitage.ch

프랑스 생수의 마을
에비앙에서 한나절 보내기

우리나라에서는 명품 생수 브랜드로 알려진 에비앙. 사실 에비앙은 프랑스 동부 마을의 이름으로, 정식 명칭은 에비앙 레 뱅Évian-les-Bains이다. 스위스 로잔에서 맨눈으로도 보이는 이 호숫가 마을은 로잔에서 배로 35분밖에 걸리지 않을 만큼 가깝다. 프랑스에 살면서 스위스로 출퇴근하는 사람도 많을 정도. 에비앙 역시 프랑스 알프스산맥 기슭에 자리 잡은 아름다운 호반 마을이다. 호수 위로 국경을 넘어 작고 평화로운 마을을 찾아가는 이색 체험을 해보자.

* 배는 하루에 10편, 80~105분 간격으로 다닌다. 프랑스까지 가지만 스위스 트래블 패스로 무료 탑승할 수 있으며, 패스가 없으면 티켓은 홈페이지에서 미리 구매한다. 국경을 넘기 때문에 여권은 챙겨두는 것이 좋다.

CGN 유람선역 Quai Jean-Pascal Delamuraz 1, 1006 Lausanne
1등석 왕복 CHF 53, 2등석 왕복 CHF 38, 스위스 트래블 패스 무료 04:55~18:40 (로잔 우시역 출발), 05:40~19:20(에비앙 르 뱅역 출발) +41 84 881 18 48 www.cgn.ch

- **로잔역**
  - 메트로 10분
- **우시 올림픽역**
  - 도보 6분
- **CGN 유람선 탑승 (N1 에비앙 르 뱅 방향)**
  - 35분
- **에비앙역**
  - 도보 15분
- **카샤 샘 방문(10분) or 아문디 에비앙 챔피언십 골프(약 4~5시간)**
- **에비앙역**
  - 유람선 35분
- **로잔으로 돌아오기**

원조 에비앙 물을 물통에 담아보자

카샤 샘 Source Cachat

세계 최초로 물을 브랜드화한 생수의 명가 에비앙. 1789년, 프랑스 혁명을 피해 이곳까지 오게 된 오베르뉴Auvergne의 귀족 장 샤를 드 레제 백작이 우연히 물의 효능을 발견해 지금까지 이어지게 되었다. 그는 1790년 6월부터 1792년 9월까지 가브리엘 카샤Gabriel Cachat의 집에 머물면서 매일 물을 먹었는데, 그 덕분에 신장 결석이 사라졌다고 한다. 이 소문이 퍼지면서 많은 사람이 이 샘물을 찾아 모였고, 결국 1903년 옛 주인인 가브리엘 카샤의 이름을 따 정원을 개방했다. 에비앙 샘물의 원조 카샤 샘은 현재 누구에게나 24시간 무료로 열려있어, 현지인들이 커다란 물통을 들고 와 물을 떠 가는 모습을 쉽게 볼 수 있다. 원조 물맛을 보고 싶다면 스위스에서 미리 에비앙 생수병을 챙겨갈 것.

에비앙 르 뱅 유람선역에서 건너편 오르막길로 도보 10분
avenue des Sources 74500 Évian-les-Bains
24시간 +31 4 50 84 80 80
www.evian-tourisme.com

옛 온천 센터가 미술관으로 재탄생

팔레 뤼미에르 에비앙 박물관

Palais Lumière Evian

2006년에 새로 개장한 미술관. 넓은 전시 공간과 홀에서 다양하고 아름다운 미술 전시회가 열린다. 원래는 에비앙의 미네랄 워터를 이용한 온천 치료 센터였지만, 아르누보 스타일의 건축 요소가 돋보이는 전시관으로 재탄생했다. 치료 센터였던 때는 유럽 전역에서 많은 사람이 치료와 휴식차 이곳을 찾았다고 한다. 지금은 미술관의 큐레이팅이 좋아 일부러라도 에비앙을 찾는 사람들이 늘어날 정도로 인기 있는 전시관이 되었다.

에비앙 르 뱅 유람선역에서 도보 4분
Quai Charles Albert Besson, 74500 Évian-les-Bains 성인 €9, 만 16세 미만 무료
수~일 10:00~18:00, 월·화 14:00~18:00
+31 4 50 83 10 19
ville-evian.fr/palais-lumiere

아마추어 골퍼의 꿈의 라운딩 도전해 보자!

아문디 에비앙 챔피언십 Amundi Evian Championship

미국 여자 프로 골프협회 LPGA 투어 중 유일하게 유럽에서 경기가 열리는 곳이 바로 여기 에비앙이다. 한국인으로 유일하게 그랜드 슬램을 달성한 박인비 선수를 비롯해 박세리, 신지애, 김효주, 전인지, 고진영 등이 이곳에서 우승한 기록이 있다. 골프를 좋아한다면 '챔피언십 골프 코스(사전 예약 필수)'를 즐겨보기를 추천한다. 뒤에는 알프스산맥, 앞에는 제네바 호수가 펼쳐진 풍경에서 한국 골프장 대비 훨씬 저렴한 가격에 라운딩이 가능하다. 또한 카트, 클럽, 신발까지 추가 요금만 내면 빌릴 수 있으니 따로 가져오지 않아도 되는 장점이 있다.

에비앙 리조트 골프 클럽 Evian Resort Golf Club
Rte du Golf, 74500 Évian-les-Bains
+33 4 50 75 46 66 08:00~18:00 (17:00 이후 9홀만 가능)
www.mygreefee.com, www.golf-club.evianresort.com 그린 피(18홀) 2·3·11월 €80, 4·10월 €110, 5~9월 €135 / 풀클럽 렌털(18홀) €35

파머스 마켓이 쉬는 날에는 이곳으로! ······ ①

라 페름 보두아즈 La Ferme Vaudoise

로잔 지역에서 생산되는 상품을 취급하는 상점. 일반 슈퍼마켓에서 구하기 어려운 고급 샤슬라 화이트와인 및 레드와인, 치즈, 잼, 꿀 등을 판매한다. 중간 상인 없이 로잔 지역에 사는 90명의 농민, 생산자와 연결해 가장 신선한 제품을 합리적인 가격에 판매하고 있다. 그중에서 특히 칸톤주에서만 먹을 수 있는 고기를 곁들인 파테Pâté vaudois au jambon(CHF 3 이하)는 사서 맛보기를 추천한다.

로잔역에서 메트로 2호선 타고 Riponne-M.Béjart역 하차 후 도보 2분
Place de la Palud 5, 1003 Lausanne 월~토 09:00~18:30 일 휴무
+41 21 351 35 55 www.ferme-vaudoise.ch

스위스 초콜릿 국가대표 ······ ②

호르헤 카르도소 쇼콜라티에 Jorge Cardoso Chocolatier

초콜릿 장인이 수제로 만든 초콜릿을 맛볼 수 있다. 주인 호르세 카르도소Jorge-Cardoso는 초콜릿 메이커가 되기 위해 만 17세에 포르투갈에서 넘어온 이민자로, 2018·2022년 요리 월드컵 대회에 스위스 국가대표로 출전해 세계 챔피언임을 입증했다. 현재는 프리부르Fribouyg 및 로잔에서 고급 초콜릿 가게를 운영 중이다. 가게 내부에는 테니스 선수 로저 페더러의 실제 크기 초콜릿이 있다.

로잔역에서 메트로 2호선 타고 Lausanne-Flon역 하차 후 도보 3분 Rue Pichard 22, 1003 Lausanne 화~금 09:30~12:30, 13:30~18:30, 토 09:00~12:30, 13:00~17:00 월·일 휴무 +41 21 312 68 50 www.jorge-cardoso.com

스위스 스타일 문구류 구경 ······ ③

이미지 플러스 Image Plus

1990년부터 주로 카드와 포스터 판매 매장으로 운영하다가, 2022년부터는 자녀들이 물려받아 사업을 진행 중인 가족 회사이다. 로잔을 기념하기 위해 만들었던 제네바 호수나 우시성 등의 빈티지 포스터를 살 수 있다. 실제로 스위스 사람들이 자주 사용하는 보온병, 양말, 카드 등 각종 생활 소품은 물론 귀여운 스위스 기념품도 골라보자.

로잔역에서 메트로 2호선 타고 Riponne-M.Béjart역 하차 후 도보 3분 Rue de l'Ale 13, 1003 Lausanne 월~금 09:30~18:45, 토 09:00~18:00 일 휴무 +41 21 323 92 94 www.image-plus.ch

재미 쏠쏠, 스위스 목제 장난감 ······ ④

라 마렐 La Marelle

아이부터 성인까지 모두 즐겁게 놀 수 있는 장난감, 보드게임 전문점. 1984년부터 로잔 구시가 중심부에서 다양하고 고급스러운 목제 장난감을 판매하고 있다. 장난감 외에 오르골과 아기자기한 소품을 판매해 선물용으로도 좋다. 내부는 밖에서 보기보다 훨씬 넓고 품목이 다양하다.

로잔역에서 메트로 2호선 타고 Bessières역 하차 후 도보 3분 Rue Mercerie 5, 1003 Lausanne 월~금 10:00~18:30, 토 10:00~18:00 일 휴무 +41 21 312 07 10 www.marelle-lausanne.ch

매일 굽는 신선한 빵 향기 가득 ⑤

메종 뷔에 Maison Buet

로잔에서 영업한 지 20년이 훌쩍 넘은 빵집이자 초콜릿 판매점이다. 25종 이상의 천연발효빵과 장기발효빵 외에 샌드위치, 샐러드 등 식사 메뉴 또한 인기가 좋다. 여름에는 셔벗과 우유로 만든 아이스크림으로 한숨 돌리고 갈 수도 있다. 하지만 이곳에서 가장 인기 많은 것은 핸드메이드 초콜릿. 핸드메이드라 맛은 기본이고, 로잔을 대표하는 성당, 광장을 모티브로 예쁘게 포장해두어 기념으로 가져가기도 좋다.

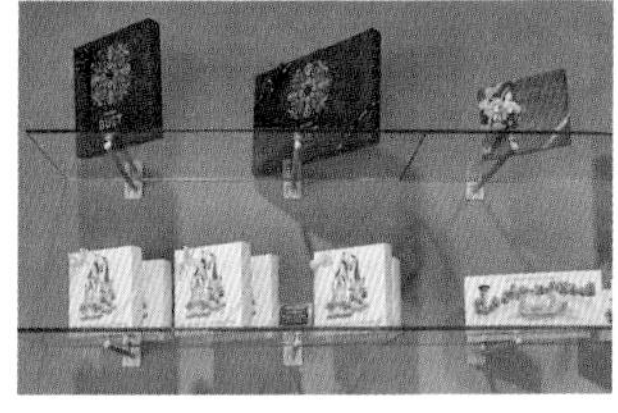

- 팔뤼 광장에서 도보 3분
- Rue Grand St-Jean 6 1003 Lausanne
- 월~토 06:00~18:00
- 일 휴무 +41 21 312 62 90
- www.maisonbuet.ch

스위스 디자이너들의 작품이 한자리에 ⑥

부티크 라보라토와 Boutique Laboratoire

로잔에서 설립된 브랜드이자 편집숍. 스위스 디자이너 위주로 운영되며, 지속 가능하며 윤리적이고 생태학적으로 디자인된 작품을 합리적인 가격에 판매한다. 인테리어 소품, 옷, 그림, 액세서리, 가방 등 다양한 제품을 취급하며, 친절한 점원의 설명에 따라 원하는 제품을 골라볼 수 있다.

- 팔뤼 광장에서 도보 2분
- Place de la Palud 1, 1003 Lausanne
- 월~금 10:00~18:30, 토 10:00~18:00
- 일 휴무 +41 21 311 79 49
- www.le-laboratoire.com

로잔 현지인이 뽑은 No.1 레스토랑 ······ ①

라 뷰 로잔 레스토랑 & 지라프 바

La Vieux-Lausanne Restaurant & Giraf Bar ₣₣₣

와인과 함께 제철 현지 요리, 지중해 요리를 맛있게 먹을 수 있는 곳. 한여름에는 저녁 5시부터 아름다운 정원이 열리는 로맨틱한 곳이기도 하다. 스웨덴 출신 주인이 스칸디나비아의 요리법과 감성을 스위스에 잘 녹여냈고, 지금은 아들이 함께 운영 중이다. 레스토랑 내부에는 당밀로 지은 천연 와인 저장 창고에 300여 종의 와인을 보유하고 있다. 디저트가 특히 맛있기로 유명하니 배가 부르더라도 꼭 시켜 먹자.

블랙 트러플을 곁들인 라비올리 CHF 33, 송아지 고기를 넣은 아뇰로티Agnolotti CHF 36 로잔역에서 메트로 2호선 타고 Riponne-M.Béjart역 하차 후 도보 3분, 로잔 대성당 바로 아래 위치 Rue Pierre-Viret 6, 1003 Lausanne 화~목 12:00~14:00, 19:00~24:00, 금 12:00~14:00, 19:00~ 02:00, 토 19:00~02:00 일·월 휴무 +41 21 323 53 90 www.vieux-lausanne.ch

한국인은 밥심! ······ ②

비비볼 Bibibowl ₣₣₣

비빔밥을 푸짐하게 제공하는 간이 식당으로, 현지인들도 많이 오는 맛집이다. 비빔밥에 들어가는 나물은 계절에 따라 바뀌고 불고기 비빔밥 및 제육 비빔밥이 인기가 많다. 김밥, 잡채, 김치볶음밥 등도 있으며, 김치나 단무지는 따로 CHF 3을 내고 주문해야 한다.

불고기 비빔밥 CHF 21, 김밥 CHF 23.50 로잔역에서 도보 13분 / 로잔역에서 메트로 2호선 타고 Lausanne Flon역 하차 후 도보 4분 Place Grand-Saint-Jean 2, 1003 Lausanne 월~토 11:00~15:00 일 휴무 +41 021 219 29 15 www.bibibowl.ch

인기 최고의 레스토랑 ③

브라스리 드 몽베농

Brasseire de Montbenon ₣₣₣

1908년에 지어진 건물로 잘 가꿔진 공원 안에 자리한다. 이곳은 테라스에 앉으면 제네바 호수가 보이는 맛집이다. 아침 일찍부터 저녁 늦게까지 운영하기에 시간대별, 계절별로 메뉴가 다른 것이 특징. 관광객과 현지인이 뒤섞인 넓은 공간에 젊고 창의적인 셰프와 칵테일 전문가가 상주한다. 아침에는 커피와 맛있는 빵, 점심에는 간단하면서 든든한 계절별 메뉴, 저녁에는 두툼한 스테이크를 먹을 수 있다.

송어 필레 CHF 39, 소고기 필레 CHF 52 로잔역에서 메트로 2호선 타고 Riponne-M.Béjart역 하차 후 도보 3분, 로잔 대성당 바로 아래 위치 All. Ernest-Ansermet 3, 1003 Lausanne 09:00~24:00 +41 21 320 40 30 www.brasseriedemontbenon.ch

따끈한 국물 요리가 당길 때 ④

송 Song ₣₣₣

맛있는 중국식 국수를 맛볼 수 있는 깨끗하고 작은 식당. 주문과 동시에 오픈 주방에서 튀겨내는 바삭한 오리의 식감이 일품이다. 국수 외에 북경 오리, 새우튀김, 닭튀김 등도 대체로 맛이 좋고 가격도 CHF 15~20으로 저렴한 편이라 이미 현지인 사이에서는 인기가 많다. 위치 또한 로잔 중앙역에서 멀지 않아 가볍게 찾기 좋고, 창가의 좌석에 앉아 지나가는 사람들을 구경하며 먹는 재미도 좋다. 매콤한 맛이 그립다면 테이블마다 마련된 빨간 고추 소스를 넣어 먹어보자.

북경오리국수 CHF 19 로잔역에서 나와 맥도날드 방면 언덕으로 도보 5분 CH, Rue du Petit-Chêne 22, 1003 Lausanne 월 11:30~14:30, 화~일 11:30~14:30, 17:00~21:00 +41 21 351 46 91

Hola, 타코와 나초가 한자리에 ······ ⑤

멕시카나 스트리트 푸드

Mexicana Streetfood Central Lausanne ₣₣₣

스위스에서는 흔치 않은 전통 멕시코 음식을 판매해 굉장히 인기가 많은 곳이다. 신선한 재료로 만든 4가지 타코와 나초 & 과카몰레 세트를 CHF 20 이하로 먹을 수 있다. 부리토는 물론 우리에게도 친숙한 치즈를 곁들인 케사디아까지 준비되어 있다. 스트리트 푸드라는 이름처럼 가볍게 먹고 갈 수 있는 작은 가게라 회전율도 뛰어나다.

타코 세트 CHF 19.90, 케사디아 세트 CHF 19.50 로잔역에서 언덕 방향으로 도보 11분 / 로잔역에서 메트로 2호선 타고 Lausanne-Flon역 하차 후 도보 1분 Rue Centrale 5, 1003 Lausanne 월~수 11:30~21:30, 목~일 11:30~20:00 +41 78 259 46 36 www.mexicanalausanne.ch

저렴한 햄버거 한입. 앙! ······ ⑥

카루젤 버거 Carrousel Burger ₣₣₣

우시 지구의 고급스러운 분위기와 다르게 서민적이고 맛있는 패스트푸드 노점. 햄버거, 핫도그, 치킨 너겟 및 감자튀김, 오징어튀김을 CHF 10~15에 먹을 수 있다. 대신 음료는 가격이 비싸니, 역 근처 슈퍼마켓에서 미리 사가면 저렴하고 맛있게 즐길 수 있다.

햄버거 CHF 12, 핫도그 CHF 9
로잔역에서 메트로 2호선 타고 Ouchy-Olympique역에서 하차 후 도보 1분
Quai Jean-Pascal Delamuraz, 1006 Lausanne 10:30~19:30

로잔의 대표 커피 맛집 ⑦

커피 페이지 Coffee Page ₣₣₣

1920년대의 웅장한 건축물, 아르누보의 모퉁이에 있는 밝은 커피숍이다. 파리의 골목길에 있을 법한 디자인과 낭만이 있어 기분까지 좋은 장소. 오후 4시 이전에 가면 전문 바리스타가 직접 내려주는 핸드드립부터 디카페인 라테까지 다양한 커피를 마실 수 있다. 오후 5시부터는 위스키 바로 변해 고급 위스키를 아름다운 음악과 함께 즐길 수 있는 것이 특징.

플랫 화이트 CHF 6.50, 아이스 라테 CHF 6.50 로잔역에서 도보 7분 Rue du Midi 20, 1003 Lausanne 월·화 08:00~20:00, 수~토 08:00~22:00, 일 08:00~18:00 www.coffee-page.ch

찐한 초콜릿 한 잔 ⑧

르 바르바르 Le Barbare ₣₣₣

초콜릿 우유를 좋아하는 사람이라면 명실상부 로잔의 최고 핫 초콜릿으로 꼽히는 쇼콜라 쇼 마르타Chocolat chaud Marta를 이곳에서 맛봐야 한다. 진한 맛에 양도 많은 핫 초콜릿 한 잔은 마치 든든한 한 끼를 먹은 것처럼 속이 꽉 찬다. 르 바르바르는 1950년대에는 흔치 않던 대학생들의 만남의 장소였고, 덕분에 최근에는 로잔시에서 '로잔 카페의 역사Café historique de Lausanne'라는 명칭도 부여했다.

쇼콜라 쇼 마르타 CHF 6 마르셰 계단 바로 옆 Esc. du Marché 27, 1003 Lausanne 화~토 09:00~24:00, 일 10:00~17:30 월 휴무 +41 76 479 80 95 www.lebarbare.ch

현지인 최고 인기 커피 맛집 ⑨

사 파스 크렘 ÇA PASSE CRÈME ₣₣₣

로잔호텔대학교에 다니던 두 친구가 각자의 길을 걷다가 함께 머리를 맞대고 시작한 커피숍이다. 부드러운 카푸치노 맛에 로잔 시민들이 끊임없이 방문하는 곳으로, 한번 맛보면 커피가 이렇게 부드러울 수 있나 싶을 정도다. 내부는 넓은데 의자는 많지 않아 커피만 간단히 마시고 나올 수 있는 분위기다.

카푸치노 CHF 5 로잔역에서 도보 5분 Bd de Grancy 49, 1006 Lausanne 화~금 08:00~14:30, 토 10:00~17:00, 일 10:00~16:00 월 휴무 www.capassecreme.ch

여름에만 열리는 로잔의 석양 맛집 ······ ⑩

쥬테 드 라 콩파니 Jetée de la Compagnie ₣₣₣

바닷가에 있는 오픈형 술집으로, 로잔에서 가장 캐주얼하고 편하게 석양을 볼 수 있는 공간이다. 야외이기 때문에 여름에만 운영되며, 항상 현지인과 여행객으로 꽉 찬다. 맥주와 음료를 즐기는 것은 물론 지정된 구역에서 수영도 가능하며, 태닝할 수 있는 장소도 마련되어 있다. 노을이 질 때는 사람이 더 많아지니 조금 일찍 가서 좋은 자리를 사수하는 것도 방법이다.

음료 CHF 6~ 로잔역에서 메트로 2호선 타고 Ouchy-Olympique역 하차 후 도보 15분 Jetée de la compagnie, 1007 Lausanne 6~10월 10:00~24:00 11~5월 휴무 www.jeteedelacompagnie.ch

한국인 파티시에가 운영하는 인기 제과점 ······ ⑪

파티세리 자포네즈 오시오

Pâtisseries Japonaises OSIO ₣₣₣

까다로운 로잔 시민들의 입맛을 사로잡아 구글 지도 평점이 4.9대인 맛집이다. 일본에서 제빵 기술을 배운 한국인이 운영하는 카페로 현지에 사는 한국인들에게도 인기가 많다. 흑임자, 녹차, 팥, 유자, 참깨, 얼그레이 등 다양한 재료를 활용한 음료 및 스위스에서는 찾아보기 힘든 폭신폭신한 케이크를 판매한다. 특히 딸기 케이크는 크기에 비해 가격이 매우 저렴한 편이며, 아이스 아메리카노와 한국식 팥빙수(여름 한정)도 맛볼 수 있다. 크리스마스 시즌에는 예술 작품같이 예쁜 케이크도 판매한다. 2층 독채 건물에서 편하게 쉴 수 있는 아늑한 공간 역시 장점.

딸기 케이크 CHF 7, 얼그레이 케이크 CHF 6.50, 아이스 아메리카노 CHF 3.60 로잔역에서 Grandson 방면 기차 타고 Prilly-Malley역에서 하차 후 도보 1분(총 10분) Av. du Chablais 23, 1008 Prilly 화 12:00~19:00, 수~토 09:00~19:00, 일 09:00~15:00 월 휴무 +41 21 624 01 26 www.patisserie-osio.com

사계절 매력적인 작은 관광 도시

몽트뢰 Montreux

#프레디머큐리 #레만호수연안 #시옹성
#재즈페스티벌 #크리스마스마켓 #하늘을나는산타

몽트뢰는 지중해 연안이란 뜻의 '리비에라Riviera'라고도 불린다. 호숫가를 따라 이국적인 꽃과 산책로가 잘 가꿔진 곳으로, 호수 너머 만년설이 덮인 프랑스령 알프스를 볼 수 있다. 잔잔한 호수 위로 벨에포크 시대에 만들어진 빈티지풍 스팀 보트가 지나갈 때면 고요하던 수면은 마치 바다처럼 일렁거린다. 이런 그림 같은 풍경 때문일까. 그룹 퀸, 빅토르 위고, 차이콥스키, 헤밍웨이 등 유난히 많은 예술가가 머물면서 예술계에 한 획을 긋는 작품들을 만들었다. 매년 여름 세계에서 가장 유명한 재즈 페스티벌의 선율이 알프스를 수 놓고, 겨울에는 산타가 하늘을 나는 크리스마스 마켓이 따스한 불을 밝히는 곳, 작지만 알찬 도시 몽트뢰다.

몽트뢰 가는 방법

레만 호수를 끼고 프랑스와 맞닿은 몽트뢰는 스위스의 서부에 있다. 제네바공항으로 입국해서 기차로 오면 1시간 정도 걸리므로, 몽트뢰에서 1박을 하고 다른 도시로 이동해도 좋다. 인터라켄에서 몽트뢰로 오거나 몽트뢰에서 인터라켄으로 갈 때는 스위스에서 꼭 타봐야 할 열차로 꼽히는 골든 패스 열차를 타는 것도 여행의 묘미다.

기차

레만 호수를 따라 있는 로잔에서 몽트뢰까지는 기차로 20분 밖에 걸리지 않는다(CHF 13.80). 호수 풍경을 즐기며 유람선으로도 갈 수 있으나, 소요 시간이 1시간 30분~1시간 50분 정도로 기차에 비해 길기 때문에 시간 여유가 없는 여행자라면 기차를 타는 것을 추천한다.

인터라켄 ▶ 몽트뢰 골든 패스 열차 직행 총 3시간 15분
로잔 ▶ 몽트뢰 기차 20분
제네바 ▶ 몽트뢰 1시간 5분
제네바 공항 ▶ 몽트뢰 1시간 22분

렌터카

- **제네바 ▶ 몽트뢰** 1번 고속도로 타고 로잔 진입 후 9번 도로 경유. 약 1시간 20분 소요(93km). 길이 하나라서 출퇴근 시간에는 막히는 때가 많지만, 호수를 따라가는 길이라 운치 있다.
- **인터라켄 ▶ 몽트뢰** 베른을 끼고 가는 길이 가장 빠르다. 8번, 6번 고속도로를 탄 후에 베른에서 1번을 타다 12번으로 갈아타 'Montreux' 간판을 따라 나가면 된다. 약 2시간 소요(150km).

배

레만 호수를 끼고 있는 몽트뢰는 마찬가지로 호수에 접한 로잔과 브베에서 배를 타고 올 수 있다. 약 8km 떨어진 브베까지는 20분 내외 걸리며 7~8월 한여름에는 하루 4회 운행한다. 약 20km 떨어진 로잔까지는 1시간 30분~1시간 50분 정도 걸리는데, 여름에는 하루 10회 직항이 다닌다.

로잔 ▶ 몽트뢰 약 1시간 30분, **브베 ▶ 몽트뢰** 20분 **시간표** www.cgn.ch/en

몽트뢰 시내 교통

도시 규모가 작아서 시옹성을 제외하고는 따로 버스를 탈 일이 없다. 버스 1회권은 CHF 3.90이며 1시간 이내에 사용해야 한다. 몽트뢰에서 숙박하면 숙소에서 몽트뢰 리비에라 카드Montreux Riviera Card를 받아 버스를 무료로 탈 수 있다.

몽트뢰
이렇게 여행하자

몽트뢰는 시옹성을 제외하고는 모두 도보로 이동할 수 있는 작은 규모라 둘러보는 데는 3~4시간이면 충분하다. 몽트뢰 관광의 포인트는 그룹 퀸의 프레디 머큐리라 할 수 있다. 그의 동상 앞에서 기념사진을 찍고, 음악 작업했던 스튜디오를 둘러보는 정도다. 시간을 조금 더 투자할 수 있다면 호수를 지키고 서있는 시옹성을 다녀오는 것도 좋다. 프레디 머큐리 동상 근처에는 몇몇 음식점과 카페가 모여있으나, 작은 도시인 만큼 선택지가 많지는 않다는 점을 감안하자.

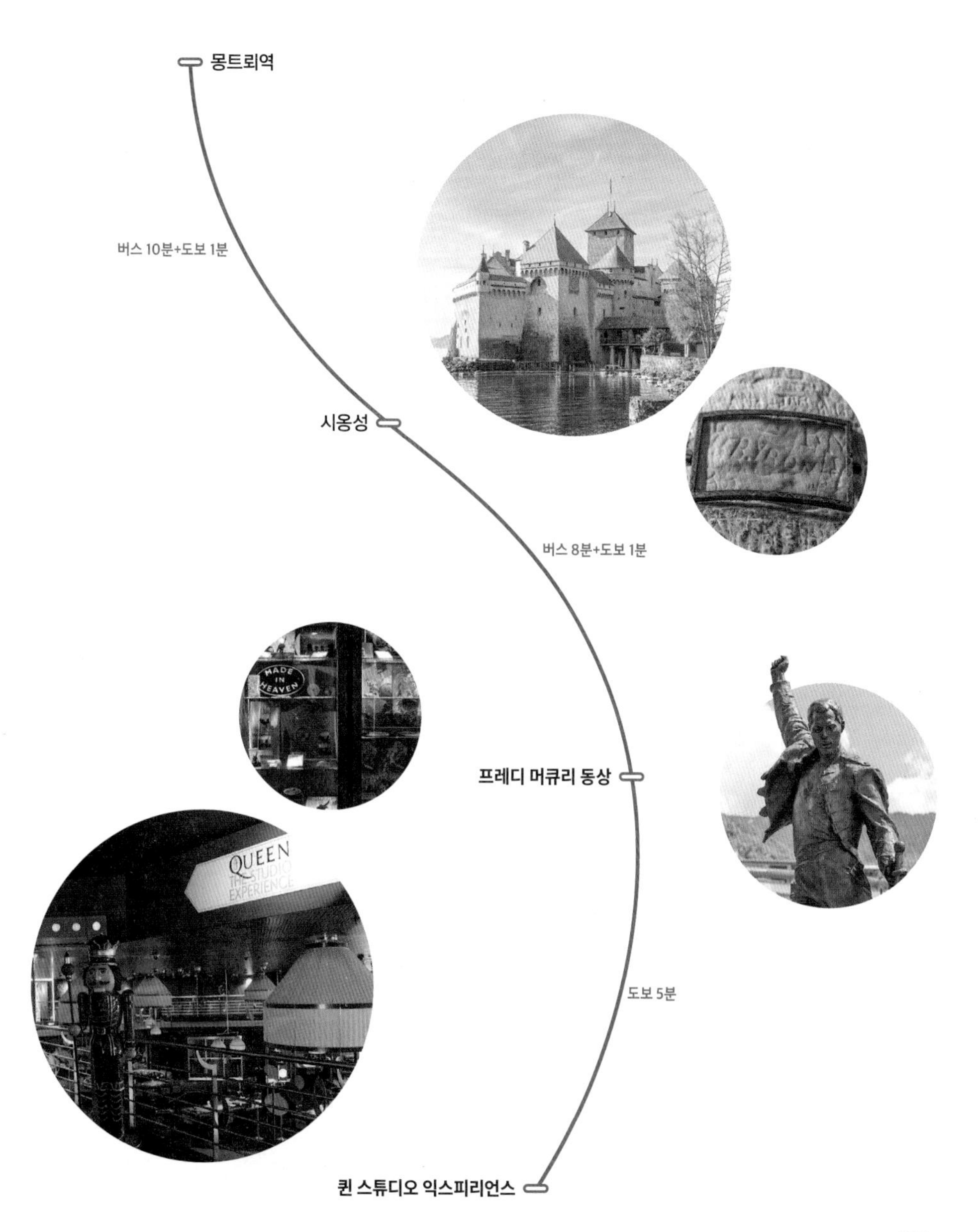

시옹성 Château de Chillon

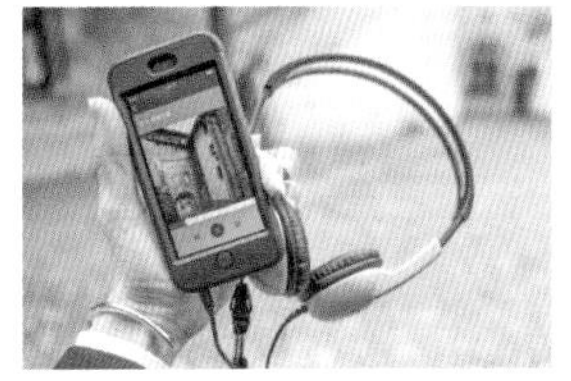

바위 위에 지어진 성으로 스위스에서 가장 많은 방문객이 찾는 성이다. 가까이서 보면 세월의 흔적을 담은 거대한 요새인데, 멀리서 보면 마치 바다 위에 성이 떠 있는 듯해 신비로운 느낌까지 더한다. 이 성은 9세기에 단출하게 통행세를 징수하는 용도로 세워졌다가, 12~16세기 사보이Savoy 백작 가문이 본격적으로 확장했다. 가톨릭교도였던 사보이 가문은 16세기 제네바에서 넘어온 개신교 종교 개혁가인 프랑수아 드 보니바르를 지하 기둥에 묶어두었다. 하지만 베른주의 군대가 사보이 가문을 점령한 후 시옹성은 감옥 및 창고로 사용되었다. 유람선을 타고 들어오면 성 밖에 아직 남아있는 베른주를 나타내는 곰 문양 깃발을 볼 수 있다. 시옹성은 보니바르의 삶을 들은 영국 시인 바이런 경이 1816년 시옹성에 대한 시를 쓰면서 관광 명소로 유명해졌고, 특히 오디오 가이드에 나오는 9번 보니바르 감옥에 가면 그의 삶에 대해 인상 깊게 볼 수 있다. 한국어 오디오 가이드를 활용하면 2시간 동안 알차게 시옹성을 관람할 수 있으니 빌리기를 추천한다.

몽트뢰역에서 Villeneuve VD, Gare 방향 201번 버스 탑승 후 Chillon에서 하차 / 몽트뢰역에서 S1번 열차 타고 Veytaux-Chilon역 하차 후 도보 3분 Av. de Chillon 21, 1820 Veytaux 만 16세 이상 CHF 15, 만 6~15세 CHF 7, 스위스 트래블 패스 무료, 오디오 가이드 CHF 6 4~9월 09:00~19:00, 3~10월 09:30~ 18:00, 11~2월 10:00~17:00 +41 21 966 89 10 www.chillon.ch

몽트뢰 상세 지도

몽트뢰역 Montreux
도보 7분 거리
02 45 그릴 앤 헬스
04 몽트뢰 재즈 카페
Grand' Rue
로세 드 네 06
라 루베나즈 03
시옹 성 01
몽트뢰 재즈 페스티벌 04
몽트뢰 유람선 선착장
프레디 머큐리 동상 02
05 몽트뢰 노엘 크리스마스 마켓
퀸 스튜디오 익스피리언스 03
9
레만 호수
Rue du Lac
01 제티 클라랑

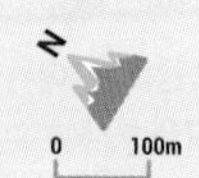

영혼의 평화를 원한다면 이곳으로 ②

프레디 머큐리 동상

Freddie Mercury Statue

"영혼의 평화를 원한다면 몽트뢰로 오라If you want peace of mind, come to Montreux." 프레디 머큐리가 인생의 마지막에 몽트뢰에서 안정을 찾으며 했던 말이다. 유명세에 시달리며 일생을 보내던 그는 1970년대 후반부터 1991년 사망하기 전까지 몽트뢰에서 일반인처럼 편안한 일상을 보냈고, 전설적인 록 밴드 퀸과 함께 마지막 앨범인 〈Made in Heaven〉을 포함해 6개의 앨범을 몽트뢰에서 녹음했다. 그가 사망한 후 1996년, 레만 호수 앞에 이 동상이 세워졌다. 지금까지도 전설적인 공연이라 평가받는 웸블리 콘서트의 복장과 모습 그대로, 프레디 머큐리가 레만 호수를 향해 주먹을 높이 들고 당당하게 서 있다. 전 세계에서 여전히 많은 사람이 그를 추모하기 위해 이곳을 찾는다.

몽트뢰역에서 레만 호숫가를 따라 도보 7분
Pl. du Marché, 1820 Montreux

퀸의 앨범 절반이 녹음되었던 실제 스튜디오 ③

퀸 스튜디오 익스피리언스 Queen Studio Experience

1979년부터 1993년까지 영국 그룹 퀸이 소유해 총 7장의 앨범을 만든 스튜디오다. 프레디 머큐리의 마지막 앨범 〈Made in Heaven〉을 녹음한 곳이기도 하다. 2013년부터는 누구나 찾을 수 있는 작은 박물관으로 바뀌었다. 아담한 공간에 머큐리의 자필 메모, 퀸 멤버가 실제로 입었던 옷 및 사용했던 악기들을 볼 수 있다. 스튜디오 내부는 아담하지만, 악기와 보컬별로 음악을 들어보는 재미가 있다.

몽트뢰역에서 도보 10분 Rue du Théâtre 9, 1820 Montreux 무료
09:00~21:00 +41 79 778 81 19
www.mercuryphoenixtrust.org/studioexperience

7월에 몽트뢰에 온다면 놓치지 말기! ······④

몽트뢰 재즈 페스티벌

매년 7월이 되면 몽트뢰에서 세계 최대이자 최고의 재즈 페스티벌이 열린다. 매년 약 25만 명의 관중이 찾으며 니나 시몬, 데이비드 보위, 엘튼 존, 앨리샤 키스, 아델, 레이디 가가 등의 라이브 공연이 열렸다. 친숙한 팝 스타들이 등장해 아름다운 선율로 레만 호숫가를 물들이기 때문에 재즈를 잘 모르는 사람도 한 번쯤 가볼 만하다. 유료 공연은 보통 저녁 8시 혹은 8시 30분에 시작해 대부분 10시가 훌쩍 넘어서 끝난다. 하지만 꼭 티켓을 사지 않더라도 오후부터 호수 주변에서 무료 공연이 열리는 모습을 볼 수 있다. 또 호숫가를 따라 열리는 55개 음식 가판대에서는 세계 각국의 먹거리를 맛볼 수 있어 더욱 즐겁다.

몽트뢰역에서 레만 호숫가 산책로로 내려가 도보 5분 Avenue des Alpes 80b 1820, Montreux CHF 88~CHF 300 매년 7월 첫째 금~셋째 토 +41 21 966 44 44 www.montreuxjazzfestival.com

11월 말~12월 여행자들에게 희소식! ······⑤

몽트뢰 노엘 크리스마스 마켓 Montreux Noël

산타가 썰매를 타고 하늘로 날아가는 모습이 아름다워 더욱 유명해진 크리스마스 마켓이다. 마켓 뒤로 펼쳐진 호수 풍경에 따뜻하게 반짝이는 크리스마스 조명이 반영되어 몽환적인 분위기를 자아낸다. 총 170개 상점이 열리고, 그뤼에르 치즈 샌드위치, 퐁뒤, 소시지, 군밤 등 먹거리도 풍부해 돌아다니며 맛보는 재미가 있다. 또 과일과 레드와인으로 만든 따뜻한 포도주 글뤼바인Glühwein도 마실 수 있다.

몽트뢰역에서 도보 5분 Grand' Rue 24, 1820 Montreux 11월 셋째 주~12/24 11:00~20:00(홈페이지 참고) +41 21 965 24 12 www.montreuxnoel.com

몽트뢰에서 가장 높은 전망대 ⑥

로세 드 네 Rochers-de-Naye 2,042m

톱니바퀴 열차를 타고 몽트뢰가 내려다보이는 가장 높은 지점까지 올라가, 고산 지대에 피는 꽃밭을 방문하고 귀여운 동물 친구 마멋을 만날 수 있는 곳이다. 총 50분에 걸쳐 천천히 올라가는 기차는 구불구불한 산길을 따라 푸른 들판, 작은 마을, 우거진 숲을 지나며 몽트뢰의 목가적인 풍경을 보여준다. 양옆에 골고루 아름다운 풍경이 이어지니 어느 쪽에 앉아도 좋다. 정상에 오르면 레만 호수와 함께 펼쳐진 알프스산맥을 조망할 수 있다. 날씨가 좋으면 아이거, 묀히, 융프라우 삼봉을 포함한 마테호른까지 볼 수 있으니 놓치지 말 것.

몽트뢰 기차역 8번 선로에서 로세 드 네 Rochers de naye행 산악 열차 탑승 Rue de la Gare 22, 1820 Montreux 4~9월 왕복 CHF 76, 1~3월 왕복 CHF 37, 스위스 트래블 패스 50% 할인, 몽트뢰 리비에라 카드 20% 할인 1~9월 수~일 08:00~17:00 +41 21 989 81 90 journey.mob.ch/en/stories/rochers-de-naye

로세 드 네 정상까지 하이킹

수신탑이 높게 서있는 곳이 정상이다. 역에서 정상까지는 고작 걸어서 10분 정도 걸리지만, 70m 높이의 급경사를 올라가야 해 생각만큼 만만치 않다. 레만 호수를 낀 아름다운 몽트뢰와 브베, 로잔까지 보이며 프랑스 알프스와의 대조가 무척 아름다운 곳이다.

로세 드 네 정상의 수신탑

마멋 서식지

정상 레스토랑 건물 바로 옆에 작은 마멋 서식지가 있다. 여우 및 다른 포식자로부터 보호하기 위해 동물원처럼 울타리 친 공간에서 구경할 수 있다. 가끔 새끼 마멋도 발견할 수 있는데 보는 것만으로 힐링 체험이다.

자르댕 알파인 라 랑베르시아
Jardin Alpin La Rambertia

정상 기차역에서 '알파인 플라워 가든Alpine Flower Garden'이라고 쓰인 팻말을 400m 따라가면 고산지대에 사는 다양한 식물들을 만날 수 있다. 기차역 근처보다 훨씬 한산해서 햇빛을 즐기며 피크닉하기 좋은 곳.

2023년 오픈한 보석 같은 레스토랑 ······ ①

제티 클라랑 Jetty Clarens ₣₣₣

몽트뢰 중심가에서 약간 떨어진 부티크 호텔에 있는 레스토랑이다. 호숫가 바로 옆에 위치하며 마당에는 천년 넘은 올리브나무가 위풍당당하게 서있어 더욱 아름답다. 젊은 셰프가 지중해 연안에 있는 나라 위주의 음식을 선보이는데, 이탈리아, 스페인, 프랑스, 모로코, 그리스 음식 등 취향 따라 골라 먹는 재미가 있다. 날씨가 좋은 날에는 잔디밭에 테이블이 마련되기도 해서 꼭 몽트뢰에 사는 친구에게 초대받은 느낌이 드는 기분 좋은 곳이다.

라비올리 CHF 26, 갑오징어 리소토 CHF 29
몽트뢰역에서 도보 22분, 몽트뢰에서 204·201번 버스 타고 4정거장 지나 Clarens, Gambetta에서 하차 후 도보 2분, 제티 부티크 호텔 내 Avenue Claude Nobs 2 1820 Montreux 11:30~22:30 +41 21 962 13 00
www.montreuxjazzcafe.com

몽트뢰역 바로 앞, 위치 좋고 분위기 좋고 ······ ②

45 그릴 앤 헬스 45 Grill & Health ₣₣₣

몽트뢰에서 가장 추천하고 싶은 레스토랑이다. 일단 몽트뢰역에 내리자마자 보이는 호텔 2층에 있어 찾아가기 쉽다. 레스토랑 창 너머로 프랑스령 알프스와 레만 호수가 근사하게 어우러지며, 노을이 질 때쯤 가면 창문 전체가 보랏빛으로 변해 더욱 아름답다. 이름처럼 그릴 요리 및 건강한 식사를 콘셉트로 한 레스토랑인데, 건강식이면서 맛도 좋은 것이 이 집의 인기 비밀. 식사 시간을 제외한 시간에는 커피 혹은 칵테일 한잔하기에도 그만이다. 계산할 때 팁을 달라고 할 수도 있으니 만족스럽다면 팁을 남기도록 하자.

오리 닭가슴살 CHF 36, 소고기 필레(180g) CHF 46, 참치 스테이크 CHF 30
몽트뢰역 바로 건너편 Av. des Alpes 45, 1820 Montreux 11:30~22:30
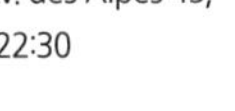
+41 21 962 13 00
www.montreuxjazzcafe.com

이탈리안 스타일 해산물 요리 ······ ③

라 루베나즈 La Rovenaz ₣₣₣

이탈리안 스타일의 해산물 레스토랑으로, 평균 이상의 맛집이다. 이탈리아 음식은 한국인 입맛에도 잘 맞기 때문에 무엇이든 먹어도 맛있지만, 그중에서도 해물 스튜, 마르게리타 피자와 봉골레 파스타가 가장 인기가 많다. 서비스가 뛰어난 편은 아니어도 가격 대비 음식 맛 좋고 혼자 가도 맛있게 먹을 수 있는 곳이다.

해물 스튜La Peverada CHF 39, 마르게리타 CHF 18, 봉골레 CHF 32
몽트뢰역에서 도보 5분 Rue du Marché 1, 1820 Montreux
월~목 11:45~14:00, 18:00~23:30, 금·토 11:45~14:30, 18:00~24:00, 일 11:45~15:00, 18:00~23:00
+41 21 963 27 36 www.rouvenaz.ch

산해진미를 맛보고 싶다면 ······ ④

몽트뢰 재즈 카페 Montreux Jazz Cafe ₣₣₣

화려하고 우아한 분위기의 프렌치 파인 다이닝 레스토랑이다. 내륙 국가인 스위스에서도 제철 식재료를 경험하고 산해진미를 맛볼 수 있다는 것을 제대로 보여준다. 생선 요리는 물론 햄버거 등 다양한 음식을 맛볼 수 있으며 디저트로는 부드러운 식감이 특징인 치즈케이크가 가장 인기 있다. 호수 옆에 자리해 낭만적인 분위기에, 잔잔히 깔리는 재즈 음악 덕에 식사 시간이 더욱 즐겁다. 주말 저녁에는 옆에 있는 펑키 클라우드 바Funky Claude's Bar에서 멋진 라이브 공연이 열리는데, 이곳에서도 함께 즐길 수 있어 더욱 추천한다.

송로버섯을 곁들인 마카로니 파스타Cornettes CHF 41, 바닷가재를 곁들인 매콤한 리소토 CHF 52 몽트뢰역에서 나와 오른쪽 방면으로 가다가 Hôtel Fairmont Le Montreux Palace 1층, 도보 6분 Av. Claude Nobs 2, 1820 Montreux
11:30~22:30 +41 21 962 13 00 www.montreuxjazzcafe.com

REAL PLUS ····①

브베 Vevey

브베Vevey는 스위스 리비에라의 진주로 불리는 작고 고풍스러운 도시다. 몽트뢰와 로잔 사이에 있어 상대적으로 덜 알려졌지만, 현지인들 사이에서는 스위스 마을 중에서도 '엄지 척'이 나올 만큼 인기가 많은 곳이다. 곳곳을 잇는 골목길은 마치 과거와 현재가 어우러진 타임캡슐 같고, 호숫가를 따라 이어지는 길은 차분한 여유를 준다. 스위스 브랜드 가치 1위를 자랑하는 '네슬레'의 본사가 자리 잡았고, 희극인 찰리 채플린이 여생을 보냈으며, 〈죄와 벌〉을 쓴 도스토옙스키, 〈노트르담의 꼽추〉의 작가 빅토르 위고, 에펠탑을 설계한 귀스타브 에펠이 즐겨 찾은 곳이기도 하다.

가는 방법

레만호를 끼고 있는 브베는 몽트뢰와 로잔에서 가까우며, 버스 및 기차가 수시로 다닌다. 운행 편수가 기차보다 적기는 하지만 제네바 호수의 풍경을 감상하며 배를 타고 넘어와도 좋다. 몽트뢰에서는 버스를 타고 와도 30분이면 닿기 때문에 접근성이 좋다.

기차

· **몽트뢰역 ▶ 브베** 6분, **제네바역 ▶ 브베** 1시간, **로잔역 ▶ 브베** 15분

버스

201번 버스가 몽트뢰 시내에서 브베 시내까지 연결된다. 30분 소요(CHF 3.90)

유람선

레만 호수의 아름다운 풍경을 감상하면서 유람선을 타고 브베까지 올 수 있다. 몽트뢰에서 브베까지 20분~1시간 20분 걸리는 유람선이 있고, 로잔에서 브베까지는 48분~2시간 12분 걸리는 다양한 유람선 노선이 있다. 오래 탈수록 가격은 올라가지만 편안하게 풍경을 감상하기엔 매우 좋다. 다만 기차나 버스보다 오래 걸리므로 시간 여유가 있는 여행자에게만 추천한다. 또 계절별로 시간표가 다르니 반드시 홈페이지를 참고하자.

Ⓕ 로잔Lausane Ouchy–브베Vevey-Marché 1시간 6분 기준 CHF 22, 스위스 트래블 패스 무료 / 몽트뢰Montreux–브베Vevey-Marché 20분 기준 CHF 11, 스위스 트래블 패스 무료
🏠 www.cgn.ch/en

작은 건물에서 펼쳐지는
웅장한 전시

제니시 브베 박물관

Musée Jenisch Vevey

귀스타브 쿠르베Gustave Courbet가 그린 작품 〈레만호의 일몰〉을 전시 중인 박물관. 귀스타브 쿠르베는 프랑스 화가이자 19세기 리얼리즘의 대표주자이다. 스위스의 상징주의 화가 페르디난트 호들러가 담은 묀히, 아이거, 융프라우 봉우리의 우아한 모습도 걸려있는데, 부드러운 선과 선명한 색채가 눈길을 끈다. 브베에 살았던 오스트리아인 오스카 코코슈카Oskar Kokoschka의 작품 역시 2층에 상설 전시 중이며, 드로잉 작품만 1만 점, 인쇄물은 4만 점을 보유하고 있다. 오래된 종이의 특성상 각 작품은 3개월씩만 전시한다. 따라서 3개월마다 새로운 16~19세기 데생과 판화 작품을 볼 수 있다는 것도 장점.

브베역에서 도보 3분 · Av. de la Gare 2, 1800 Vevey · 만 18세 이상 CHF 12, 민 18세 미만·매월 첫째 주말·스위스 트래블 패스 무료 · 화~일 11:00~18:00 · 월 휴무 · +41 21 925 35 20 · www.museejenisch.ch

카메라 마니아를 위한 역사박물관

스위스 사진기 박물관

Musée suisse de l'appareil photographique

사진 애호가들에게는 최고의 박물관 중 하나. 훌륭하게 큐레이팅한 전시회는 덤이다. 외관은 그저 하나의 작은 건물이지만 내부는 알찬 3층 건물이 이어진다. 카메라의 태동부터 현대 기술에 이르는 여러 제품과 함께 당시에 찍은 사진이 전시 중이고, 맨 꼭대기 층에는 사진에 관한 새로운 기획 전시가 정기적으로 열린다. 빈티지 카메라는 물론이고 제2차 세계대전 이후로 일본 카메라가 서양인들에게 소개된 역사도 볼 수 있어 흥미롭다. 설명이 모두 프랑스어로만 되어 아쉽지만, 영어 해설 오디오 가이드를 무료로 빌릴 수 있다.

브베역에서 호숫가 방면으로 도보 5분 · Grande Place 99, 1800 Vevey · 성인 CHF 9, 학생 CHF 7, 18세 이하 무료, 스위스 트래블 패스 무료 · 화~일 11:00~ 17:30 · 월 휴무 · +41 21 925 34 80 · www.cameramuseum.ch

네슬레가 야심 차게 만든
음식 박물관

알리멘타리움 Alimentarium

네슬레 설립 100주년 기념 음식 박물관. 1985년에 세워진 세계 최초의 음식 박물관이다. 3층에 걸쳐 식품과 영양에 관한 전시를 열어 교육 자료를 제공하고, 음식과 사람의 관계, 음식과 사회의 관계 등을 샅샅이 분석하는 쌍방향 전시로 구성되어 있다. 아이들 눈높이에 맞춘 오디오 가이드는 자녀와 함께 여행 중이라면 추천! 1층에는 현지인들에게 인기 높은 카페도 있다. 박물관 맞은편, 호수에 꽂힌 대형 포크는 알리멘타리움 설립 10주년을 기념해서 만들어진 조형물이다. 이곳에서 포크에 찔린 사진 등 재밌는 포즈를 취해서 사진을 남길 수 있다.

브베역에서 도보 15분(찰리 채플린 동상 뒤) Quai Perdonnet 25, 1800 Vevey
만 16세 이상 CHF 15, 만 6~15세 CHF 6, 스위스 트래블 패스 무료 화~일 10:00~17:00 월 휴무 www.alimentarium.org

부모님을 위해 만든 특별한 빌라

르코르뷔지에의 호수 빌라

Villa 'Le Lac' Le Corbusier

20세기 현대 건축의 거장, 르 코르뷔지에가 부모님을 위해 1923년에 설계한 주택이다. 건물을 지을 당시 명성도 낮고 자금도 없었던지라 가장 저렴한 땅을 사서 만든 실험적인 집이기도 하다. 그가 세운 현대 건축의 5원칙 중의 3원칙이 적용되는 건물로 기다란 창문, 평평한 옥상 지붕, 개방형 평면으로 만든 실내 구조를 볼 수 있다. 또한 주방, 거실, 손님 방을 다른 색깔로 칠하며 공간마다 다른 느낌을 주었다. 당시에는 일반적인 주택의 개념을 뒤집은 건축 구성으로 2016년 유네스코 세계문화유산 목록에도 등재되었다.

브베역에서 호수를 따라 도보 20분 Route de Lavaux 21, 1802 Corseaux 성인 CHF 14, 학생 CHF 12, 만 6~10세 CHF 9(현금만 결제 가능) 홈페이지 참고(시즌마다 변경)
+41 84 242 24 22 villalelac.ch/en

연기와 연출에 천부적인 재능을 가졌던 채플린의 삶!

찰리 채플린 박물관 Chaplin's World

찰리 채플린이 죽기 전까지 25년간 살던 집을 개조해 꾸린 박물관. 채플린의 업적을 2개 건물에 나눠서 전시해 두었다. 스튜디오에 입장하자마자 찰리 채플린의 일생을 짧게 축약한 영상이 보인다. 영상이 끝나고 커튼을 젖히면 그가 출연했던 영화의 장면들을 재현한 세트장이 나온다. 우리에게도 잘 알려진 〈위대한 독재자〉부터 그가 출연한 유명 영화의 소품과 밀랍 인형이 전시되어 사진도 찍으며 즐겁게 관람할 수 있다. 스튜디오를 빠져나와 정원을 30초 정도 가로지르면 그가 살았던 맨션을 만난다. 침실, 거실, 식당, 서재 등에서 삶 전반을 둘러볼 수 있고, 특히 그와 우정이 각별했다고 알려진 알버트 아인슈타인의 밀랍 인형도 전시 중이다.

🚶 212번 버스 타고 채플린 정류장 하차, 약 15분 소요 📍 Rte de Fenil 2, 1804 Corsier-sur-Vevey Ⓕ 만 16세 이상 CHF 30, 만 6~15세 CHF 20, 온라인 예약 시 최대 CHF 8 할인 🕓 10:00~17:00 📞 +41 84 242 24 22
🏠 Rte de Fenil 2, 1804 Corsier-sur-Vevey

노년의 찰리 채플린 밀랍 인형

알버트 아인슈타인 밀랍 인형

믿고 먹는 맛있는 한 끼!

즈 포크 Ze Fork ₣₣₣

네슬레 박물관 알리멘타리움 앞에 있는 레스토랑. 호수에 꽂힌 포크 모형에서 보이는 레스토랑이라 이름도 포크다. 프랑스와 지중해 음식을 결합해 세련된 음식을 선보이는 준 파인다이닝 레스토랑으로 맛있는 한 끼를 제대로 즐길 수 있다. 오후 2~6시 사이에 가면 따로 예약할 필요 없고 가볍게 커피와 디저트만 시킬 수도 있다. 그 외의 시간대는 예약 필수.

튀긴 치즈 말라코프 CHF 24, 라비올리 CHF 29 찰리 채플린 동상에서 도보 1분, 브베역에서 Rue de Lausanne길을 따라 도보 9분 Rue du Léman 2, 1800 Vevey 화~일 09:00~24:00 월 휴무 +41 21 922 18 13 www.zefork.ch

햄버거와 생맥주 한 잔!

르 논스톱 버거 브베

Le Non-stop Burger Vevey ₣₣₣

펑키한 분위기에 생맥주 한잔할 수 있는 수제 햄버거 맛집이다. 가게 이름을 그대로 따른 논스톱 버거부터 올레올레, 루트66 등 재미난 이름을 붙인 버거가 20가지나 되고 곁들일 샐러드와 디저트 종류도 충실하다. 세트 메뉴에서 CHF 2를 추가하면 감자튀김을 고구마튀김으로 바꿀 수도 있다.

더블 체더치즈가 들어간 논스톱 CHF 20, 포요 피칸테(매운 햄버거) CHF 24 브베역에서 도보 3분 Rue du Simplon 33, 1800 Vevey 10:00~23:00 +41 219 22 35 68 www.facebook.com/nonstopvevey

가성비 굿, 샌드위치 맛집

브베 비엔 샌드위치 Vevey Bien Sandwich & Take-away ₣₣₣

직접 만든 촉촉한 빵에 홈메이드 소스를 곁들인 샌드위치 전문점. 닭고기, 양고기, 채식 등에서 선택할 수 있으며 계절에 따라 속 재료가 바뀐다. 샌드위치는 주문받는 동시에 만들기 때문에 바삭하고 따뜻하게 즐길 수 있으며, 가격도 CHF 9~16으로 부담 없다. 역시 직접 만드는 티라미수는 스위스 국민 브랜드 오보말틴Ovomaltine의 초콜릿과 스위스 커피로 만드니 꼭 맛보길 추천한다. 실내에 좌석 수가 적은 편이라 빈자리가 없을 때는 호숫가 벤치에 앉아서 먹거나 라보 하이킹을 갈 때 싸 가도 좋다.

클럽 샌드위치Le Club CHF 13.90, 새우 샌드위치 Los Crevettes CHF 16 브베역에서 도보 7분
Rue du Simplon 16, 1800 Vevey
월~금 08:00~15:00 토·일 휴무
+41 21 921 11 01 www.veveybien.com

멕시코만큼 맛있는 브베의 No.1 부리토

코멜론 부리토 바

Comelon Burrito Bar ₣₣₣

10년 이상 한자리를 지켜온 가게로 항상 신선하고 맛있는 부리토를 즐길 수 있다. 점심에는 줄을 설 정도로 현지인들에게 인기가 많은 곳. 단품과 세트 메뉴가 있는데, 세트 메뉴를 시키면 나초와 살사가 곁들여 나오고 CHF 2 추가 시 과카몰레도 함께 먹을 수 있다. 부리토가 생소하다면 치즈가 들어간 따뜻한 케사디아 세트 메뉴를 추천한다.

퀴노아 or 치킨 부리토 세트 보통(normal) CHF 20, 작은 것(petit) CHF 16.50 브베역에서 도보 9분
Rue du Léman 3, 1800 Vevey 화 11:30~14:00, 수~금 11:30~14:00, 18:00~21:30, 토 11:30~15:00
일·월 휴무 +41 21 922 06 86 www.comelon.ch

리얼 가이드

●

제네바와 몽트뢰에서 가까운 스위스 알프스
글래시어 3000 Glacier 3000

한겨울에는 세계에서 가장 가파른 경사면인 46도를 자랑하는 스키 코스 '블랙 월Black Wall'이 기다리고,
한여름에는 세계에서 가장 높은 곳에서 즐길 수 있는 알파인 코스터가 운영되는 곳이다.
또 아찔한 구름다리까지 있어 스릴을 좋아하는 사람에게는 특별한 경험을 선사해 주는 곳이다.
높이가 3,000m 이상이라 이름도 글래시어 3000이다. 연중 내내 운영하나, 특히 해가 쨍쨍한 한겨울(1~3월)
혹은 한여름(7월 중순~8월 말)에 가길 추천한다. 그래야 글래시어 3000을 100% 즐길 수 있다.

몽트뢰 혹은 인터라켄 동역에서 기차 타고 Gstaad에서 하차 후 180번 버스 타고 Col-du-Pillon 하차, 총 1시간 51분 소요 / 몽트뢰에서 차로 50분 Col du Pillon, 1865 Les Diablerets 왕복 CHF 85, 스위스 트래블 패스 50% 할인, 스위스 트래블 패스+네이버 카페 '스위스 프렌즈' 쿠폰 제시 CHF 38 +41 24 492 33 77 www.glacier3000.ch/en

떨리는 걸음, 설레는 풍경

피크 워크 Peak Walk

산과 산을 연결한 현수교. 무려 107m 길이로, 발 아래에는 아무것도 없어 불안하지만 스위스 시계 브랜드 티소Tissot와 합작해 만든 만큼 굉장히 안전하니 걱정하지 말자! 일 년 내내 건널 수 있지만 특히 날씨가 좋으면 전망대에서 아이거, 묀히, 융프라우도 볼 수 있고 프랑스 몽블랑도 가까이 보인다. 글래시어 3000에 갔다면 이곳에서 다리를 걷는 인증 샷은 필수!

🚶 정상에 있는 건물 밖 계단과 연결

설원 위에서 달리는 허스키와 함께

개 썰매 타기 Dog sledding

스위스에서도 시베리안 허스키들이 끄는 개 썰매를 체험할 수 있다. 허스키가 눈부신 하얀 털을 날리며 앞발을 박차고 달려 나갈 때는 더욱 설렌다. 겨울에만 참여 가능하고 2명이 함께 탈 수 있으며, 좌석 뒤에 전문 가이드가 동행해 안전도 걱정 없다. 인기가 많아 한겨울에 갈 때는 온라인으로 예약해야 한다. 그룹 단위로 예약을 받지만, 일주일 전에 홈페이지에서 확인해 보면 간혹 개인 여행자 예약도 가능하기도 하다.

🚶 글래시어 3000 정상에서 아이스 익스프레스 Ice Express 체어리프트 탑승 후 5분 걷기 Ⓕ 1인 CHF 30
🏠 www.glacier3000.ch/en/activities/dogsled-rides

한여름에도 빙하 위를 걷는 체험

글래시어 3000 빙하 하이킹

한여름에 즐기는 빙하 걷기 체험. 최종 목적지는 바로 키오 뒤 디아블Quille du Diable 빙하 가장자리에 있는 레스토랑 르퓌즈 레스파스 Restaurant Refuge l'Espace다. 한여름에는 눈이 많이 녹아 걸을 때 발에 힘을 줘야 하지만, 성인은 누구나 별 어려움 없이 체험할 수 있다. 레스토랑에 도착하면 데보랑스Derborence 협곡과 발레주가 내려다 보이는 그림 같은 풍경을 마주한다. 금강산도 식후경이라는 말처럼, 멋진 비경을 보며 맛있는 음식도 즐기고 다시 돌아가기를 추천.

코스 세 루즈 Scex Rouge(글래시어 3000 정상)~레스토랑 르퓌지 레스파스 Restaurant Refuge l'Espace **코스 길이** 3km **난이도** 하
소요 시간 왕복 약 2시간 **시기** 연중 가능

세계에서 가장 높은 곳에서 즐기는 짜릿한 질주

알파인 코스터 Alpine Coaster

주행각 520도의 커브 10개, 웨이브 6개, 1km 길이에 최대 시속 40km! 알프스에서 즐길 수 있는 가장 스릴 넘치는 체험이다. 최대 2인이 함께 탈 수 있으며 세계에서 가장 높은 곳에 있는 알파인 코스터인 만큼 어마어마한 장관을 즐기며 내려갈 수 있다. 타는 사람이 직접 운전하는 방식으로 안전벨트 착용은 필수, 키가 140cm 이상인 사람만 탈 수 있다.

🚶 정상에 있는 건물에서 바로 보임 Ⓕ 1회 CHF 9, 5회 CHF 36

황금빛 포도밭과 3개의 태양을 만나는 곳
라보 테라스 Lavaux Terraces

호숫가를 따라 계단식으로 펼쳐진 포도밭이 그림 같은 곳. 라보 테라스Lavaux Terraces는 로잔 옆에 있는 작은 마을 뤼트리Lutry부터 브베까지 약 30km가량 뻗어있는 지역을 일컫는다. 앞서 소개한 로잔과 브베 외에 쉐브레Chexbres, 퀴이Cully, 에페스Épesse, 그랑보Grandvaux, 뤼트리Lutry, 리바Rivaz, 생 사포랭St. Saphorin 등 총 12개의 작은 마을로 구성되어 있다. 로마 시대에 처음 포도나무가 발견되었고, 11세기 베네딕트회 수도사들이 본격적으로 재배하기 시작하면서 지금의 커다란 포도밭이 형성되었다. 이곳에서는 약 30종류의 포도가 자라고, 그중 2/3가 샤슬라Chasselas라는 화이트와인 품종이다. 샤슬라는 스위스 와인을 대표하는 품종이기도 한데, 아름다운 미네랄 향을 품으며 드라이하고도 은은한 맛이 특징이다. 그 외에 레드와인 품종으로는 피노 누아Pinot Noir, 가메Gamay가 재배되고 있다. 다른 와이너리와 달리 이곳이 특별한 이유는 바로 '3개의 태양'이다. 첫 번째 태양은 직사광선으로 비추는 햇살을 뜻한다. 두 번째 태양은 레만 호수에서 반사된 빛으로, 아래에서 올라오는 햇빛 덕에 더욱 맛있게 포도가 익어간다. 세 번째 태양은 하루 종일 돌담이 품은 뜨거운 태양열로, 이 열은 쉬이 식지 않고 밤새도록 포도를 농익게 한다. 이 지역은 지난 200만 년 동안 제네바 호수 유역을 차지했던 론Rhône 빙하가 사라지고 그 가장자리가 남은 탓에 굉장히 가파르다. 이 까다로운 지형에 계단식 밭을 만들어 수 세기에 걸쳐 와인을 재배했고, 2007년에는 유네스코 세계문화유산에 지정됐다. 라보 테라스에는 레만 호수와 맞닿은 이 아름다운 포도밭을 배경으로 걸을 수 있는 다양한 하이킹길이 있다. 쉬엄쉬엄 걷다가 만나는 와이너리에서 천혜의 자연경관을 안주 삼아 와인 한잔 즐겨도 좋다.

가는 방법

라보 지역은 사유지가 많아 개인이 차를 타고 갈 수 있는 곳이 매우 제한되며, 기찻길은 호숫가를 따라 나 있거나 아예 포도밭 언덕 위에 있다. 와이너리를 확실하게 구경하려면 하이킹, 미니 기차 혹은 유람선을 이용하는 것이 좋다. 걷는 것을 좋아하며 와인을 즐기고 싶은 사람에게는 하이킹 투어를 추천하며, 아이와 어른을 동반한 가족 여행이라면 유람선과 미니 기차를 추천한다. 도보로 라보를 여행할 때는 높은 곳에 올라가 포도밭과 레만 호수까지 함께 내려다보는 것이 가장 아름답다. 그중 '레만 호수의 발코니'라는 별명을 가진 쉐브레 마을에서 출발하기를 추천한다.

쉐브레 마을역Chexbres Village에서 내려 철길을 따라 5분 정도 내려가면 바로 절경이 펼쳐진다. 쉐브레 마을역까지 기차로 로잔에서는 25분, 브베에서 11분, 몽트뢰에서는 27분 걸리며 차량으로 갈 경우 로잔에서 출발하면 약 25분, 몽트뢰에서는 약 20분 걸린다.

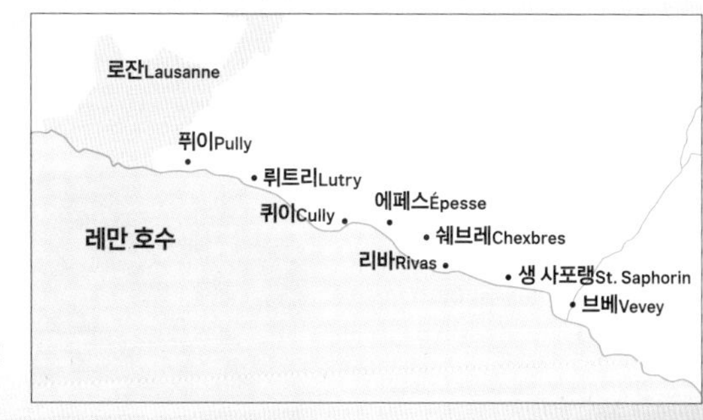

포도밭을 가장 가까이서
만나는 경험

라보 테라스 하이킹

끝없이 펼쳐진 포도밭 사이로 멋진 풍경을 보며 걷는 하이킹! 흙길이 아닌 포장도로로 이어져 아이들도 걷기 좋다. 다만 포도나무의 평균 높이가 1.5~3m이며 포도밭 특성상 그늘이 없어 7~8월 한여름에는 매우 덥고 지치기 쉽다. 주변에서 슈퍼마켓을 찾기도 어려우니 하이킹한다면 미리 물과 간식거리를 챙겨오기를 추천한다.

와인 애호가를 위한 여행 코스 4월 중순~10월

르 덱 Le Deck~쉐브레 Chexbres~비노라마 Vinorama

라보 와이너리에서 가장 유명한 와인 바, 르 덱Le Deck에서 시작하는 코스이다. 르 덱은 다른 와인 바에 비해 가격은 조금 비싸지만 그만큼 아름답게 펼쳐진 풍경으로 보상해 주는 곳이다. 쉐브레역에서 르 덱까지는 걸어서 10분 정도, 약 600m 떨어져 있다. 르 덱에 들른 다음 찻길을 따라 내려갈 수도 있지만, 다시 쉐브레역 근처로 돌아와 골목길로 내려가면 차 없이 평온한 하이킹을 즐길 수 있다는 게 포인트. 아기자기하게 꾸며진 가정집들을 지나다 보면 초록빛 포도나무 물결이 일렁이는 풍경이 근사하다. 30분 정도 내려가면 리바Rivaz 마을을 내려다보면서 멋진 인생 사진을 건질 수 있는 전망대(구글 지도 Chemin de la Plantaz 검색)가 나온다. 다시 아기자기한 포도밭 마을을 지나다 보면 여기저기 놓인 귀여운 와인 관련 소품과 간판들 덕에 카메라를 내려놓을 틈이 없다. 리바역Rivaz 반대 방향으로 돌아서 8분만 더 걸어가면 와인 테이스팅으로 유명한 가게 비노라마에 도착한다. 이곳에서는 와인 시음은 물론 쿱이나 미그로스 같은 대형 슈퍼마켓에는 없는 진귀한 와인도 판매한다. 돌아갈 때는 리바역으로 가면 편안하고 근사하게 가벼운 하이킹을 마무리할 수 있다.

시작 지점 쉐브레역 **도착 지점** 리바역 **소요 시간** 하이킹 약 1시간, 마을 구경 및 와인 시음까지 약 3시간

스위스에서 가장 아름다운 마을로 뽑힌 곳

생 사포랭 St. Saphorin~리바 Rivaz

귀엽고 예쁜 중세풍 마을을 구경하고 싶다면 생 사포랭을 추천한다. 생 사포랭 마을은 스위스에서 가장 아름다운 마을로 뽑힐 만큼 아기자기한 포토 스폿이 많다. 생 사포랭역에서 길을 건너면 바로 마을로 진입한 것. 마을 자체가 작고 아기자기해서 사진 찍을 스폿도 많다. 길을 따라 20분 동안 평지를 걸으면 리바역이 나온다. 여기서 와인 테이스팅을 하고 싶으면 앞서 소개한 내용처럼 왼쪽에 레만 호수를 끼고 10분만 더 걸어가 와인 숍 비노라마로 가보자.

시작 지점 생 사포랭역 **도착 지점** 리바역 **소요 시간** 하이킹 약 20분, 와인 시음까지 약 1시간

한갓지고 여유로운 길

그랑보 Grandvaux~에페스 Epesses

아주 작은 그랑보역에서 출발해 작은 포도 농장 사이를 걷다가, 더 작은 마을인 리에Riex를 지나 에페스Épesse까지 가는 길이다. 처음엔 다소 가파르지만 곧 걷기 편한 길이 나오며, 다른 곳보다 한산해 좀 더 여유롭게 포도밭 풍경을 감상할 수 있다. 걷는 데는 40분 정도 걸리는데, 중간중간 사진을 찍다 보면 1시간은 훌쩍 지나간다.

시작 지점 그랑보역 **도착 지점** 에페스역 **소요 시간** 40분

편안하게 앉아서 감상하는
라보 풍경

라보 익스프레스

칙칙폭폭 작은 열차를 타고 계단식 포도밭을 감상하는 여행. 높은 오르막과 가파른 내리막을 열차에 앉아 천천히 달리며 편안하게 감상할 수 있어 인기가 많다. 총 코스는 6개지만 가장 인기 있는 노선은 퀴이Cully와 뤼트리Lutry에서 출발하는 2개다. 둘 다 보이는 풍경이 비슷하므로 원하는 시간에 맞는 노선을 이용하는 것을 추천한다(홈페이지에서 예약 가능). 출발 지역과 시간표가 매년 바뀌니 항상 공식 홈페이지에서 확인하기를 추천한다.

🏠 www.lavauxexpress.ch

코스 1 퀴이 루프 Cully Loop

퀴이 Cully – 리에 Riex – 에페스 Epesses – 데잘리 Dézaley – 퀴이 Cully

출발 및 도착 퀴이 유람선 역(📍 Place d'Armes 16, 1096 Cully) **포함 사항** 1시간 15분 투어(와인 1잔 포함) 🕒 3월 말~11월 초 화·목 13:30, 15:30, 16:30, 토 10:30, 13:30, 15:00, 16:30 Ⓕ 성인 CHF 16, 만 13~18세 CHF 12, 만 4~12세 CHF 6, 만 3세 미만 무료(어른 무릎 에 앉힐 시) **주의 사항** 15분 전에 도착 및 대기 요망, 취소·환불·변경 불가 🏠 www.lavaux-panoramic.ch

코스 2 뤼트리 루프 Lutry Loop p

뤼트리 Lutry – 아랑 Aran – 그랑보 Granvaux – 뤼트리 Lutry

출발 및 도착 뤼트리 유람선 역(📍 Quai Gustave Doret 1, 1095 Lutry) **포함 사항** 1시간 15분 투어(와인 1잔 포함) 🕒 3월 말~11월 초 수·금 13:30, 15:30, 16:30, 일 10:30, 13:30, 15:00, 16:30 Ⓕ 성인 CHF 16, 만 13~18세 CHF 12, 만 4~12세 CHF 6, 만 3세 미만 무료(어른 무릎에 앉힐 시) **주의 사항** 15분 전에 도착 및 대기 요망, 취소·환불·변경 불가 🏠 www.lavaux-panoramic.ch

멀리서 바라보는 파노라마 포도밭

라보 유람선

로잔에서 출발해 브베, 혹은 몽트뢰까지 연결되는 유람선을 타면 배 위에서 멋진 파노라마 풍경을 즐길 수 있다. CGN은 100년 넘게 제네바 호수 유람선을 운영해 온 곳으로, 라보 지역은 11월을 제외하고 시즌별로 1~3대가 운항한다. 보통 오전에는 로잔에서 출발해 브베까지 이어지는 라보 지역을 돌아볼 수 있고, 오후에는 브베에서 출발해 오전 코스와 반대로 움직인다. 라보 테라스의 시작점인 퓌이Pully를 기준으로 뤼트리, 퀴이, 리바 등 유명한 지역마다 유람선이 정차하기 때문에 하이킹하지 않고도 라보 테라스를 쉽고 가까이 만날 수 있다. 다음 소개하는 시간표는 라보의 유명한 마을을 들르는 유람선을 기준으로 정리한 것이다.

12월 초~4월 중순 일 1회 운항
- 로잔 출발 브베행 12:30(1시간 10분 소요)
- 브베 출발 로잔행 14:52(1시간 10분 소요)

4월 중순~5월 말, 9월 중순~10월 중순 일 2회 운항
- 로잔 출발 브베행 09:00, 11:00(1시간 10분 소요)
- 브베 출발 로잔행 13:22, 16:55(1시간 10분 소요)

6월 말~9월 초(성수기) 일 3회 운항
- 로잔 출발 브베행 09:00, 11:00, 14:45(1시간 10분 소요)
- 브베 출발 로잔행 13:22, 16:55(1시간 10분 소요)

각 잡고 먹는 와인 페어링 찐 맛집

카페 드 리에 Café de Riex

총 35명의 좌석이 마련된 작은 레스토랑, 직접 가꾸는 정원, 퀴이 마을에서 직접 받는 빵과 신선한 고기, 그리고 지역 와이너리에서 와인을 공급받아 믿고 먹을 수 있는 곳이다. 이 집에서 가장 인기 있는 메뉴는 다름 아닌 서프라이즈 메뉴Suprise Menu. 손님 모두 이 코스만 시킨다 해도 과언이 아니다. 전채, 메인, 후식 총 3코스이며 매주 혹은 매달 공급되는 가장 신선한 음식으로 메뉴가 바뀐다. 오늘의 메뉴는 웨이터가 직접 와서 따로 설명해 주며, 알레르기가 있는지도 세심하게 체크한다. 원한다면 웨이터가 추천하는 와인 페어링에도 도전해 보자. 라보 지역에서 생산되는 와인에 대한 소개를 곁들여 마실 수 있다. 만약 서프라이즈 메뉴 말고 메인 요리만 시키고 싶을 때는 영어 메뉴판이 없으니 직접 물어보기를 추천한다.

서프라이즈 메뉴 3코스 CHF 68, 페어링 와인 1잔당 CHF 8~20 퀴이역에서 오르막길 도보 17분 / 그랑보역에서 내리막길 20분 / 리에역에서 도보 2분 Route de la Corniche 24 1097 Riex 수~토 10:00~15:00, 17:30~23:00, 일 10:00~16:00 월·화 +41 21 799 13 06 cafe-de-riex.ch

찰리 채플린의 단골 레스토랑

오베르주 드 롱드

Auberge de l'Onde

수백 년 된 중세풍 마을 생 사포랭에 위치한 레스토랑이다. 음식의 맛만 기준으로 선정하는 고미요Gault Millau에서 무려 15점(20점 만점)을 획득했고, 영화배우 찰리 채플린의 가족이 즐겨 찾은 레스토랑으로도 유명하다. 사계절 내내 이용할 수 있는 1층 레스토랑부터, 1750년에 지어진 벽난로가 있는 방이나 찰리 채플린이 즐겨 앉았다는 작은 방까지 다양한 공간이 마련되어 있다. 현지 식재료 중심으로 요리하는데, 그중에서도 레만 호수에서 잡은 신선한 농어 요리가 인기 메뉴다. 점심 시간대에는 매일 다른 요리가 제공되는 코스도 만나볼 수 있다.

오늘의 점심 CHF 22(일요일 제외), 제네바 호수의 농어 필레 CHF 49, 소고기 스테이크 CHF 25 생 사포랭역에서 오르막길 도보 5분 Chem. Neuf 2, 1071 Saint-Saphorin 10:00~23:00 월·화 휴무 +41 21 925 49 00 www.aubergedelonde.ch

음식과 와인의 완벽한 페어링

투 우 몽드 Tout un Monde

언덕 위에 자리해 제네바 호수와 와이너리가 내려다보이는 전망을 자랑하는 레스토랑. 고급스럽고 깔끔한 레스토랑으로, 4코스 혹은 6코스로 제공되는 점심과 저녁 메뉴에 와인을 페어링해서 즐길 수 있다. 점심에는 매달 다른 요리로 구성되는 합리적인 가격의 점심 메뉴도 판매한다. 레스토랑이 건물 전체를 사용해, 일반 레스토랑보다 훨씬 넓어서 식사 공간 자체도 쾌적하다. 기차로 가면 그랑보역에서 내려 15분 정도 멋진 풍경을 바라보며 걸어갈 수 있으며, 돌아갈 때는 퀴이역으로 가는 것이 편하다.

매달 새로운 점심 CHF 20~25, 점심 및 저녁 4코스 1인 CHF 85, 4개의 와인 페어링 CHF 29 그랑보역에서 내리막길 도보 15분 Pl. du Village 7, 1091 Grandvaux 화~토 11:30~23:30 일·월 휴무 +41 21 799 14 14
www.toutunmonde.ch

맛과 멋이 어우러진 언덕 위에 와인 바

르 덱 Le Deck

전면이 유리창으로 된 야외 테라스 레스토랑이다. 레스토랑에 들어서자마자 감탄사가 절로 나올 정도로 아름다운 와이너리가 파노라마 풍경으로 펼쳐진다. 식사 가격은 비싼 편이나 분위기와 음식 퀄리티가 좋은 덕에 만족도는 높은 편이다. 식사를 하고 왔다면 간단하게 와인 한 잔만 즐겨도 좋다. 하지만 그늘진 자리가 적은 편이라 한여름에는 매우 더울 수 있으니 주의할 것. 간혹 행사가 열리는 날에는 일반 손님을 받지 않으니, 미리 전화로 확인하고 가는 것이 좋다. 식사는 예약 필수.

지역 와인 CHF 8, 송아지 타르타르 CHF 46, 4코스 메뉴 1인 CHF 105 쉐브레역에서 도보 10분 Rte de la Corniche 4, 1070 Puidoux 4·5, 9·10월 12:00~21:00, 6~8월 12:00~21:00 11~3월 +41 21 926 60 00
www.barontavernier.ch

소중한 사람에게 귀한 스위스 와인 선물하고 싶다면

비노라마 Vinorama

약 300여 종의 와인을 취급하는 와인 숍으로, 일반 슈퍼마켓에서는 구할 수 없는 귀한 지역 와인도 판매한다. 와인은 프로그램에 따라 3종을 시음할 수 있고 시음한 와인은 물론 시음하지 않은 와인도 직원에게 추천받아 구매할 수 있다. 다른 곳은 일반적으로 개인이 운영하기 때문에 그룹 손님만 받거나 운영하지 않을 때도 많지만, 이곳은 12월을 제외하고는 항상 운영하며 예약하지 않았어도 자리만 있다면 시음할 수 있다. 차로 간다면 주차장이 넓게 마련되어 접근성도 뛰어나다.

1인 와인 시음 샤슬라 와인 CHF 17, 샤슬라 와인+레드와인 CHF 21, 화이트 와인+레드와인 CHF 26
리바역에서 도보 10분 Rte du Lac 2, 1071 Puidoux
5~10월 10:00~19:00, 11~4월 수~일 10:00~19:00
11~4월 월·화 휴무 +41 21 946 31 31
www.lavaux-vinorama.ch

이탈리아어권역

루가노

스위스 남부, 티치노Ticino주는 스위스 공용어 중 하나인 이탈리아어를 쓰는 지역이다. 취리히보다 밀라노가 더 가까울 정도로 지리적으로도 이탈리아와 근접하며 그만큼 문화도 매우 밀접하게 연관되어 있다. 티치노를 대표하는 도시 루가노Lugano는 스위스의 다른 지역들과 다르게 연중 온화한 기후를 자랑하며, 도심 곳곳에서 쉽게 야자수를 볼 수 있는 독특한 매력을 지닌 곳이다. 스위스 전역에 날씨가 안 좋을 때에도 루가노만 좋을 때가 있으니 비가 오는 날 여행지로 루가노를 염두에 두어도 좋다.

스위스와 이탈리아의 멋이 한자리에

루가노 Lugano

#스위스속이탈리아 #지중해기후 #간드리아 #모르코테
#티치노와인 #그로토레스토랑 #루가노호수

이탈리아어를 사용하는 스위스 남부의 대표 도시. 지중해성 기후 덕에 사계절 내내 따뜻한 날씨가 반겨주고 야자수와 올리브나무가 곳곳에 서있다. 반달 모양으로 도시를 감싼 루가노 호수와 천혜의 환경을 자랑하는 몬테 산 살바토레Monte San Salvatore, 몬테 브레산Monte Brè 덕분에 다양한 자연경관을 감상할 수 있다. 덕분에 오래전부터 스위스인 사이에서 가장 인기 있는 휴양지로 사랑받고 있다. 이탈리아어로 "맘마미아Mamma mia(맙소사)!"라는 감탄사가 들릴 때마다 이곳이 스위스인지 이탈리아인지 순간 착각이 든다. 노천카페에서 화이트와인을 즐기다가, 스위스 전체를 통틀어 여기서만 맛볼 수 있다는 티치노 전통 음식점 그로토Grotto에 들러 보자.

루가노 가는 방법

루가노는 이탈리아 접경 도시이기 때문에 한국에서 루가노로 바로 갈 때는 스위스 취리히공항보다 이탈리아 밀라노공항으로 가는 것이 더 가깝다. 밀라노공항에서는 기차로 1시간 40분 걸린다. 혹은 렌터카를 빌려 여행하는 것도 또 다른 방법이다. 스위스에서 루가노로 오려면 베르니나 특급열차를 탄 후 티라노Tirano에서 루가노까지 오거나, 루체른이나 취리히에서 기차를 탈 수 있다.

루가노역 지하에 있는 푸니쿨라역

기차

- **취리히 중앙역 ▶ 루가노** 1시간 53분
- **루체른역 ▶ 루가노** 1시간 40분
- **인터라켄 동역 ▶ 루가노** 3시간 54분
- **밀라노 공항 ▶ 루가노** 1시간 35분

버스

쿠어Chur, 혹은 생모리츠St. Moritz에서 베르니나 특급열차를 타면 종착역인 이탈리아 티라노Tirano에 도착한다. 베르니나 특급열차와 연계된 버스를 타면 티라노역에서 루가노역까지 3시간 만에 갈 수 있다(예약 필수).

© Rhaetian Railway

렌터카

취리히 ▶ 루가노

A4를 지나 A2를 거쳐서 루가노 북쪽Lugano Nord 방향으로 나오기. 총 207km, 2시간 45분 소요

루체른 ▶ 루가노

A2를 타고 벨린초나를 거쳐 'Lugano'가 쓰여 있는 간판을 타고 계속 내려가다 루가노 북쪽Lugano Nord 방향으로 나오기. 총 170km, 약 2시간 15분 소요

*스위스 연휴 기간(부활절 전후, 크리스마스 기간, 연말연시 등)에는 엄청나게 막히는 구간이므로 되도록 피하는 게 좋다.

밀라노공항 ▶ 루가노

A9를 타다가 키아소chiasso(스위스/이탈리아 국경지대)에서 A2 방향으로 운전하며 'Lugano' 간판 보고 운전하기. 총 80km, 1시간 30분 소요

루가노 시내 교통

루가노 푸니쿨라

루가노 유람선 선착장

루가노 기차역Lugano Stazione은 고도 335m로 언덕 위에 있다. 루가노 유람선역은 해발 271m로 기차역과 약 64m 고도차가 있다. 기차역에서 유람선역으로 가는 가장 편리한 방법은 푸니쿨라를 타는 것이다. 루가노역 내부에서 연결된 푸니쿨라역 루가노Lugano에서 타고 루가노 치타Lugano Città에서 내린다. 루가노 시내 중심지 리포르마 광장Piazza della Riforma까지 도보로 약 3분이면 도착한다. 거기서 1분만 걸어가면 유람선 선착장이다. 몬테 브레, 혹은 산 살바토레 전망대로 갈 때는 시내와 시외를 잇는 루가노 첸트로Lugano, Centro 버스 정류장을 이용하게 된다. 루가노 기차역에서 걸어가려면 가파른 계단을 따라 12분 가야 하며, 리포르마 광장에서는 거의 평지로 걸어서 6분 정도 걸린다. 티치노 건축가 마리오 보타가 지은 센트럴 버스 터미널Central Bus Terminal은 몬테 브레로 가기에 굉장히 편하다. 루가노에서 숙박하면 티치노 티켓Ticino Ticket을 주는데, 숙박하는 동안 시내를 연결하는 TPL 버스 및 외곽을 잇는 ARL을 포함해 푸니쿨라까지 무료로 이용할 수 있다.

승차권

- **루가노역~루가노 시내** 푸니쿨라 1회권 CHF 1.30, 스위스 트래블 패스·세이버데이 패스 무료
- **루가노 버스 1회권 TPL** CHF 2.60

루가노 센트럴 버스터미널

루가노 상세 지도

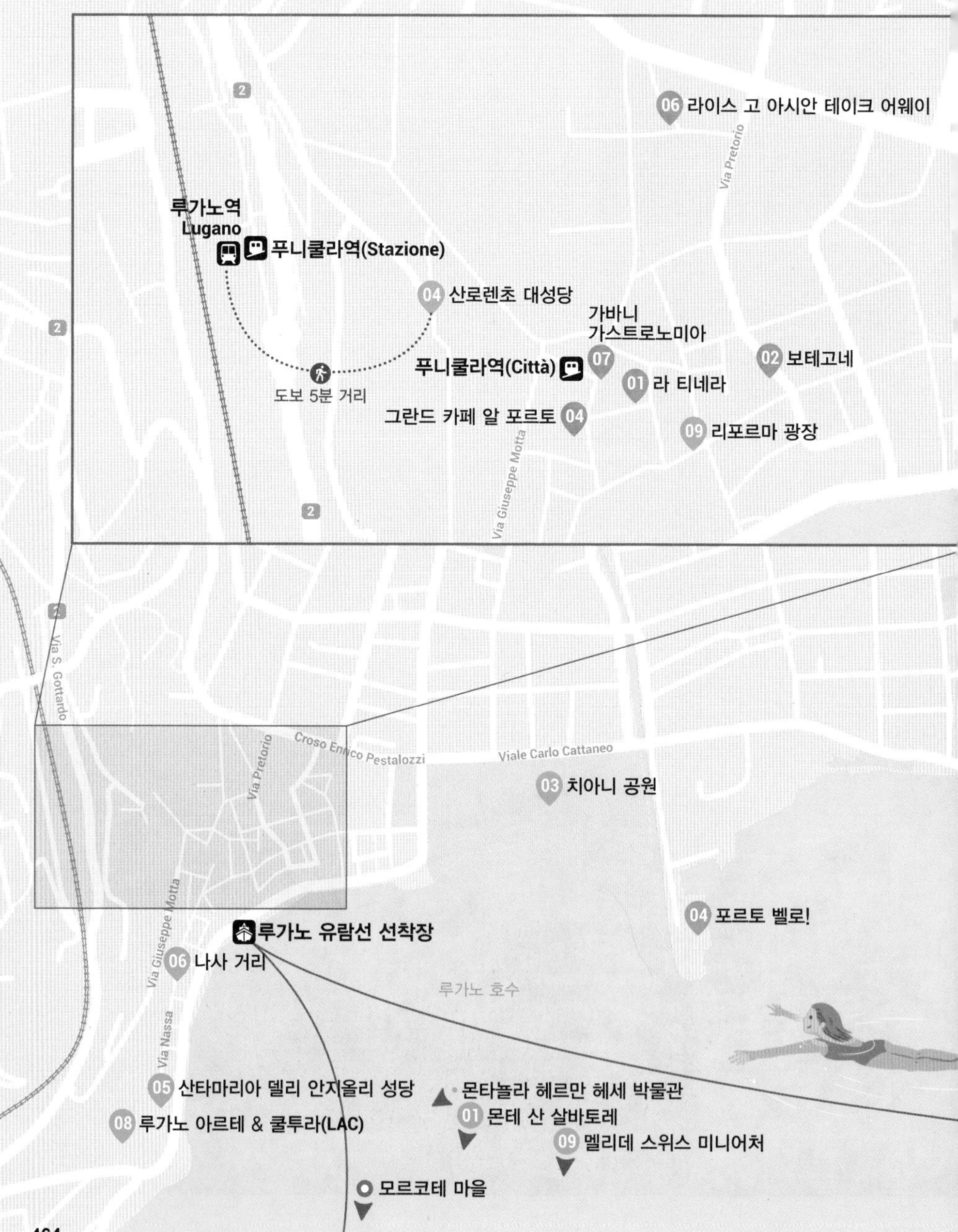

03 그로토 그릴로
06 라이스 고 아시안 테이크 어웨이
Via Pretorio
2
루가노역
Lugano
푸니쿨라역(Stazione)
04 산로렌초 대성당
가바니
가스트로노미아
07
02 보테고네
푸니쿨라역(Città)
01 라 티네라
도보 5분 거리
그란드 카페 알 포르토 04
09 리포르마 광장
Via Giuseppe Motta
Via S. Gottardo
Croso Enrico Pestalozzi
Viale Carlo Cattaneo
03 치아니 공원
04 포르토 벨로!
루가노 유람선 선착장
06 나사 거리
루가노 호수
Via Nassa
05 산타마리아 델리 안지올리 성당
몬타뇰라 헤르만 헤세 박물관
01 몬테 산 살바토레
08 루가노 아르테 & 쿨투라(LAC)
09 멜리데 스위스 미니어처
모르코테 마을

Cassone
Cassone
그로토 카스타그네토 08
몬테 브레산~간드리아 마을 하이킹
02 몬테 브레산
간드리아 마을
Via Ceresio di Suvigliana
간드리아 마을

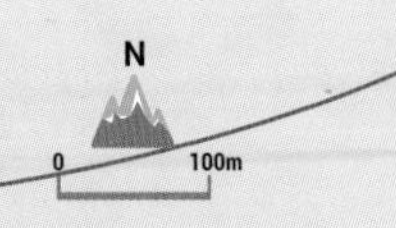
N
0
100m

루가노
이렇게 여행하자

루가노는 호수를 따라 도시가 발전해 오르막길과 내리막길이 많아, 걸어 다니기보다는 대중교통을 적절히 이용하는 것이 좋다. 오전에는 가볍게 구시가지를 산책한 후, 1시간 동안 간드리아 마을 혹은 모르코테까지 가는 유람선을 타고 루가노 호수를 둘러볼 수 있다. 루가노의 전경을 높은 곳에서 감상하려면 몬테 브레산, 또는 몬테 산 살바토레산에 가야 한다. 푸니쿨라를 타고 산꼭대기에 오르면 호수가 발아래 펼쳐지는 시원한 풍광을 감상할 수 있다. 루가노의 매력을 제대로 감상하기 위해서는 최소 1박 2일은 머무를 것을 추천한다.

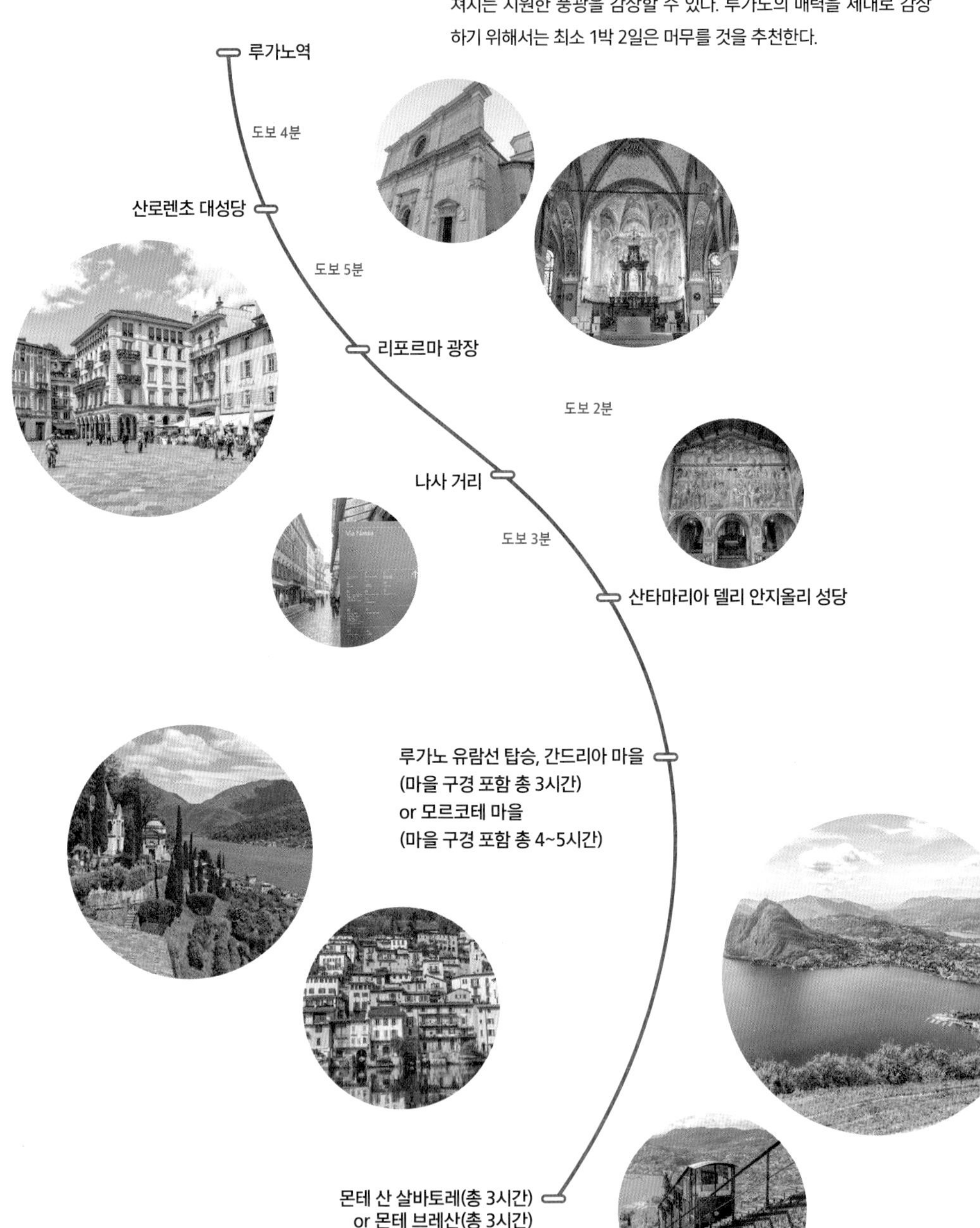

루가노 시내에서 접근하기 쉬운 전망대 ······ ①

몬테 산 살바토레

Monte San Salvatore

몬테 브레산P.468과 함께 루가노에서 양대 산맥을 이루는 산으로, 1890년에 푸니쿨라역이 문을 열었다. 푸니쿨라를 타면 고도 600m 전망대까지 금세 도착하며, 정상에서는 멋진 호수 풍경을 볼 수 있다. 파노라마 전망대 이정표를 따라 올라가면 산 살바토레 교회 앞마당이 나온다. 교회 지붕으로 향하는 표지판인 테라차 파노라미카Terrazza Panoramica 계단에 오르면 아름다운 루가노 풍경을 360도로 조망할 수 있다.

루가노역에서 Paradiso, Carzo 방면 2번 버스 타고 Paradiso, Geretta에서 하차
Via delle Scuole 7, 6902 Paradiso 3월 중순~7월 초 09:00~18:00, 5월 중순~6월 말·9월 금·토 09:00~ 23:00, 7월 초~8월 말 09:00~23:00, 9월 초~11월 초 09:00~18:00, 11월·1~3월 중순 보수점검 기간(운행 시기와 요금은 홈페이지에서 확인 필수) 성인 CHF 32, 만 6~16세 CHF 9, 티치노 티켓 소지자 CHF 25.50, 스위스 트래블 패스 50% 할인, 주니어 트래블 패스 무료 +41 58 866 73 11 www.montesansalvatore.ch

루가노의 노을 맛집 ⋯⋯ ②

몬테 브레산 Monte Brè

해 질 녘 노을을 만날 수 있는 루가노 최고의 장소로 시내에서 3~4시간 안에 다녀올 수 있다. 스위스 내에서 햇빛이 가장 잘 드는 산 중 하나로, 멸종 위기에 처한 꽃 '크리스마스 장미'도 자라는 곳이다. 위치가 해발 925m라 루가노를 한눈에 담을 수 있다. 전망대에서 보이는 풍경은 마치 브라질의 도시 리우데자네이루가 연상된다. 둥그런 몬테 산 살바토레 밑에 반달 모양의 루가노 마을이 아름답게 수놓고 있다. 예술가들이 많이 살았던 역사적인 브레Brè 마을도 빼놓을 수 없다. 전망대에서 브레 마을 표지판을 따라 10분 정도 걷다 보면 왼쪽으로는 엽서에도 자주 등장하는 그림 같은 풍경이 펼쳐지고, 아름다운 돌계단을 따라 15분 정도 더 내려가면 브레 마을에 도착한다. 이곳에서는 그로토Grotto(티치노 가정식 레스토랑)도 쉽게 발견할 수 있으니, 마을에서 점심 혹은 저녁을 먹는 것도 추천한다.

루가노역에서 버스 1회, 푸니쿨라 2회 타면 도착 ① 루가노역에서 파란색 TPL 2·12번 버스 타고 Casarate-Monte Brè 버스 정류장에서 하차 ② 맞은편 카사라테 푸니쿨라 탑승한 후 수비글리아나에서 하차(Casarate-Suvigliana, 07:00~21:00, 15분 간격, 푸니쿨라 소요 시간 4분) ③ 수비글리아나-몬테 브레까지 푸니쿨라 1회 더 갈아타고 이동(Suvigliana-Monte Brè, 09:00~17:00, 30분 간격, 푸니쿨라 소요 시간 10분) / 내려올 때는 브레, 파에세Brè, Paese 마을에서 12번 버스 탑승 후 Central, Lugano에서 하차(소요 시간 30분) Via delle Scuole 7, 6902 Paradiso 4~5월 09:00~18:00, 6~10월 09:00~19:00, 7~8월 금·토 09:00 ~23:00(변동 가능성 있으니 홈페이지 확인 요망) 1~2월 중순 보수 점검 기간으로 휴무 성인 CHF 16, 만 6~15세 CHF 13, 스위스 패스 30% 할인 +41 91 971 31 71 www.montebre.ch

아름다운 자갈길이 반겨주는 예술 마을
브레 마을 Bré

약 300명의 주민이 살고 있는 아주 작은 마을. 자갈길과 조그만 골목길 사이사이를 걸으며 티치노 양식으로 지어진 많은 역사적인 석조 주택을 볼 수 있는 곳이다. 이 마을에는 유명한 예술가인 파스콸레 지랄디Pasquale Gilardi, 빌헬름 슈미트Wilhelm Schmid, 요세프 비로Josef Birò와 같은 예술가들이 살기도 했으며 골목 곳곳에 그들의 작품이 있어 더욱 아름다운 풍경을 만날 수 있다.

🚶 루가노 첸트로역Lugano, Centro에서 12번 버스 타고 30분 후 종점인 Brè, Paese 하차

누구나 가볍게 걸을 수 있는 쉬운 길
몬테 브레산~간드리아 마을 하이킹

몬테 브레산에서 간드리아 마을 방향을 따라 하이킹을 즐길 수 있다. 간드리아 마을P.476은 호숫가에 있는 작은 마을로, 산에서 가기 때문에 오르막길은 없고 내리막길만 있다. 대부분 울창한 숲길로 되어 있으며 가끔씩 호수가 보이기도 한다.

시작 지점 몬테 브레산 **도착 지점** 간드리아 마을 **오르막길** 0m **내리막길** 610m **난이도** 하 **소요 시간** 1시간 40분

사계절 인기 많은,
작지만 알찬 공원 ③

치아니 공원 Parco Ciani

호수 옆에 있으며, 리포르마 광장에서 걸어서 10분이면 도착하는 공원이다. 자동차 소음에서 벗어나 새소리가 가득한 도심의 오아시스 같은 곳으로, 형형색색 꽃들을 볼 수 있다. 사진 촬영 장소로 가장 인기 높은 곳은 파르코 빌라 치아니 앞 호숫가에 있는 연철 문이다. 햇살이 반영되는 호수 앞에 마치 다른 세계로 통하는 연결 통로처럼 서있는 문을 뒤로하고 인생 사진을 찍을 수 있다. 치아니 공원에는 신기하게도 아열대 기후에서만 살 수 있는 야자수가 곳곳에 심겨 있고, 이탈리아식과 영국식 정원이 가꿔졌다. 몬테 산 살바토레와 아름다운 호수를 보면서 피크닉하기에도 안성맞춤이다.

리포르마 광장에서 호숫가 길을 따라 도보 10분 Via Borghetto 1, 6900 Lugano

루가노역 근처에 있는 푸른 돔이 바로 여기! ④

산로렌초 대성당 Catted rale di San Lorenzo

루가노역에서 바로 보이는 성당으로, 9세기에 세워진 이래 여러 차례 보수를 거쳐 고딕, 르네상스, 바로크 시대의 건축 양식이 섞였다. 석조로 된 건축 부분은 여전히 대부분 로마네스크 양식이다. 건물 밖에서 보이는 동그란 장미 창은 1578년에 만들어졌고, '성인의 문Saints Portal'이라 불리는 중앙 문에는 예수를 안고 있는 성모마리아와 성인 4명의 모습이 담겨있다. 성당 내부에서는 14~16세기에 만든 프레스코화로 덮인 높은 천장과 바로크 장식물을 볼 수 있다. 대리석으로 장식된 '은혜의 성모 제단Madonna delle Grazie'은 전염병 종식을 기원하는 의미로 13세기에 지어졌다가, 16세기에 지금 보이는 우아하고 화려한 모양으로 복원했다. 대성당 앞에서 주황색 테라코타 지붕 너머로 호수와 산까지 탁 트인 전망이 펼쳐져 있다.

루가노 기차역에서 보이는 푸른색 돔을 따라 걸어 내려가면 도보 5분 / 구시가지에서는 푸니쿨라역 옆에 다양한 가게가 있는 오르막길을 따라 쭉 올라가다 왼쪽으로 돌기, 도보 8분 Via Borghetto 1, 6900 Lugano 무료 07:00~18:00 0919214945
www.ticino.ch/it/commons/details/Cattedrale-di-S-Lorenzo

세상 유명한 프레스코화가 세상 소박한 성당 안에 ······ ⑤

산타마리아 델리 안지올리 성당 Chiesa Santa Maria degli Angioli

수수한 외관과 달리 내부에는 스위스에서 가장 유명한 프레스코화가 전시 중이다. 레오나르도 다빈치의 제자인 베르나르디노 루이니Bernardino Luini(1480~1532)의 마지막 작품 〈그리스도의 수난〉과 〈최후의 만찬〉이 생생하게 그려져 있다. 르네상스 양식의 성당은 프란체스코회가 1499년 건축을 시작해 1515년에 완공되었다. 깔끔한 선과 조화로운 비율을 갖춘 균형 잡힌 건축물로, 교회 옆에는 수도원이 있었지만 지금은 흔적만 남아 있나.

🚶 호수 산책길 맞은편이라 루가노역에서 도보 15분 / 2·4번 버스 타고 Tassino 역에서 내려 도보 7분 📍 Piazza Bernardino Luini 6, 6900 Lugano Ⓕ 무료 🕓 08:30~ 18:00 📞 +41 91 922 01 12
🏠 www.santamariadegliangioli.ch

그리스도의 고난

최후의 만찬

루가노의 심장! ······ ⑥

리포르마 광장

Piazza Della Riforma

노천카페와 레스토랑들이 늘어선 루가노 구시가지의 중심지다. '리포르마Riforma'라는 이름은 1830년대에 일어난 개혁 운동에서 유래했다. 당시 루가노는 자유와 개혁을 추구하는 운동의 중심지 중 하나여서 이탈리아어로 개혁이란 뜻의 리포르마로 불리게 되었다. 겨울에는 크리스마스 분위기가 물씬 풍기는 화려한 트리가 거리를 장식하고 여름에는 다양한 이벤트가 펼쳐진다. 광장과 마주 보는 건물은 1843~1844년에 신고전주의 양식으로 지어진 루가노 시청이다. 시청 건물 1층에는 루가노 관광 안내소가 설치되어 유람선 시간표 등 다양한 정보를 얻을 수 있다.

🚶 루가노역에서 푸니쿨라 타고 도보 3분

쇼핑의 시작 ⑦

나사 거리 Via Nassa

나사 거리는 여러 명품 매장과 채소를 판매하는 슈퍼가 함께 어우러진 독특한 거리다. 270m의 거리에 부티크, 서점, 보석상 등 다양한 상점이 들어서 있다. 거리에 지붕이 덮여있고 건물과 건물 사이가 좁아 한여름에도 그늘이 져 시원한 바람을 느끼며 쇼핑할 수 있다.

Riforma 광장에서 도보 1분

루가노 시민들의 문화센터 ⑧

루가노 아르테 & 쿨투라(LAC)

Lugano Arte e Cultura

전통적인 도시와는 사뭇 대비되는 현대적인 디자인의 건물이다. 루가노 시내의 호수 바로 앞에 있다. 1층은 지역 주민들의 음악 및 공연 예술을 볼 수 있는 문화 회관이며, 2층에서는 칸톤 티치노Ticino 출신 작가들의 미술 작품을 영구 전시한다. 3층은 기획전시가 분기별로 바뀐다. 미술관이 크지 않아 1~2시간이면 충분히 볼 수 있다.

루가노역에서 4번 버스 타고 Piazza Loreto에서 내려 도보 4분, 혹은 Riforma 광장에서 호수를 따라 도보 9분 Piazza Bernardino Luini 6, 6900 Lugano 화~금 11:00~18:00, 토·일 10:00~18:00 월 휴무 +41 58 866 42 22 www.luganolac.ch

스위스를 한 번에 여행하는 귀여운 방법 ⑨

멜리데 스위스 미니어처

Melide Swiss Minature

스위스의 가장 유명한 건물 및 교통수단을 미니어처로 만들어 전시한 곳이다. 루체른의 카펠 다리, 베른 연방 궁전, 몽트뢰의 시옹성, 마테호른 등이 작지만 정교하게 표현되어 있다. 총 129개 모델을 1:25 비율로 제작했는데 스위스의 교통 시스템을 한 곳에서 볼 수 있도록 케이블카와 보트까지 일일이 수작업으로 만들었다.

루가노역에서 S반 타고 7분 후 Melide역 하차 후 도보 3분 / 루가노 유람선역에서 35분 후 Melide역 하차 후 도보 6분 Via Cantonale 13, 6815 Melide 성인 CHF 21, 만 6~15세 CHF 14, 만 5세 이하 무료 3월 중순~7월 09:00~18:00, 7월 초~8월 중순 09:00~18:00, 8월 중순~11월 초 09:00~18:00, 11~12월 중순 10:00 ~17:00 (홈페이지 참고) +41 91 640 10 60 www.swissminiatur.ch

리얼 가이드

헤르만 헤세가 치유받은 평화로운 마을 **몬타뇰라** Montagnola

헤르만 헤세 박물관
Museo Hermann Hesse

노벨문학상을 받은 작품 〈유리알 유희〉를 비롯해 〈데미안〉, 〈수레바퀴 밑에서〉 등을 쓴 독일계 스위스인 문호 헤르만 헤세(1877~1962년). 굉장히 엄격한 기독교 집안에서 자란 영향과 두 번의 이혼을 거치며 정신적으로 지쳐있던 헤세는 이곳 몬타뇰라에서 마침내 안정과 정신적인 치유를 얻었다. 그는 루가노 외곽에 있는 몬타뇰라에서 눈을 감을 때까지 43년간 세 번째 아내와 함께 살았고, 그가 살던 집은 박물관이 되었다. 심리학자 칼 구스타브 융에게 정신 치료를 받던 중 그림을 그려보라는 제안을 받아 그리기 시작한 수채화를 볼 수 있는데, 집, 정원, 루가노 호수 등 소박한 일상의 풍경을 담고 있다. 박물관은 이탈리아어, 독일어로 설명되어 있지만 그의 삶의 자취를 느끼기엔 제한적이다. 오히려 헤세가 자주 걸었던 산책길 콜리나 도로Collina d'Oro를 추천한다. 이 길을 따라 20분 정도 내려가면 헤르만 헤세의 무덤이 있는 아름다운 성 아본디오 성당Parrocchia di St. Abbondio 공동묘지로 갈 수 있다. 헤르만 헤세의 무덤은 418번, 작은 돌계단을 하나 지나 거의 가장자리에 있다. 성 아본디오 성당 입구에 펼쳐진 사이프러스 나무 길을 걸으면 헤세가 이곳을 얼마나 사랑했는지 감히 짐작할 수 있다.

루가노 기차역 6번 플랫폼으로 나가 436번 아그라행Agra 버스 타고 Montagnola, Bellevue에 내려 도보 약 2분, 총 20분 소요 Ra Cürta 2, 6926 Montagnola 성인 CHF 10, 학생 CHF 8 3~10월 매일 10:30~ 17:30, 11~2월 토·일 10:30~17:30 11~2월 월~금 휴무 +41-91 993 37 70 www.hessemontagnola.ch

헤르만 헤세의 무덤

배 타고 숨겨진 마을 산책
루가노 유람선

루가노의 유람선은 2개 코스로 나뉜다. 시간이 넉넉하지 않은 이상 간드리아와 모르코테 마을 중 한 곳밖에 갈 수 없다. 두 마을 모두 사이프러스 나무와 야자수가 공존하므로 어딜 가나 아름답다. 시간이 부족한 여행자에게는 루가노에서 간드리아까지 왕복으로 다녀올 수 있는 1시간 25분 코스를 추천한다. 시간이 여유롭다면 잔잔하고 평화로운 마을인 모르코테를 꼭 가보자. 두 코스를 모두 둘러보고 싶다면 1박 하면서 여유롭게 시간을 갖는 것이 좋다.

1 스위스에서 가장 아름다운 마을 중 한 곳 모르코테 Morcote

유람선을 타고 마을로 들어설 때 보이는 풍경이 너무나 아름다워 인스타그램에 단골로 등장하는 마을이다. 경사면에 자리한 산타마리아 델 사소 교회를 향해 올라가면 아래보다 더한 장관을 마주할 수 있다. 참고로 모르코테는 2016년 스위스에서 가장 아름다운 마을로 뽑혔다.

모르코테 마을의 초록 지붕 산타마리아 델 사소 성당 Chiesa Santa Maria del Sasso

경사면에 놓인 청동색 둥근 첨탑이 보이는 곳이 바로 성당이다. 13세기에 지어진 교회는 아름다운 르네상스 양식으로 되어 있고, 다소 작은 성당 내부에서는 프레스코화 작품을 볼 수 있다. 내부에는 1700년대에 만들어진 오르간이 있다. 마을에서 성당 방향 오르막길로 올라가다 보면 15분이면 도착한다. 오르는 중에 작은 골목과 404개의 계단을 지나는데, 곳곳마다 아름다운 프레스코화가 그려져 있다.

모르코테 마을에서 성당 간판을 따라 오르막으로 5분 Sentee da la Gesa, 6922 Morcote 07:00~21:00 +41 91 996 12 50

아름다운 풍경 보고 그네 타기

모르코테 그네 Swing the world

산타마리아 델 사소 성당에서 5분만 더 올라가면 성모 마리아 상이 나오고 그 위에 커다란 목조 그네가 마련되어 있다. 바로 모르코테 마을에서 야심 차게 만든 '스윙 더 월드'. 산타마리아 성당의 종탑과 푸른 루가노 호수를 보며 더위를 식히기에 안성맞춤이다. 또한 사진 찍기에도 좋아 많은 사람들로 붐빈다.

'Swing'이라는 표지판 글자를 따라가 산타마리아 델 사소 성당 위쪽 Sentee dal Porcelin, 6922 Morcote
www.visitmorcote.ch/swingtheworld

맛으로 승부하는 루가노와 이탈리아 전통 음식

바르카이올리 레스토랑 Ristorante Barcaioli

모르코테 유람선 선착장 바로 맞은편 아케이드에 있는 레스토랑. 그로토는 아니지만 티치노 전통 음식을 맛볼 수 있다. 버섯 리소토와 라비올리가 이곳 특선 메뉴다. 맛있는데 양도 많고, 위치까지 환상적인 곳이다.

버섯 라비올리 CHF 26, 고르곤졸라 리소토 CHF 25
루가노역에서 2번 버스 Paradiso, Carzo 방면을 타고 Paradiso, Geretta에서 하차, 모르코테 선착장 바로 맞은편 Riva dal Drèra 4, 6922 Morcote
매일 10:30~15:00, 목~화 18:00~22:00
수 저녁 휴무 +41 91 980 26 20
www.facebook.com/ristorantebarcaioli

해산물 파스타 맛집!

알베르고 리스토란테 델라 포스타

Albergo Ristorante della Posta

호수에서 불어오는 선선한 바람을 즐기며 식사하기 좋은 곳이다. 호텔이 함께 운영하며, 호숫가 테라스 및 실내 2층에도 자리가 있다. 해산물 요리와 이탈리아식 피자를 제공한다. 특히 랍스터를 곁들인 토마토소스 파스타가 인기가 많다.

봉골레 파스타 CHF 28.90, 랍스터 파스타 CHF 32.80, 뇨키 CHF 20.50 루가노역에서 2번 버스 Paradiso, Carzo 방면을 타고 Paradiso, Geretta에서 하차 Piazzetta DA la Posta, 6922 Morcote 07:45~22:30
+41 91 996 11 27 www.hotelmorcote.com

2

때 묻지 않은 빛바랜 파스텔톤 마을

간드리아 Gandria

몬테 브레산 기슭에 있는 작은 마을로, 빛바랜 파스텔색 건물들이 가파른 경사면에 자리해 이탈리아 남부의 작은 호숫가 마을이 연상되는 곳이다. 호숫가가 내려다보이는 레스토랑이 있고, 온화한 기후 덕분에 관광객들이 많이 찾는다. 인구가 300명이 채 안 되지만 관광객이 계속 늘어나는 탓에 인구도 점점 늘고 있다. 마을 중심에는 바로크 양식 인테리어와 중세 후기의 높은 종탑을 갖춘 16세기 건축물 산비질리오San Vigilio 성당이 있다. 산비탈을 따라 마을 건물 사이를 오르락내리락 구경하면 30분 남짓 걸린다. 곳곳에 피어난 지중해 식물과 꽃, 은은한 올리브 잎사귀가 태양에 반짝거려 사진 찍기에 너무 예쁘다. 다만 구불구불한 돌길과 계단이 많은 중세 스타일의 작은 마을이라 노약자나 아이는 힘들 수도 있다는 게 단점.

🚶 루가노 유람선역에서 25분 소요, 혹은 루가노 첸트로역Lugano, Centro에서 간드리아행 490번 버스 타고 15분 소요

산 비질리오 성당 Chiesa di San Vigilio

바로크 양식 인테리어와 중세 후기의 높은 종탑을 갖춘 16세기 성당이다. 성당 내부에서는 바로크 시대(17~18세기)의 치장 벽토와 프레스코화의 작품을 볼 수 있다.

간드리아 마을 중앙. 선착장에서 오르막길로 5분
Piazza A. Giambonini 1, 6978 Gandria

센티에로 델 올리보 Sentiero dell'olivo

간드리아 마을에서 루가노를 향해 가는 가벼운 하이킹길이다. 왼쪽으로는 루가노 호수가 펼쳐져 있고 오른쪽에는 올리브 나무, 선인장, 용설란 등 무성한 초목을 볼 수 있다. 길을 따라 공중화장실이 있고 벤치와 분수가 있다. '올리브 숲 하이킹'이라는 이름과 달리 올리브 나무는 무성하지는 않지만 평화롭게 걸을 수 있는 루트이다.

출발지 간드리아 마을 **도착지** 루가노 **길이** 3.2 Km
오르막길 100m **내리막길** 101m **소요시간** 1시간 30분

로칸다 간드리제 레스토랑 Locanda Gandriese

작은 테라스에서 호수가 내려다보이는 레스토랑이다. 이탈리아 사르데냐섬 출신 셰프가 정통 이탈리아 음식을 만들어 낸다. 테라스가 워낙 작아 사람이 많으면 레스토랑 내부에서 먹어도 좋다. 분위기도 좋지만, 워낙 요리가 맛있기 때문에 예약하지 않았다면 사람이 많이 붐비기 전인 오전 11시 30분 전에 미리 가는 것을 추천한다.

봉골레 링귀니 파스타 CHF 28 간드리아 유람선역에서 하차 오르막길 5분, 루가노역에서 490번 버스 타고 15분 소요 Piazza Nisciör 3, 6978 Lugano
10:30~22:30 +41 91 971 41 81
www.locandagandriese.com

시내 한가운데 자리한 정통 레스토랑 ······ ①

라 티네라 La Tinèra ₣₣₣

1960년부터 내려오는 전통 티치노 가정식 식당. 시내 한복판, 작은 골목 속 지하에 있다. 간판도 크지 않아 찾아 들어가는 순간 마치 보물을 발견한 기분이다. 아늑한 실내에서 리소토와 짭조름하고 씹히는 맛이 좋은 소시지Luganiga, 혹은 송아지의 정강이와 폴렌타Ossobuco di vitello con polenta를 먹을 수 있다.

✕ 티치노 소시지를 곁들인 루가노 리소토Luganiga al Cartoccio CHF 27 🚶 Riforma 광장에서 도보 2분 📍 Via dei Gorini 2, 6900 Lugano 🕓 월~토 11:30~14:30, 18:00~23:00 ⊗ 일 휴무 📞 +41 91 923 52 19 🏠 www.tineralugano.business.site

매일 바뀌는 서프라이즈 메뉴와 와인 한 잔 ······ ②

보테고네 Bottegone ₣₣₣

우아한 분위기 속에 스위스 티치노 와인과 더불어 신선한 음식이 제공되는 곳이다. 치즈까지 바뀔 정도로 매일 달라지는 메뉴를 하루에 4개씩만 제공한다. 정장을 입은 멋진 중년 직원들이 서빙하는데 고급스러우면서도 친근하고 활기찬 분위기다. 점심, 저녁 시간을 피해 가면 맛있는 안주와 함께 와인도 마실 수 있다.

✕ 와인 CHF 6~, 매일 바뀌는 메뉴 CHF 25~40
🚶 Riforma 광장에서 도보 2분 📍 Via Massimiliano Magatti 3, 6900 Lugano 🕓 월~토 11:30~24:00
⊗ 일 휴무 📞 +41 91 922 76 89
🏠 www.facebook.com/Bottegonedelvinolugano

시내에서 벗어난 곳에서 세련된 정통 음식 ······③

그로토 그릴로 Grotto Grillo ₣₣₣

티치노 전통 음식과 현대 음식을 모두 판매하는 레스토랑. 간판은 여전히 옛날 감성이 묻어나지만 내부는 세련되게 개조했다. 소고기를 레드와인에 조린 브라사토 Brasato, 각종 채소를 삶아 쌀이나 파스타, 콩을 넣고 끓인 미네스트로네Minestrone ticinese 수프 등 전통 티치노 스타일의 음식을 맛볼 수 있다. 현지인들에게 인기가 많은 곳으로 반드시 예약해야 한다.

브라사토Brasato al Merlot CHF 34 센트로역Centro에서 7·8·462번 버스 타고 2 정거장 후 Cimitero 하차 Via Ronchetto 6, 6900 Lugano 월~금 10:00~14:30, 18:30~ 23:00, 토 18:00~23:00 일 휴무 +41 91 970 18 18 www.grottogrillo.ch

기품 있는 카페에서 커피 한 잔 ······④

그란드 카페 알 포르토

Grand Café Al Porto ₣₣₣

1803년에 오픈해 작가, 예술가, 정치인들이 자주 드나들었던 역사적인 곳이다. 특히 파네토네 빵은 크기별로 판매할 정도로 인기가 많고, 하나씩 직접 만든 케이크도 호평이다. 커피까지 포함한 점심 코스도 제공하며, 저녁에는 단품 위주로 판매한다. 화장실은 2층에 있으며, 가는 길에 회의실이 보인다. 만약 사람이 없다면 잠깐 들어가서 천장을 바라보길 추천한다. 16세기에 만들어진 나무 천장과 피렌체 화가 카를로 보나페디가 그린 그림은 독특한 피렌체 분위기를 선사한다. 분위기 자체만으로도 가볼 만한 가치가 있는 곳이다.

커피 CHF 6~, 케이크 CHF 7 ~, 커피까지 포함한 3코스 점심 CHF 31~41 Riforma 광장에서 도보 2분
Via Pessina 3, 6900 Lugano 월~토 08:00~18:30
일 휴무 +41 91 910 51 30
www.grand-cafe-lugano.ch

루가노 호수 바로 옆에 있는
세련되고 맛있는 곳 ······⑤

포르토 벨로! Porto Bello! ₣₣₣

치아니 공원을 산책하다 다리를 건너면 갈 수 있는 현지인 맛집이다. 호숫가와 맞닿아 마치 바닷가 부둣가에 있는 듯하고, 왼쪽으로는 몬테 브레산이 앞쪽으로는 몬테 산 살바토레가 보이는 최적의 위치를 자랑한다. 젊고 캐주얼한 분위기에 정통 이탈리아 음식을 스위스 스타일로 녹여 내 인기가 높다. 일찍 가지 않으면 자리가 없을 정도. 주말 저녁에는 DJ를 비롯해 다양한 공연이 열리며, 맛있는 칵테일도 즐길 수 있다.

✕ 구운 문어Polpo Arrosto CHF 23, 멕시칸 버거 CHF 26.50 🚶 루가노역 혹은 Centro 버스 정류장에서 2번 버스 타고 Palazzo Stud 하차 / 루가노역에서 파르코 치아니 공원 지나 다리 건너면 도착 도보 25분 📍 Circolo Velico Lugano, Via Foce 11, 6900 Lugano 🕓 화·수·일 09:00~23:00, 목, 09:00~01:00, 금·토 09:00~02:00 ⊗ 월 휴무 ☎ +41 91 972 88 88 🏠 www.instagram.com/porto_bello_lugano

뭐니 뭐니해도 쌀이 최고야 ······⑥

라이스 고 아시안 테이크 어웨이

Rice Go Asian Take Away ₣₣₣

스위스 음식도, 이탈리아 음식도 물린다면 깨끗하고 깔끔한 주방에서 만들어 판매하는 아시아 음식을 맛볼 수 있다. 점심때는 현지인들이 건물 밖까지 줄 서서 음식을 포장해 가는 가게다. 특히 점심 메뉴는 뷔페 형식으로, 밥이나 국수에 메인 음식을 함께 고를 수 있다. 저녁에는 메뉴를 따로 주문하면 주방에서 만들어 주며, 점심에 팔고 남은 음식을 싼 가격에 판매해서 가성비가 좋다.

✕ 매일 바뀌는 점심 CHF 15, 저녁 CHF 18~ 🚶 Riforma 광장에서 도보 8분
📍 Via Sempione, 6900 Lugano 🕓 월~토 11:00~21:15 ⊗ 일 휴무
☎ +41 91 224 66 33 🏠 www.rice-go-asian-take-away.business.site

조각 피자 사서 호숫가에서 즐기기 ······ ⑦

가바니 가스트로노미아

GABBANI Gastronomia ₣₣₣

간판이 너무 예뻐 자동으로 사진을 찍게 되는 가게. 구시가지에 있는 식료품점으로, 1937년 정육점으로 시작했다가 현재는 살라미 등을 판매하는 고급 식품점 겸 호텔로 운영 중이다. 점심에는 맛있는 피자와 샌드위치를 판매하며 테이크아웃할 수 있고 무게(g당)에 따라 가격을 매긴다. 바로 앞 건물에는 가바니에서 운영하는 고급 레스토랑이 있다.

피자 1조각 CHF 7~ Riforma 광장에서 도보 2분 Via Pessina 12, Piazza Cioccaro 1, 6900 Lugano 월~토 08:00~18:30 일 휴무 +41 91 911 30 80 www.gabbani.com

티치노 여행 중에 꼭 가봐야 할 그로토 Grotto 레스토랑

냉장고가 없던 시절, 우리나라에서는 김치를 큰 항아리에 담아 땅속에 보관했던 것처럼 주변이 산으로 가득한 스위스 티치노 사람들도 산속 동굴에 음식을 보관했다. 지금까지 운영하는 그로토 레스토랑은 일반적으로 외진 곳이나 그늘진 데에 소박하게 자리 잡고 있다. 현재는 흐르는 세월과 더불어 그로토 레스토랑은 수백 년 된 나무 아래에 자리 잡았고 화강암 테이블과 벤치가 마련되어 있다. 옛날 티치노 사람들은 예쁘고 잘 빠진 투명한 유리잔 대신 전통 세라믹으로 만든 보칼리노Boccalino에 와인을 마시며 시간을 보냈다. 시간이 난다면 따뜻한 정통 가정식 음식을 먹을 수 있는 그로토 레스토랑에 방문해 보자.

브레 마을 아래에서 한적하게 맛볼 수 있는 음식 ······ ⑧

그로토 카스타그네토 Grotto Castagneto ₣₣₣

몬테 브레산 근처 브레 마을에 있는 아늑한 레스토랑. 넉살 좋은 남편이 친절하게 서빙하고 아내는 요리를 담당하는데 지역 및 제철 재료로 만든 홈메이드 전통 요리를 제공한다. 매일 바뀌는 메뉴를 직접 패널을 들고 와서 설명해 줄 정도로 정성도 가득하다. 한여름에는 초록색 녹지로 가득 찬 몬테 브레산의 숲속에서 식사를 즐길 수 있다.

라자냐 CHF 25, 돼지 정강이Stinco di maiale CHF 36 몬테 브레산 정상에서 브레 마을 방면으로 도보 30분 / 루가노 센트럴 버스 정류장에서 21번 버스 타고 Brè, Paese 하차 후 내리막길로 도보 5분 Via Sempione, 6900 Lugano 월~토 11:00~21:15 일 휴무 +41 91 224 66 33 www.rice-go-asian-take-away.business.sit

HOTEL
OBERLAND
HOTEL OBERLAND

PART 4

실전에 강한 여행 준비

스위스 여행 FAQ

고물가 스위스에서 가성비 여행하는 법은 뭘까요?

교통비 & 입장료 절약

스위스는 항공 요금만큼이나 대중교통 요금이 비싸다. 정해진 기간 내에 정해진 노선을 무제한 탑승이 가능한 교통 패스, 또는 요금을 할인받을 수 있는 패스 등 선택지가 다양하니 여행 동선을 미리 계획하여 일정에 맞는 교통 패스를 사는 것이 좋다. 특히 교통 패스 중 '세이버데이 패스P.502'는 탑승 날짜 6개월 전부터 가장 저렴한 요금이 나오기 때문에 발 빠르게 예약하는 것도 좋다.

취리히, 제네바, 인터라켄, 그린델발트, 루체른, 바젤 등 스위스 주요 도시에서 투숙하면 관광세를 낸 후에 게스트 카드를 발급받을 수 있다. 게스트 카드 소지자는 대중교통을 무료로 이용할 수 있으며, 지역에 따라 무료로 이용할 수 없는 유람선 등의 대중교통이나 미술관 & 박물관 등의 입장료를 할인해 준다. 또 대학생을 포함한 학생들은 국제학생증을 발급받아 두면 입장료나 숙소에서 할인받을 수도 있으니 미리 만들어 가져가면 좋다.

식비 절약

외식 물가가 매우 비싼 스위스에서는 점심 기준으로 1만 5,000원~4만 원 정도, 저녁 기준 최소 5만~15만 원 정도를 예산으로 잡아야 하며, 술을 곁들이면 금액은 훨씬 더 올라간다. 식비가 부담된다면 슈퍼마켓에서 장을 보아 직접 요리를 해 먹는 것도 좋다. 이 경우 잊지 말고 취사 가능 숙소를 예약할 것. 또 스위스의 한인 민박 대부분이 유럽식 아침을 제공해 주고, 스위스의 레스토랑 대다수는 저녁보다 더 저렴한 런치 메뉴Lunch Menu를 제공하니 적극 활용할 것.

숙박비 절약

스위스 호텔은 숙박일 1달 전부터는 가격이 껑충 뛰는 경우도 있다. 특히나 성수기에는 더욱 그렇다. 저렴하고 인기 있는 에어비앤비나 샬레는 가격도 가격이지만 아예 1년 전에 예약이 마감되기도 한다. 때문에 숙소 역시 여행 일정이 정해졌다면 하루라도 빨리 예약하는 것이 돈을 아끼는 비결. 또 같은 호텔이라도 예약 중개 사이트마다 가격이 다르며, 신용카드 등에 추가 할인 혜택이 있는지 꼼꼼히 체크하는 것도 중요하다. 간혹 중개 사이트보다 숙소 홈페이지에서 예약하는 것이 저렴한 경우도 있다.

스위스에는 깨끗하고 시설 좋은 캠핑장도 많다. 캠핑 장비가 있으면 더 저렴하게 이용할 수 있지만, 캠핑 장비가 없더라도 글램핑장을 이용할 수 있다. 샤워 시설은 물론 공용 주방도 이용할 수 있고 역시 취사가 가능하다. 캠핑장 요금은 비수기 1박(2인, 주차 1대, 전기 사용) 기준으로 5만 5,000원~8만 원 가량이다. 다만 성수기에는 최소 3~5일 이상 연박해야 하는 경우도 있고, 여행 일정 내내 캠핑 장비를 챙겨야 하는 부담도 있기 때문에 렌터카 여행자들에게 추천할 만하다. 캠핑장 정보는 구글 지도에서 'Camping'이라고 검색하면 다양한 시설을 확인할 수 있다.

스위스에서 여행할 때 알아둘 팁을 알려주세요.

스위스에는 에어컨이 없는 곳이 많다던데요.

스위스는 에너지 효율과 환경 보호를 중요시하는 나라이므로, 냉방도 기기에 의존하기보다는 에너지 효율적 건축 방식을 선호한다. 최근에 지어진 건물일수록 자연 환기와 단열이 잘 되는 곳이 많다. 하지만 최근 이상 기후로 인해 스위스도 7월 중순~8월 중순에는 매우 덥다. 숙소에는 대부분 에어컨이 없고 선풍기조사 없는 곳도 많다. 더위를 많이 탄나면 숙소를 예약하기 전에 여름철 후기를 꼼꼼히 읽거나 호텔 또는 호스트에게 미리 문의해도 좋다. 또 기차는 실내에 에어컨을 트는 칸도 있고 안 트는 곳도 있으니 너무 덥다면 다른 칸으로 자리를 옮기는 것도 방법이다.

스위스에는 모기가 없고 파리가 많다던데요.

스위스는 여름에도 비가 적게 내리는 편이어서 모기가 적고 건물에도 방충망이 없는 곳이 많다. 또 석회암 지반에 배수가 잘 되어 모기 외에 다른 벌레도 많이 없는 편이다. 다만 스위스는 독성 약품으로 환경을 오염하지 않으려는 경향이 있어, 농장 근처나 소가 있는 곳에는 파리가 밀집되어 있기도 하다. 여름철에는 고급 레스토랑에서조차 파리를 보는 경우가 심심찮게 있으나, 자연을 생각하는 스위스만의 방법이라고 생각하고 조금 참아 보는 방법밖에 없다.

수돗물은 마셔도 안전한가요?

자연을 중시하는 나라답게 국가 차원의 물 보호 운동을 계속해 수돗물의 품질 또한 매우 높다. 특히나 위생 및 안전에 관해 엄격한 지침을 준수하는데, 알프스산맥을 끼고 있는 지리적 위치에 더해 산에서 흘러나오는 깨끗한 샘물의 비율이 높아 화학적 처리가 거의 필요 없고 식수로 활용 가능하다. 실제로 물병을 가지고 다니며 수돗물을 받아 마시는 사람도 많다.

스위스 상점은 일요일에 닫나요?

스위스의 상점은 보통 평일 09:00~18:00에 영업하고 일요일에는 대부분 닫는다. 슈퍼마켓도 저녁 6시 정도에 문을 닫고, 일요일은 쉬기 때문에 식료품은 미리 사두는 것이 좋다. 다만 취리히, 루체른, 베른, 인터라켄, 그린델발트 같은 주요 관광 도시의 역사 내 슈퍼마켓은 일주일 내내 영업하는 경우가 많으니 구글 지도의 영업 시간을 참고하자. 일반적인 레스토랑의 점심 영업은 보통 11:30~14:00, 저녁 영업은 17:30~21:00이다. 일요일에 문을 닫는 경우도 있다.

스위스 화장실은 유료인가요?

취리히, 바젤, 베른, 루체른과 같은 큰 기차역에서는 대부분 화장실 이용 요금(CHF 2)을 받는다. 주로 동전만 가능했지만 2024년부터 점차 컨택트리스Contactless 카드로 바뀌는 추세이다. 제네바공항, 취리히공항역은 무료지만 바젤공항과 떨어져 있는 바젤역은 여전히 요금을 내야 한다. 그 외에 규모가 다소 작은 인터라켄 동역, 칸더슈텍, 브리엔츠와 같은 역은 보통 무료다. 기차 내부에도 깨끗한 화장실이 있다. 기차에서 내리기 전 미리 화장실을 이용하는 것을 추천한다.

스위스에서 지켜야 할 매너에 대해 알려주세요.

레스토랑 매너

① 레스토랑에 입장하기 전에 기다리기

식당에 들어서기 전 간판에 "잠시 기다리세요"라는 팻말이 붙어있는 경우가 많다. 예약했더라도 일단 서버를 기다리자. 서버가 보통 예약 여부를 물어보고, 인원 등을 확인 후 안내해 준다. 맥도널드와 작은 간이식당 같은 곳은 빈자리에 앉아도 되지만 일반 레스토랑에서는 서버와 눈을 마주치고 기다림을 잊지 말자.

② 음료 주문 먼저

스위스 레스토랑에서는 기본적으로 음식 메뉴를 주문받기 전에 항상 마실 것을 먼저 물어본다. 레스토랑마다 다르지만, 탭 워터(수돗물) 또한 무료가 아닌 경우도 많다. 물을 시키면 탄산수와 일반 물 중 고르라고 하니 탄산수를 피하고 싶다면 "Water without gas, please."라고 말할 것.

③ 음식 주문

음료가 나올 때 음식을 주문하는 것이 가장 빨리 음식을 시키는 방법이다. 때를 놓쳤다면 메뉴판을 덮고 기다리거나 서버와 눈을 마주치는 것이 중요하다. 손으로 서버를 재촉하거나 부르는 것은 예의에 어긋난다. 빨리 먹고 가야 할 사정이 있으면 음식이 나오자마자 미리 담당 서버에게 계산을 요청할 것.

④ 계산

무작정 일어나서 계산대에 가지 않는다. 담당 서버에게 눈짓해서 자리로 오면 계산하고 싶다고 말하는 게 예의.

⑤ 서비스 팁

스위스는 팁이 의무가 아니다. 하지만 좋은 서비스를 받았다면 스위스 사람들은 팁을 조금이라도 낸다. 만약 CHF 45이 나왔다면 카드로 결제 시, CHF 3을 더해 "48, please"라고 말하자. 하지만 서비스가 마음에 들지 않았다면 굳이 내지 않아도 된다.

기차 매너

① 기차는 사람들이 모두 내리고 탑승

2층 구조인 스위스 기차는 좌석도 그만큼 많아, 내리고 타는 데 시간이 걸릴 수 있다. 사람들이 내리면서 한 사람 들어갈 자리가 보이더라도, 들어가지 말자. 기차 안에 있던 모든 사람이 내린 후에 타야 한다.

② 자리는 1인당 1칸

간혹 짐을 넣을 곳이 없어서 의자 위에 올려두는 경우가 있다. 사람이 많이 몰리면 짐을 최대한 입구 쪽에 넣고 자리에 앉으면 좋다. 간혹 작은 짐은 의자 밑에 충분히 넣을 수도 있고 또는 의자 사이에 넣을 수도 있으니 잘 살펴보자.

③ 기차 안에서 간단한 식사 가능

스위스 열차 안에서는 아침, 점심, 저녁 시간쯤에 간단하게 샌드위치나 샐러드를 먹을 수 있다. 이때 냄새가 나는 음식은 가급적 피하자.

그 밖의 여행 매너

① 호텔 조식은 평상복 차림

조식을 먹을 때는 편한 잠옷 차림보다는 평상복으로 입고 즐기는 것이 스위스 호텔의 매너다. 슬리퍼를 신고 내려오는 것은 결례이다.

② 강아지 인사도 물어보기

한국에서도 그렇지만 강아지가 예뻐서 부르고 만지고 싶더라도 먼저 주인의 허락을 받는 것이 중요하다. 애완동물 사진을 찍기 전에도 항상 주인에게 먼저 물어보는 것을 잊지 말자.

③ 콧물이 나오면 바로 풀기

스위스에서는 콧물이 나오는데 계속 훌쩍거리면 굉장히 비위생적이라고 생각한다. 차라리 시원하게 풀고 훌쩍이지 않는 것이 매너. 레스토랑 한가운데에서도 코를 팽! 하고 푸는 유럽인들을 가끔 볼 수 있다. 또 기침이 나올 때는 사람이 없는 쪽으로 몸을 돌리고 반드시 손이나 어깨로 가리고 해야 한다.

④ 건배할 때는 눈을 바라보기

우리나라처럼 두 손으로 건배하는 문화가 아니라 한 손으로 건배한다. 이때 눈을 피하면 매너가 아니니 반드시 상대방의 눈을 마주 보고 건배해 보자.

간단한 현지어를 알려주세요.

	스위스 독일어	프랑스어	이탈리아어
안녕하세요.	Grüezi 🔈 그뤼에찌 (취리히, 루체른, 바젤) Grüessech 🔈 그뤼에싸 (베른, 융프라우 지역)	Bonjour 🔈 봉쥬흐	Ciao 🔈 챠오
실례합니다.	Exgüüsi 🔈 익스뀌제	excusez-moi 🔈 익스뀌즈-모아	Scusi 🔈 스쿠지
감사합니다.	Danke schön. 🔈 당케 슈엔	Merci beaucoup. 🔈 메흐씨 보쿠	Grazie. 🔈 그라찌에
건배	Proscht 🔈 프로슈트 (취리히, 루체른, 바젤) Zum Wohl 🔈 쭘 볼 (베른, 융프라우 지역)	Santé 🔈 썽떼	salute 🔈 쌀루떼
안녕히 계(가)세요.	Ciao 🔈 챠오	Au revoir! 🔈 오흐부아	Ciao 🔈 챠오

한눈에 보는 여행 준비

D-240

여행 정보 수집과 일정 수립

여행 일정 수립

자신의 여행 기간을 바탕으로 대략적인 여행 일정을 정한다. 스위스는 날씨의 변화가 커서 대부분 숙소를 한 곳에 잡고 날씨에 따라 행선지를 정하고 이동하는 경우가 많다. 여행 일정을 완벽하게는 정하지 않더라도 숙소 예약을 위해 가보고 싶은 여행지를 체크해 두는 것은 중요하다. 입출국할 도시와 가고 싶은 도시를 지도에 표시한 후, 기차로 얼마나 걸리는지 등을 확인해 동선에 참고하는 것이 좋다. 〈리얼 스위스〉에서 제안하는 기간별, 주제별 추천 코스를 참고해도 좋다 P.036

여행 정보 수집

스위스 기본 정보와 여행 정보는 알찬 가이드북 〈리얼 스위스〉를 참고하면 된다. 추가 정보나 실시간 현지 상황에 대한 정보를 얻으려면 다음 두 사이트가 유용하다. 저자의 블로그 '스위스 안나의 현지 여행정보'에도 도움 되는 정보가 많이 있으니 참고하자.

- **스위스 관광청** www.myswitzerland.com/ko
- **네이버 카페 '스위스 프렌즈'** cafe.naver.com/swissfriends
- **스위스 안나의 현지 여행정보** blog.naver.com/swissanna

D-220

항공권 예약

스위스로 가는 항공편

일정이 정해지면 항공권을 예약하는 것이 좋다. 스위스 여행 성수기인 6~10월 초에는 대한항공과 스위스항공이 인천~취리히 직항 노선을 운행한다. 이 기간은 물론 그 외 기간에도 루프트한자, 에어프랑스, 에미레이트항공, 에티하드항공 등에서 경유 편을 운행한다. 제네바가 목적지라면 직항편은 없고, 무조건 한 번은 경유해야 한다. 대한항공을 타고 암스테르담에서 내려 KLM네덜란드항공으로 갈아타 제네바로 가거나, 인천에서 파리까지 가서 에어프랑스로 갈아타는 국적기 공동 운항 노선이 인기 있다. 또는 루프트한자, 터키항공, 에미레이트항공, 에티하드항공 등 다양한 항공사가 인천~제네바 구간을 연결한다.

- **대한항공** www.koreanair.com
- **스위스항공** www.swiss.com/kr/ko

항공권 예약 팁

한국에서 직항편을 타고 갈지, 경유편을 이용할지, 또는 유럽 내 다른 국가에서 항공이나 육로로 이동할지에 따라서 in/out 도시가 달라진다. 직항편을 고수하는 것이 아니라면 스위스 내 국제공항이 여러 도시의 항공편도 함께 검색해 보자. 항공권은 가격 비교 검색 사이트를 이용해 비교해 보고 구매하는 것도 좋다.

- **스카이스캐너** skyscanner.com
- **카약닷컴** kayak.com
- **네이버 항공권** flight.naver.com

D-200
숙소 예약

항공권보다 먼저 예약도 OK

스위스에는 호텔, 샬레, 아파트, 호스텔, 한인 민박 등 선택할 수 있는 숙소의 폭이 넓다. 하지만 호텔 예약 사이트에서 샬레, 아파트, 한인 민박이 나오지 않는 경우도 많기에 발품을 파는 것이 중요하다. 또한 스위스 전통 가옥인 샬레는 객실 수가 적기 때문에 원하는 방이 빨리 마감될 수 있고, 투숙할 날이 가까워질수록 가격도 오른다. 여행 일정이 정해졌다면 빨리 숙소를 정하는 것이 좋다. 특히 샬레는 항공권보다 먼저 예약하는 사람도 많다. 숙소의 종류와 선택은 '스위스 숙소의 종류와 예약 방법' P.493을 참고할 것.

호텔스컴바인 www.hotelscombined.com
부킹닷컴 www.booking.com
아고다 www.agoda.com
호텔스닷컴 www.hotels.com
익스피디아 www.expedia.co.kr

D-180
세이버데이 패스 예약

빨리 살수록 이득인 패스는 오픈 런

스위스 트래블 패스 등 사용 전날 또는 당일에 사도 되는 패스가 있는가 하면, 세이버데이 패스 P.502처럼 여행 전에 미리 사놓을 수 있는 패스가 있다. 세이버데이 패스는 사용일 기준 180일 전부터 판매하며, 일정 수량이 팔리고 나면 가격이 오른다. 선착순 판매이기 때문에 일정이 정해지면 미리 구매하는 것이 좋다. 가장 저렴한 금액은 1일권 CHF 52이며 CHF 79, CHF 97, 최대 CHF 119까지 가격이 오른다. 특히나 주말에는 현지인들도 미리 살 만큼 인기 있는 티켓이며, 평일에는 티켓이 다소 남는 것이 특징이다. 단, 저렴하다고 무작정 사기보다는 확실히 일정을 정한 후에 구매하기를 추천한다.

D-90
스위스 교통 패스 & 특급 열차 예약

나에게 맞는 교통 패스로 여행 경비 아끼기

살인적인 스위스 물가에서 교통비를 조금이라도 아끼려면 여행 일정에 적합한 교통 패스를 구매하기를 추천한다. 대표적으로 가장 많이 사는 스위스 트래블 패스를 비롯해 하루씩만 이용하기 좋은 세이버데이 패스, 여행자들이 많이 찾는 베르너 오버란트 지역을 커버하는 베르너 오버란트 패스, 융프라우요흐 여행에 최적화된 융프라우 VIP 패스 등 선택지가 다양하다. 가장 중요한 것은 스위스 여행의 테마가 무엇인지, 목적과 일정에 맞춰 사야 한다는 점.

아이와 함께 여행하는 경우 패스를 구입할 때 패밀리 카드 또는 주니어 트래블 카드를 신청해 부모와 동일한 혜택을 볼 수도 있다. 자세한 패스의 내용은 P.500 '스위스 교통 패스'를 참고할 것. 각 교통 패스마다 안내된 QR 코드를 휴대전화로 스캔하면 바로 구매 가능한 웹사이트로 접속할 수 있다.

좌석 예약이 필요한 열차는 따로 체크

베르니나 익스프레스와 빙하 특급 열차를 타려면 좌석 예매가 필수다. 좌석 예약은 여행하기 90일 전부터 온라인에서 예약할 수 있다. 또 융프라우요흐로 가는 산악 열차도 성수기에는 좌석을 예약하는 것이 좋다. 아이거글레처~융프라우요흐 구간 또는 클라이네 샤이덱~융프라우요흐 왕복 구간 좌석을 온라인에서 유료로(CHF 10) 예약할 수 있다.

스위스 철도청 www.sbb.ch

D-60
외화 충전식 선불 카드 발급

스위스에서도 레스토랑, 슈퍼는 대부분 카드 결제가 가능하다. 더군다나 카드 결제는 컨택트리스 결제 방식을 쓰기 때문에 더욱 편리하고 번호 유출 등의 걱정도 없다. 환전 수수료, 재환전 수수료 할인 등 각각의 장단점이 있으니 비교해서 필요한 것으로 발급받으면 된다. 현재 스위스에서는 토스뱅크 카드와 트래블로그가 유용한 편이다. 다만 국제 브랜드사에 따라서 결제가 안 되거나, 혜택이 다른 부분이 있으니 두어 개 준비해 두면 좋다. 다음 소개한 모든 카드는 컨택트리스 결제 방식을 지원한다. 참고로 CHF 80 미만을 결제할 때에만 컨택트리스 방식이 이용 가능하며 그 이상 결제 시 비밀번호가 필요하다.

· 가장 인기 많은 트래블 카드 비교

*2024년 11월 기준

	토스뱅크(핀테크)	트래블 로그(하나은행)	트래블 월렛(핀테크)
적용 환율	실시간 환율	실시간 환율	실시간 환율
환전 수수료	무료	무료	무료
재환전 수수료 (프랑에서 원화로 바꿀 때)	무료	1.99%	1%
충전 한도	일 1,000만 원, 월 1억 원	일 300만 원, 연 1만 달러	일 200만 원 (300만 원까지 가능)
해외 결제 수수료	면제	면제	면제
ATM 출금 시 카드사 수수료*	면제	면제	월 500달러 미만 면제, 초과 2%
연계 계좌	토스 뱅크 외화 계좌	하나 금융 계열 계좌 (은행, 증권, 저축은행 등)	제한 없음
결제 한도	일 600만 원 월 2,000만 원	일 5,000달러 월 1만 달러	연 10만 달러
보유 금액 부족 시 자동 환전 기능	가능	가능	가능

* 현지 ATM 운영사가 정한 기기 수수료가 부과될 수 있으니 주의

D-30
환전

현금과 카드 비율

스위스는 다른 유럽 국가들과 달리 스위스 프랑 CHF만 사용한다. 일부 관광지나 대형 상점에서는 유로화를 받기도 하나, 환율이 비싸게 계산되기 때문에 불편하더라도 현금은 스위스 프랑을 소지하고 있는 것이 좋다. 개인마다 소비 유형에 따라서 다르지만, 스위스에서 5일 정도 머물면 현금은 CHF 100정도만 있어도 충분하다. 보통 현금은 샬레(산장)에서 결제가 안 될 때, 현금만 받는 레스토랑에 갈 때, 택시 단말기에서 카드 결제가 되지 않을 때, 오래된 지하철역 코인 로커를 이용할 때 필요하다.

환전 방법

외화 충전식 선불 카드가 있으면 스위스 현지 ATM에서 현금을 인출해도 되고, 한국에서 환전해 가려면 가까운 은행이나 공항 내 환전소에서 가능하다. 주거래 은행에서는 대부분 환율 우대를 해주며, 앱으로 신청하고 공항에서 수령할 경우 수수료를 할인해 주는 이벤트도 자주 열리니 확인해 보면 좋다.

D-30 유심 준비

사용 인원과 스타일에 맞는 데이터 접속 선택

여행 일정이 짧고 한국 전화번호로 자주 통화해야 한다면 로밍이 가장 좋다. 최근에는 주요 통신사의 로밍 요금도 저렴해지는 추세고, 스위스 프랑 환율이 오르면서 현지 유심 가격도 올라 로밍보다 비용 절감 효과가 줄었기 때문. 장기 여행이거나 데이터를 많이 사용한다면 유심USIM이나 이심eSIM을 추천한다. 다만 유심은 심카드를 갈아 끼우는 것이 번거롭고 한국 전화번호로 연락을 받을 수 없는 것이 단점이고, 이심은 사용할 수 있는 기기가 한정적이라는 단점이 있다. 유심은 보통 출국 전 한국 인터넷 쇼핑몰에서 구매하지만, 미리 준비하지 못했으면 스위스 취리히공항에 있는 스위스콤Swisscom 또는 솔트Salt에서 살 수 있다.

접속 방식별 특징과 장단점

	로밍	유심	이심	포켓 와이파이
특징	외국에서도 한국 전화번호를 사용하는 이동통신 기능	현지 통신사의 유심을 구매해 사용	휴대폰에 내장된 유심에 정보를 다운받아 이용하는 서비스	휴대용 소형 인터넷 공유기
장점	한국 전화번호 사용. 이용하기 편함	속도가 빠름. 현지 전화번호로 통화와 문자 이용	한국 전화, 문자 사용. 배송 및 분실 우려 없음. 원하는 통신사로 개통	와이파이 무제한 이용. 여러 명이 사용 가능
단점	가끔 데이터 연결이 불안정함. 비싼 가격	유심 교체가 번거로움. 비싼 가격	재발급 비용 필요. 가능 단말기 제한적	기기 무게 부담. 수령 및 반납이 불편함. 매일 충전 필요
가격	1일 무제한 1만 원 이상	통화 및 인터넷 무제한 7일 CHF 20	7일 10GB 1만 9,000원 ~	1일 무제한 6,000원~

D-15 여행자 보험 가입

여행자 보험 가입·접수처

여행자 보험은 여행 기간 중 생기는 상해나 질병으로 인한 사망 및 치료, 휴대품의 도난이나 파손으로 인한 손해, 제3자에 대한 배상 책임 손해 등을 담보하는 상품이다. 보험회사 다이렉트 홈페이지를 통해 신청 및 가입하며, 공항 내 보험사 창구에서도 즉시 가입할 수 있다. 보험회사 상품별로 보장 한도 금액, 요금 등이 다르니 미리 비교 검색하면 좋다.

여행자 보험 선택 팁

스위스에서 인기 많은 레저 활동인 스카이다이빙, 패러글라이딩은 해외여행자 보험 약관에서는 제외됨을 알아두자. 또 이미 실손보험에 가입된 경우, 해외여행자 보험의 국내 의료비는 중복 가입의 지급액이 낮아질 수 있으므로 중복 보장 우려가 있는 항목은 해지하거나 빼는 것이 좋다.

D-7
짐 꾸리기

기본적인 여행 준비물에 겉옷은 다양하게

필요한 것은 대부분 스위스에서도 살 수 있지만, 물가가 워낙 비싼 만큼 가져갈 수 있는 것은 최대한 챙겨가면 좋다. 의류, 세면도구, 비상약 등의 기초 물품은 빠짐없이 챙긴다. 스위스는 여름에도 산과 도시의 기온 차가 20도 이상 나고, 갑자기 비가 내리면 기온이 뚝 떨어지기 때문에 여름에도 바람막이와 경량 패딩은 필수품이다.

스위스 여행에서 꼭 챙길 것

스위스의 빙하와 하얀 눈을 마주할 때는 반드시 선글라스 착용이 필수이니 꼭 챙길 것. 또 스위스의 전압은 한국과 마찬가지로 220볼트이지만, 플러그 모양이 달라 멀티 어댑터가 반드시 필요하다. 스위스는 C타입(4mm)을 써서 우리나라의 F타입(4.8mm) 플러그가 맞지 않는다. 현지에서 음식을 조리해 먹을 계획이면 휴대용 김치, 햇반, 라면, 김 등을 챙겨가면 유용하다. 현지에서는 구하기도 쉽지 않을뿐더러, 구한다 한들 가격이 매우 비싸기 때문이다. 또 조리 시 필요한 고추장, 고춧가루, 간장 등 기본적인 조미료를 챙겨가면 재료만 현지에서 구매해서 한식을 조리해 먹을 수 있어 더욱 좋다.

D-day
출국 & 입국

터미널 도착 및 탑승 수속

출발 3시간 전에 공항에 도착해 탑승 수속을 밟는다. 위탁 수하물과 기내 반입 가방에 각각 들어가면 안 되는 물건이 없는지 확인 후 짐을 부친다.

보안 검색 및 출국 심사

모든 소지품을 바구니에 담고 보안 검색대를 통과한다. 바로 이어 유인 출국 심사대 또는 자동 출입국 심사대를 통해 출국 심사를 받는다. 이 게이트를 통과해 면세 구역으로 진입하면 다시 되돌아올 수 없으니 유의.

탑승구로 이동 및 탑승

티켓과 실시간 탑승구 안내 전광판 등을 통해 탑승구 번호, 탑승 시간을 확인하고 게이트로 이동한다. 탑승구 주변에서 대기하다가 승무원의 안내에 따라 비행기에 탑승한다.

스위스 공항 도착 및 입국 심사

비행기에서 내려 'Passport Control' 표지판을 따라 이동한다. 입국 심사대에 도착하면 기타 국가 'All Nationalities'에 줄을 선다. 대한민국 여권 소지자가 관광 목적으로 스위스에 입국할 경우 90일까지는 별도의 비자와 입국카드가 필요 없다. 입국 심사는 방문 목적, 체류 기간, 일정, 숙소 정도로 간단한 질문을 하거나 아예 묻지 않는 경우도 있다.

수하물 수취 및 세관 신고

입국 심사를 마치면 'Baggage Claim' 표지판을 따라서 이동한 후 안내 전광판에서 수하물 수취대 번호를 확인한 후 짐을 찾는다. 다음으로 세관 검사대를 통과해야 하는데, 특별히 신고할 물품이 없다면 녹색 방향을 따라 세관 검사대를 통과한다.

스위스 숙소의 종류와 예약 방법

호텔

아주 고급스러운 5성급 호텔부터 2~3성급까지 다양한 형태의 호텔이 있다. 가격 역시 위치와 컨디션에 따라서 천차만별. 다만 시간 여유를 두고 호텔로 직접 이메일을 보내 문의하면 대형 예약 사이트보다 저렴하게 예약하는 경우가 간혹 있다.

예약 사이트

- **부킹닷컴** booking.com
- **아고다** agoda.com
- **호텔스닷컴** hotels.com

호스텔·백패커스

4인 이상, 8인 이상의 다인실이 주를 이루는 저가형 숙소. 시설에 따라 1인실, 2인실도 찾을 수 있지만 호텔처럼 가격이 비싼 편이니 비교 검색하는 것이 중요하다. 대부분 대형 식당을 갖춰 투숙객이 직접 요리해 먹을 수 있다. 조리 시설이 없는 곳은 대부분 외부 음식점보다 저렴하게 음식을 판매한다. 부킹닷컴이나 아고다 같은 호텔 예약 사이트 외에 호스텔스닷컴, 호스텔월드 등의 백패커스 전문 예약 사이트도 이용할 만하다.

- **호스텔월드** hostelwolrd.com

샬레

'샬레Chalet'는 스위스 전통 목조 주택을 일컫는다. 스위스 특유의 분위기를 한껏 느낄 수 있는 것은 물론, 아름다운 풍경까지 즐길 수 있어 일석이조. 직접 밥을 해 먹으면서 외식 비용을 아낄 수 있어, 특히 주머니가 가벼운 여행자에게 더욱 인기가 많다. 다만 샬레는 대부분 산간 지방에 있어서 대중교통으로 다니기 어려운 경우도 있고, 무거운 캐리어를 끌고 언덕을 올라가야 하는 상황이 발생할 수도 있다. 따라서 위치와 후기를 꼼꼼하게 살펴보고 예약할 것. 또 샬레를 운영하는 주인 중 인터넷 예약 시스템에 익숙하지 않아 개인 이메일로만 예약을 받는 곳도 꽤 된다. 네이버 블로그에 스위스 샬레 후기를 찾으면 이메일을 쉽게 알아낼 수 있다. 일단 담당자 주소로 이메일을 보내 예약 가능 확답을 받은 뒤, 숙소에 가서 숙박비를 현금으로 내면 된다. 샬레는 호텔처럼 방이 많지 않고, 내가 원하는 숙소에 공실이 금세 없어지거나 공실이 있더라도 숙박일이 가까워질수록 가격이 점점 오른다. 여행 일정이 정해지면 최대한 빨리 샬레 예약하기를 추천한다. 부킹닷컴, 에어비앤비 등의 호텔 예약 사이트는 기본, 아래의 웹사이트도 찾아보면 좋다.

인터홈(스위스 전역 샬레 예약) www.interhome.ch
에 도미칠(스위스 전역 샬레 예약) www.e-domizil.ch
그리바렌트(그린델발트 지역 샬레 예약) www.griwarent.ch
융프라우 지역 관광청 grindelwald.swiss/en/discover/marketplace.html

하우스 렌털

샬레와 비슷한 개념으로, 목조 주택이 아닌 일반 아파트, 주택까지 포함해 검색된다. 특히 가족이 여행할 때 하우스 렌털을 하면 내 가족만 프라이빗하게 즐기며 식비까지 줄일 수 있어 인기가 많다. 단점이라면 체크인 전이나 체크아웃 후에 짐을 맡길 수 없다는 점이다. 대부분의 아파트 또는 하우스 렌털은 에어비앤비에서 확인 및 예약이 가능하다.

에어비앤비 www.airbnb.com

한인 민박

유럽에서 한인 민박은 한국어로 소통하고 정보를 얻을 수 있어 인기가 많다. 하지만 다른 유럽 국가에 비해 스위스에서는 한인 민박을 찾기 어려운 편이다. 대부분 도시에는 한인 민박이 거의 없고, 대표적으로 인터라켄과 루체른에 한국인이 운영하는 민박집이 몇 곳 있다. 1인실, 2인실, 가족실, 다인실인 도미토리까지 다양하게 갖췄으며 숙박비는 호텔보다는 저렴하지만 호스텔보다는 비싼 편이다. 대개 조식을 제공하며 한국 음식이 나오는 곳은 드문 편이고 보통 서양식으로 나온다. 저녁 시간에는 조리 시설을 이용해 직접 음식을 해 먹을 수도 있다.

인터라켄 대표 한인 민박 융프라우 빌라, 플로라 민박
루체른 대표 한인 민박 비발리 루체른, 필라투스 펜션
민박 예약 사이트 민다 www.theminda.com

산장

스위스 알프스산 곳곳에는 산장이나 고급 호텔이 자리한다. 산장은 케이블카나 곤돌라를 타고 쉽게 가는 곳도 있지만, 직접 하이킹해서 찾아가야 하는 곳도 있다. 차비도 여행자가 부담해야 한다. 그럼에도 산장을 추천하는 이유는 날씨만 좋다면 은하수는 물론 일출, 일몰을 모두 볼 수 있기 때문이다. 산장 안내나 예약을 한 곳에 모아 둔 웹사이트가 따로 없어 찾아가기 조금 힘들지만, 일부는 부킹닷컴 등의 호텔 예약 사이트에서 예약할 수도 있고, 구글에 'Switzerland summit hotel'이라고 검색해 보면 좀 더 많은 정보가 나온다.

하프 보드Half Board와 풀 보드Full Board

스위스 작은 마을에 위치한 호텔 또는 산장을 예약하다 보면 '하프 보드' 또는 '풀 보드' 중 선택해야 하는 경우가 있다. 하프 보드는 아침과 저녁 식사가 포함된 것이고, 풀 보드는 아침, 점심, 저녁 세 끼 식사가 포함된 옵션이다. 보통 숙소 주변에 레스토랑과 마켓이 없는 경우가 많아 식사를 제공하는 것이니, 자신에게 맞는 것을 선택하면 된다.

지역별 숙소 잡는 팁

① 베른

취리히, 바젤, 루체른, 인터라켄, 로잔 등에 모두 1시간 이내에 닿을 수 있는 최적의 위치로 교통의 요지이다. 따라서 한곳에 숙소를 잡고 당일치기로 다양한 도시를 돌아다니고 싶은 사람에게 가장 이상적인 곳으로 손꼽힌다.
베른의 숙소는 구시가지 주변에 발달되어 있고 대중교통 시스템도 잘 갖추어져 있다. 시내는 도보로도 다닐 수 있지만 언덕이 있는 지형이라 최대한 버스, 트램을 이용하길 추천한다. 아레강 주변에는 다소 저렴하지만 깨끗한 유스호스텔도 있다. 베른역에서 기차로 한 정거장 떨어진 방크도르프역Wankdorf 주변에는 아파트 형태의 생활형 숙소가 밀집되어 있으니 장기 투숙객은 이곳을 고려해 볼만 하다.

② 취리히

취리히는 스위스 제1의 도시인 만큼 수많은 호텔과 에어비앤비가 다양하게 분포한다. 특히나 취리히공항 근처에는 다양하고 저렴한 호텔이 많으므로 가족 여행을 한다면 입국, 출국하는 날에는 공항 근처 숙소에서 1박 하는 것도 좋은 방법이다.
취리히 중앙역과 구시가지 사이에 호텔이 즐비하다. 특히나 상점과 레스토랑이 많은 반호프 거리Bahnhofstrasse와 취리히 호수가 바로 보이는 곳은 숙박 요금이 다소 비싼 편이니 놀라지 말 것. 취리히 서부의 취리히 웨스트 지역은 현대적이고 세련된 신흥 번화가로, 트렌디하고 감각적인 숙소를 만날 수 있다. 저렴한 숙소를 원한다면 취리히 중앙역에서 트램을 타고 시내에서 벗어나면 비교적 합리적인 숙소를 찾을 수 있다.

③ 루체른

루체른은 루가노로 갈 계획이거나 융프라우 지역을 하루만 여행할 때 숙박하기 이상적인 곳이다. 취리히와 베른까지 1시간 걸리며, 융프라우 지역은 2시간이 걸린다. 루가노까지는 직행열차로 2시간 44분 만에 도착한다.
루체른의 숙소는 대부분 구시가지와 호숫가에 집중되어 있다. 루체른 호수와 카펠 다리를 중심으로 한 지역은 관광하기 좋고 어디에서든지 접근성이 뛰어나며, 대다수 명소까지 걸어갈 수 있어 매우 편리하다. 다만 바닥이 돌로 깔려 울퉁불퉁하기 때문에 캐리어가 무겁다면 반드시 역 근처에 숙소를 잡을 것.

④ 인터라켄

인터라켄은 융프라우 지역의 중심 도시로, 장기적으로 머물기 좋은 날씨에 융프라우 지역 여행지로 가는 교통이 발달했다. 융프라우요흐를 포함한 쉴트호른 지역을 여행하기 매우 편리하며 체르마트 당일 여행도 가능한 위치다.
인터라켄 동역과 인터라켄 서역 근처에 숙소들이 밀집해 있다. 두 역 모두 스위스의 다른 도시에서 출발, 도착하기 편하게 대중교통이 잘 연결되어 있으며 융프라우요흐로 가는 교통편은 인터라켄 동역에서 출발한다. 인터라켄 동역 근처는 자연경관을 즐기기에 적합한 숙소가 많고, 인터라켄 서역 근처는 쇼핑과 레스토랑, 편의시설이 풍부하다. 도시 내를 연결하는 버스로 어디든 편하게 이동할 수 있으며 다른 도시와 마찬가지로 역에서 멀어질수록 숙소 가격이 상대적으로 저렴하다. 관광객이 몰리면서 인터라켄 교외의 빌더스빌Wilderswil, 브리엔츠Brienz, 슈피츠Spiez, 툰Thun 역시 인기 지역이므로 마음에 드는 곳에 묵어보길 추천한다.

⑤ 그린델발트

그린델발트 자체가 관광지이기 때문에 아이거 북벽을 조망할 수 있는 숙소가 많다. 특히 샬레에서 머물며 발코니에 앉아 여유를 즐기고픈 사람에게 탁월한 장소다. 인터라켄에서 30분 떨어진 곳이지만, 날씨가 나쁘면 딱히 할 게 없으며 이동할 수 있는 지역마다 상대적으로 거리가 먼 것이 유일한 단점이다.
가족과 여행한다면 샬레에 머무는 것이 인기다. 직접 요리를 해 먹을 수 있어 식비 절감에 좋기 때문이다. 다만 그린델발트는 산악 지형인 만큼 오르막길과 내리막길이 많다는 것을 기억하자. 만약 부모님과 함께하는 여행이라면 아무리 거리가 짧아도 택시로 갈 수 있는 구간이면 무조건 택시를 타기를 추천한다. 호텔에 머물면 보통 체크인 & 체크아웃 시 호텔에서 그린델발트역까지 무료 셔틀 버스를 제공한다.

⑥ 제네바

스위스를 대표하는 국제도시인 만큼 제네바공항을 이용해 편리하게 갈 수 있다. 대신 성수기에도 한국에서 바로 가는 직항편이 없고, 알프스산과는 상당히 떨어져 있어 관광이나 숙박 지역으로는 상대적으로 선호도가 낮다. 제네바로 입출국할 경우에만 하루 머무는 정도로 인기가 많다. 제네바는 국제회의와 비즈니스로 방문하는 사람도 많아, 국제기구가 밀집한 곳마다 숙박 시설이 많이 몰려있다.
대부분 숙소는 제네바 중앙역Gare Cornavin 또는 레만 호수(제네바 호수) 주변에 몰려있다. 제네바 중앙역 주변은 교통이 편리하고 숙박업소의 형태가 다양해 관광객에게 인기가 많다. 호수 근처에는 제네바의 아름다운 호수 풍경과 어우러진 고급 호텔이 밀집되어 있다.

스위스 여행 예산 짜기

스위스 여행에서 비용이 많이 드는 항목은 크게 식비, 교통비, 숙소비로 나눌 수 있다.
식비는 한국과 비교해 약 3배 가까이 차이가 나지만, 물과 과일은 오히려 저렴한 편이다. 교통비도 꽤 비싸지만,
여행 계획에 맞는 교통 패스를 사면 좀 더 저렴하게 여행할 수 있다. 숙박도 미리 예약할수록 숙박비가
저렴해지므로 여행 기간과 시기, 언제 예약하는지 등에 따라 경비가 천차만별이다.

스위스와 한국 물가 비교

식비

*1 CHF=1,600원 기준

	스위스	한국
레스토랑 (점심)	CHF 17~ (약 2만 7,000원 이상)	1만 원~
레스토랑 (저녁)	CHF 30~(약 4만 8,000원)	1만 5,000원~
신라면 작은 컵	CHF 2.95(약 4,800원)	1,200원
맥도날드 빅맥 (단품)	CHF 7.20(약 11,500원)	6,900원
생수	슈퍼 CHF 1(약 1,600원), 레스토랑 CHF 4 (약 6,400원)	1,000원
코카콜라 (250ml)	CHF 1.05(약 1,600원), 레스토랑 CHF 4 (약 6,400원)	1,500원
카페라테	CHF 6(약 9,600원)	5,500원
생맥주(400ml)	CHF 8(약 12,800원)	4,000원

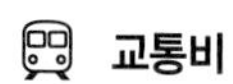

교통비

* 1 CHF=1,600원 기준

	스위스	한국
휘발유	1L CHF 1.75(약 2,800원)	1L 1,700원
택시비	취리히 기본요금 CHF 6(약 9,500원), CHF 3.80(약 6,000원)/km	서울 기본요금 4,800원, 760원/km
버스 & 트램	취리히 CHF 4.60(약 7,000원)	서울 1,500원
기차표	취리히~제네바(2등석) CHF 92(14만 3,000원)	서울~부산(KTX 일반석) 5만 9,800원

숙박비

* 1인 기준

유스호스텔	4인 도미토리 CHF 60~80(약 9만 3,000원~12만 원)
한인 민박	4인 도미토리 CHF 60~75(약 9만 3,000원~11만 6,000원)
샬레	2인 더블룸 CHF 160~300(약 25만 원~46만 7,000원)
3성급 호텔	2인 더블룸 CHF 180~280(약 28만 원~43만 6,000원)
4성급 호텔	2인 더블룸 CHF 250~450(약 39만 원~70만 원)
5성급 호텔	2인 더블룸 CHF 450~(약 70만 원~)

여행 스타일별 하루 예산

* 1인 기준, 교통패스 구매 금액 제외

	알뜰형	호텔형
식비	CHF 30 아침 제공, 점심, 저녁 슈퍼마켓에서 장 본 재료로 해결	CHF 100 아침 제공, 점심 단품 요리 저녁 단품 요리 및 음료
시내 교통비	CHF 0~10 스위스 트래블 패스, 세이버데이 패스 등 교통 패스나 숙소에서 나눠주는 지역 여행 카드로 무료 이동	
산악 교통비	평균 CHF 50 스위스 트래블 패스 소지자도 산악 교통비를 추가로 내야 하는 때가 있어 평균가로 책정	
숙박비	CHF 60 도미토리, 민박(1인당)	CHF 120 더블룸(1인당)
입장료	CHF 10 스위스 트래블 패스 소지자는 대부분 박물관, 미술관 입장료 무료	
기념품 또는 잡비	CHF 20	
하루 예산	CHF 180(약 28만 원)	CHF 290(약 45만 원)

스위스에서 식비 아끼는 방법

- **물은 공짜!** 스위스 수돗물의 수질은 전 세계에서 손꼽을 정도로 좋다. 대부분 호텔 세면대에서 물을 받아 마시며, 길거리에 흔히 보이는 분수대 물도 마실 수 있다. 음식점에서도 '탭 워터'라고 부르는 수돗물을 요청하면 공짜로 마실 수 있다. 다만 음료를 꼭 시켜야 하는 식당도 많으니 상황에 따라서 요청할 것.
- **슈퍼에서 장 봐서 식비 줄이기** 여행자들에게 가장 인기 많은 쿱, 미그로스, 리들LIDL 등 슈퍼마켓에서 장을 봐 직접 요리하거나 간단한 반조리 메뉴를 활용하면 식비를 꽤 아낄 수 있다. 특히 고추장이나 소금, 후추 등의 조미료는 현지에서도 구매 가능하지만 한국에서 쓸 만큼 소분해서 가져가면 쓸데없는 지출을 줄일 수 있다.

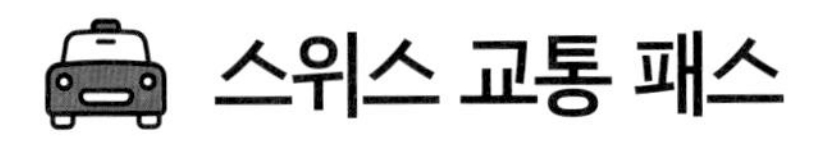

스위스 교통 패스

천하무적, 가장 편리한 교통 패스
스위스 트래블 패스 Swiss Travel Pass

스위스 전역의 대중교통을 무료로 이용할 수 있는 교통 패스 3, 4, 6, 8, 15일의 유효기간 동안 패스 1장으로 기차, 버스, 유람선을 이용해 스위스 구석구석을 돌아볼 수 있다. 사용 지정일 05:00시부터 지정한 기간 동안 연속적으로 이용하는 연속권과, 1개월 이내에 필요한 날짜만 3, 4, 6, 8, 15일 중 선택해 사용하는 비연속권 스위스 트래블 패스 플렉스Swiss Travel Pass Flex가 있다. 비연속권은 활용도가 높은 만큼 가격은 조금 더 비싸다. 사용 1년 전부터 사용 당일까지 구매할 수 있으며, 언제 구매해도 가격은 같다. 부모와 함께 여행하는 어린이(만 6~16세)는 패밀리 카드를 발급받으면 대중교통과 박물관을 무료 이용이 가능하다. 만 5세 미만은 카드 발급할 필요 없이 무조건 무료.

혜택

① 대중교통 무제한(열차, 특급 열차, 버스, 트램, 유람선 등)
② 산악 열차 대부분 50% 할인, 리기산·슈토스·슈탄저호른 교통비는 예외적으로 무료
③ 스위스 내 500여 곳 박물관 및 미술관 무료 입장
④ 만 6~15세는 부모와 함께 여행 시 패밀리 카드를 발급받아 대중교통 무제한 이용 가능

이런 사람에게 추천!

① 여행 계획에 맞춰 티켓을 비교하며 알아보기 귀찮은 사람
② 현재 시점 여행 기간이 얼마 남지 않은 사람
③ 정해진 계획없이 날씨에 따라 유연하게 원하는 곳을 방문하고 싶은 사람
④ 최대한 많은 곳을 돌아보고 싶은 사람
⑤ 날씨가 안 좋으면 박물관 또는 미술관에 가려는 사람

요금

(단위 CHF)

	성인		만 16~24세		만 6~15세	
	1등석	2등석	1등석	2등석	1등석	2등석
3일	389(445)	244(279)	274(314)	172(197)	194.50(222.50)	122(139.50)
4일	469(539)	295(339)	330(379)	209(240)	234.50(269.50)	147.50(169.50)
6일	602(644)	379(405)	424(454)	268(287)	301(322)	189.50(202.50)
8일	665(697)	419(439)	469(492)	297(311)	332.50(348.50)	209.50(219.50)
15일	723(755)	459(479)	512(535)	328(342)	361.50(377.50)	229.50(239.50)

* 괄호 안 요금은 비연속권 * 만 5세 이하, 만 6~15세 패밀리 카드 소지자 무료

사용 방법

① 스위스 트래블 패스의 PDF 티켓을 출력해 QR코드를 소지한다. 핸드폰에 저장하려면 QR코드를 확대해서 저장하고, PDF 파일 전체를 다 보여 달라고 요구하는 경우도 있으므로 따로 저장하는 것이 편리하다.

② 별도 개시 절차가 필요 없고, 한국과 달리 개찰구에 티켓을 태그하는 시스템도 아니다. 사용 날짜에 맞춰서 원하는 기차에 타면 된다. 대신 불시에 차내에서 검사하므로 항상 티켓과 여권을 지참한다.

③ 기차 칸 밖에 1등석과 2등석을 구분하는 숫자가 붙어있으니 확인하고 탈 것. 도시에서 도시로 이동하는 일반 열차는 좌석을 따로 지정하지 않기 때문에 아무 빈자리에나 앉으면 된다. 예외적으로 성수기에 예약 좌석에는 창문에 미리 예약석이라고 붙여 놓는다.

구매

· **스위스 철도청** www.swissrailways.com/ko

스위스 트래블 패스 연속권

스위스 트래블 패스 비연속권

스위스 트래블 패스 구매 방법 자세히 보기

구매 팁

① 여행 날짜가 딱 맞아떨어지지 않을 경우(5일, 7일, 9일 등)에는 4일 스위스 패스 연속권 + 세이버데이 패스 or 슈퍼 세이버 티켓을 사는 것이 경제적이다. 이조차도 번거롭게 느껴진다면 5일 여행은 6일, 7일 여행에서는 8일권을 사기를 추천한다. 그 이상의 여행 기간에는 일반적으로 스위스 트래블 패스가 경제적이다.

② 온라인으로 예매 시 패밀리 카드를 발급하려면 첫 화면에 선택 옵션을 살펴보자. 또 여행 1일 전까지 취소 시 전액 환불 가능한 플랜을 원한다면 구매 시 CHF 15을 추가 지불하면 된다. 그밖에 예약 취소 시 예약당 취소 수수료 CHF 60가 부과되며, 여행 1~3일 전에 취소하면 추가 수수료가 30% 부가된다.

③ 만 6~16세 미만 어린이가 부모 중 1명 이상과 함께 여행하는 경우, 주니어 트래블 카드를 발급받아 사용할 수 있다. 주니어 트래블 카드는 1년간 유효하며, 어린이가 부모와 함께 여행할 때 대중교통을 무료로 무제한 이용이 가능하다(부모는 스위스 트래블 패스 또는 세이버데이 패스 필요). 최대 4명의 자녀가 혜택을 받을 수 있으며, 2명은 각 CHF 30을 내야 하고, 다른 2명 아동은 무료이다. SBB 티켓 매표소에 가서 부모와 아이의 여권, 여권 사진을 제시하면 발급받을 수 있다.

2 하루씩 경제적으로 여행하는 패스
세이버데이 패스 SAVER DAY PASS

스위스 전역의 대중교통을 무제한 이용할 수 있는 교통 패스로, 스위스 트래블 패스의 1일권이라고 생각하면 된다. 하루(05:00~다음 날 05:00) 동안 무료이며, SBB 기차는 물론 보트, 버스, 트램, 포스트 버스 등을 이용할 수 있다. 특히 리기산, 슈탄저호른, 슈토스에 갈 때는 유람선, 곤돌라, 산악 열차 등이 모두 무료이기 때문에 유용하다. 이용일 6개월 전부터 전날까지 구매 가능하며, 빨리 살수록 저렴하다. 특히 반액 카드 소지자에게 더욱 저렴하게 판매하는 것도 참고. 다만 스위스 트래블 패스와 달리 미술관, 박물관 무료 입장 혜택이 없고, 한 번 구매하면 교환, 환불이 안 되기 때문에 이용할 날짜에 현지 날씨가 좋지 않으면 산에 가도 아름다운 풍경을 볼 수 없다는 단점이 있다.

혜택

① 대중교통 무제한(열차, 특급 열차, 버스, 트램, 유람선 등)
② 산악 열차 중 대부분 50% 할인, 리기산·슈토스·슈탄저호른 교통비는 예외적으로 무료
③ 만 6~15세는 부모와 함께 여행 시 패밀리 카드를 발급받아 대중교통 무제한 이용 가능

이런 사람에게 추천!

① 스위스 여행이 총 5일 또는 7일인데 스위스 트래블 패스는 4일권 또는 6일권을 사서 나머지 하루 교통편이 애매한 사람

② 파리에서 넘어오는 경우, 스위스의 첫 숙소가 그린델발트이고 같은 날 다른 곳 여행 계획이 없는 사람(구간권 CHF 72.20 대신 세이버데이 패스 CHF 52 사용, CHF 20.20 절약). 그중에서도 스위스 국경 바젤역부터 사용하려는 사람

③ 체르마트, 인터라켄에서 이탈리아로 이동할 때(이탈리아 국경 기차역 도모도솔라, 키아소 Chiasso까지만 사용 가능) 스위스 내에서 편하게 이동하려는 사람

④ 그린델발트, 인터라켄에 머물면서 융프라우 VIP 패스를 사용해서 루체른으로 당일치기를 다녀오고 싶은 사람(리기산까지 가는 유람선, 산악 열차까지 모두 무료).

요금

CHF 52~, 반액 카드 소지자 CHF 29~, 어린이는 SBB 매표소에서 주니어 트래블 카드Junior Travel Card를 발급받아 동반 아동 무료 혜택 적용 가능(성인 1인당 어린이 2명까지 인당 CHF 30, 추가 어린이 2인은 무료).

구매

· **스위스 철도청**
www.sbb.ch/en/tickets-offers/tickets/day-passes/saver-day-pass.html

세이버데이 패스 구매하기

세이버데이 패스 구매 방법 자세히 보기

구매 팁

① 선착순 최저가 티켓이기 때문에 6개월 전, 스위스 현지 시간 00:00(한국 시간 07:00, 또는 서머타임 적용 시 08:00)에 패스를 구매하는 것이좋으며, 여행 당일에는 판매하지 않는다.

② 만 25세 미만이 최대 4명까지 함께 여행하면 세이버데이 패스 대신 프렌즈 데이 패스 유스 Friends Day Pass Youth가 낫다. 2~4인 이내에 몇 명이 이용해도 가격이 동일한 그룹 티켓으로 2등석 CHF 80, 1등석 CHF 120이다. 특히 4명이 2등석을 타고 여행한다면 1인당 가격이 CHF 20으로, 반액 할인 카드를 가진 사람이 세이버데이 패스를 구매하는 것보다 이득이다. 프렌즈 데이 패스 유스 티켓은 SBB 앱이나 역 창구에서 이용 당일에도 구매할 수 있다.

③ 산악 열차(융프라우요흐, 고르너그라트, 필라투스 등)를 3회 이상 이용 시 반액 카드와 함께 사는 것이 더욱 경제적이다.

④ 세이버데이 패스는 일반적으로 교환, 환불이 어려우니 신중하게 구매해야 한다. 단, 구매 후 30분 이내에 구매한 아이디로 로그인하면 직접 환불 가능하다. 열차 취소, 지연 또는 노선 중단이 발생한 경우 매표소나 판매 직원이 확인한 후 환불받을 수 있다.

⑤ 만 6~16세 미만의 어린이가 부모 중 한 명 이상과 함께 여행하는 경우 주니어 트래블 카드를 구매해 사용할 수 있다(부모는 스위스 트래블 패스 또는 세이버데이 패스 필요). 1년간 유효한 패스로 어린이가 부모와 함께 여행할 때 무제한으로 대중교통 무료 이용이 가능하다. 최대 4명의 자녀가 혜택을 받을 수 있으며 두 명의 아동은 각 CHF 30을 내야 하고, 3번째, 4번째 아동은 무료이다. SBB 티켓 매표소에 직접 가서 부모와 아이의 여권, 여권 사진을 제시하고 발급받을 수 있다.

슈퍼 세이버 티켓

구간권만 이용한다면 슈퍼 세이버 티켓Super Saver Ticket을 이용해 보자. SBB 모바일 앱을 다운받고 원하는 출발지와 목적지를 검색했을 때, 시간별로 % 표시가 되어 있는 것이 수퍼 세이버 티켓이다. 일반 패스와 다르게 반드시 지정된 시간에 타야 하는 할인 구간권이니 유의할 것.

짐 배송 서비스

역에 짐을 맡겼다가 찾을 수 있고, 또는 원하는 주소지로 보낼 수 있다. 보통 48시간 후에 원하는 지역으로 도착한다. 그린델발트에서 체르마트로 이동하거나 체르마트에서 취리히공항으로 이동 시에 맡기기 유용하다. 각 23kg 이하의 짐만 맡길 수 있으며, 가고자 하는 역까지 이동 가능한 스위스 트래블 패스, 반액 할인 카드 등을 소지한 경우에만 신청 가능하다. 신청은 역에서 직접 하거나 미리 스위스 철도청 홈페이지에서 가능하다.

Ⓕ 기차역~기차역 CHF 12, 기차역~주소지 CHF 30
짐 도착 후 4일간 무료 보관, 이후 1일 CHF 5 추가

🏠 www.sbb.ch/en/tickets-offers/reservation-luggage/luggage-registration.html

· 역~역 출발 및 도착 예상 시간 알아보기

🏠 gepaeckshop.sbb.ch/deadlinecalculator/regularluggage?culturename=en

3 10일 이상 스위스 여행하는 사람들이 열광하는 패스
베르너 오버란트 패스 Berner Oberland Pass

베르너 오버란트 패스는 인터라켄, 그린델발트, 라우터브루넨 등 베르너 오버란트 지역의 중심 여행지는 물론이고 베른과 몽트뢰 지역까지 포함한다. 특히 스위스 트래블 패스로는 50%만 할인되는 지역인 브리엔츠 로트호른, 쉴트호른은 물론 외시넨 호수, 핑슈텍, 베른까지 추가요금 없이 무제한으로 갈 수 있는 티켓이다. 한 번 이상 스위스 유명한 산은 다 가봤고, 숨겨진 명산을 위주로 다니고 싶다면 요긴하게 쓸 수 있다.

베르너 오버란트 패스 유효 구간

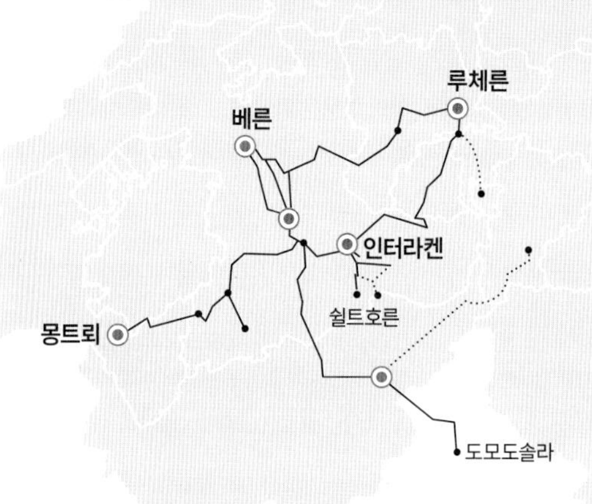

혜택

① 베르너 오버란트 지역의 대중교통 무제한(지도 참고)
② 쉴트호른, 외시넨 호수, 니더호른 곤돌라 무료
③ 브리엔츠 로트호른 산악 열차, 루체른~인터라켄~몽트뢰 골든패스 파노라마 열차 무료
④ 툰 호수 & 브리엔츠 호수 유람선 무료

이런 사람에게 추천!

① 6월 중순~10월 초에 여행하는 사람 중 인터라켄 또는 슈피츠를 중심으로 7~14일까지 머물며 하이킹 위주로 즐기려는 사람
② 스위스 반액 카드를 구매해 베르너 오버란트 패스를 할인가로 구매하고, 세이버데이 패스까지 적절하게 활용할 사람

요금

(단위 CHF)

	성인		만 6~15세
	1등석	2등석	
3일	288(202)	240(168)	CHF 30
4일	336(236)	280(196)	
6일	420(305)	350(254)	
8일	474(345)	395(287)	
10일	522(380)	435(316)	

* 괄호 안 요금은 반액 카드 소지자
* 만 5세 이하 무료

구매

· **베르너 오버란트 패스** www.berneseoberlandpass.ch
· **스위스 철도청** www.swissrailways.com/ko/buy-berner-oberland-pass

베르너 오버란트 패스
구매하기(스위스 철도청)

베르너 오버란트 패스
구매 방법 자세히 보기

구매 팁

① 구매 시 CHF 15을 추가하면 여행 1일 전까지 취소 시 전액 환불 가능. 그밖에 예약당 취소 수수료 CHF 60가 부과되며, 여행 1~3일 전에 취소하면 추가 수수료 30%가 부가된다.

② 마찬가지로 부모와 함께 여행하는 만 6~15세는 패밀리 카드를 발급받아 교통비 무제한 무료 혜택을 받을 수 있다. 베르너 오버란트 패스 구매 시 패밀리 카드를 추가할 수 있는 옵션 버튼이 있다.

③ 취리히공항 또는 제네바공항으로 스위스에 입국해 베르너 오버란트 지역을 여행하는 경우, 베른 또는 루체른까지 구간권을 사면 나머지 구간은 무제한 적용된다.

④ 파리에서 그린델발트로 이동 시 바젤~베른 구간만 세이버데이 패스 또는 구간권을 구매하면 베른부터 무제한 적용된다. 또는 파리에서 루체른으로 이동할 때 세이버데이 패스를 사고 당일 리기산까지 올라가면 더욱 경제적이며, 다음날 인터라켄 또는 그린델발트로 이동 시 루체른부터 이용 가능하다.

⑤ 이탈리아로 넘어갈 때나 이탈리아에서 넘어올 때 도모도솔라까지 적용 가능. 그 후부터는 이탈리아 철도청(트렌이탈리아)에서 구간권을 구매하면 된다.

4 인터라켄 & 그린델발트 주변 여행에 최고 융프라우 VIP 패스 및 구간 왕복권

융프라우 VIP 패스

융프라우 지역의 열차와 곤돌라, 버스, 유람선 등의 교통수단을 무제한 이용할 수 있는 패스. 융프라우 철도 노선, 그린델발트 마을버스, 툰 호수 및 브리엔츠 호수 유람선, 인터라켄 동역~베른 구간, 브리엔츠역~인터라켄 동역 구간의 모든 교통수단을 무료로 이용할 수 있다. 융프라우요흐를 포함해 쉬니게 플라테, 피르스트, 뮈렌 등의 산 중 2곳 이상 오를 때 특히 유용하다.
여름 VIP 패스와 겨울 VIP 패스로 나뉘는데, 겨울 VIP 연속 패스는 스키, 썰매 이용권이 함께 제공되는 점이 가장 큰 차이이다. 피르스트, 멘리헨, 클라이네 샤이덱, 아이거글레처 스키 코스가 유명하고 클라이네 샤이덱~그린델발트 구간에서는 썰매도 탈 수 있다. 단, 겨울에는 브리엔츠 유람선이 운행하지 않으며 툰 호수 유람선도 거의 운행하지 않으니 유의할 것.

이런 사람에게 추천!

① 유레일 패스가 있고 인터라켄 또는 그린델발트 중심으로 여행하는 사람
② 융프라우 지역을 중심으로 3박 4일, 4박 5일간 산을 2곳 이상 오르는 사람
③ 스위스 나머지 도시는 세이버데이 패스로 적절하게 사용하며 피르스트, 융프라우 지역 및 베른에서 유람선을 타려는 사람
④ 스위스 트래블 패스가 있어도 추가 요금을 내야 하는 쉬니게 플라테, 피르스트, 뮈렌, 멘리헨, 하더쿨름 등을 추가 요금 없이 여행하고 싶은 사람
⑤ 겨울 시즌에 융프라우요흐도 다녀오고 스키 또는 썰매를 한 번이라도 타려는 사람

요금

(단위 CHF)

	성인	스위스 트래블 패스, 반액 카드 중복 할인가	만 16~25세	만 6~15세
1일	190	175	170	30
2일	215	200	190	
3일	240	215	205	
4일	265	235	220	
5일	290	260	235	
6일	315	275	250	

* 동신항운 할인 쿠폰 적용 요금 기준

동신항운

융프라우 철도 한국 공식 판매권을 가진 회사로, 한국 여권 소지자에 한해 VIP 패스 또는 구간 왕복권 할인 쿠폰을 무료로 제공한다. 스위스 트래블 패스와 반액 카드로도 중복 할인되며, 열차뿐 아니라 융프라우요흐 정상에서 무료 컵라면을 포함해 액티비티, 버스, 스키, 리프트 등에 무료 또는 할인 혜택이 있다. www.jungfrau.co.kr

구매 팁

① 이미 주니어 트래블 카드 또는 패밀리 카드가 있으면 부모가 융프라우 VIP 패스를 구매할 때 아동 티켓을 따로 구매할 필요가 없다. 만약 부모가 융프라우요흐 왕복 티켓이나 융프라우 VIP 티켓을 소지했으나 자녀가 아무 카드도 없을 때는 동신항운 할인 쿠폰으로 아동 패스를 사면 된다(CHF 30).

② 융프라우 VIP 패스를 잃어버렸을 때 CHF 30을 내면 재발급 받을 수 있다. 직원이 일일이 판매한 목록을 찾기 때문에 티켓을 구매한 후 반드시 사진을 찍고, 영수증도 가지고 있기를 추천한다.

할인 쿠폰 발급 및 티켓 구매 방법

① 동신항운 홈페이지에서 신청, 출력해서 실물을 소지한다. 잃어버릴 경우를 대비해 여러 장 출력하기를 권장한다.

② 스위스 현지에서 발매 가능한 기차역을 방문, 티켓 구매 신청서와 할인 쿠폰을 함께 창구에 낸다. 인터라켄 동역, 그린델발트 터미널역에서 티켓을 구매할 경우 프린트하지 않고 모바일에서 동신항운 할인쿠폰을 보여줘도 된다.

③ 발매 가능한 역은 인터라켄 동역 빌더스빌역, 그린델발트역, 그린델발트 터미널역, 라우터브루넨, 벵겐역이며, 인터라켄 서역에서는 판매하지 않으니 주의할 것.

융프라우 철도
할인쿠폰 바로가기

융프라우 할인 쿠폰
신청 방법 자세히 보기

융프라우요흐 구간 왕복권

융프라우요흐 왕복이 주목적일 때 적합한 1회 왕복 티켓. 여행 중 중간 정차 역에 내려 하이킹·관광 후 나머지 구간을 이용할 수 있다.

이런 사람에게 추천!

인터라켄, 그린델발트, 라우터브루넨을 거점으로 당일에 융프라우요흐만 왕복하려는 사람

요금

(단위 CHF)

출발역	정상 요금	쿠폰 할인 요금	스위스 트래블 패스, 유레일 패스 중복 할인가	어린이
인터라켄 동역 그린델발트 터미널역 라우터브루넨(벵겐)	223.80~249.80	160	145	20
그린델발트 터미널역 라우터브루넨(벵겐)	213.60~239.60	155		

* 동신항운 할인 쿠폰 적용 요금 기준

5 자동차 여행자 또는 여행 고수들이 추천하는 패스
반액 카드 Half Fare Travel Card

대부분의 열차, 특급 열차, 버스, 트램, 유람선 등 거의 모든 대중교통 요금을 50% 할인해 주는 카드. 유효기간은 1개월이며, 언제 사도 금액은 같다. 여행 1년 전부터 당일까지 구매 가능하다. 스위스 사람들이 가장 자주 이용하는 패스이기도 하다. 마찬가지로 만 6~16세 어린이는 무료로 스위스 패밀리 카드를 발급받을 수 있다. 단, 부모 중 최소 1인이 동행해야 하며, 유효한 티켓과 함께 스위스 반액 카드를 소지하고 있어야 한다.

혜택

① 대중교통 50% 할인(열차, 특급 열차, 버스, 트램, 유람선 등)
② 만 6~15세는 부모와 함께 여행 시 패밀리 카드를 발급받아 대중교통 무제한 이용 가능
③ 세이버데이 패스 구매 시 추가 할인 가능

이런 사람에게 추천!

① 약 일주일 동안 자동차 여행을 하면서 3개 이상의 산에 가려는 사람
② 스위스 한 달 살기를 하면서 여유롭게 여행하려는 사람
③ 반액 카드와 더불어 세이버데이 패스 + 베르너 오버란트 패스를 활용해 계획적으로 여행하려는 사람

요금

CHF 120(1등석, 2등석 모두 할인 적용 가능)

구매

- **스위스 철도청** www.swissrailways.com/ko

반액 카드 구매하기

반액 카드 구매 방법 자세히 보기

구매 팁

① 스위스 트래블 패스로는 25%만 할인되는 융프라우요흐 왕복권도 50% 할인된다.

② 티켓 구매 시 CHF 15을 추가로 내면 여행 1일 전까지 취소 시 전액 환불 가능. 그밖에 예약당 취소 수수료가 CHF 60 부과되며, 여행 1~3일 전에 취소하면 추가 수수료가 30% 부가된다.

③ 부모와 함께 여행하는 만 6~15세는 패밀리 카드를 발급받을 수 있다. 스위스 트래블 패스나 세이버데이 패스와 다른 점은 부모와 자녀가 동일한 무료 혜택이 아니라, 부모는 반액 카드에 대한 반액 할인 혜택을 받지만 아이는 무료 요금이 적용된다.

아침형 사람을 위한 융프라우요흐 티켓
융프라우 굿모닝 패스

스위스 융프라우 철도 회사에서 판매하는 교통 패스로 융프라우요흐행 새벽 열차에 한정해 할인해 준다. 성수기인 6~8월에 가면 만석을 대비한 좌석 예매가 필요하며 CHF 10을 추가로 내야 하는 경우가 있는데, 굿모닝 패스로는 따로 좌석을 지정할 필요 없어 저렴하다. 매년 날짜는 다르지만 보통 5월부터 10월 말까지 판매한다.

요금

(단위 CHF)

	일반 가격	스위스 트래블 패스 또는 반액 카드 소지자	베르너 오버란트 패스 및 반액 카드 동시 소지자
인터라켄 동역 출발 시	175	95	60(아이거글레처~융프라우요흐 / 아이거글레처까지 무료)
그린델발트 터미널 출발 시	185	105	

구매 팁

① 할인되는 패스(스위스 트래블 패스, 베르너 오버란트 패스, 반액 카드)가 없거나 유레일 패스 소지자는 동신항운 할인 쿠폰을 받아 VIP 패스를 사는 것이 여전히 저렴하다.

② 융프라우요흐 철도에서 판매하는 티켓에는 동신항운에서 제공하는 신라면은 포함되지 않는다. 알프스산에서 라면의 감성을 느끼고 싶다면 슈퍼에서 컵라면을 사 가지고 가 뜨거운 물만 받는 것도 방법이다(뜨거운 물 CHF 4.30).

③ 아침 일찍 가기 때문에 사람은 별로 없지만, 전날 눈이 왔다면 스위스 국기와 사진 찍는 스폿인 플라토Plateau가 닫혀 있을 수 있으니 주의할 것.

④ 굿모닝 티켓이라는 이름처럼 이용할 수 있는 열차 시간대가 정해져 있다. 조금 더 여유롭게 시간을 보내고 싶은 사람은 이 패스를 피할 것을 추천한다.

이용할 수 있는 열차 시각표

상행

06:34, 07:04, 07:34(인터라켄 동역 출발 기준), 07:15, 07:40, 08:10(그린델발트 터미널역 출발 기준)

* 첫 번째 편은 5월 중순~8월 중순에만 운행

하행(융프라우요흐 출발 기준)

10:17, 10:47, 11:17, 11:47, 12:17, 12:47, 13:17

* 굿모닝 패스 이용자는 반드시 13:17에는 내려와야 함

구매

- **융프라우요흐 철도** www.jungfrau.ch/en-gb/jungfraujoch-top-of-europe/good-morning-ticket

융프라우 굿모닝 패스 구매하기

나에게 딱 맞는 패스는?

스위스는 완벽한 교통 시스템을 자랑하는 곳으로, 이를 잘 이용하기 위한 수많은 교통 패스도 제공하고 있다.
알프스를 좀 더 저렴하고 효율적으로 여행하려면 열심히 교통편도 공부해야 한다.
그러나 아무리 들여다봐도 복잡하고 모르겠다면 아래의 Yes or No 질문을 참고해서 자기에게 딱 맞는 패스를 찾아보자.

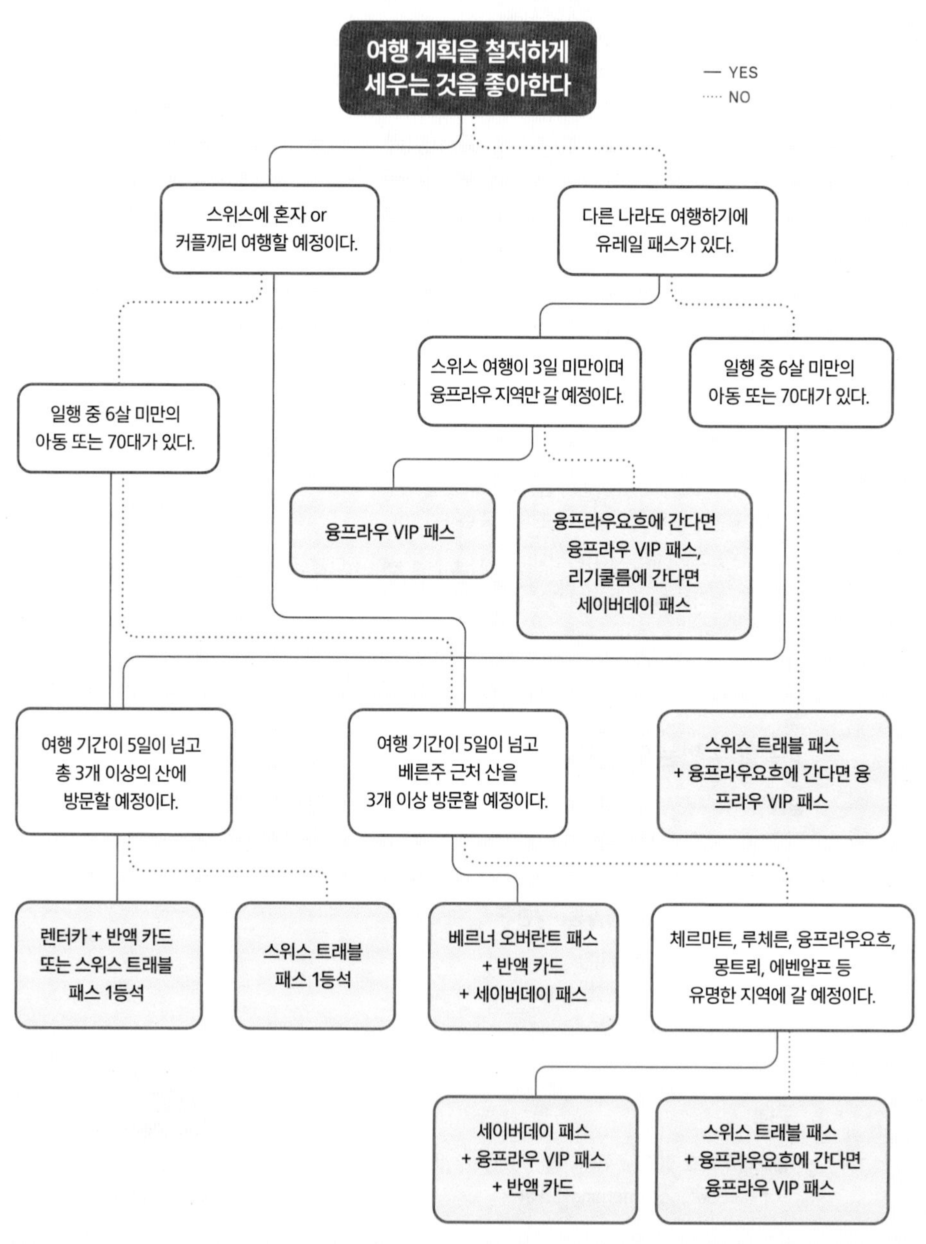

렌터카 이용하기

렌터카 예약

스위스에서 가장 인기 있는 렌터카 업체는 허츠Hertz로, 공항이 있는 취리히, 제네바, 바젤과 인터라켄, 베른에서도 수령, 반납이 가능하다. 렌터카 요금은 1일 기준 성수기(여름, 겨울 스키 시즌)에는 CHF 100~180, 비수기에는 약 CHF 90~150이다.
보험 가입 여부에 따라 비용이 추가될 수 있다. 예약은 홈페이지에서 할 수 있으며, 가지고 온 짐을 고려해서 원하는 사이즈보다 조금 더 큰 차종을 추천한다.

준비물 국제 운전면허증, 신용카드, 여권
Hertz www.hertz.co.kr
Europcar www.europcar.com
Avis www.avisrentacar.kr
Sixt www.sixt.co.kr

보험 가입

보험의 보장 범위

보험은 종류가 많고 렌터카 회사마다 조건이나 명칭이 다르다. 특히, 가격이 조금 비싸더라도 슈퍼 커버 보험을 드는 것이 안전하다. 비싼 만큼 풀 커버가 되기 때문에 사후 처리도 신속하다. 보험에 가입했더라도 보험 미등록 운전자, 차량 내부 손상, 타이어와 유리 파손, 차량 하부 손상 및 지붕 손상 등은 보상하지 않으니 참고할 것.

차량 손해 보험(자차 CDW Collision Damage Waiver)

임차한 차량에 발생한 손실의 책임을 경감해 주는 보험. 사고 시 임차인에게 일정 금액을 물리는 '면책금(자기부담금)'이 있으므로 꼼꼼히 따져야 한다. 면책금은 얼마인지, 면책금을 아예 면제해 주는 추가 보험은 얼마인지 알아보고 선택할 수 있다.

대인·대물 보험(LP, LIS, TPL 등 Liability)

임차한 차량이 아니라, 사고 상대 차량과 사람에 대한 보험으로 반드시 들어야 하는 책임 보험이다. 대인·대물 책임에 대해 무제한으로 보험 처리되는 슈퍼 커버를 추천한다. 자기 부담금 또한 없다.

도난 보험(TP, THW 등 Theft)

차량, 부품, 액세서리 등을 도난당해 생긴 차량 손실, 손상에 대한 보험. 차량과 관련된 도난에 한정해 보장하므로 개인 물품은 적용되지 않는다.

임차인 상해보험(PI, PAI 등 Personal)

임차인 및 동승자의 상해 및 사망에 대한 보상 보험. 사람이 대상인 만큼 보상액에 따라 보험료가 다르니 각자 상황에 맞게 잘 선택하자. 보험 조건에 따라 동승자가 포함되지 않는 경우 추가 보험을 들어야 한다.

추가 옵션 선택하기

추가 운전자 AAO Additional Authorized Operator

추가 운전자가 있으면 임차 시에 반드시 등록해야 하며, 임차 도중 등록하려면 영업소에 방문한다. 등록하지 않고 운전하다 발생한 사고는 보험이 적용되지 않는다. 추가 운전자 역시 국제 운전면허증 및 여권이 필요하다.

긴급 출동 서비스

배터리 방전, 타이어 펑크 등과 같은 사고에 대비해 긴급 출동 서비스를 신청할 수 있다.

스노타이어, 스노체인

눈이 많이 오는 11~4월에는 보통 무료 제공되지만, 일부 렌터카 회사에서는 추가 요금을 받을 수도 있다.

카시트

만 12세 이하, 또는 키 150cm 이하의 어린이는 반드시 적합한 카시트나 부스터 시트를 사용해야 한다. 유아용(영아 카시트)과 아동용(부스터 시트) 옵션이 있으며, 경찰의 불시 단속 시 없다면 벌금을 낼 수 있다.

스키 랙 또는 자전거 캐리어

겨울철 스키 여행객, 또는 여름에 자전거를 타는 여행객을 위한 추가 옵션도 제공한다.

차량 픽업 방법

① 미리 인터넷에서 검색하고 예약한 다음 조금 일찍 영업소를 방문한다. 차량 인수와 계약서 작성 등에 시간이 걸리므로 여유롭게 도착하는 것이 좋다.

② 예약 번호를 보여주고 약관을 꼼꼼히 읽은 후 차량 인수 계약서를 작성한다.

③ 구비 서류를 제시하고 계약서, 차량 열쇠, 비상 시 보험사 연락처 등을 받고 주차장으로 간다.

④ 면책금이 있는 보험에 든 경우 직원과 함께 차량의 상태를 확인하고 사인한다. 핸드폰으로 꼼꼼히 영상을 찍어 놓으면 편하다.

차량 반납 방법

① 영업소 도착 후 지정 구역에 차량을 주차한다.

② 직원과 함께 차량 상태 및 연료 잔량을 확인한다(주유된 차를 받았으면 주유해서 반납해야 함). 차량 손상이 발견되면 면책금이 부과되니 반납 시 꼭 확인한다.

③ 영수증은 현장에서 주기도 하지만 렌터카 홈페이지 또는 이메일을 통해 받을 수 있다.

차량 고장, 사고가 나면

차량을 인수할 때 회사에서 제공하는 긴급 연락처를 반드시 받아둘 것. 회사마다 다른 긴급 지원 서비스를 운영하며, 임차할 때 차량에 비치된 서류나 계약서에 이 번호가 적혀 있다. 특히 경찰(117), 응급 서비스(144) 전화번호는 꼭 숙지할 것.

스위스에서 운전할 때 주의 사항

① 안전벨트는 뒷좌석까지 모든 탑승자가 착용해야 한다.

② 신호등이 없는 횡단보도에서도 무조건 보행자를 먼저 보내야 한다.

③ 스위스에서는 특정 신호가 없어도 좌회전이 가능하며, 우회전은 우회진 화살표 신호등이 켜졌을 때만 허용된다.

④ 낮에도 전조등을 점등해야 한다.

⑤ 신호등이나 표지판이 없는 교차로에서는 '오른쪽'에서 진입하는 차량이 우선이다.

⑥ 원형 교차로에서는 '이미 들어간 차량'과 '왼쪽'에서 진입하는 차량이 우선이다.

⑦ 12세 미만·키가 150cm 미만인 어린이는 어린이용 카 시트에 앉아야 한다.

⑧ 음주운전은 절대 금물이다. 혈중 알코올 농도 0.05 이상일 경우 약 CHF 600~800 벌금을 내야 한다.

⑨ 스쿨버스 및 포스트 버스(노란색 마을버스)는 추월하면 안 된다.

⑩ 스위스 도로에서 제한 속도는 고속도로 시속 100km/h 또는 120km/h, 주요 도로는 80km/h, 도심은 50km/h이며 보행자 우선 구역은 20km/h이다. 마을로 진입하면 50km/h는 기본이고 '30'이라고 쓰여 있으면 30km/h를 유지해야 한다. 과속이 적발되면 아래와 같이 벌금이 부과된다. 제한 속도가 수시로 바뀌니 보조석에 앉은 사람도 제한 속도를 같이 봐주는 게 중요.

- **1~5km/h 이상 과속 시** CHF 40, 고속도로는 CHF 20
- **6~10km/h 이상 과속 시** CHF 120, 고속도로는 CHF 60
- **11~15km/h 이상 과속 시** CHF 250, 고속도로는 CHF 120

주차 팁

① 주차 요금은 도시마다 다르며, 보통 주차장 티켓을 뽑고 기계를 찾아서 정산한다. 신용카드, 현금 모두 결제 가능하다. 요금은 일반적으로 1~2시간에 CHF 2~5, 1일 CHF 20~50.

② 미리 주차 요금을 정산해야 할 때는 휴대폰에 '이지파크Easypark'라는 앱을 설치해서 차량을 등록해 놓고 원하는 시간만큼 결제한다. 또는 동전을 준비해 주차 티켓을 뽑아서 차량 앞 창문에 두고 밖에서 보이게 놓아야 벌금을 면할 수 있다.

③ 주차는 파란색 주차선에 맞춰서 하며, 보통 1시간 무료이다. 차량 내 서랍 안에 비치된 타이머Ankuftszeit를 이용해 시간을 재고 타이머가 없으면 공용 주차장에 주차하는 것이 좋다.

④ 주차장을 찾는 방법은 구글맵에서 'Parking'으로 검색하면 여러 주차장이 나오며 파란색 간판 내에 흰색으로 'P'라고 쓰인 글자를 따라 가면 편리하다.

유용한 앱 & 웹사이트

애플리케이션

SBB Mobile
스위스 연방 철도 시간표 및 티켓 판매

Switzerland Mobility
스위스의 다양한 하이킹, 사이클링 길 안내. GPS까지 제공

PAPAGO
똑똑한 AI 번역기. 스위스에서 언어 장벽 없이 대화 가능

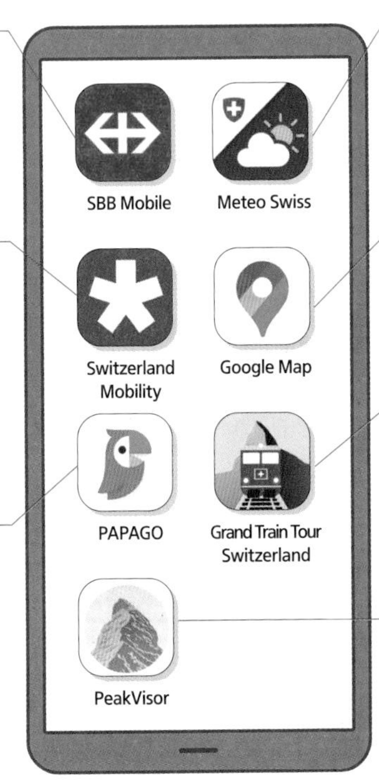

Meteo Swiss
스위스 전역에 걸쳐 정확하고 믿을 수 있는 일기 예보

Google Map
구글 지도로 스위스 길 찾기

Grand Train Tour Switzerland
지역마다 유용한 쿠폰 무료 제공

PeakVisor
산봉우리 이름과 정보를 제공하는 앱

웹사이트 및 실시간 라이브 캠

- **융프라우 지역 웹캠**
  리얼캠으로 융프라우요흐 정상 및 피르스트, 쉬니케플라테, 인터라켄 기상 상태 확인

- **그 밖의 지역 웹캠**

리기쿨름 라이브 캠

필라투스쿨름 라이브 캠

고르너그라트 라이브 캠

글래시어 파라다이스 라이브 캠

수네가 라이브 캠

슈탄저호른 라이브 캠

슈토스 라이브 캠

구글에 가고 싶은 지역명과 'Webcam'을 넣어 검색하면 웹사이트를 쉽게 찾을 수 있다.

긴급 상황 발생 시 필요한 정보

여권을 분실했다면

근처에 있는 경찰서에 가서 경찰 리포트를 받아야 한다. 기존 여권 사본을 가져가야 작성해 주므로 반드시 여권 사본을 준비해야 한다. 그다음으로 현지 공관인 대사관에 전화해 방문 날짜를 예약한다. 대사관에 가면 긴급 여권(단수 여권)을 발급받는데, 수수료와 여권용 사진 2장, 여권 사본이 필요하다. 수수료는 반드시 현금으로, 환율에 따라 다르지만 보통 CHF 50~55 정도 든다. 또한 기존 여권 사본이 필요한데, 만약 없으면 한국 신분증으로 대체해도 된다. 여권 사진은 베른역에 있는 무인 증명사진 기계 Pronto Photo에서 CHF 20 이내로 찍을 수 있다.

주 스위스 대한민국 대사관

Kalcheggweg 38, 3006 Bern 베른역에서 7, 8번 트램 타고 정류장 5개 지나 툰플라츠Thunplatz에서 하차 후 도보 7분 **대사관** +41-31-356-2444
긴급 전화(근무 시간 외) +41-79-897-4086 08:30~12:00, 14:00~17:30
긴급 전화(영사 콜센터) +82-2-3210-0404

소매치기를 당했다면

만약 휴대폰과 신용카드를 분실했다면 2차 피해를 방지하기 위해 휴대폰과 신용카드는 사용 정지를 신청한다. 도난은 여행자 보험을 통해 보험사에 손해배상을 청구할 수 있는데, 사건 발생 장소에서 가까운 경찰서에서 신고한다. 도난 신고서Police Report를 작성하고 범인의 인상착의, 장소, 시간, 경위, 물품 등을 자세히 기입한 후 확인 도장을 받아야 한다. 이때는 '분실Lost'이 아닌 '도난Theft' 임을 분명히 알려야 보상받을 수 있다.

병원 갈 일이 생겼다면

갑작스럽게 사고를 당했다면 구급차 요청 144, 헬기가 오는 산악구조는 1414에 전화해 요청할 수 있다. 혹시 언어소통이 어렵다면 영사 콜센터를 통해 도움받을 수 있다. 24시간 시간 제한 없이 응급처치 요령, 약품 구입 및 복용 방법, 현지 의료기관 이용 방법, 국내 이송 절차 등을 상담 및 지도해 준다.

교통사고를 당했다면

고속도로에서 사고를 당했다면 위험 표지등을 켜고, 긴급 전화 117 또는 112로 전화를 걸어야 한다.

기차를 놓쳤다면

만약 슈퍼 세이버 티켓을 구매했는데 해당 기차가 늦게 오면 늦게 온 기차 SBB 화면을 캡처한다. 기차표를 검사하는 역무원에게 보여주면 보통 넘어가는 경우가 많다.

긴급 전화번호 | **경찰서** 117 **소방서** 118 **구급차** 144 **산악구조** 1414/1415

찾아보기

관광

간드리아 476
고르너그라트 251
골든패스 파노라마 062
골디 브리지 125
곰 공원 347
구시가지 277
구어텐쿨름 349
국제연합 UN 제네바 사무소 391
국제적십자와 적신월 박물관 392
그랜드 호텔 나치오날 072
그로스뮌스터 312
그륀 호수 262
그린델발트 터미널 198
그린드이 호수 262
글래시어 3000 448
글래시어 익스프레스 066
기스바흐 폭포 157
기스바흐제 156
김멜발트 216
꽃 시계 397
나사 거리 472
니더호른 163
라보 테라스 450
라우터브루넨 213
라이 호수 263
로세 드 네 438
로이스강 변 댐 276
로이커바트 테름 073
로잔 대성당 413
로젠가르트 컬렉션 미술관 279
로텐보덴 250
로트호른 259
루가노 아르테 & 쿨투라(LAC) 472
루소 섬 393
루소와 문학의 집 397
루체른역 275
르 코르뷔지에 센터 319
르코르뷔지에의 호수 빌라 444
리기 칼트바트 미네랄 온천 287
리기쿨름 286
리펠베르크 249
리펠알프 249
리펠알프 리조트 079
리포르마 광장 471
리하르트 바그너 박물관 281
린덴호프 310
린트 초콜릿 박물관 317
마르셰 계단 414
마테호른 글래시어 파라다이스 256
마테호른 박물관 236
멘리헨 199
멜리데 스위스 미니어처 472
모르코테 474
모세 분수 345
몬타뇰라 헤르만 헤세 박물관 473
몬테 브레산 468
몬테 산 살바토레 467
몽트뢰 노엘 크리스마스 마켓 437
몽트뢰 재즈 페스티벌 437
무기고 396
무스이 호수 263
무에트 보트 394
무제크 성벽 277
뮈렌 218
뮈렌 비아 페라타 219
뮌스터 광장 346
민스터 페리 레우 368
바이엘러 재단 미술관 370
바젤 대성당 366
바젤 시청사 & 마르크트플라츠 369
바젤 자연사 박물관 373
바즐러 팔츠 전망대 367
반호프 거리 234
반호프 거리 313
백파이어 분수 342
베르그게스트 하우스 075
베르니나 익스프레스 058
베르크하우스 디아볼레차 077
베른 구시가지 338
베른 대성당 340
베른 미술관 351
베른 역사박물관 & 아인슈타인 박물관 351
베아투스 동굴 163
벨베데레 호텔 071
벵겐 199
보시트 체르마트 073
분데스플라츠 339
브룬가세 골목 159
브리엔츠 158
브리엔츠 로트호른 158
브리엔츠 호수 152
블라우 호수 143

블라우헤르트 259
비트라 디자인 박물관 374
빈사의 사자상 278
빙하 정원 281
사격수 분수 343
산 비질리오 성당 477
산로렌초 대성당 470
산악인 묘지 236
산타마리아 델 사소 성당 474
산타마리아 델리 안지올리 성당 471
삼손 분수 344
성 레오데가르 성당 278
성 모리셔스 성당 235
성 페터 교회 311
성 피에르 교회 395
세 국가가 만나는 곳 369
솔바트 베아투스 070
수네가 259
쉬니게 플라테 146
쉬프바우 322
쉴트호른 225
슈바르츠제 254
슈바르츠제 호텔 076
슈바이처 목조 조각 뮤지엄 159
슈타우바흐 폭포 214
슈타흐바흐폭포 전망대 215
슈탄저호른 288
슈텔리 호수 261
슈토스 289
슈프로이어 다리 276
슈피처 포도밭 전망대 165
슈피츠 164
슈피츠성 164
스위스 교통 박물관 280
스위스 사진기 박물관 443
스위스 연방 의사당 339
스위스 항구 박물관 373
시계탑 338
시옹성 434
식인 괴물 분수 344
아르 브뤼 미술관 416
아리아나 박물관 393
아우구스티너 거리 315
아이거글레처 200
아이스메어 200
아인슈타인의 집 346
아펜첼 331
안나 자일러 분수 343
알리멘타리움 444
알멘드후벨 222
알프레드 에셔 동상 313
에드워드 휨퍼 추모벽 234
에르미타주 미술관 418
에비앙 419
에셔 산장 330
예수교회 276
오버호펜 166
오버호펜성 166
올드 타운 124
외쉬넨 호수 139
우시 항구 415
위틀리베르크 316
유럽원자핵공동연구소 CERN 394
융프라우요흐 204
이젤트발트 154
인터라켄 수도원 및 성 125
임비아둑트 320
장난감 세계 박물관 372
장미 공원 347
정의의 여신 분수 345
제니시 브베 박물관 443
제토 분수 398
종교 개혁 국제 박물관 396
종교 개혁비 395
중앙 다리 368
찰리 채플린 박물관 445
체르마트 마테호른 전망대 238
체르마트역 234
체링거 분수 344
취리히 예술 미술관 318
치아니 공원 470
카샤 샘 420
카펠 다리(카펠교) 275
칼 구스타브 융 박물관 318
케 다리 315
쿤스트 뮤지엄(바젤) 371
퀸 스튜디오 익스피리언스 436
클라이네 샨체 348
클라이네 샤이덱 198
키르히 다리 238
툰 168
툰 구시가지 169
툰 호수 160
툰성 168
트로케너 슈테크 255
트뤼멜바흐 폭포 214

팅겔리 박물관 371
팅겔리 분수대 367
파울 클레 센터 350
파텍 필립 박물관 399
팔레 뤼미에르 에비앙 박물관 421
팔뤼 광장 415
푸리 254
프라우 게롤즈 가르텐 321
프라우뮌스터 314
프레디 머큐리 동상 436
플랫폼 10 417
피르스트 176
피파 세계 축구 박물관 319
필라투스쿨름 290
필라투스쿨름 호텔 078
핑슈텍 182
하더쿨름 123
한스 후글러 비스 목공예 기념품 159
회에마테 124
휴네그성 167
힌터도르프 거리 235

하이킹

그랑보~에페스 453
르 덱~쉐브레~비노라마 453
리기 슈타펠~리기 칼트바트 287
몬테 브레산~간드리아 마을 469
뮌히요흐 산장 하이킹 211
뮈렌~김멜발트 하이킹 219
바흐알프제 하이킹 177
생 사포랭~리바 453
센티에로 델 올리보 477
쉬니게 플라테~피르스트 147
오버베르크호른 하이킹 147
외쉬넨 호수 파노라마 하이킹 142
운터베르글리 산장 하이킹 142
이젤트발트~기스바흐 154
핑슈텍~베레그 산장 하이킹 184
No.8 마멋 트레일 260
No.11 5대 호수길 261
No.21 리펠베르크 하이킹 250
No.26 마테호른 빙하 트레일 255
No.27 회른리 산장 하이킹 254
No.33 파노라마 트레일 209
No.37 융프라우 아이거 워크 210
No.87 슈토스 릿지 하이킹 289

상점

글라츠 352
라 마렐 423
라 쇼콜라테리 드 쥬네브 401
라 페름 보두아즈 422
렉컬리 후스 375
마무트 스토어 그린델발트 185
마테란트 기념품 241
메종 뷔에 424
미쉬 매쉬 217
미장시에 400
바흐만 295
베르크 운트 탈 323
부티크 라보라토와 424
빅토리 녹스 플래그십 스토어 제네바 401
샤 누아르 352
소에더 323
슈바르첸바흐 324
스위스 마운틴 마켓 132
스플렌디드 인터라켄 131
아우어 400
아우프코 240
아이거네스 데어 라덴 185
아펜첼러 케제 331
알버트 쉴트 133
알프티튜드 오리지널 스위스 기념품 401
앤디스 무지크숍 240
앤티키태텐 글래시어 체르마트 241
야콥스 바즐러 렉컬리 375
어네스티 샵 216
오 자 뒤 포이 295
요한 바너 크리스마스 하우스 376
우드페커 132
유미하나 353
이미지 플러스 423
제이시 쇼콜라티에 422
체인지메이커 294
콘피제리 슈프륑글리 324
클뢰츨리 메서슈미데 베른 352
타잔 376
테오도라 400

톱 오브 유럽 플래그십 스토어 131
파이네딩게 324
포크츠 코너 185
푸랄피나 240
프라이탁 321
플라카트켈러 353
피데아 디자인 콘셉트 스토어 294
하더쿨름 숍-터키 마켓 133
홀츠 아트 엥겔 & 조 353

음식점

@파라다이스 267
45 그릴 앤 헬스 439
가바니 가스트로노미아 481
그란드 카페 알 포르토 479
그랜드 호텔 기스바흐 157
그로토 그릴로 479
그로토 카스타그네토 481
글라이스 드라이 137
남산 레스토랑 356
다 니코 242
드라이로젠 부베트 381
드라이아 라운지 바 레스토랑 137
디 아르부르크 호텔 & 카페 135
라 루베나즈 440
라 부베트 데 방 404
라 뷰 로잔 레스토랑 & 지라프 바 425
라 티네라 478
라이스 고 아시안 테이크 어웨이 480
라트하우스 브라우에라이 301
레 브라서 403
레스토랑 레 자르뮈르 402
레스토랑 로젠가르텐 355
레스토랑 비아둑트 326
레스토랑 율렌 242
레스토랑 제가르텐 155
레스토랑 피오렌티나 바젤 379
로카 298
로칸다 간드리제 레스토랑 477
뢰벤초른 379
루프톱 329
르 논스톱 버거 브베 446
르 덱 457
르 바르바르 428
르 피아프 296
리틀 타이 135
린덴호프켈러 레스토랑 327
립스 169
링겐베르크 189
마르크트할레 바젤 377
마운틴 호스텔 217
멕시카나 스트리트 푸드 427
몽트뢰 재즈 카페 440
미소가 326
밀푀유 296
바르카이올리 레스토랑 475
베리스 레스토랑 186
베어크 아흐트 378
베이스캠프 레스토랑 186
베이커리 푸흐스 243
보테고네 478
부베트7-플로라 암 라이 380
브라스리 드 몽베농 426
브라우어라이 로허 331
브라운 카우 펍 243
브베 비엔 샌드위치 447
비노라마 457
비비볼 425
비빔 405
비어베르르크 취리 328
빌덴 만 레스토랑 297
사 파스 크렘 428
사포리 레스토랑 136
샤토 귀치 300
서울 404
셰 브로니 265
송 426
송 피 농 299
슈테르넨 그릴 325
슈톨바이츨리 호이보데 188
스리키즈 베이글 리브 402
스위트 루프톱 라운지 & 바 301
아드리아노스 바 & 카페 357
아들러 히타 266
아보카도 바 그린델발트 188
알베르고 리스토란테 델라 포스타 475
알테스 트람데포 354
앙트레코트 페데랄 354
오 마틴! 405
오베르주 드 롱드 456
온켈 톰스 피제리아 운 바인로칼 188
외틀링거 부베트 381
우니온 디네 378

찾아보기

운터네멘 미테 377
일 부온구스타이오 134
제티 클라랑 439
젤라테리아 디 베르나 357
쥬테 드 라 콩파니 429
즈 포크 446
초이그하우스켈러 328
친 레스토랑 355
카루젤 버거 427
카바레 볼테르 329
카페 3692 187
카페 드 리에 456
카페 리브 220
카페 마메 요제프 329
카페 오데온 327
커피 페이지 428
코리아타운 299
코멜론 부리토 바 447
콘하우스켈러 356
크래프트베어크 189
크로넨할레 325
클라우드 322
키오스크 데 바스티옹 403
탐 레스토랑 221
투 우 몽드 457
파티세리 자포네즈 오시오 429
포르토 벨로! 480
포타토 파인 푸드 레스토랑 243
퓌스테른 298
피어 17 167
피츠글로리아 360° 225
핀들러호프 265
하우스 힐틀3 328
하이니 300
호텔 데 발랑스 297
호텔 드라이 베르게 220
호텔 샬레 뒤 락 155
호텔 알펜루 221
호텔 크로이츠 & 포스트 187
호플라 136
후씨 비어하우스 134
PROGR 툰할레 357

교통 패스 구매 QR 코드

① 스위스 트래블 패스(연속권)

① 스위스 트래블 패스 플렉스(비연속권)

② 세이버데이 패스

③ 베르너 오버란트 패스

④ 융프라우 VIP 패스

⑤ 반액 카드

⑥ 융프라우 굿모닝 패스

지역별 실시간 라이브 캠 연결 QR 코드

* 가나다순

고르너그라트

글래시어 파라다이스

리기쿨름

수네가

슈탄저호른

슈토스

융프라우요흐

필라투스쿨름

〈리얼 스위스〉 지역별 지도 QR 코드

인터라켄

그린델발트

융프라우요흐

체르마트

루체른

취리히

〈리얼 스위스〉 지역별 지도 QR 코드

베른

바젤

제네바

로잔

몽트뢰

루가노